高等数学
同步学习（上）

主　编　　罗　辉　庄容坤
主　审　　潘庆年

北京大学出版社
PEKING UNIVERSITY PRESS

内 容 简 介

《高等数学同步学习指导》是与《高等数学(上)、(下)》相配套的同步教学辅导书,分为上、下两册.本书根据高等学校理工类本科专业高等数学课程的教学大纲及最新的《工科类本科数学基础课程教学基本要求》,适应地方性本科高校的培养目标和目前普通高中已实行新课标教学的现状,主要针对应用型本科院校相关专业学生,专门为帮助学生学习"高等数学"课程知识而编写.

《高等数学同步学习指导》共分11章.上册包括函数、极限与连续,导数与微分,微分中值定理与导数的应用,不定积分,定积分及其应用,常微分方程(共6章);下册包括向量代数与空间解析几何,多元函数微分法及其应用,重积分及其应用,曲线积分与曲面积分,无穷级数(共5章).第1章~第6章内容分为:知识梳理、学习指导、常见题型、同步练习四个部分;第7章~第11章内容分为:知识结构、学习要求、同步学习指导三个部分.本书每章均列出知识结构、教学内容、教学要求、重点与难点,对学生学习过程中存在的疑难问题答疑解惑,突出高等数学中处理问题的思想方法和关键技巧.同时列举了大量典型例题,概括了有关的知识点和解题注意事项,归纳总结了各类题型的解题方法.章末还提供了与教材配套的同步练习和复习题,并随后给出了同步练习的简答,书末给出了复习题参考答案.

前　言

　　《高等数学同步学习指导》是与《高等数学(上)、(下)》相配套的同步教学辅导书,分为上、下两册.

　　本书紧扣高等数学课程教学基本要求,重视知识系统性,着重体现微积分基本思想及其在工程技术与经济管理领域中的应用,并融合编者多年来教学改革中的成功经验和有效方法,适度适时理论联系实际,为适应当前教学改革的形势,对相关内容进行了调整和增删,体现了地方院校的适用性、突出针对性、可操作性强的特点.

　　本书由我系多名经验丰富的教师参与编写,教材努力体现特色性、应用性和创新性.本书结合编者多年来的教学经验,对学生学习过程中存在的疑难问题答疑解惑,对重点概念及容易混乱的问题进行诠释及辨析,突出了高等数学中处理问题的思想方法和关键技巧.同时,本书列举了大量典型例题,通过分析给出详细解答过程,概括了有关的知识点和解题注意事项,归纳总结了各类题型的解题方法.为了帮助学生考研复习,特在下册每章增加了历年考研真题的相关内容.为配合读者更好地学习《高等数学》教材,章末还提供了与教材配套的同步练习和复习题,并随后给出了同步练习的简答,书末给出了复习题参考答案.

　　本书可供高等院校理工类学生使用,也可作为研究生入学考试复习使用.

　　本书由罗辉、庄容坤主编.习题解答由吴红叶、刘玉彬、李文波、杨莹、陈国培、邹振明、罗辉、庄容坤完成.袁晓辉、谷任盟筹备了配套教学资源,苏娟、龚维安提供了版式和装帧设计方案,在此一并表示感谢!

　　虽然我们希望编写一本质量较高、适合当前教学实际的教学辅导书,但限于水平,错漏之处在所难免,敬请广大读者不吝指正.

编　者

目　　录

第1章　函数、极限与连续

一、知 识 梳 理

（一）知识结构

函数、极限与连续
- 函数
  - 函数的概念
  - 函数的性质：单调性、奇偶性、有界性、周期性
  - 复合函数
  - 分段函数
  - 反函数
  - 隐函数
  - 初等函数
- 极限
  - 极限的概念
  - 函数极限的性质：唯一性、局部有界性、局部保号性
  - 极限存在准则
    - 单调有界准则
    - 夹逼准则
  - 两个重要极限
  - 极限运算法则
    - 四则运算法则
    - 复合函数的极限运算法则
  - 无穷小量与无穷大量
- 连续
  - 连续与间断的概念
  - 函数间断点的分类
  - 初等函数的连续性
    - 和、差、积、商的连续性
    - 反函数的连续性
    - 复合函数的连续性
    - 初等函数的连续性
  - 闭区间上连续函数的性质
    - 有界性与最大值、最小值定理
    - 零点定理与介值定理

（二）教学内容

（1）预备知识.

（2）极限的概念与性质.

（3）无穷小与无穷大.

（4）极限的运算法则.

(5) 极限存在准则与两个重要极限.

(6) 无穷小的比较.

(7) 连续函数及其性质.

(8) 初等函数的连续性.

（三）教学要求

(1) 理解极限的概念,了解"$\varepsilon-N$""$\varepsilon-X$""$\varepsilon-\delta$"等极限语言的含义,掌握函数左、右极限的概念以及极限存在与左、右极限之间的关系,会利用极限定义证明某些简单的极限.

(2) 掌握极限的性质及其运算法则.

(3) 掌握极限存在的两个准则,并会利用它们求极限,掌握用两个重要极限求极限的方法.

(4) 理解无穷小、无穷大的概念及无穷小的比较,会利用等价无穷小求极限.

(5) 理解函数在某一点处连续或间断的概念.

(6) 了解初等函数的连续性,掌握讨论连续性的方法,会判别间断点的类型.

(7) 了解闭区间上连续函数的性质,会利用介值定理讨论方程根的存在性.

（四）重点与难点

重点:极限的概念;无穷小;极限的运算;两个重要极限;利用等价无穷小求极限;函数的连续性.

难点:极限的定义.

二、学 习 指 导

本章内容统称为极限论,包括三个部分:函数、极限与连续.极限知识是高等数学的基础,也是研究导数的基本工具,微积分中的重要概念,如连续、导数、积分、级数等内容实质上都是各种类型的极限.我们既要准确理解极限的概念、性质和极限存在的条件,又要能准确地求出各种极限.极限既是教学的重点,又是难点.

（一）函数的概念

函数是高等数学的主要研究对象,同时又是联系初等数学与高等数学的纽带.在初等数学中,是用初等数学的方法研究函数;而在高等数学中,则是用导数、微分、级数等方法来研究函数及函数中一些新的问题.因此,函数的概念也是高等数学中的基本概念.

1. 函数的定义

设 x 和 y 是两个变量,D 是一个给定的非空数集.若对于变量 x 在 D 中任取一个值时,变量 y 按照对应法则 f 总有唯一确定的数值与其对应,则称 y 是 x 的函数,记作 $y = f(x), x \in D$. 数集 D 称为该函数的定义域,x 称为自变量,y 称为因变量.

当自变量 x 取定数值 x_0 时,因变量 y 按照对应法则 f 所取定的数值称为函数 $y = f(x)$ 在点 x_0 处的函数值,记作 $f(x_0)$. 当自变量 x 取遍定义域 D 内的每个数值时,对应的函数值的全体组成的集合 $\{y \mid y = f(x), x \in D\}$ 称为函数 $f(x)$ 的值域.

在上述定义中,在对应法则 f 下与每个 x 对应的 y 的值都是唯一确定的,因此称 y 是 x 的单值函数.有些时候某些 x 对应的 y 的值是不唯一的,这时称 y 是 x 的多值函数.例如,在对应法则 $x^2+y^2=1$ 下,对 $x\in(-1,1)$ 都有两个数 $y=\pm\sqrt{1-x^2}$ 与之对应,故其为多值函数.在上述定义下多值函数不是函数.

记号 f 和 $f(x)$ 的含义是有区别的:前者表示自变量 x 与因变量 y 之间的对应法则,而后者表示自变量 x 对应的函数值.除常用记号 f 表示函数外,还可以用 g,F,φ 等拉丁字母或希腊字母来表示函数.函数是一种对应法则,但在研究函数时,这种对应关系总是通过函数值表现出来的,所以习惯上常把在点 x 处的函数值 y 称为函数,并用 $y=f(x)$ 的形式表示 y 是 x 的函数.但应正确理解函数,它的本质是指对应法则 f.例如,$f(x)=x^3+4x^2-10$ 就是一个特定的函数,f 确定的对应法则 $f(\ \ \ )=(\ \ \ )^3+4(\ \ \ )^2-10$ 就是一个函数.函数与自变量及因变量选用的字母无关.

若函数在某个区间上的每一点处都有定义,则称这个函数在该区间上有定义.$f(x)=1$ 也表示一个函数,定义域为全体实数.

在函数的定义域的不同区间上分别用不同的解析式表示的函数,称为分段函数.

题1 $y=\sqrt{\sin x-2}$ 是函数吗?

解 由 $-1\leqslant\sin x\leqslant 1$ 得 $-3\leqslant\sin x-2\leqslant-1$,从而 $y=\sqrt{\sin x-2}$ 的定义域为空集,所以 $y=\sqrt{\sin x-2}$ 不是函数.函数的定义域应为非空集.

2. 函数的两个要素

函数的对应法则和定义域称为函数的两个要素,而函数的值域一般称为派生要素.

两个函数相等的充要条件是定义域相同且对应法则相同.判断两个函数是否相等必须判断其定义域是否相同,且要判断函数表达式是否统一.

题2 判断下列各组函数是否相等,并说明理由:

(1) $f(x)=(\sqrt{x})^2$,$g(x)=\sqrt{x^2}$;

(2) $f(x)=\sqrt{1-\cos^2 x}$,$g(x)=\sin x$;

(3) $f(x)=\lg(x+\sqrt{x^2-1})$,$g(x)=-\lg(x-\sqrt{x^2-1})$;

(4) $f(x)=3x^2+2x-1$,$g(t)=3t^2+2t-1$.

解 确定函数的要素是其定义域和对应法则,因此要判断两个函数是否相等,只要比较它们的定义域和对应法则.

(1) 函数 $f(x)$ 的定义域是 $[0,+\infty)$,函数 $g(x)$ 的定义域是 $(-\infty,+\infty)$,两者不相同.故 $f(x)$ 与 $g(x)$ 不相等.

(2) 函数 $f(x)$ 与函数 $g(x)$ 的定义域都是 $(-\infty,+\infty)$,但 $f(x)=|\sin x|$,而 $g(x)=\sin x$,两者的对应法则不相同.故 $f(x)$ 与 $g(x)$ 不相等.

(3) 函数 $f(x)$ 与函数 $g(x)$ 的定义域都是 $[1,+\infty)$,且由

$$g(x)=\lg\frac{1}{x-\sqrt{x^2-1}}=\lg(x+\sqrt{x^2-1})$$

可知,$f(x)$ 与 $g(x)$ 的对应法则也相同.故 $f(x)$ 与 $g(x)$ 相等.

(4) 显然函数 $f(x)$ 与函数 $g(t)$ 的区别只是变量所用的符号不同,其定义域及对应法则都

相同. 故 $f(x)$ 与 $g(t)$ 相等.

3. 函数的定义域

函数由解析式给出时,其定义域是使解析式有意义的自变量全体的集合,因此在求函数的定义域时应遵守以下原则:

(1) 分式的分母不等于零:$y = \dfrac{1}{f(x)}$, $f(x) \neq 0$.

例如函数 $y = \dfrac{2}{x+3}$,由 $x+3 \neq 0$ 知其定义域为 $\{x \mid x \neq -3\}$.

(2) 在偶次方根式中,被开方式大于等于零:$y = \sqrt[2n]{f(x)}$, $f(x) \geqslant 0$(其中 n 为正整数).

例如函数 $y = \sqrt{\ln x}$,由 $\ln x \geqslant 0$ 知其定义域为 $\{x \mid x \geqslant 1\}$.

(3) 含有对数的式子,真数大于零:$y = \log_a f(x)$, $f(x) > 0$.

例如函数 $y = \ln(\ln x)$,由 $\ln x > 0$ 知其定义域为 $\{x \mid x > 1\}$.

(4) 反正弦、反余弦符号内的式子绝对值小于等于 1:

$$y = \arcsin f(x), \quad -1 \leqslant f(x) \leqslant 1;$$
$$y = \arccos f(x), \quad -1 \leqslant f(x) \leqslant 1.$$

例如函数 $y = \arccos(\mathrm{e}^x)$,由 $-1 \leqslant \mathrm{e}^x \leqslant 1$ 知其定义域为 $\{x \mid x \leqslant 0\}$.

(5) 分段函数的定义域是各段函数定义域的并集.

(6) 已知函数 $y = f(x)$ 的定义域为 $[a, b]$,求复合函数 $y = f[t(x)]$ 的定义域,其方法是解不等式 $a \leqslant t(x) \leqslant b$.

(7) 函数代数和的定义域为各函数定义域的交集.

例如函数 $y = \arcsin[\ln(x+2)] + \sqrt{x+1}$,因为 $-1 \leqslant \ln(x+2) \leqslant 1$ 且 $x+1 \geqslant 0$,所以 $\dfrac{1}{\mathrm{e}} - 2 \leqslant x \leqslant \mathrm{e} - 2$ 且 $x \geqslant -1$. 故其定义域为 $[-1, \mathrm{e} - 2]$.

(8) 对具有实际意义的函数,其定义域由具体问题的特点而定.

例如,设函数 $V = \dfrac{4}{3}\pi r^3$,其中 r 是球的半径,则其定义域为 $(0, +\infty)$.

4. 定义域和定义区间的关系

定义域是由一个区间或者有限个区间或者离散点所构成的. 因此,定义域不仅包括区间(定义区间),还包含一些离散点(孤立点). 在这些离散点处,函数是不连续的,则函数在定义域内不连续,只在定义区间上连续. 从集合的角度来看,定义区间包含于定义域,即定义区间是定义域内的区间. 它们的区别在于定义区间必须是一个区间,而定义域并不要求必须是区间,定义域也可以是离散点. 例如,集合 $\{x \mid x = 0\}$ 是函数 $f(x) = \sqrt{-x^2}$ 的定义域,但它不是定义区间.

5. 常见的函数表示形式

(1) 分段函数. 例如,

$$f(x) = \begin{cases} x+1, & x < 0, \\ x^2, & 0 \leqslant x < 2, \\ \ln x, & 2 \leqslant x \leqslant 5 \end{cases}$$

就是一个定义在区间$(-\infty, 5]$上的分段函数.

注 讨论分段函数$y = f(x)$在分段点处的极限、连续等问题时,必须先讨论其分段点处的左、右极限和左、右连续性.

(2) 由参数方程所确定的函数. 用参数方程$\begin{cases} x = \varphi(t), \\ y = \psi(t) \end{cases}$$(t \in I)$来表示的变量$x$与$y$之间的函数关系,称为由参数方程所确定的函数. 例如函数$y = \sqrt{1-x^2}$$(x \in [-1,1])$,可以用参数方程$\begin{cases} x = \cos t, \\ y = \sin t \end{cases}$$(0 \leqslant t \leqslant \pi)$来表示.

(3) 隐函数. 若在方程$F(x,y) = 0$中,当x在某区间I内任意取一定值时,相应地总有满足该方程的唯一的y值存在,则称方程$F(x,y) = 0$在区间I内确定了一个隐函数. 例如,方程$e^x + xy - 1 = 0$就确定了变量y与变量x之间的函数关系.

注 能表示成$y = f(x)$(其中$f(x)$仅为x的解析式)形式的函数,称为显函数. 把一个隐函数化成显函数的过程称为隐函数的显化. 例如,由方程$e^x + xy - 1 = 0$所确定的隐函数可以化成显函数$y = \dfrac{1 - e^x}{x}$. 但有些隐函数不可能化成显函数,如由方程$e^x + xy - e^y = 0$所确定的隐函数.

(二) 函数的性质

1. 奇偶性

判断函数的奇偶性,主要的方法就是利用定义,其次是利用奇函数和偶函数的性质:奇(或偶) 函数之和仍是奇(或偶) 函数;两个奇函数之积是偶函数;两个偶函数之积仍是偶函数;奇函数与偶函数之积是奇函数.

判断函数的奇偶性,可依据以下两点确定,否则函数非奇非偶:

(1) 若$f(-x) = f(x)$,则$f(x)$是偶函数;若$f(-x) = -f(x)$,则$f(x)$是奇函数.

(2) 若$y = f(x)$的图形关于y轴对称,则$f(x)$是偶函数;若$y = f(x)$的图形关于坐标原点对称,则$f(x)$是奇函数.

题3 判断下列函数的奇偶性:

(1) $f(x) = x\sin x$;   (2) $f(x) = \sin x - \cos x$;

(3) $f(x) = \ln(x + \sqrt{x^2 + 1})$.

解 (1) $f(-x) = -x\sin(-x) = x\sin x = f(x)$,所以$f(x) = x\sin x$是偶函数.

(2) $f(-x) = \sin(-x) - \cos(-x) = -\sin x - \cos x$,所以$f(x) = \sin x - \cos x$既不是奇函数也不是偶函数.

(3) $f(-x) = \ln[-x + \sqrt{(-x)^2 + 1}] = \ln(-x + \sqrt{x^2 + 1})$

$$= \ln \frac{(\sqrt{x^2 + 1} - x)(x + \sqrt{x^2 + 1})}{x + \sqrt{x^2 + 1}} = \ln \frac{1}{x + \sqrt{x^2 + 1}} = -f(x),$$

所以$f(x) = \ln(x + \sqrt{x^2 + 1})$是奇函数.

2. 单调性

(1) 两个单调增加(或单调减少) 函数之和是单调增加(或单调减少) 函数.

(2) 两个正的单调增加（或单调减少）函数之积是单调增加（或单调减少）函数.

(3) 单调增加（或单调减少）函数 $y = f(x)$ 的反函数 $y = f^{-1}(x)$ 仍是单调增加（或单调减少）函数.

3. 周期性

三角函数是周期函数，但并非只有三角函数是周期函数，也并非所有函数都是周期函数.例如，函数 $y = \ln x, y = \sin x^3, y = x^2$ 等都不是周期函数；常数函数 $y = C$ 是周期函数，但无最小正周期.

如果 $f(x)$ 是周期为 ω 的周期函数，那么 $f(ax + b)(a > 0)$ 是周期为 $\frac{\omega}{a}$ 的周期函数.

4. 有界性

函数 $f(x)$ 在区间 D 上是有界函数的充要条件是 $f(x)$ 在 D 上既有上界又有下界.

（三）反函数

在同一平面直角坐标系下，函数 $y = f(x)$ 与其反函数 $y = f^{-1}(x)$ 的图形关于直线 $y = x$ 对称. $y = f(x)$ 的定义域为 $y = f^{-1}(x)$ 的值域， $y = f(x)$ 的值域为 $y = f^{-1}(x)$ 的定义域，且 $f[f^{-1}(x)] = x$.利用两者的这一关系，有时可用来求函数的定义域与值域.互为反函数的两个函数同连续、同单调.只有一一对应的单调函数才存在反函数.一一对应是指：设函数 $y = f(x)$ 的定义域是 D，$\forall x_1, x_2 \in D$.若由 $x_1 \neq x_2$ 知 $f(x_1) \neq f(x_2)$ 或由 $f(x_1) = f(x_2)$ 知 $x_1 = x_2$，则称 $y = f(x)$ 在 D 上一一对应.

（四）复合函数

如果对于任何一个初等函数 $z = f(y)$ 的自变量 y，同时也作为另一个函数 $y = g(x)$ 的因变量，那么把 $g(x)$ 代入 $f(y)$，就得到了一个新的以 x 为自变量的函数 $z = f[g(x)]$.所谓函数的复合，就是进行变量代换.

注 在函数的复合过程中，$g(x)$ 的值域必须与 $f(y)$ 的定义域交集非空，只有这样才能保证函数复合的可行性.

题 4 函数 $y = \sqrt{-u}$ 与函数 $u = \dfrac{1}{x^2}$ 能否复合成复合函数？

解 两个函数能否复合成一个复合函数，取决于外层函数的定义域与内层函数的值域是否有交集.函数 $y = \sqrt{-u}$ 的定义域为 $(-\infty, 0]$，函数 $u = \dfrac{1}{x^2}$ 的值域为 $(0, +\infty)$，两者的交集为空集，故 $y = \sqrt{-u}$ 与 $u = \dfrac{1}{x^2}$ 不能复合成复合函数.

注 函数的复合顺序不满足交换率，即 $f \circ g \neq g \circ f$.

反过来，我们也可以把一个形式复杂的函数理解为复合函数.这样就可以按照复合的结构，把它分解为一些形式相对比较简单的函数（通常为基本初等函数及多项式），从而使我们能够应用微积分的适当方法对复杂函数进行分析.

（五）基本初等函数

(1) 常数函数：$y = C$（C 为实常数）.

(2) 幂函数: $y = x^{\mu}$ (μ 为实常数).

(3) 指数函数: $y = a^x$ ($a > 0$ 且 $a \neq 1$).

(4) 对数函数: $y = \log_a x$ ($a > 0$ 且 $a \neq 1$).

(5) 三角函数: 如 $y = \sin x, y = \cos x, y = \tan x, y = \cot x, y = \sec x = \dfrac{1}{\cos x}, y = \csc x = \dfrac{1}{\sin x}$ 等.

(6) 反三角函数: 如 $y = \arcsin x, y = \arccos x, y = \arctan x, y = \text{arccot}\, x$ 等.

注 反三角函数是多值的, 选取它们的单值分支作为反三角函数的主值.

熟练掌握以上六类基本初等函数的定义域、值域、性质和图形, 这些内容在今后的学习过程中要经常用到.

(六) 初等函数

由基本初等函数经过有限次四则运算及有限次复合步骤所构成, 且可用一个解析式表示的函数, 称为初等函数; 否则, 就是非初等函数.

题5 分段函数是不是初等函数?

解 分段函数一般不是初等函数. 因为在不同区间上其解析式不同, 即它不能用一个解析式来表示, 所以说它不是初等函数. 但是, 也有特殊的分段函数, 如函数

$$f(x) = \begin{cases} x, & x \geqslant 0, \\ -x, & x < 0, \end{cases}$$

它与 $g(x) = \sqrt{x^2}$ 是相同的函数. 也就是说, $f(x)$ 可以用一个解析式表示, 因此 $f(x)$ 是初等函数.

(七) 极限

高等数学与初等数学的差别除研究对象不同外(变量与常量), 研究方法也不相同. 研究初等数学的方法是建立在有限观念上的, 而研究高等数学的方法是建立在无限观念上的. 在初等数学中求一个值, 通过有限次代数运算即可得到它的准确值. 但是, 客观上存在的一个数, 如圆的面积, 用有限次代数运算并不能求得其准确值, 必须通过无限逼近, 即极限的方法才能求得其准确值. 这就是研究高等数学的方法. 所以, 理解极限概念、掌握极限方法(研究自变量的变化过程与因变量的变化趋势) 是学好高等数学的关键.

人们在研究数量的变化时, 经常会遇到有确定变化趋势的无限变化过程, 这就需要极限的概念和思想. 极限是人们研究许多问题的工具, 这些问题涉及从有限中认识无限、从近似中认识精确、从量变中认识质变的过程. 极限的概念和思想在数学中占有重要的地位, 它的思想、方法贯穿于高等数学的各个部分. 理解极限概念所蕴含的数学思想和方法, 对掌握高等数学中的其他概念有很大的帮助.

高等数学区别于初等数学的根本和显著的特点在于引入了运动与逼近. 运动的角色很多时候由"极限"这个概念来扮演. 极限是一种研究变量的变化趋势的数学方法, 其本质是一系列不稳定的点趋于稳定的状态, 它产生于求实际问题的精确解. 然而, 由于极限是揭示"无限"的概念, 因此从思维的角度来看, 极限的概念又是一道不易跨越的"鸿沟", 尤其是极限的精确

定义和"ε-N""ε-δ"语言,更是让初学者感到"迷雾重重". 在高等数学的学习中要逐步在由形象到抽象、由描述定义到精确定义的过程中慢慢理解. 实际上,极限就是无限近似的量向有限目标的无限逼近而产生由量变到质变的结果. 已知与未知、有限与无限、近似与精确、直线与曲线,既有差别又有联系,而在无限过程中,就可由此达彼.

为了正确理解极限的概念,说明如下几点:

(1) 在一个变量前加上记号"lim",表示对这个变量进行取极限运算. 若变量的极限存在,则所指的不再是这个变量本身而是它的极限,即变量无限接近的那个值.

(2) 在极限过程 $x \to x_0$ 中考察函数 $f(x)$ 的极限,我们只要求当 x 充分接近 x_0 时 $f(x)$ 有定义,对 $x = x_0$ 或远离 x_0 时 $f(x)$ 有无定义并不做要求. 这一点在求分段函数的极限时尤其重要.

(3) 数列 $x_n = f(n)$ 是一种特殊函数,也称为整标函数,它的自变量 n 的变化过程只可能"离散"地取一切正整数而无限增大$(n \to \infty)$,$x_n \to a$ 是在 $n \to \infty$ 下的变化趋势. 而一般的函数 $y = f(x)$ 的自变量 x 可以"连续"地取一切实数,它的变化过程多种多样.

题 6　如果 $\lim\limits_{x \to x_0} f(x) = A$ 存在,那么函数 $f(x)$ 在点 x_0 处是否一定有定义?

解　$\lim\limits_{x \to x_0} f(x) = A$ 存在,与函数 $f(x)$ 在点 x_0 处是否有定义无关. 例如,$\lim\limits_{x \to 0} \dfrac{\sin x}{x} = 1$,而函数 $f(x) = \dfrac{\sin x}{x}$ 在点 $x = 0$ 处无定义;$\lim\limits_{x \to 0} x^2 = 0$,而函数 $f(x) = x^2$ 在点 $x = 0$ 处有定义. 因此,$\lim\limits_{x \to x_0} f(x) = A$ 存在,不一定表示 $f(x)$ 在点 x_0 处有定义.

题 7　判断:当 n 充分大时,总有无穷多个 x_n 接近于 a,则 $\lim\limits_{n \to \infty} x_n = a$.

解　不正确. 例如数列 $x_n = \begin{cases} \dfrac{1}{2^n}, & n \text{ 为奇数}, \\ 1, & n \text{ 为偶数}, \end{cases}$ 当 n 充分大时,总有无穷多个 x_n 接近于 0,但 $\{x_n\}$ 的极限不存在.

(八) 利用极限定义证明极限

利用极限定义证明极限,一般是采用先分析后综合的方法. 下面以 $\lim\limits_{x \to x_0} f(x) = A$ 为例,证明步骤如下:

(1) 将绝对值 $|f(x) - A|$ 进行不等式的放大,在放大过程中保留分子中的因子 $|x - x_0|$,而把分子、分母中其余的因子均用常数来替换,则不等式最后变为 $|f(x) - A| \leqslant l|x - x_0|$(其中 l 为正常数);

(2) $\forall \varepsilon > 0$,要使得 $|f(x) - A| < \varepsilon$,只需 $l|x - x_0| < \varepsilon$,由此分析出

$$|x - x_0| < \frac{\varepsilon}{l} = \delta(\varepsilon);$$

(3) 取 $\delta = \min\{\delta_0, \delta(\varepsilon)\}$,其中 $\delta_0 (\delta_0 > 0)$ 为使不等式 $|f(x) - A| \leqslant l|x - x_0|$ 成立的条件(如 $0 < |x - x_0| < \delta_0$ 等);

(4) 当 $0 < |x - x_0| < \delta$ 时,恒有 $|f(x) - A| < \varepsilon$ 成立;

(5) $\lim\limits_{x \to x_0} f(x) = A$.

（九）无穷小量

若 $\lim f(x) = 0$，则称 $f(x)$ 为无穷小量（简称无穷小）. 无穷小与自变量 x 的变化过程有关，例如 $\lim\limits_{x \to \infty} \dfrac{1}{x} = 0$，当 $x \to \infty$ 时，$\dfrac{1}{x}$ 为无穷小；而当 $x \to x_0$ 或其他时，$\dfrac{1}{x}$ 不是无穷小. 数零是唯一可作为无穷小的常数. 一般来说，无穷小表达的是量的变化状态，而不是量的大小. 一个量不管多么小，都不能是无穷小，零是唯一例外的.

当 $x \to 0$ 时，
$$k \cdot o(x) = o(x), \quad o(x) + k \cdot o(x) = o(x), \quad \alpha(x) \cdot o(x) = o(x),$$
其中 $\lim\limits_{x \to 0} \alpha(x) = 0$，$k$ 为常数.

‖ 题 8 无穷多个无穷小之和仍是无穷小吗？

解 不一定.

若数列 $x_n = \dfrac{1}{n^2} + \dfrac{2}{n^2} + \cdots + \dfrac{n-1}{n^2}$，则 $\lim\limits_{n \to \infty} x_n = \lim\limits_{n \to \infty} \dfrac{n(n-1)}{2n^2} = \dfrac{1}{2}$. 因此，无穷多个无穷小之和可以是常数.

若数列 $x_n = \dfrac{1}{n^3} + \dfrac{2}{n^3} + \cdots + \dfrac{n-1}{n^3}$，则 $\lim\limits_{n \to \infty} x_n = \lim\limits_{n \to \infty} \dfrac{n(n-1)}{2n^3} = 0$. 因此，无穷多个无穷小之和可以是无穷小.

若数列 $x_n = \dfrac{1}{n^{\frac{3}{2}}} + \dfrac{2}{n^{\frac{3}{2}}} + \cdots + \dfrac{n-1}{n^{\frac{3}{2}}}$，则 $\lim\limits_{n \to \infty} x_n = \lim\limits_{n \to \infty} \dfrac{n(n-1)}{2n^{\frac{3}{2}}} = +\infty$. 因此，无穷多个无穷小之和可以是无穷大.

（十）无穷大量与无界函数的区别和联系

无穷大量（简称无穷大）是指在自变量的某一变化过程中，对应函数值的一种变化趋势，即绝对值无限增大，在自变量变化到某一阶段后，对于一切 x 都满足 $|f(x)| > k$（k 为事先给定的无论多么大的数）. 而无界函数是以否定有界函数来定义的，它反映自变量在某一范围内，对应函数值的一种状态，其定义中的不等式 $|f(x)| > M$，只要求自变量在此范围内有一个 x 满足它即可（尽管 M 与 k 一样，都是任意大的正数）. 无穷大必无界；反之，不成立.

无穷大是一种特殊的无界函数，而无界函数不一定是无穷大，但它至少存在一个无穷大子列. 例如函数 $f(x) = x\cos x$，当 $x \to \infty$ 时是无界函数，但若取 $x = 2n\pi + \dfrac{\pi}{2}$，当 $x \to \infty (n \to \infty)$ 时，$f(x) = x\cos x = 0$，不是无穷大.

注 无穷大是极限不存在的一种情形，我们用极限记号 $\lim\limits_{x \to x_0} f(x) = \infty$ 表示"当 $x \to x_0$ 时，函数 $f(x)$ 是无穷大"，但它并不表示极限存在.

记住无穷大的下列性质：

(1) 两个无穷大之积仍是无穷大；

(2) 无穷大与局部有界函数之和是无穷大；

(3) 在自变量的同一变化过程中，无穷大的倒数是无穷小，非零无穷小的倒数是无穷大.

（十一）极限的计算

熟练掌握以下几种常见求极限的方法.

1. 极限的四则运算法则

运用该法则的条件是各部分的极限都存在,且分母不为 0. 当所求极限不满足条件时,常根据函数的具体情况进行因式分解(消去零因子),无理式的有理化,三角函数变换,分子、分母同时除以 x^n (分子、分母同趋向于无穷大时) 等变形手段,以使函数满足四则运算法则的条件.

题 9 $\lim\limits_{n \to \infty} x_n = \lim\limits_{n \to \infty} \left(\dfrac{1}{n^2} + \dfrac{2}{n^2} + \cdots + \dfrac{n-1}{n^2} \right) = \lim\limits_{n \to \infty} \dfrac{1}{n^2} + \lim\limits_{n \to \infty} \dfrac{2}{n^2} + \cdots + \lim\limits_{n \to \infty} \dfrac{n-1}{n^2} = 0$ 对吗?

解 不对. 极限的和的运算法则是针对有限项的,而这题是一个求无限多项和的极限. 因此,不能利用和的运算法则. 正确的解法如下:因为 $x_n = \dfrac{1}{n^2} + \dfrac{2}{n^2} + \cdots + \dfrac{n-1}{n^2} = \dfrac{n(n-1)}{2n^2}$,所以

$$\lim_{n \to \infty} x_n = \lim_{n \to \infty} \frac{n(n-1)}{2n^2} = \frac{1}{2}.$$

2. 两个重要极限

$\lim\limits_{x \to 0} \dfrac{\sin x}{x} = 1$ 和 $\lim\limits_{x \to \infty} \left(1 + \dfrac{1}{x} \right)^x = e$ 是两个重要极限. 要注意这两个公式自变量的变化趋势以及公式的结构,熟悉它们的变形形式:

$$\lim_{x \to \infty} x \sin \frac{1}{x} = 1, \quad \lim_{x \to 0} (1+x)^{\frac{1}{x}} = e,$$

认清它们的形式和本质:

$$\lim \frac{\sin \varphi(x)}{\varphi(x)} = 1, \quad \lim [1 + \varphi(x)]^{\frac{1}{\varphi(x)}} = e \quad [\lim \varphi(x) = 0].$$

3. 利用无穷小量的性质计算

无穷小是指极限为 0 的量;有限个无穷小之和、积都是无穷小;非零无穷小的倒数为无穷大;无穷小与有界函数之积仍是无穷小. 利用这些性质可计算一些特定极限.

4. 利用函数的连续性计算

连续函数在连续点处的极限值等于函数在该点处的函数值.

5. 利用洛必达法则计算

若所求极限呈现 $\infty - \infty$,$0 \cdot \infty$,1^{∞},0^0 或 ∞^0 等形式,则不能直接用极限法则,必须先对原式进行恒等变形(约分、通分、有理化、变量代换等),转化为 $\dfrac{0}{0}$ 型或 $\dfrac{\infty}{\infty}$ 型,然后利用洛必达法则计算极限. 具体可见第 3 章内容.

6. 利用等价替换计算

等价替换是利用等价无穷小对分子或分母的整体进行替换(或对分子、分母的因式进行替换),而对分子或分母中"＋""－"号连接的各部分不能分别做替换. 在极限的和差运算中要慎重使用等价替换.

例如 $\lim\limits_{x\to 0}\dfrac{\tan x-\sin x}{x^3}$，若 $\tan x$ 与 $\sin x$ 分别用其等价无穷小 x 替换，则有如下错误的解法：

$$\lim\limits_{x\to 0}\frac{\tan x-\sin x}{x^3}=\lim\limits_{x\to 0}\frac{x-x}{x^3}=0.$$

而正确的解法如下：

$$\lim\limits_{x\to 0}\frac{\tan x-\sin x}{x^3}=\lim\limits_{x\to 0}\frac{\sin x(1-\cos x)}{x^3\cos x}=\lim\limits_{x\to 0}\left(\frac{\sin x}{x}\cdot\frac{1-\cos x}{x^2}\cdot\frac{1}{\cos x}\right)$$

$$=\lim\limits_{x\to 0}\frac{2\sin^2\frac{x}{2}}{x^2}=\frac{1}{2}\quad\left(\text{当 }x\to 0\text{ 时},\sin^2\frac{x}{2}\sim\left(\frac{x}{2}\right)^2\right).$$

下面是一些经常会用到的等价无穷小，要记熟. 当 $x\to 0$ 时，

$$x\sim\sin x\sim\tan x\sim\arcsin x\sim\arctan x\sim\ln(1+x)\sim\mathrm{e}^x-1,$$

$$1-\cos x\sim\frac{1}{2}x^2,\quad\sqrt{1+x}-1\sim\frac{1}{2}x.$$

补充：设对自变量的同一变化过程，α,β 均为无穷小，可得简化某些极限运算的下述规则.

(1) 和差取大规则：若 $\beta=o(\alpha)$，则 $\alpha\pm\beta\sim\alpha$. 因为 $\beta=o(\alpha)$，所以 $\lim\dfrac{\alpha\pm\beta}{\alpha}=1\pm\lim\dfrac{\beta}{\alpha}=1$，故 $\alpha\pm\beta\sim\alpha$.

在等价无穷小的和差运算中，若 $\beta=o(\alpha)$，就可以用大的 α 替换 $\alpha\pm\beta$，故称为和差取大规则. 例如，当 $x\to 0$ 时，$3x+5x^2-x^3\sim 3x$，$x^3+2\arctan x\sim 2\arctan x\sim 2x$，则

$$\lim\limits_{x\to 0}\frac{3x+5x^2-x^3}{x^3+2\arctan x}=\lim\limits_{x\to 0}\frac{3x}{2x}=\frac{3}{2}.$$

(2) 因式替换规则：若 $\alpha\sim\beta$，且 $\varphi(x)$ 极限存在或有界，则 $\lim\alpha\varphi(x)=\lim\beta\varphi(x)$. 例如，

$$\lim\limits_{x\to 0}\left(\arctan x\cdot\sin\frac{1}{x}\right)=\lim\limits_{x\to 0}\left(x\cdot\sin\frac{1}{x}\right)=0.$$

(3) 若 $\lim\limits_{x\to 0}\dfrac{f(x)}{g(x)}=A(A\neq 0$ 为常数$)$，且 $\lim\limits_{x\to 0}f(x)=0$，则 $\lim\limits_{x\to 0}g(x)=0$.

事实上，$\lim\limits_{x\to 0}g(x)=\lim\limits_{x\to 0}\left[f(x)\cdot\dfrac{g(x)}{f(x)}\right]=\lim\limits_{x\to 0}f(x)\cdot\lim\limits_{x\to 0}\dfrac{g(x)}{f(x)}=0.$

7. 分段函数的极限

若分段点处的极限存在，则在分段点处函数的左、右极限都存在且相等.

║ 题 10 $\lim\limits_{x\to 0}\mathrm{e}^{\frac{1}{x}}=+\infty$ 是否正确？为什么？

解 不正确. 尽管 $\lim\limits_{x\to 0^+}\mathrm{e}^{\frac{1}{x}}=+\infty$，但 $\lim\limits_{x\to 0^-}\mathrm{e}^{\frac{1}{x}}=\lim\limits_{x\to 0^-}\mathrm{e}^{-\frac{1}{|x|}}=\lim\limits_{x\to 0^-}\dfrac{1}{\mathrm{e}^{\frac{1}{|x|}}}=0.$

这说明，当 $x\to 0$ 时，$\mathrm{e}^{\frac{1}{x}}$ 不是无穷大，且极限不存在.

8. 幂指函数的极限

在自变量的同一变化过程中，对于极限 $\lim u(x)^{v(x)}$，其中 $u(x)>0$ 且 $u(x)$ 不恒等于 1，有以下情形：

(1) 当 $\lim u(x)=a$，$\lim v(x)=b$，且 a,b 有限时，则有 $\lim u(x)^{v(x)}=a^b$.

(2) 当 $\lim u(x) = 1, \lim v(x) = \infty$（或 $-\infty$，或 $+\infty$）时，则有

$$\lim u(x)^{v(x)} = \lim\{1 + [u(x) - 1]\}^{\frac{1}{u(x)-1} \cdot v(x) \cdot [u(x)-1]} = e^{\lim v(x)[u(x)-1]},$$

或利用恒等式 $e^{\ln x} = x$，则有

$$\lim u(x)^{v(x)} = \lim e^{\ln u(x)^{v(x)}} = e^{\lim v(x)\ln u(x)}.$$

9. 数列的极限

数列的极限可以看作自变量以取正整数的形式趋向于正无穷大时的特殊的函数极限. 计算时可采用下列方法：

（1）用数列极限的四则运算法则、性质求极限.

（2）若数列的分子、分母都为多项式，则同时除以未知量的最高次幂.

（3）若通项中含有根式，一般先对分子或分母有理化，再求极限.

（4）若数列是无穷项之和，通常先用等差或等比数列或裂项等方法求和，再求极限.

（5）利用夹逼准则求数列极限，方法是将极限式中的每一项放大或缩小，并使放大或缩小后的数列具有相同的极限.

（6）形如 1^∞ 型的不定式，如 $\lim\limits_{n \to \infty}\left(1 + \dfrac{1}{n}\right)^n$，一般采用公式 $\lim\limits_{n \to \infty}\left(1 + \dfrac{1}{n}\right)^n = e$.

（7）几个常用的数列的极限：

$$① \lim_{n \to \infty}\left(1 + \frac{1}{n}\right)^n = e; \quad ② \lim_{n \to \infty}\sqrt[n]{a} = 1(a > 0); \quad ③ \lim_{n \to \infty}\sqrt[n]{n} = 1.$$

（十二）函数的连续性

连续性是函数的重要性态之一. 函数 $f(x)$ 在点 x_0 处连续，必须同时满足以下三个条件：

（1）函数 $f(x)$ 在点 x_0 的某一邻域内有定义；

（2）$\lim\limits_{x \to x_0} f(x)$ 存在；

（3）这个极限值等于函数值 $f(x_0)$.

这三点缺一不可. 若函数 $f(x)$ 在点 x_0 处至少有一条不满足，则函数在该点处是间断的.

关于函数连续要注意以下几个问题：

（1）函数 $f(x)$ 在点 x_0 处极限存在与 $f(x)$ 在点 x_0 处连续是有区别的，其关系为

$$f(x) \text{ 在点 } x_0 \text{ 处连续} \Rightarrow \lim_{x \to x_0} f(x) \text{ 存在};$$

反之，不成立.

（2）分段函数在分段点 x_0 处连续，必须满足

$$f(x_0^+) = f(x_0^-) = f(x_0).$$

（3）一切初等函数在其定义区间内连续，而不是在其定义域内都连续. 例如，$y = \sqrt{\cos x - 1}$ 是初等函数，其定义域是一些孤立点 $x = 2k\pi(k \in \mathbf{Z})$，该函数在这些点处有定义但不连续.

（十三）函数的间断点

已知点 $x = x_0$ 是函数 $f(x)$ 的间断点. 若 $f(x)$ 在点 $x = x_0$ 的左、右极限都存在，则点 $x = x_0$ 称为 $f(x)$ 的第一类间断点；若 $f(x)$ 在点 $x = x_0$ 的左、右极限至少有一个不存在，则点 $x =$

x_0 称为 $f(x)$ 的第二类间断点.

第一类间断点包括可去间断点和跳跃间断点.

(1) $\lim\limits_{x \to x_0} f(x)$ 存在,但此极限值不等于 $f(x_0)$ 或 $f(x)$ 在点 x_0 处无定义,则称点 x_0 为 $f(x)$ 的可去间断点;

(2) $\lim\limits_{x \to x_0^-} f(x)$ 和 $\lim\limits_{x \to x_0^+} f(x)$ 都存在,但不相等,则称点 x_0 为 $f(x)$ 的跳跃间断点.

第一类间断点以外的其他间断点统称为第二类间断点. 常见的第二类间断点有无穷间断点和振荡间断点.

(1) $\lim\limits_{\substack{x \to x_0 \\ (x \to x_0^-) 或 (x \to x_0^+)}} f(x) = \infty(+\infty, -\infty)$,则称点 x_0 为 $f(x)$ 的无穷间断点;

(2) $\lim\limits_{x \to x_0} f(x)$ 不存在,且在点 x_0 的邻域内,$f(x)$ 能无数次取 A,B 两个数之间的任一值,则称点 x_0 为 $f(x)$ 的振荡间断点.

例如点 $x = 0$,是函数 $f(x) = \dfrac{\sin x}{x}$ 的可去间断点,是函数 $f(x) = \dfrac{|x|}{x}$ 的跳跃间断点,是函数 $f(x) = \dfrac{1}{x}$ 的无穷间断点,是函数 $f(x) = \sin \dfrac{1}{x}$ 的振荡间断点.

(十四) 初等函数的连续性

(1) 在区间 I 上连续函数的和、差、积、商(分母不为零)在区间 I 上仍连续.

(2) 由连续函数经有限次复合而成的复合函数在定义区间内仍是连续函数.

(3) 在区间 I 上连续且单调的函数的反函数,在其对应区间上仍连续且单调.

(4) 基本初等函数在其定义域内是连续的.

(5) 初等函数在其定义区间内是连续的.

(十五) 初等数学常用公式

1. 乘法公式与二项式定理

(1) $(a+b)^2 = a^2 + 2ab + b^2$, $(a-b)^2 = a^2 - 2ab + b^2$;

(2) $(a+b)^3 = a^3 + 3a^2b + 3ab^2 + b^3$, $(a-b)^3 = a^3 - 3a^2b + 3ab^2 - b^3$;

(3) $(a+b)^n = C_n^0 a^n + C_n^1 a^{n-1}b + \cdots + C_n^k a^{n-k}b^k + \cdots + C_n^{n-1}ab^{n-1} + C_n^n b^n$;

(4) $(a+b+c)(a^2+b^2+c^2-ab-ac-bc) = a^3 + b^3 + c^3 - 3abc$;

(5) $(a+b-c)^2 = a^2 + b^2 + c^2 + 2ab - 2ac - 2bc$.

2. 因式分解

(1) $a^2 - b^2 = (a+b)(a-b)$;

(2) $a^3 + b^3 = (a+b)(a^2-ab+b^2)$, $a^3 - b^3 = (a-b)(a^2+ab+b^2)$;

(3) $a^n - b^n = (a-b)(a^{n-1}+a^{n-2}b+\cdots+b^{n-1})$.

3. 分式裂项

(1) $\dfrac{1}{x(x+1)} = \dfrac{1}{x} - \dfrac{1}{x+1}$;

(2) $\dfrac{1}{(x+a)(x+b)} = \dfrac{1}{b-a}\left(\dfrac{1}{x+a} - \dfrac{1}{x+b}\right).$

4. 指数运算

(1) $a^{-n} = \dfrac{1}{a^n}\ (a \neq 0)$；　　(2) $a^0 = 1\ (a \neq 1)$；　　(3) $a^{\frac{m}{n}} = \sqrt[n]{a^m}\ (a \geqslant 0)$；

(4) $a^m a^n = a^{m+n}$；　　(5) $\dfrac{a^m}{a^n} = a^{m-n}$；　　(6) $(a^m)^n = a^{mn}$；

(7) $\left(\dfrac{b}{a}\right)^n = \dfrac{b^n}{a^n}\ (a \neq 0)$；　　(8) $(ab)^n = a^n b^n$；　　(9) $\sqrt{a^2} = |a|$.

5. 对数运算

(1) $\log_a N = x \Leftrightarrow a^x = N$；　　　　　　(2) $\log_a 1 = 0$；

(3) $\log_a a = 1$；　　　　　　　　　　　　(4) $a^{\log_a N} = N$；

(5) $\log_a(M \cdot N) = \log_a M + \log_a N$；　　(6) $\log_a \dfrac{M}{N} = \log_a M - \log_a N$；

(7) $\log_a M^x = x \log_a M$；　　　　　　　(8) $\log_a M = \dfrac{\log_b M}{\log_b a}$；

(9) $\log_{a^x} b^y = \dfrac{y}{x} \log_a b$；　　　　　　(10) $\log_a b \cdot \log_b a = 1$，

其中 $a > 0, b > 0, a \neq 1, b \neq 1, M > 0, N > 0$.

6. 排列组合

(1) $\mathrm{P}_n^m = n(n-1)\cdots[n-(m-1)] = \dfrac{n!}{(n-m)!}$（约定 $0! = 1$）；

(2) $\mathrm{C}_n^m = \dfrac{\mathrm{P}_n^m}{m!} = \dfrac{n!}{m!(n-m)!}$；　　(3) $\mathrm{C}_n^m = \mathrm{C}_n^{n-m}$；

(4) $\mathrm{C}_n^m + \mathrm{C}_n^{m-1} = \mathrm{C}_{n+1}^m$；　　(5) $\mathrm{C}_n^0 + \mathrm{C}_n^1 + \cdots + \mathrm{C}_n^n = 2^n$.

7. 绝对值

绝对值具有以下性质：

(1) 非负性：$|a| \geqslant 0$；　　　　　　(2) 等价性：$\sqrt{a^2} = |a|$；

(3) 对称性：$|a| = |-a|$.

常用的运算法则：

(1) $|a \cdot b| = |a| \cdot |b|$，　$\left|\dfrac{a}{b}\right| = \dfrac{|a|}{|b|}\ (b \neq 0)$；

(2) $|a| \leqslant b(b>0) \Leftrightarrow -b \leqslant a \leqslant b$，　$|a| \geqslant b(b>0) \Leftrightarrow a \leqslant -b$ 或 $a \geqslant b$；

(3) $|a \pm b| \leqslant |a| + |b|$；

当且仅当 $ab \geqslant 0$ 时，$|a+b| = |a| + |b|$ 成立，

当且仅当 $ab \leqslant 0$ 时，$|a-b| = |a| + |b|$ 成立.

(4) $|a-b| \geqslant |a| - |b|$；

当且仅当 $ab \geqslant 0$，$|a| > |b|$ 时，等式成立.

(5) $(|a|)^2 = a^2$.

8. 平均值

(1) 算术平均值：

n 个数 $x_1, x_2, \cdots, x_n$ 的算术平均值为 $\dfrac{x_1 + x_2 + \cdots + x_n}{n}$，记为 $\overline{x} = \dfrac{1}{n} \sum\limits_{i=1}^{n} x_i$.

(2) 几何平均值：

n 个正数 $x_1, x_2, \cdots, x_n$ 的几何平均值为 $\sqrt[n]{x_1 \cdot x_2 \cdot \cdots \cdot x_n}$，记为 $G = \sqrt[n]{\prod\limits_{i=1}^{n} x_i}$.

算术平均值与几何平均值具有如下简单性质：

(1) 若 N 个正数相等，即 $x_1 = x_2 = \cdots = x_n = a$，则

$$\overline{x} = G = a.$$

(2) 可以证明：

$$\frac{x_1 + x_2}{2} \geqslant \sqrt{x_1 \cdot x_2}, \qquad \frac{x_1 + x_2 + x_3}{3} \geqslant \sqrt[3]{x_1 \cdot x_2 \cdot x_3},$$

其中 $x_1, x_2, x_3 \in \mathbf{R}_+$.

9. 三角公式

(1) 弧度与角度换算公式：

$$180^\circ = \pi, \quad 1^\circ = \frac{\pi}{180} \text{ rad}, \quad 1 \text{ rad} = \frac{180^\circ}{\pi}.$$

(2) 弧长、圆心角与半径之间的关系式：

① $l = \alpha R$ （α 为弧度，l 为弧长，R 为半径）；

② $S_{扇} = \dfrac{1}{2} Rl = \dfrac{1}{2} R^2 \alpha = \dfrac{n\pi R^2}{360}$.

(3) 三角函数定义：

$$\sin \alpha = \frac{y}{r}, \quad \cos \alpha = \frac{x}{r}, \quad \tan \alpha = \frac{y}{x}, \quad \cot \alpha = \frac{x}{y}, \quad \csc \alpha = \frac{r}{y}, \quad \sec \alpha = \frac{r}{x}.$$

(4) 正弦定理：

$$\frac{a}{\sin A} = \frac{b}{\sin B} = \frac{c}{\sin C} = 2R \quad （R \text{ 为三角形外接圆半径}）.$$

(5) 余弦定理：

① $a^2 = b^2 + c^2 - 2bc \cos A, \quad \cos A = \dfrac{b^2 + c^2 - a^2}{2bc}$；

② $b^2 = a^2 + c^2 - 2ac \cos B, \quad \cos B = \dfrac{a^2 + c^2 - b^2}{2ac}$；

③ $c^2 = a^2 + b^2 - 2ab \cos C, \quad \cos C = \dfrac{a^2 + b^2 - c^2}{2ab}$.

(6) 三角形面积公式：

$$S = \frac{1}{2} a \cdot h_a = \frac{1}{2} ab \sin C = \frac{1}{2} bc \sin A = \frac{1}{2} ac \sin B = \frac{abc}{4R}$$

$$= 2R^2 \sin A \sin B \sin C = \frac{a^2 \sin B \sin C}{2 \sin A} = \frac{b^2 \sin A \sin C}{2 \sin B} = \frac{c^2 \sin A \sin B}{2 \sin C}$$

$$= pr = \sqrt{p(p-a)(p-b)(p-c)},$$

其中 $p = \dfrac{1}{2}(a+b+c)$，r 为三角形内切圆半径，R 为三角形外接圆半径.

（7）二倍角公式：

① 二倍角的正弦：$\sin 2\alpha = 2\sin\alpha\cos\alpha$；

② 二倍角的余弦：$\cos 2\alpha = \cos^2\alpha - \sin^2\alpha = 1 - 2\sin^2\alpha = 2\cos^2\alpha - 1$；

③ 二倍角的正切：$\tan 2\alpha = \dfrac{2\tan\alpha}{1-\tan^2\alpha}$.

（8）同角关系：

① 商的关系：$\tan\alpha = \dfrac{\sin\alpha}{\cos\alpha}$，　$\cot\alpha = \dfrac{\cos\alpha}{\sin\alpha}$；

② 倒数关系：$\sin\alpha\csc\alpha = 1$，　$\cos\alpha\sec\alpha = 1$，　$\tan\alpha\cot\alpha = 1$；

③ 平方关系：$\sin^2\alpha + \cos^2\alpha = 1$，　$\sec^2\alpha - \tan^2\alpha = 1$，　$\csc^2\alpha - \cot^2\alpha = 1$.

（9）诱导公式：为了记忆和灵活使用诱导公式，可以记住并熟练使用十字口诀"**奇变偶不变，符号看象限**".

诱导公式的左边为 $k\cdot\dfrac{\pi}{2}\pm\alpha(k\in\mathbf{Z})$ 的正弦（切）或余弦（切）函数，当 k 为奇数时，右边的函数名称正余互变；当 k 为偶数时，右边的函数名称不改变，这就是"奇变偶不变"的含义. 再就是将 α "看成"锐角（可能不是锐角，也可能是大于锐角，也可能是小于锐角，还有可能是任意角），分析 $k\cdot\dfrac{\pi}{2}\pm\alpha(k\in\mathbf{Z})$ 为哪个象限角，判断公式左边这个三角函数在此象限是正还是负，也就是公式右边的符号. 求角 $k\cdot\dfrac{\pi}{2}\pm\alpha$ 的三角函数值时，只需要直接求角 α 的三角函数值.

这个十字口诀既是对所有诱导公式的一个高度概括，又是灵活运用诱导公式求值和化简的技巧.

① $\sin(2k\pi+\alpha) = \sin\alpha$；

② $\sin(2\pi-\alpha) = -\sin\alpha$；

③ $\cos(2k\pi+\alpha) = \cos\alpha$；

④ $\cos(2\pi-\alpha) = \cos\alpha$；

⑤ $\tan(2k\pi+\alpha) = \tan\alpha$；

⑥ $\tan(2\pi-\alpha) = -\tan\alpha$；

⑦ $\cot(2k\pi+\alpha) = \cot\alpha$；

⑧ $\cot(2\pi-\alpha) = -\cot\alpha$；

⑨ $\sin(\pi+\alpha) = -\sin\alpha$；

⑩ $\sin(\pi-\alpha) = \sin\alpha$；

⑪ $\cos(\pi+\alpha) = -\cos\alpha$；

⑫ $\cos(\pi-\alpha) = -\cos\alpha$；

⑬ $\tan(\pi+\alpha) = \tan\alpha$；

⑭ $\tan(\pi-\alpha) = -\tan\alpha$；

⑮ $\cot(\pi+\alpha) = \cot\alpha$；

⑯ $\cot(\pi-\alpha) = -\cot\alpha$；

⑰ $\sin(-\alpha) = -\sin\alpha$；

⑱ $\cos(-\alpha) = \cos\alpha$；

⑲ $\tan(-\alpha) = -\tan\alpha$；

⑳ $\cot(-\alpha) = -\cot\alpha$，

其中 $\alpha+2k\pi(k\in\mathbf{Z})$，$-\alpha$，$\pi\pm\alpha$ 的三角函数值等于 α 的同名函数值，前面加上一个把 α 看成锐角时原函数值的符号.

① $\sin\left(\dfrac{\pi}{2}+\alpha\right) = \cos\alpha$；

② $\cos\left(\dfrac{\pi}{2}+\alpha\right) = -\sin\alpha$；

③ $\tan\left(\dfrac{\pi}{2}+\alpha\right) = -\cot\alpha$；

④ $\cot\left(\dfrac{\pi}{2}+\alpha\right) = -\tan\alpha$；

⑤ $\sin\left(\dfrac{\pi}{2}-\alpha\right) = \cos\alpha$；

⑥ $\cos\left(\dfrac{\pi}{2}-\alpha\right) = \sin\alpha$；

⑦ $\tan\left(\dfrac{\pi}{2}-\alpha\right)=\cot\alpha$; ⑧ $\cot\left(\dfrac{\pi}{2}-\alpha\right)=\tan\alpha$;

⑨ $\sin\left(\dfrac{3\pi}{2}+\alpha\right)=-\cos\alpha$; ⑩ $\cos\left(\dfrac{3\pi}{2}+\alpha\right)=\sin\alpha$;

⑪ $\tan\left(\dfrac{3\pi}{2}+\alpha\right)=-\cot\alpha$; ⑫ $\cot\left(\dfrac{3\pi}{2}+\alpha\right)=-\tan\alpha$;

⑬ $\sin\left(\dfrac{3\pi}{2}-\alpha\right)=-\cos\alpha$; ⑭ $\cos\left(\dfrac{3\pi}{2}-\alpha\right)=-\sin\alpha$;

⑮ $\tan\left(\dfrac{3\pi}{2}-\alpha\right)=\cot\alpha$; ⑯ $\cot\left(\dfrac{3\pi}{2}-\alpha\right)=\tan\alpha$,

其中 $\dfrac{\pi}{2}\pm\alpha$ 的正、余弦(切)函数值,分别等于 α 的余、正弦(切)函数值,前面加上一个把 α 看成锐角时原函数值的符号.

(10) 和差角公式:

① $\sin(\alpha\pm\beta)=\sin\alpha\cos\beta\pm\cos\alpha\sin\beta$;

② $\cos(\alpha\pm\beta)=\cos\alpha\cos\beta\mp\sin\alpha\sin\beta$;

③ $\tan(\alpha\pm\beta)=\dfrac{\tan\alpha\pm\tan\beta}{1\mp\tan\alpha\cdot\tan\beta}$.

(11) 积化和差公式:

① $\sin\alpha\cos\beta=\dfrac{1}{2}\left[\sin(\alpha+\beta)+\sin(\alpha-\beta)\right]$;

② $\cos\alpha\sin\beta=\dfrac{1}{2}\left[\sin(\alpha+\beta)-\sin(\alpha-\beta)\right]$;

③ $\cos\alpha\cos\beta=\dfrac{1}{2}\left[\cos(\alpha+\beta)+\cos(\alpha-\beta)\right]$;

④ $\sin\alpha\sin\beta=-\dfrac{1}{2}\left[\cos(\alpha+\beta)-\cos(\alpha-\beta)\right]$.

(12) 和差化积公式:

① $\sin\alpha+\sin\beta=2\sin\dfrac{\alpha+\beta}{2}\cos\dfrac{\alpha-\beta}{2}$;

② $\sin\alpha-\sin\beta=2\cos\dfrac{\alpha+\beta}{2}\sin\dfrac{\alpha-\beta}{2}$;

③ $\cos\alpha+\cos\beta=2\cos\dfrac{\alpha+\beta}{2}\cos\dfrac{\alpha-\beta}{2}$;

④ $\cos\alpha-\cos\beta=-2\sin\dfrac{\alpha+\beta}{2}\sin\dfrac{\alpha-\beta}{2}$.

(13) 反三角函数:

名称	函数式	定义域	值域	性质
反正弦函数	$y=\arcsin x$	$[-1,1]$	$\left[-\dfrac{\pi}{2},\dfrac{\pi}{2}\right]$	$\arcsin(-x)=-\arcsin x$,奇函数
反余弦函数	$y=\arccos x$	$[-1,1]$	$[0,\pi]$	$\arccos(-x)=\pi-\arccos x$
反正切函数	$y=\arctan x$	$\mathbf{R}$	$\left(-\dfrac{\pi}{2},\dfrac{\pi}{2}\right)$	$\arctan(-x)=-\arctan x$,奇函数
反余切函数	$y=\mathrm{arccot}\, x$	$\mathbf{R}$	$(0,\pi)$	$\mathrm{arccot}(-x)=\pi-\mathrm{arccot}\, x$

三、常见题型

例1 求下列函数的定义域:

(1) $f(x) = \dfrac{1}{\ln(x-2)} + \sqrt{5-x}$;　　　(2) $y = \arctan\dfrac{1}{x} + \sqrt{3-x^2}$.

解 (1) 对题设函数的第1项,要求 $x-2>0$ 且 $\ln(x-2)\neq 0$,即 $x>2$ 且 $x\neq 3$;对题设函数的第2项,要求 $5-x\geqslant 0$,即 $x\leqslant 5$.取它们的交集,得函数的定义域为 $(2,3)\bigcup(3,5]$.

(2) 解不等式组 $\begin{cases} 3-x^2\geqslant 0, \\ x\neq 0, \end{cases}$ 得函数的定义域为 $[-\sqrt{3},0)\bigcup(0,\sqrt{3}]$.

例2 已知函数 $f(x)$ 的定义域为 $[0,1]$,求 $f(x+c)+f(x-c)\,(c>0)$ 的定义域.

解 要使 $f(x+c)+f(x-c)$ 有意义,则 $\begin{cases} 0\leqslant x+c\leqslant 1, \\ 0\leqslant x-c\leqslant 1. \end{cases}$ 因此,若 $c<\dfrac{1}{2}$,则其定义域为 $[c,1-c]$;若 $c=\dfrac{1}{2}$,则其定义域为 $\left\{x\,\middle|\,x=\dfrac{1}{2}\right\}$;若 $c>\dfrac{1}{2}$,则其定义域为 $\varnothing$.

例3 已知函数 $f(x)$ 的定义域为 $[0,1]$,求 $f(\ln x)$ 的定义域.

解 要使 $f(\ln x)$ 有意义,则 $0\leqslant \ln x\leqslant 1$,由此得所求定义域为 $[1,\mathrm{e}]$.

例4 设函数 $y=f(x),x\in[0,4]$,求 $f(x^2)$ 和 $f(x+5)+f(x-5)$ 的定义域.

解 对于函数 $f(x^2)$,应有 $0\leqslant x^2\leqslant 4$,即 $-2\leqslant x\leqslant 2$,得 $f(x^2)$ 的定义域为 $[-2,2]$.

对于函数 $f(x+5)+f(x-5)$,应有 $\begin{cases} 0\leqslant x+5\leqslant 4, \\ 0\leqslant x-5\leqslant 4, \end{cases}$ 即 $\begin{cases} -5\leqslant x\leqslant -1, \\ 5\leqslant x\leqslant 9, \end{cases}$ 得 $f(x+5)+f(x-5)$ 的定义域为 $\varnothing$.

例5 若函数 $h(x)=x^3+1,g(x)=\sqrt{x}$,求复合函数 $g[h(x)],h[g(x)],h[h(x)]$.

解 $g[h(x)]=\sqrt{x^3+1}$,　　$h[g(x)]=(\sqrt{x})^3+1=\sqrt{x^3}+1$,

$h[h(x)]=(x^3+1)^3+1=x^9+3x^6+3x^3+2$.

例6 求函数 $y=1+\ln(x+2)$ 的反函数.

解 移项,有 $y-1=\ln(x+2)$,即 $x=\mathrm{e}^{y-1}-2$.交换 x,y,所以所求反函数为 $y=\mathrm{e}^{x-1}-2$.

例7 判断下列函数的奇偶性:

(1) $f(x)=x^2+2\cos x-1$;　　　(2) $f(x)=\tan\dfrac{1}{x}$;

(3) $f(x)=\lg\dfrac{x+\sqrt{x^2+2}}{2}$;　　　(4) $f(x)=\dfrac{a^x+a^{-x}}{2}$.

解 (1) 因为该函数的定义域为 $\mathbf{R}$,关于坐标原点对称,且 $f(-x)=x^2+2\cos x-1=f(x)$,所以它是偶函数.

(2) 因为该函数的定义域为 $\mathbf{R}\backslash\{0\}$,关于坐标原点对称,且 $f(-x)=-\tan\dfrac{1}{x}=-f(x)$,所以它是奇函数.

(3) 因为该函数的定义域为 $\mathbf{R}$,关于坐标原点对称,且

$$f(-x) = \lg \frac{-x + \sqrt{x^2+2}}{2} = \lg(x + \sqrt{x^2+2})^{-1}$$
$$= -\lg(x + \sqrt{x^2+2}) \neq f(x) \text{ 或} - f(x),$$

所以它是非奇非偶函数.

（4）因为该函数的定义域为 **R**，关于坐标原点对称，且

$$f(-x) = \frac{a^x + a^{-(-x)}}{2} = \frac{a^{-x} + a^x}{2} = \frac{a^x + a^{-x}}{2} = f(x),$$

所以它是偶函数.

例 8　求下列函数的反函数：

(1) $y = \dfrac{2^x}{2^x - 1}$;　　　　　　　　(2) $y = \ln(x + \sqrt{x^2+2})$.

解　(1) 依题意，$2^x = \dfrac{y}{y-1}$，则 $x = \log_2 \dfrac{y}{y-1}$，所以反函数为

$$y = \log_2 \frac{x}{x-1}, \quad x \in (-\infty, 0) \bigcup (1, +\infty).$$

(2) 依题意，$x = \dfrac{e^y}{2} - \dfrac{1}{e^y}$，所以反函数为 $y = \dfrac{e^x}{2} - \dfrac{1}{e^x}, x \in \mathbf{R}$.

例 9　设函数 $f\left(x + \dfrac{1}{x}\right) = x^2 + \dfrac{1}{x^2}$，求 $f(x)$.

解　因为 $x^2 + \dfrac{1}{x^2} = x^2 + 2 + \dfrac{1}{x^2} - 2 = \left(x + \dfrac{1}{x}\right)^2 - 2$，所以

$$f\left(x + \frac{1}{x}\right) = \left(x + \frac{1}{x}\right)^2 - 2,$$

则 $f(x) = x^2 - 2$.

例 10　收音机售价为 90 元 / 台，成本为 60 元 / 台. 为鼓励销售商大量采购，厂方决定：凡是订购量超过 100 台的，每多订购 1 台，售价就降低 1 元 / 台，但最低价为 75 元 / 台.

(1) 将实际售价 p 表示为订购量 x 的函数；

(2) 将厂方所获的利润 L 表示为订购量 x 的函数；

(3) 某一商行订购了 1 000 台，厂方可获利润多少？

解　(1) $p(x) = \begin{cases} 90, & x \leqslant 100, \\ 190 - x, & 100 < x \leqslant 115, \\ 75, & x > 115. \end{cases}$

(2) $L(x) = \begin{cases} 30x, & x \leqslant 100, \\ (130 - x)x, & 100 < x \leqslant 115, \\ 15x, & x > 115. \end{cases}$

(3) $L(1\,000) = 15 \times 1\,000 = 15\,000$（元）.

例 11　根据极限的定义证明：$\lim\limits_{x \to 1} \dfrac{x^2 - 1}{2x^2 - x - 1} = \dfrac{2}{3}$.

证　$\forall \varepsilon > 0$，因为 $x \neq 1$，所以 $x - 1 \neq 0$，故

$$\left| \frac{x^2-1}{2x^2-x-1} - \frac{2}{3} \right| = \left| \frac{x+1}{2x+1} - \frac{2}{3} \right| = \left| \frac{1-x}{3(2x+1)} \right|.$$

因 $x \to 1$，即考虑 $x = 1$ 附近的情况，故不妨限制 x 为 $0 < |x-1| < 1$，即 $0 < x < 2, x \ne 1$. 又因 $2x+1 > 1$，则有 $\left| \dfrac{1-x}{3(2x+1)} \right| < \dfrac{|x-1|}{3}$，要使 $\left| \dfrac{x^2-1}{2x^2-x-1} - \dfrac{2}{3} \right| < \varepsilon$，只需 $\dfrac{|x-1|}{3} < \varepsilon$，即 $|x-1| < 3\varepsilon$. 取正数 $\delta = \min\{1, 3\varepsilon\}$，则当 $0 < |x-1| < \delta$ 时，有 $\left| \dfrac{x^2-1}{2x^2-x-1} - \dfrac{2}{3} \right| < \varepsilon$，因此 $\lim\limits_{x \to 1} \dfrac{x^2-1}{2x^2-x-1} = \dfrac{2}{3}$.

例 12 证明：$\lim\limits_{n \to \infty} \sqrt[n]{n} = 1$.

证 令 $\sqrt[n]{n} - 1 = h_n$，则

$$n = (1+h_n)^n = 1 + nh_n + \frac{n(n-1)}{2!}h_n^2 + \cdots + h_n^n > \frac{n(n-1)}{2}h_n^2 \quad (n > 2).$$

注意到，当 $n > 2$ 时，$n - 1 > \dfrac{n}{2}$，于是

$$n > \frac{n^2}{4}h_n^2 \quad \text{或} \quad h_n < \frac{2}{\sqrt{n}}.$$

因此，要使 $\sqrt[n]{n} - 1 < \dfrac{2}{\sqrt{n}} < \varepsilon, \forall \varepsilon > 0$，取正整数 $N = \max\left\{2, \left[\dfrac{4}{\varepsilon^2}\right]\right\}$，当 $n > N$ 时，便有

$$\left| \sqrt[n]{n} - 1 \right| = h_n < \frac{2}{\sqrt{n}} < \varepsilon,$$

所以 $\lim\limits_{n \to \infty} \sqrt[n]{n} = 1$.

例 13 设 $\lim\limits_{n \to \infty} x_n = a$，证明：$\lim\limits_{n \to \infty} |x_n| = |a|$，并举例说明：当数列 $\{|x_n|\}$ 收敛时，数列 $\{x_n\}$ 不一定收敛.

证 因为 $\lim\limits_{n \to \infty} x_n = a$，所以 $\forall \varepsilon > 0, \exists$ 正整数 N_1，当 $n > N_1$ 时，有 $|x_n - a| < \varepsilon$. 不妨设 $a > 0$，由收敛数列的保号性可知，$\exists$ 正整数 N_2，当 $n > N_2$ 时，有 $x_n > 0$. 取 $N = \max\{N_1, N_2\}$，则对上述 ε，当 $n > N$ 时，有 $\left| |x_n| - |a| \right| = |x_n - a| < \varepsilon$. 故 $\lim\limits_{n \to \infty} |x_n| = |a|$. 同理，可证当 $a < 0$ 时，$\lim\limits_{n \to \infty} |x_n| = |a|$ 成立.

反之，当数列 $\{|x_n|\}$ 收敛时，数列 $\{x_n\}$ 不一定收敛. 例如数列 $\{x_n = (-1)^n\}$，$|x_n| = 1$，显然 $\lim\limits_{n \to \infty} |x_n| = 1$，但 $\lim\limits_{n \to \infty} x_n$ 不存在.

例 14 求 $\lim\limits_{x \to 0^+} \left(\dfrac{\sin x}{x} + x\sin\dfrac{1}{x} \right)$.

解 $\lim\limits_{x \to 0^+} \left(\dfrac{\sin x}{x} + x\sin\dfrac{1}{x} \right) = \lim\limits_{x \to 0^+} \dfrac{\sin x}{x} + \lim\limits_{x \to 0^+} x\sin\dfrac{1}{x} = 1 + 0 = 1.$

需要注意，$\lim\limits_{x \to 0^+} x\sin\dfrac{1}{x} = 0$ 是由于 x 为 $x \to 0^+$ 时的无穷小，$\left| \sin\dfrac{1}{x} \right| \le 1$，即 $\sin\dfrac{1}{x}$ 为有界函数，因此 $x\sin\dfrac{1}{x}$ 为 $x \to 0^+$ 时的无穷小.

例 15 求 $\lim\limits_{x \to \infty} \dfrac{(x-1)^{10}(2x+3)^5}{12(x-2)^{15}}$.

解 极限式中分子的最高次项为 $x^{10} \cdot (2x)^5 = 32x^{15}$，分母的最高次项为 $12x^{15}$，由此得

$$\lim_{x \to \infty} \frac{(x-1)^{10}(2x+3)^5}{12(x-2)^{15}} = \frac{32}{12} = \frac{8}{3}.$$

例 16 求 $\lim\limits_{n \to \infty} \cos \dfrac{x}{2} \cos \dfrac{x}{4} \cdots \cos \dfrac{x}{2^n}$.

解 当 $x = 0$ 时, 原式 $= 1$.

当 $x \neq 0$ 时, 原式 $= \lim\limits_{n \to \infty} \dfrac{2^n \sin \dfrac{x}{2^n} \cos \dfrac{x}{2} \cos \dfrac{x}{4} \cdots \cos \dfrac{x}{2^n}}{2^n \sin \dfrac{x}{2^n}}$

$$= \lim_{n \to \infty} \frac{2^{n-1} \cos \dfrac{x}{2} \cos \dfrac{x}{4} \cdots \cos \dfrac{x}{2^{n-1}} \sin \dfrac{x}{2^{n-1}}}{2^n \sin \dfrac{x}{2^n}} = \cdots$$

$$= \lim_{n \to \infty} \frac{\sin x}{2^n \sin \dfrac{x}{2^n}} = \lim_{n \to \infty} \left(\frac{\sin x}{x} \cdot \frac{\dfrac{x}{2^n}}{\sin \dfrac{x}{2^n}} \right)$$

$$= \frac{\sin x}{x} \quad \left(\text{其中} \lim_{n \to \infty} \frac{\dfrac{x}{2^n}}{\sin \dfrac{x}{2^n}} = 1 \right).$$

例 17 求 $\lim\limits_{x \to \infty} (\sqrt{1 + x + x^2} - \sqrt{1 - x + x^2})$.

解 错误的解法:

$$原式 = \lim_{x \to \infty} \frac{2x}{\sqrt{1 + x + x^2} + \sqrt{1 - x + x^2}}$$

$$= \lim_{x \to \infty} \frac{2}{\sqrt{\dfrac{1}{x^2} + \dfrac{1}{x} + 1} + \sqrt{\dfrac{1}{x^2} - \dfrac{1}{x} + 1}} = 1.$$

以上解法将 $\sqrt{x^2} = |x|$ 误写成 $\sqrt{x^2} = x$ 是问题所在.

正确的解法:

$$原式 = \lim_{x \to \infty} \frac{2}{\left(\sqrt{\dfrac{1}{x^2} + \dfrac{1}{x} + 1} + \sqrt{\dfrac{1}{x^2} - \dfrac{1}{x} + 1} \right) \dfrac{|x|}{x}}.$$

由于

$$\lim_{x \to +\infty} \frac{2}{\left(\sqrt{\dfrac{1}{x^2} + \dfrac{1}{x} + 1} + \sqrt{\dfrac{1}{x^2} - \dfrac{1}{x} + 1} \right) \dfrac{x}{x}} = 1,$$

$$\lim_{x \to -\infty} \frac{2}{\left(\sqrt{\dfrac{1}{x^2} + \dfrac{1}{x} + 1} + \sqrt{\dfrac{1}{x^2} - \dfrac{1}{x} + 1} \right) \left(-\dfrac{x}{x} \right)} = -1,$$

因此原极限不存在.

例 18 求 $\lim\limits_{x \to 1} \dfrac{x^2 - 1}{x - 1} \mathrm{e}^{\frac{1}{x-1}}$.

分析　注意函数 $\mathrm{e}^{\frac{1}{x-1}}$ 的左、右极限，$\lim\limits_{x\to1^-}\mathrm{e}^{\frac{1}{x-1}}=0$，$\lim\limits_{x\to1^+}\mathrm{e}^{\frac{1}{x-1}}=+\infty$.

解　由于 $\lim\limits_{x\to1^-}\dfrac{x^2-1}{x-1}\mathrm{e}^{\frac{1}{x-1}}=\lim\limits_{x\to1^-}(x+1)\mathrm{e}^{\frac{1}{x-1}}=0$，而

$$\lim\limits_{x\to1^+}\dfrac{x^2-1}{x-1}\mathrm{e}^{\frac{1}{x-1}}=\lim\limits_{x\to1^+}(x+1)\mathrm{e}^{\frac{1}{x-1}}=+\infty,$$

因此原极限不存在.

例 19　求下列极限：

(1) $\lim\limits_{n\to\infty}(1+r)(1+r^2)\cdots(1+r^{2^n})$ $(|r|<1)$；

(2) $\lim\limits_{n\to\infty}\left(1-\dfrac{1}{2^2}\right)\left(1-\dfrac{1}{3^2}\right)\cdots\left(1-\dfrac{1}{n^2}\right)$.

解　(1) 把式子看作分母为 1 的分式，然后分子、分母都乘以 $1-r$，则

$$原式 = \lim\limits_{n\to\infty}\dfrac{1-r^{2^{n+1}}}{1-r}=\dfrac{1}{1-r}.$$

(2) $原式 = \lim\limits_{n\to\infty}\left(1-\dfrac{1}{2}\right)\left(1+\dfrac{1}{2}\right)\left(1-\dfrac{1}{3}\right)\left(1+\dfrac{1}{3}\right)\cdots\left(1-\dfrac{1}{n}\right)\left(1+\dfrac{1}{n}\right)$

$$=\lim\limits_{n\to\infty}\left(\dfrac{1}{2}\cdot\dfrac{3}{2}\cdot\dfrac{2}{3}\cdot\dfrac{4}{3}\cdot\cdots\cdot\dfrac{n-1}{n}\cdot\dfrac{n+1}{n}\right)=\lim\limits_{n\to\infty}\dfrac{n+1}{2n}=\dfrac{1}{2}.$$

例 20　判断数列 $x_n=\dfrac{1}{n^3+1}+\dfrac{4}{n^3+2}+\cdots+\dfrac{n^2}{n^3+n}$ 的敛散性.

解　由夹逼准则知 $\dfrac{1+4+\cdots+n^2}{n^3+n}\leqslant x_n\leqslant\dfrac{1+4+\cdots+n^2}{n^3+1}$. 因为

$$1+4+\cdots+n^2=\dfrac{1}{6}n(n+1)(2n+1),$$

所以

$$\dfrac{\dfrac{1}{6}n(n+1)(2n+1)}{n^3+n}\leqslant x_n\leqslant\dfrac{\dfrac{1}{6}n(n+1)(2n+1)}{n^3+1}.$$

又因为

$$\lim\limits_{n\to\infty}\dfrac{\dfrac{1}{6}n(n+1)(2n+1)}{n^3+1}=\lim\limits_{n\to\infty}\dfrac{\dfrac{1}{6}n(n+1)(2n+1)}{n^3+n}=\dfrac{1}{3},$$

所以 $\lim\limits_{n\to\infty}x_n=\dfrac{1}{3}$. 因此，该数列是收敛的.

注　此类和式极限，不易求出它的有限项的和的一般式，可考虑用夹逼准则.

例 21　设函数 $f(x)=\begin{cases}\mathrm{e}^x, & x<0,\\1, & x=0,\\\dfrac{\sin x}{x}, & x>0,\end{cases}$ 求 $\lim\limits_{x\to0^-}f(x)$ 和 $\lim\limits_{x\to0^+}f(x)$，并问：$f(x)$ 在点

$x=0$ 处是否连续？

解　$\lim\limits_{x\to0^-}f(x)=\lim\limits_{x\to0^-}\mathrm{e}^x=1$，$\lim\limits_{x\to0^+}f(x)=\lim\limits_{x\to0^+}\dfrac{\sin x}{x}=1$，则 $\lim\limits_{x\to0}f(x)=1$. 又因为 $f(0)=$
1，即 $\lim\limits_{x\to0}f(x)=f(0)$，所以函数 $f(x)$ 在点 $x=0$ 处连续.

例 22 设函数 $f(x) = \begin{cases} \dfrac{\cos x}{x+2}, & x \geq 0, \\ \dfrac{\sqrt{a}-\sqrt{a-x}}{x}, & x < 0, \end{cases}$ 其中 $a > 0$ 为常数. 问: 当 a 为何值

时, 点 $x = 0$ 是 $f(x)$ 的间断点? 是什么间断点?

解 $\lim\limits_{x \to 0^-} f(x) = \lim\limits_{x \to 0^-} \dfrac{\sqrt{a}-\sqrt{a-x}}{x} = \lim\limits_{x \to 0^-} \dfrac{(\sqrt{a}-\sqrt{a-x})(\sqrt{a}+\sqrt{a-x})}{x(\sqrt{a}+\sqrt{a-x})}$

$$= \lim\limits_{x \to 0^-} \dfrac{x}{x(\sqrt{a}+\sqrt{a-x})} = \lim\limits_{x \to 0^-} \dfrac{1}{\sqrt{a}+\sqrt{a-x}} = \dfrac{1}{2\sqrt{a}},$$

$$\lim\limits_{x \to 0^+} f(x) = \lim\limits_{x \to 0^+} \dfrac{\cos x}{x+2} = \dfrac{1}{2}.$$

当 $\lim\limits_{x \to 0^+} f(x) \neq \lim\limits_{x \to 0^-} f(x)$, 即 $\dfrac{1}{2} \neq \dfrac{1}{2\sqrt{a}}$, 亦即 $a \neq 1$ 时, 点 $x = 0$ 是 $f(x)$ 的间断点. 由于 a 为大于 0 的实数, 且 $f(0^+)$ 与 $f(0^-)$ 均存在, 但 $f(0^+) \neq f(0^-)$, 因此点 $x = 0$ 为 $f(x)$ 的跳跃间断点.

例 23 已知 $\lim\limits_{x \to 2} \dfrac{x^2+ax+b}{x^2-x-2} = 2$, 求常数 a 和 b.

分析 这是已知极限值, 求极限式中参数的问题. 注意到该分式函数分母的极限为零, 而整个极限值为 2, 可知分子的极限也为零, 从而得到一个关于 a, b 的方程. 将此方程代入原式, 再通过因式分解消零因子 $x-2$, 求出左端极限(含有一个参数的表达式), 等于右端, 得到一个关于参数的方程, 从而求出 a, b 的值.

解 因为 $\lim\limits_{x \to 2} \dfrac{x^2+ax+b}{x^2-x-2} = 2$, 所以

$$\lim\limits_{x \to 2}(x^2+ax+b) = \lim\limits_{x \to 2} \dfrac{x^2+ax+b}{x^2-x-2} \cdot \lim\limits_{x \to 2}(x^2-x-2) = 2 \cdot 0 = 0,$$

从而

$$4+2a+b = 0, \quad 即 \quad b = -2(a+2).$$

于是

$$\lim\limits_{x \to 2} \dfrac{x^2+ax+b}{x^2-x-2} = \lim\limits_{x \to 2} \dfrac{x^2+ax-2(a+2)}{x^2-x-2} = \lim\limits_{x \to 2} \dfrac{(x-2)[a+(x+2)]}{(x-2)(x+1)} = \dfrac{a+4}{3} = 2,$$

所以 $a = 2, b = -8$.

例 24 设函数 $f(x) = \lim\limits_{n \to \infty} \dfrac{1+x}{1+x^{2n}}$, 讨论 $f(x)$ 的间断点, 其结论为( ).

A. 不存在间断点　　　　　　　　B. 存在间断点 $x = 1$

C. 存在间断点 $x = 0$　　　　　　D. 存在间断点 $x = -1$

解 显然 $x = 0$ 不是间断点; 当 $x = -1$ 时, $f(-1^+) = f(-1) = f(-1^-)$, 所以 $x = -1$ 也不是间断点.

讨论 $x = 1, f(1) = 1$.

当 $0 < x < 1$ 时, $x^{2n} \to 0(n \to \infty)$, 则 $\lim\limits_{n \to \infty} \dfrac{1+x}{1+x^{2n}} = 2$;

当 $x > 1$ 时, $x^{2n} \to \infty(n \to \infty)$, 则 $\lim\limits_{n \to \infty} \dfrac{1+x}{1+x^{2n}} = 0 \neq 2$.

因此, $f(x)$ 在点 $x = 1$ 处间断. 故选 B.

例 25 设 $0 < x_1 < 3, x_{n+1} = \sqrt{x_n(3-x_n)}$，证明：$\lim\limits_{n \to \infty} x_n$ 存在，并求其值.

证 因为 $x_1 > 0, 3 - x_1 > 0$，所以

$$0 < x_2 = \sqrt{x_1(3-x_1)} \leqslant \frac{x_1 + (3-x_1)}{2} = \frac{3}{2} \quad (\text{几何平均值} \leqslant \text{算术平均值}).$$

于是由数学归纳法可知，当 $n > 1$ 时，$0 < x_n \leqslant \dfrac{3}{2}$，因此数列 $\{x_n\}$ 是有界的.

又因为当 $n > 1$ 时，

$$x_{n+1} - x_n = \sqrt{x_n(3-x_n)} - x_n = \sqrt{x_n}\left(\sqrt{3-x_n} - \sqrt{x_n}\right) = \frac{\sqrt{x_n}(3-2x_n)}{\sqrt{3-x_n} + \sqrt{x_n}} \geqslant 0,$$

所以 $x_{n+1} \geqslant x_n$，因此 $\{x_n\}$ 是单调增加的. 根据极限存在准则 I 可知，$\lim\limits_{n \to \infty} x_n = l$ 存在.

将 $x_{n+1} = \sqrt{x_n(3-x_n)}$ 两边取极限，得

$$l = \sqrt{l(3-l)}, \quad \text{即} \quad l^2 = 3l - l^2,$$

解得 $l = \dfrac{3}{2}(l = 0$ 舍去$)$，所以 $\lim\limits_{n \to \infty} x_n = \dfrac{3}{2}$.

注 利用极限存在准则 I 证明数列的极限是否存在，需证明数列的单调性和有界性.

例 26 已知 $\lim\limits_{x \to +\infty}(5x - \sqrt{ax^2 - bx + c}) = 1$，试求常数 a 和 b.

解法一 将分子有理化，可得

$$\lim_{x \to +\infty}(5x - \sqrt{ax^2 - bx + c}) = \lim_{x \to +\infty} \frac{(25-a)x^2 + bx - c}{5x + \sqrt{ax^2 - bx + c}} = \lim_{x \to +\infty} \frac{(25-a)x + b - \dfrac{c}{x}}{5 + \sqrt{a - \dfrac{b}{x} + \dfrac{c}{x^2}}} = 1.$$

若 $a \neq 25$，则 $\lim\limits_{x \to +\infty}\left[(25-a)x + b - \dfrac{c}{x}\right] = \infty$，故要使 $\lim\limits_{x \to +\infty}(5x - \sqrt{ax^2 - bx + c}) = 1$，必须有

$a = 25$. 于是，有 $\dfrac{b}{5 + \sqrt{a}} = 1$，得 $b = 10$.

解法二 由题意有 $\lim\limits_{x \to +\infty}\left(5 - \sqrt{a - \dfrac{b}{x} + \dfrac{c}{x^2}}\right)x = 1$. 当 $x \to +\infty$ 时，

$$\lim_{x \to +\infty}\left(5 - \sqrt{a - \frac{b}{x} + \frac{c}{x^2}}\right) = 5 - \sqrt{a},$$

若 $5 - \sqrt{a} \neq 0$，则 $\lim\limits_{x \to +\infty}\left(5 - \sqrt{a - \dfrac{b}{x} + \dfrac{c}{x^2}}\right)x = \infty \neq 1$，所以 $5 - \sqrt{a} = 0$，即 $a = 25$. 又由

$$\lim_{x \to +\infty}(5x - \sqrt{ax^2 - bx + c}) = 1, \quad \text{即} \quad \lim_{x \to +\infty} \frac{b - \dfrac{c}{x}}{5 + \sqrt{25 - \dfrac{b}{x} + \dfrac{c}{x^2}}} = 1$$

得 $\dfrac{b}{10} = 1$. 因此，$a = 25, b = 10$.

注 本题极限中出现根式可优先考虑有理化.

例 27 利用等价无穷小的性质，求下列极限：

(1) $\lim\limits_{x \to 0} \dfrac{\ln(1 + 3x - 2x^2)}{\tan 3x}$；

(2) $\lim\limits_{x \to 0} \dfrac{x^2 + \tan x - \sin 5x}{\tan 3x - x^3}$.

解 (1) $\lim\limits_{x\to 0}\dfrac{\ln(1+3x-2x^2)}{\tan 3x}=\lim\limits_{x\to 0}\dfrac{3x-2x^2}{3x}=1.$

(2) $\lim\limits_{x\to 0}\dfrac{x^2+\tan x-\sin 5x}{\tan 3x-x^3}=\lim\limits_{x\to 0}\dfrac{-4x}{3x}=-\dfrac{4}{3}.$

例 28 当 $x\to 0$ 时,$(1-a\sin x^2)^{\frac{1}{4}}-1$ 与 $x\arctan x$ 是等价无穷小,试求 a.

解 依题意有 $\lim\limits_{x\to 0}\dfrac{(1-a\sin x^2)^{\frac{1}{4}}-1}{x\arctan x}=1$,即

$$\lim\limits_{x\to 0}\dfrac{(1-a\sin x^2)^{\frac{1}{4}}-1}{x\arctan x}=\lim\limits_{x\to 0}\dfrac{\dfrac{1}{4}\times(-ax^2)}{x^2}=-\dfrac{a}{4}=1,$$

故 $a=-4$.

例 29 设当 $x\to 0$ 时,$(1-\cos x)\ln(1+x^2)$ 是比 $x\sin x^n$ 高阶的无穷小,而 $x\sin x^n$ 是比 $(\mathrm{e}^{x^2}-1)$ 高阶的无穷小,则正整数 n 为( ).

A. 1　　　　　B. 2　　　　　C. 3　　　　　D. 4

解 因为 $(1-\cos x)\ln(1+x^2)\sim\dfrac{1}{2}x^4$,$x\sin x^n\sim x^{n+1}$,$\mathrm{e}^{x^2}-1\sim x^2$,所以由题意知 $4>n+1>2$,从而 $n+1=3$,即 $n=2$. 故选 B.

例 30 设函数 $f(x)=\lim\limits_{n\to\infty}\dfrac{x^{2n-1}+ax^2+bx}{x^{2n}+1}$ 处处连续,求 a,b 的值.

解 首先,求出 $f(x)$ 的解析式. 注意到 $\lim\limits_{n\to\infty}x^{2n}=\begin{cases}\infty,&|x|>1,\\1,&|x|=1,\\0,&|x|<1,\end{cases}$ 即应分段求出 $f(x)$.

当 $|x|>1$ 时,$f(x)=\lim\limits_{n\to\infty}\dfrac{x^{-1}+ax^{2-2n}+bx^{1-2n}}{1+x^{-2n}}=\dfrac{1}{x}$;

当 $|x|<1$ 时,$f(x)=\lim\limits_{n\to\infty}\dfrac{ax^2+bx}{1}=ax^2+bx.$

于是,得

$$f(x)=\begin{cases}\dfrac{1}{x},&|x|>1,\\[2mm]\dfrac{1}{2}(a+b+1),&x=1,\\[2mm]\dfrac{1}{2}(a-b-1),&x=-1,\\[2mm]ax^2+bx,&|x|<1.\end{cases}$$

其次,由初等函数的连续性可知,当 $|x|>1$ 或 $|x|<1$ 时,$f(x)$ 分别为初等函数,故函数 $f(x)$ 连续.

最后,考察分段函数的分段点 $x=\pm 1$ 处的连续性. 根据定义,分别计算

$$\lim\limits_{x\to 1^+}f(x)=\lim\limits_{x\to 1^+}\dfrac{1}{x}=1,\quad \lim\limits_{x\to 1^-}f(x)=\lim\limits_{x\to 1^-}(ax^2+bx)=a+b;$$

$$\lim\limits_{x\to -1^+}f(x)=\lim\limits_{x\to -1^+}(ax^2+bx)=a-b,\quad \lim\limits_{x\to -1^-}f(x)=\lim\limits_{x\to -1^-}\dfrac{1}{x}=-1.$$

因此,由函数 $f(x)$ 在点 $x=\pm 1$ 处均连续得 $\begin{cases}a+b=1,\\a-b=-1,\end{cases}$ 解得 $a=0,b=1$. 故当且仅当 $a=0$,

$b = 1$ 时, $f(x)$ 处处连续.

例 31 设函数 $f(x) = \begin{cases} x\sin\dfrac{1}{x} + b, & x < 0, \\ a, & x = 0, \\ \dfrac{\sin x}{x}, & x > 0. \end{cases}$ 问: (1) a,b 为何值时, $f(x)$ 在点 $x =$

0 处极限存在? (2) a,b 为何值时, $f(x)$ 在点 $x = 0$ 处连续?

解 (1) 要使得 $f(x)$ 在点 $x = 0$ 处极限存在, 即要 $\lim\limits_{x\to0^-}f(x) = \lim\limits_{x\to0^+}f(x)$ 成立. 因为

$$\lim_{x\to0^-}f(x) = \lim_{x\to0^-}\left(x\sin\frac{1}{x} + b\right) = b, \quad \lim_{x\to0^+}f(x) = \lim_{x\to0^+}\frac{\sin x}{x} = 1,$$

所以当 $b = 1$ 时, 有 $\lim\limits_{x\to0^-}f(x) = \lim\limits_{x\to0^+}f(x)$ 成立. 于是, 当 $b = 1$ 时, 函数 $f(x)$ 在点 $x = 0$ 处极限存在. 又因为 $f(x)$ 在某点处极限存在与在该点处是否有定义无关, 所以此时 a 可以取任意值.

(2) 由函数连续的定义可知, $f(x)$ 在某点处连续的充要条件是

$$\lim_{x\to x_0^-}f(x) = \lim_{x\to x_0^+}f(x) = f(x_0).$$

于是, 有 $b = 1 = f(0) = a$, 即当 $a = b = 1$ 时, $f(x)$ 在点 $x = 0$ 处连续.

例 32 讨论函数 $f(x) = \dfrac{\mathrm{e}^{\frac{1}{x}} - 1}{\mathrm{e}^{\frac{1}{x}} + 1}$ 的间断点.

解 当 $x = 0$ 时, $f(x)$ 无定义, 所以点 $x = 0$ 为 $f(x)$ 的间断点. 因为

$$\lim_{x\to0^-}f(x) = \lim_{x\to0^-}\frac{\mathrm{e}^{\frac{1}{x}} - 1}{\mathrm{e}^{\frac{1}{x}} + 1} = -1, \quad \lim_{x\to0^+}f(x) = \lim_{x\to0^+}\frac{\mathrm{e}^{\frac{1}{x}} - 1}{\mathrm{e}^{\frac{1}{x}} + 1} = \lim_{x\to0^+}\frac{1 - \mathrm{e}^{-\frac{1}{x}}}{1 + \mathrm{e}^{-\frac{1}{x}}} = 1,$$

即 $\lim\limits_{x\to0^-}f(x) \neq \lim\limits_{x\to0^+}f(x)$, 所以点 $x = 0$ 为 $f(x)$ 的跳跃间断点.

例 33 某工厂生产某产品的年产量为若干台, 售价为 300 元 / 台; 当年产量超过 600 台时, 超过部分只能八折出售, 这样可再最多出售 200 台; 若再多生产, 则多余部分本年就销售不出去了. 试写出本年的收益函数模型.

解 设某产品年产量为 x(单位: 台), 收益函数为 $y(x)$(单位: 元). 由于产量超过 600 台时, 超过部分售价八折, 而超过 800 台时, 多余部分本年销售不出去, 从而没有效益, 因此把产量划分为三个阶段来考虑收益. 根据题意有

$$y(x) = \begin{cases} 300x, & 0 \leqslant x \leqslant 600, \\ 300\times600 + 0.8\times300(x - 600), & 600 < x \leqslant 800, \\ 300\times600 + 0.8\times300\times200, & x > 800, \end{cases}$$

即收益函数模型为

$$y(x) = \begin{cases} 300x, & 0 \leqslant x \leqslant 600, \\ 180\,000 + 240(x - 600), & 600 < x \leqslant 800, \\ 228\,000, & x > 800. \end{cases}$$

例 34 证明: 方程 $x - 2 + 3\sin x = 0$ 在区间 $\left(0, \dfrac{\pi}{2}\right)$ 内至少存在一个实根.

证 令函数 $f(x) = x - 2 + 3\sin x$, 则 $f(x)$ 在区间 $\left[0, \dfrac{\pi}{2}\right]$ 上连续. 又

$$f(0) = -2 < 0, \quad f\left(\frac{\pi}{2}\right) = \frac{\pi}{2} + 1 > 0,$$

根据零点定理,$f(x)$ 在区间 $\left(0, \frac{\pi}{2}\right)$ 内至少有一点 ξ,使得 $f(\xi) = 0$,即方程 $x - 2 + 3\sin x = 0$ 在区间 $\left(0, \frac{\pi}{2}\right)$ 内至少存在一个实根.

例 35 证明:若函数 $f(x)$ 在区间 $[a, b)$ 上连续,且 $\lim\limits_{x \to b^-} f(x)$ 存在,则 $f(x)$ 在区间 $[a, b)$ 上有界.

证 因为 $\lim\limits_{x \to b^-} f(x)$ 存在,所以必有 $\delta > 0$,使得 $b - \delta > a$,并且 $f(x)$ 在区间 $(b - \delta, b)$ 上有界,即存在 $M_1 > 0$,使得

$$|f(x)| \leqslant M_1, \quad x \in (b - \delta, b).$$

又因为 $f(x)$ 在区间 $[a, b - \delta]$ 上连续,所以由有界性定理可知,存在 $M_2 > 0$,使得

$$|f(x)| \leqslant M_2, \quad x \in [a, b - \delta].$$

取 $M = \max\{M_1, M_2\}$,则当 $x \in [a, b)$ 时,总有 $|f(x)| \leqslant M$,即 $f(x)$ 在区间 $[a, b)$ 上有界.

例 36 证明:函数 $f(x) = \frac{1}{x}$ 在区间 $(0, 1)$ 内是无界的,在区间 $(1, 2)$ 内是有界的.

证 $\forall M > 1$,则 $\frac{1}{2M} \in (0, 1)$. 当 $x_1 = \frac{1}{2M}$ 时,总有 $\left|\frac{1}{x_1}\right| = 2M > M$. 又取 $M = 1$,$\forall x \in (1, 2)$,总有 $\left|\frac{1}{x}\right| \leqslant 1$. 因此,$f(x)$ 在区间 $(0, 1)$ 内无界,在区间 $(1, 2)$ 内有界.

例 37 求函数 $f(x) = \frac{x^2 - 2x}{|x|(x^2 - 4)}$ 的间断点,并确定其类型.

解 因为函数在点 $x = 0, -2, 2$ 处没有定义,所以 $x = 0, -2, 2$ 是所给函数的间断点.下面确定它们的类型.

对于 $x = 0$,由于

$$f(0^-) = \lim_{x \to 0^-} \frac{x(x - 2)}{-x(x - 2)(x + 2)} = -\frac{1}{2},$$

$$f(0^+) = \lim_{x \to 0^+} \frac{x(x - 2)}{x(x - 2)(x + 2)} = \frac{1}{2},$$

因此点 $x = 0$ 是第一类间断点,且为跳跃间断点.

对于 $x = -2$,由于

$$f(-2^-) = f(-2^+) = \lim_{x \to -2} \frac{x(x - 2)}{|x|(x - 2)(x + 2)} = -\infty,$$

因此点 $x = -2$ 是第二类间断点,且为无穷间断点.

对于 $x = 2$,由于

$$f(2^-) = f(2^+) = \lim_{x \to 2} \frac{x(x - 2)}{x(x - 2)(x + 2)} = \frac{1}{4},$$

因此点 $x = 2$ 是第一类间断点,且为可去间断点.若补充定义 $f(2) = \frac{1}{4}$,则 $f(x)$ 在点 $x = 2$ 处连续.

例 38 求 $\lim\limits_{x\to 0}\left(\dfrac{2+\mathrm{e}^{\frac{1}{x}}}{1+\mathrm{e}^{\frac{4}{x}}}+\dfrac{\sin x}{|x|}\right)$.

分析 求带有绝对值的函数的极限时一定要注意考虑左、右极限.

解 因为

$$\lim_{x\to 0^+}\left(\frac{2+\mathrm{e}^{\frac{1}{x}}}{1+\mathrm{e}^{\frac{4}{x}}}+\frac{\sin x}{|x|}\right)=\lim_{x\to 0^+}\left(\frac{2\mathrm{e}^{-\frac{4}{x}}+\mathrm{e}^{-\frac{3}{x}}}{\mathrm{e}^{-\frac{4}{x}}+1}+\frac{\sin x}{x}\right)=0+1=1,$$

$$\lim_{x\to 0^-}\left(\frac{2+\mathrm{e}^{\frac{1}{x}}}{1+\mathrm{e}^{\frac{4}{x}}}+\frac{\sin x}{|x|}\right)=\lim_{x\to 0^-}\left(\frac{2+\mathrm{e}^{\frac{1}{x}}}{1+\mathrm{e}^{\frac{4}{x}}}-\frac{\sin x}{x}\right)=2-1=1,$$

所以
$$\lim_{x\to 0}\left(\frac{2+\mathrm{e}^{\frac{1}{x}}}{1+\mathrm{e}^{\frac{4}{x}}}+\frac{\sin x}{|x|}\right)=1.$$

例 39 求 $\lim\limits_{x\to 0}(\cos x)^{\frac{1}{\ln(1+x^2)}}$.

解 用等价替换. 因为

$$\lim_{x\to 0}(\cos x)^{\frac{1}{\ln(1+x^2)}}=\mathrm{e}^{\lim\limits_{x\to 0}\frac{1}{\ln(1+x^2)}\ln(\cos x)},$$

而

$$\lim_{x\to 0}\frac{\ln(\cos x)}{\ln(1+x^2)}=\lim_{x\to 0}\frac{\ln(1+\cos x-1)}{x^2}=\lim_{x\to 0}\frac{\cos x-1}{x^2}=\lim_{x\to 0}\frac{-\frac{x^2}{2}}{x^2}=-\frac{1}{2},$$

故
$$\lim_{x\to 0}(\cos x)^{\frac{1}{\ln(1+x^2)}}=\frac{1}{\sqrt{\mathrm{e}}}.$$

例 40 一下水道的截面是矩形加半圆形(见图 1-1),截面面积为 A,A 是一常量,该常量取决于预定的排水量. 设截面的周长为 s,底宽为 x,试建立 s 与 x 的函数模型.

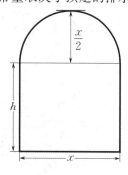

图 1-1

解 设矩形高为 h,根据等量关系写关系式:

$$s=x+2h+\frac{1}{2}\pi x. \tag{1-1}$$

显然,在关系式(1-1)中有两个变量 x 及 h,而题目要求我们应把 s 表示成 x 的一元函数. 为此,需把变量 h 也表示成与 x 有关的量.

根据题中所给限制条件——截面积为 A,建立 x 与 h 的关系:

$$A=xh+\frac{1}{2}\pi\left(\frac{x}{2}\right)^2,\quad \text{即}\quad h=\frac{A}{x}-\frac{1}{8}\pi x. \tag{1-2}$$

将式(1-2)代入式(1-1),得

$$s=\left(1+\frac{\pi}{4}\right)x+\frac{2A}{x}\quad (x>0).$$

此即为我们所要找的周长 s 与底宽 x 的函数模型.

注 运用数学工具解决实际问题时,通常要先找出变量之间的函数关系,用数学式子表示出来,再进行分析和计算.建立函数模型的具体步骤如下:

(1) 分析问题中哪些是变量,哪些是常量,分别用字母表示;

(2) 根据所给条件,运用数学、物理、经济及其他知识,确定等量关系;

(3) 写出具体解析式 $y=f(x)$,并指明其定义域.

例 41 设函数 $f(x)$ 在区间 $[0,2]$ 上连续,且 $f(0)+f(1)+f(2)=3$,求证:存在 $\xi\in$

$(0,2)$,使得 $f(\xi)=1$.

证 因为 $f(x)$ 在区间 $[0,2]$ 上连续,所以有最大值 M 和最小值 m,于是

$$m \leqslant \frac{1}{3}[f(0)+f(1)+f(2)] \leqslant M.$$

根据介值定理,存在 $\xi \in (0,2)$,使得 $f(\xi)=\frac{1}{3}[f(0)+f(1)+f(2)]$,即 $f(\xi)=1$.

四、同 步 练 习

练习 1.1

1. 求下列函数的定义域:

(1) $y=\dfrac{x^3}{1-x^2}+\mathrm{e}^{\sqrt{x+3}}$;

(2) $y=\dfrac{\arccos\dfrac{x-1}{5}}{\sqrt{x^2-x-6}}$;

(3) $y=\begin{cases} \sin\dfrac{x^3}{\sqrt{1-x}}, & x \neq 1, \\ 3, & x=1. \end{cases}$

2. 已知函数 $f(x)$ 的定义域为 $[0,1]$,求 $f(\sqrt{x})$,$f(\cos x)$ 的定义域.

3. 设函数 $f(x)=\dfrac{1}{x^2}\left(1-\dfrac{x-a}{|x-a|}\right)$,其中 $a>0$,求 $f(2a)$ 和 $f(1)$.

4. 证明下列不等式:

(1) 对于任何 $x \in \mathbf{R}$,有 $|x-1|+|x-2| \geqslant 1$;

(2) 对于任何 $n \in \mathbf{Z}_+$,有 $\left(1+\dfrac{1}{n+1}\right)^{n+1} > \left(1+\dfrac{1}{n}\right)^n$;

(3) 对于任何 $n \in \mathbf{Z}_+$ 及实数 $a>1$,有 $a^{\frac{1}{n}}-1 \leqslant \dfrac{a-1}{n}$.

5. 判断下列各组函数中的 $f(x)$ 与 $g(x)$ 是否为同一函数,并说明理由:

(1) $f(x)=\ln(\sqrt{x^2+1}-x)$,$g(x)=-\ln(\sqrt{x^2+1}+x)$;

(2) $f(x)=1$,$g(x)=\sec^2 x-\tan^2 x$;

(3) $f(x)=2\lg x$,$g(x)=\lg x^2$;

(4) $f(x)=1+x^2$,$g(x)=\dfrac{x+x^3}{x}$.

6. 试确定下列函数的单调性:

(1) $y=\dfrac{3}{x}+\ln(-x)$;

(2) $y=\dfrac{-x}{1-x}$;

(3) $y=1-\sin x$.

7. 设函数 $f(x)=2^x$,$g(x)=x\ln x$,求 $f[g(x)]$,$g[f(x)]$,$f[f(x)]$ 和 $g[g(x)]$.

8. 设 $f(x)$ 是定义在区间 $[-l,l]$ 上的任意函数,证明:

(1) $f(x)+f(-x)$ 是偶函数,$f(x)-f(-x)$ 是奇函数;

(2) $f(x)$ 可表示成偶函数与奇函数之和的形式.

9. 判断下列函数是否为周期函数. 若是,指出其最小正周期:

(1) $y=|\cos x|$;

(2) $y=x\cot^2 x$;

(3) $y=2-\sin \pi^2 x$;

(4) $y=\sin^2 x$.

10. 求下列函数的反函数:

(1) $y = \dfrac{1-x}{1+x}$;

(2) $y = \ln(x+2) + 1$;

(3) $y = 3^{2x+5}$;

(4) $y = 1 + \cos^3 x, \quad x \in [0, \pi]$.

11. 试判断下列函数由哪些基本初等函数复合而成:

(1) $y = e^{(1+x)^{20}}$;

(2) $y = (\arcsin x^2)^4$;

(3) $y = 3^{\cos^2 x}$;

(4) $y = \ln(1 + \sqrt{x^2 + 1})$.

12. 设函数 $f(x) = \begin{cases} 1, & |x| < 1, \\ 0, & |x| = 1, \\ -1, & |x| > 1, \end{cases}$ $g(x) = e^x$, 求 $f[g(x)]$ 与 $g[f(x)]$.

13. 将某种溶液倒进一圆柱形容器内,该容器的底半径为 r,高为 H. 倒入溶液后,液面的高度为 h 时,溶液的体积为 V. 试把 h 表示为 V 的函数,并指出其定义域.

14. 某商场以 a 元/件的价格出售某种商品. 若顾客一次性购买该商品 50 件以上,则超出部分以 $0.8a$ 元/件的优惠价出售. 试将一次性成交的销售收入 R 表示成销售量 x 的函数.

练习 1.2

1. 设数列 $x_n = \dfrac{2n-3}{3n+1}$ $(n = 1, 2, \cdots)$.

(1) 求 $\left| x_1 - \dfrac{2}{3} \right|, \left| x_{20} - \dfrac{2}{3} \right|, \left| x_{1\,000} - \dfrac{2}{3} \right|$ 的值;

(2) 求 N,使得当 $n > N$ 时,不等式 $\left| x_n - \dfrac{2}{3} \right| < 10^{-4}$ 成立;

(3) 对于实数 $\varepsilon > 0$,求 N,使得当 $n > N$ 时,不等式 $\left| x_n - \dfrac{2}{3} \right| < \varepsilon$ 成立.

2. 当 $x \to 1$ 时,$y = x^2 + 2 \to 3$. 问:δ 等于多少,能使得当 $|x-1| < \delta$ 时,$|y-3| < 0.01$?

3. 当 $x \to \infty$ 时,$y = \dfrac{2x^2-1}{x^2+2} \to 2$. 问:$X$ 等于多少,能使得当 $|x| > X$ 时,$|y-2| < 0.001$?

4. 根据极限的定义证明:

(1) $\lim\limits_{n \to \infty} \dfrac{a}{n} = 0$ (a 为常数);

(2) $\lim\limits_{n \to \infty} \dfrac{\sqrt{n^2-1}}{n} = 1$;

(3) $\lim\limits_{x \to 1} (3x-1) = 2$;

(4) $\lim\limits_{x \to -2} \dfrac{x^2-4}{x+2} = -4$;

(5) $\lim\limits_{x \to \infty} \dfrac{3x+5}{x-1} = 3$.

5. 用 "$\varepsilon - X$" 或 "$\varepsilon - \delta$" 语言,写出下列函数极限的定义:

(1) $\lim\limits_{x \to \infty} f(x) = a$;

(2) $\lim\limits_{x \to +\infty} f(x) = a$;

(3) $\lim\limits_{x \to a^+} f(x) = b$;

(4) $\lim\limits_{x \to a^-} f(x) = b$.

6. 证明:$\lim\limits_{x \to \infty} f(x)$ 存在的充要条件是 $\lim\limits_{x \to -\infty} f(x)$ 与 $\lim\limits_{x \to +\infty} f(x)$ 都存在且相等.

7. 对于数列 $\{x_n\}$,若 $\lim\limits_{k \to \infty} x_{2k-1} = a$,$\lim\limits_{k \to \infty} x_{2k} = a$,证明:$\lim\limits_{n \to \infty} x_n = a$.

练习 1.3

1. 利用极限的定义证明:

(1) $y = \dfrac{x^2-4}{x-2}$ 为 $x \to 2$ 时的无穷小;

(2) $y = \dfrac{2+5x}{x}$ 为 $x \to 0$ 时的无穷大.

2. 求下列极限:

(1) $\lim\limits_{x\to\infty}\dfrac{\sin x}{x}$;

(2) $\lim\limits_{x\to\infty}\dfrac{\cos x}{x^2}$;

(3) $\lim\limits_{x\to+\infty}\dfrac{\arctan x}{\ln x}$;

(4) $\lim\limits_{x\to0^+}x\,\mathrm{arccot}(\lg x)$.

3. 函数 $y=x^2\cos x$ 在区间 $(0,+\infty)$ 上是否有界?该函数是否为当 $x\to+\infty$ 时的无穷大?

4. 证明:函数 $y=\dfrac{1}{x}\sin\dfrac{1}{x}$ 在区间 $(0,+\infty)$ 上无界,但它不是 $x\to0$ 时的无穷大.

练习 1.4

1. 求下列极限:

(1) $\lim\limits_{n\to\infty}\dfrac{2n^3+n-3}{6n^3-2n+3}$;

(2) $\lim\limits_{n\to\infty}\left[\dfrac{1}{1\cdot3}+\dfrac{1}{3\cdot5}+\cdots+\dfrac{1}{(2n-1)(2n+1)}\right]$;

(3) $\lim\limits_{n\to\infty}\left(\dfrac{1}{2}+\dfrac{3}{2^2}+\cdots+\dfrac{2n-1}{2^n}\right)$;

(4) $\lim\limits_{n\to\infty}\dfrac{3^n+2^n}{3^{n+1}-2^{n+1}}$;

(5) $\lim\limits_{x\to2}(x^3-3x+5)$;

(6) $\lim\limits_{x\to2}\dfrac{x^3+1}{x^2-5x+3}$;

(7) $\lim\limits_{x\to1}\dfrac{x^2-1}{x^2+4x-5}$;

(8) $\lim\limits_{x\to-3}\dfrac{x^3-x^2-9x+9}{x^3+27}$;

(9) $\lim\limits_{h\to0}\dfrac{(x+h)^2-x^2}{h}$;

(10) $\lim\limits_{x\to2}\left(\dfrac{12}{8-x^3}-\dfrac{1}{2-x}\right)$;

(11) $\lim\limits_{x\to1}\dfrac{\sqrt{1+x}-\sqrt{1-x}}{\sqrt[3]{1+x}-\sqrt[3]{1-x}}$;

(12) $\lim\limits_{x\to\infty}\dfrac{3x^2-1}{x^2+7x-3}$;

(13) $\lim\limits_{x\to\infty}\dfrac{x^3+3x}{2x^3-7x+8}$;

(14) $\lim\limits_{x\to\infty}\dfrac{x^2+3x-8}{7x^4+5x^3}$;

(15) $\lim\limits_{x\to\infty}(2x^3-3x+6)$;

(16) $\lim\limits_{x\to+\infty}\left(\sqrt{x^4+2x^2}-\sqrt{x^4+1}\right)$.

2. 设函数 $f(x)=\begin{cases}\mathrm{e}^x, & x>0,\\ 0, & x=0,\\ 1-3x^2, & x<0,\end{cases}$ 试讨论 $\lim\limits_{x\to0}f(x)$ 是否存在.

3. 设函数 $f(x)=\begin{cases}2^{x+1}, & x<0,\\ 2x+a, & x\geqslant0.\end{cases}$ 若 $\lim\limits_{x\to0}f(x)$ 存在,则 a 取何值?

4. 已知 $\lim\limits_{x\to\infty}f(x)$ 存在,且 $f(x)=\dfrac{1}{x}-4+3\lim\limits_{x\to\infty}f(x)$,求函数 $f(x)$.

练习 1.5

1. 求下列极限:

(1) $\lim\limits_{x\to\infty}\left(1-\dfrac{1}{x}\right)^{2x}$;

(2) $\lim\limits_{x\to0}\left(1-\dfrac{x}{3}\right)^{\frac{1}{x}}$;

(3) $\lim\limits_{x\to3}\left(\dfrac{x}{3}\right)^{\frac{1}{x-3}}$;

(4) $\lim\limits_{x\to\infty}\left(\dfrac{x-2}{x+2}\right)^x$.

2. 求下列极限:

(1) $\lim\limits_{x\to0}\dfrac{\sin3x}{\sin5x}$;

(2) $\lim\limits_{x\to\infty}x\sin\dfrac{3}{x}$;

(3) $\lim\limits_{x\to0}\dfrac{\tan x-\sin x}{x^3}$;

(4) $\lim\limits_{x\to0^+}\dfrac{1-\cos2x}{x^{\frac{5}{2}}}$;

(5) $\lim\limits_{n\to\infty}3^n\sin\dfrac{x}{3^n}$($x$ 为不等于零的常数).

3. 利用极限存在准则证明:

(1) 设 $x_1 = 10, x_{n+1} = \sqrt{6 + x_n}\ (n = 2, 3, \cdots)$，试证：$\lim\limits_{n \to \infty} x_n$ 存在，并求其值；

(2) $\lim\limits_{n \to \infty} \sqrt{1 + \dfrac{a}{n}} = 1\ (a > 0$ 为常数)；

(3) $\lim\limits_{n \to \infty} \left(\dfrac{1}{\sqrt{n^2 + 1}} + \dfrac{1}{\sqrt{n^2 + 2}} + \cdots + \dfrac{1}{\sqrt{n^2 + n}} \right) = 1$；

(4) $\lim\limits_{x \to 0^+} x \left[\dfrac{1}{x} \right] = 1$.

练习 1.6

1. 当 $x \to 1$ 时，无穷小 $1 - x$ 与 $1 - x^2, \dfrac{1}{2}(1 - x^2)$ 是否同阶？是否等价？

2. 当 $x \to 0$ 时，$2x - x^2$ 与 $x^2 - x^3$ 相比，哪个是高阶无穷小？

3. 利用等价无穷小的性质，求下列极限：

(1) $\lim\limits_{x \to 0} \dfrac{3x}{\sin 5x}$；

(2) $\lim\limits_{x \to 0} \dfrac{\sin kx}{\tan tx}\ (k, t$ 是不为零的常数)；

(3) $\lim\limits_{x \to 0} \dfrac{\arctan^2 x}{\mathrm{e}^{\frac{\sin x^2}{3}} - 1}$；

(4) $\lim\limits_{x \to 0} \dfrac{\sqrt{2} - \sqrt{1 + \cos x}}{\sin^2 3x}$；

(5) $\lim\limits_{x \to 0^+} \dfrac{1 - \sqrt{\cos x}}{x(1 - \cos \sqrt{x})}$；

(6) $\lim\limits_{x \to 0} \left(\dfrac{a^x + b^x}{2} \right)^{\frac{3}{x}}\ (a > 0, b > 0$ 均为常数).

4. 证明：当 $x \to 0$ 时，$\ln(1 + x) \sim x$.

5. 证明：当 $x \to 0$ 时，$\sqrt[n]{1 + x} - 1 \sim \dfrac{1}{n} x$.

6. 若 $\lim\limits_{x \to 0} \dfrac{\sin x \cdot (\cos x - b)}{\mathrm{e}^x - a} = 5$，求 a, b 的值.

练习 1.7

1. 研究下列函数的连续性：

(1) $f(x) = |x|$；

(2) $f(x) = \begin{cases} x, & x \text{ 是有理数}, \\ 0, & x \text{ 是无理数}. \end{cases}$

2. 讨论下列函数的间断点的类型. 若是可去间断点，则补充或改变函数的定义使其在该点处连续：

(1) $f(x) = \operatorname{sgn} x$；

(2) $f(x) = \dfrac{\sin x}{1 + \mathrm{e}^{\frac{1}{x}}}$；

(3) $f(x) = [x]$；

(4) $f(x) = \dfrac{x^4 - 1}{x^2 - 1}$；

(5) $f(x) = \dfrac{x^2 - 1}{x^2 - 3x + 2}$；

(6) $f(x) = x \sin \dfrac{1}{x}$.

3. 当 a 取何值时，函数 $f(x) = \begin{cases} \sin x, & x < 0, \\ a + x, & x \geqslant 0 \end{cases}$ 在点 $x = 0$ 处连续？

4. 设函数 $f(x) = \begin{cases} 2\cos x, & x \leqslant c, \\ ax^2 + b, & x > c, \end{cases}$ 其中 b, c 是已知常数. 试选择 a，使得 $f(x)$ 为连续函数.

5. 证明：若函数 $f(x)$ 在区间 I 上最大值与最小值相等，则 $f(x)$ 是区间 I 上的常数函数.

6. 证明：方程 $x \cdot 2^x = 1$ 至少有一个小于 1 的正根.

7. 证明：方程 $x = a \sin x + b$ 至少存在一个正根，并且根不超过 $a + b$，其中 $a > 0, b > 0$.

8. 设函数 $f(x)$ 在区间 $[a,b]$ 上满足利普希茨(Lipschitz)条件,即存在正常数 L,使得对于任意的 $x,y \in [a,b]$,恒有 $|f(x)-f(y)| \leqslant L|x-y|$,且 $f(a) \cdot f(b) < 0$.证明:至少存在一点 $\xi \in (a,b)$,使得 $f(\xi)=0$.

9. 设函数 $f(x)$ 在区间 $[a,b]$ 上连续,且 $a < x_1 < x_2 < \cdots < x_n < b$,证明:在区间 (x_1,x_n) 内必有 ξ,使得

$$f(\xi) = \frac{f(x_1)+f(x_2)+\cdots+f(x_n)}{n}.$$

练习 1.8

1. 研究下列函数的连续性:

(1) $f(x) = x^2 \mathrm{e}^x + \sin(x^3+1)$;   (2) $f(x) = \dfrac{x^3+27}{x+3}$;

(3) $f(x) = \sqrt{\mathrm{e}^{x^2}+x}$.

2. 求下列极限:

(1) $\lim\limits_{x \to 1} \dfrac{x^2 + \ln(2-x)}{\arctan x}$;   (2) $\lim\limits_{x \to 0} \dfrac{\ln(1+x^2)}{x \tan x}$;

(3) $\lim\limits_{x \to +\infty} \arctan(\sqrt{x^2+2x} - x)$;   (4) $\lim\limits_{x \to 0} (1 + \tan x)^{\frac{3}{\sin x}}$;

(5) $\lim\limits_{x \to 0} (1 - 2x)^{\frac{1-x}{\sin x}}$;   (6) $\lim\limits_{x \to 0} (1 + x^2 \mathrm{e}^x)^{\frac{1}{1-\cos x}}$;

(7) $\lim\limits_{n \to \infty} n[\ln n - \ln(n+2)]$.

3. 已知 $\lim\limits_{x \to \infty} \left(\dfrac{x+2}{x-a} \right)^x = 4$,求常数 a 的值.

简答 1.1

1. 解 (1) 解不等式组 $\begin{cases} x+3 \geqslant 0, \\ 1-x^2 \neq 0, \end{cases}$ 得该函数的定义域为 $[-3,-1) \cup (-1,1) \cup (1,+\infty)$.

(2) 解不等式组 $\begin{cases} -1 \leqslant \dfrac{x-1}{5} \leqslant 1, \\ x^2 - x - 6 > 0, \end{cases}$ 得该函数的定义域为 $[-4,-2) \cup (3,6]$.

(3) 函数的定义域为 $(-\infty,1]$.

2. 解 要使函数 $f(\sqrt{x})$ 有意义,必须 $0 \leqslant \sqrt{x} \leqslant 1$,因此 $f(\sqrt{x})$ 的定义域为 $[0,1]$;同理,得函数 $f(\cos x)$ 的定义域为 $\left[2k\pi - \dfrac{\pi}{2}, 2k\pi + \dfrac{\pi}{2} \right] (k \in \mathbf{Z})$.

3. 解 $f(2a) = \dfrac{1}{4a^2} \left(1 - \dfrac{a}{a} \right) = 0$, $f(1) = \dfrac{1}{1^2} \left(1 - \dfrac{1-a}{|1-a|} \right) = \begin{cases} 2, & a > 1, \\ 0, & 0 < a < 1. \end{cases}$

4. 证 (1) 由三角形不等式,得

$$|x-1| + |x-2| \geqslant |x-1-(x-2)| = 1.$$

(2) 要证 $\left(1 + \dfrac{1}{n+1} \right)^{n+1} > \left(1 + \dfrac{1}{n} \right)^n$,即要证 $1 + \dfrac{1}{n+1} > \sqrt[n+1]{\left(1 + \dfrac{1}{n} \right)^n}$.由均值不等式,有

$$\sqrt[n+1]{\left(1 + \dfrac{1}{n} \right)^n} = \sqrt[n+1]{\left(1 + \dfrac{1}{n} \right) \cdot \left(1 + \dfrac{1}{n} \right) \cdots \left(1 + \dfrac{1}{n} \right) \cdot 1}$$

$$< \frac{\left(1 + \dfrac{1}{n} \right) + \left(1 + \dfrac{1}{n} \right) + \cdots + \left(1 + \dfrac{1}{n} \right) + 1}{n+1} = 1 + \frac{1}{n+1}.$$

(3) 令 $h = a^{\frac{1}{n}} - 1$,则 $h > 0$.当 $n \geqslant 2$ 时,由伯努利不等式,有

$$a = (1+h)^n > 1 + nh = 1 + n(a^{\frac{1}{n}} - 1),$$

所以 $a^{\frac{1}{n}}-1<\dfrac{a-1}{n}$. 又当 $n=1$ 时,有 $a^{\frac{1}{n}}-1=\dfrac{a-1}{n}$,故对于任何 $n\in \mathbf{Z}_+$ 及实数 $a>1$,有

$$a^{\frac{1}{n}}-1\leqslant \dfrac{a-1}{n}.$$

5. 解 (1) 是. (2) 不是,因为定义域不同. (3) 不是,因为定义域不同. (4) 不是,因为定义域不同.

6. 解 (1) 该函数的定义域为 $(-\infty,0)$. 此时,函数 $y_1=\dfrac{3}{x}$ 单调减少,$y_2=\ln(-x)$ 单调减少,则 $y=y_1+y_2$ 在区间 $(-\infty,0)$ 上是单调减少的.

(2) 该函数的定义域为 $(-\infty,1)\bigcup(1,+\infty)$. 此时,函数 $y_1=\dfrac{1}{x-1}$ 在区间 $(-\infty,1)$ 及 $(1,+\infty)$ 上单调减少,故 $y=\dfrac{-x}{1-x}=1+\dfrac{1}{x-1}$ 在区间 $(-\infty,1)$ 及 $(1,+\infty)$ 上是单调减少的.

(3) 该函数的定义域为 $(-\infty,+\infty)$. 在区间 $\left(2k\pi-\dfrac{\pi}{2},2k\pi+\dfrac{\pi}{2}\right)$ 上该函数是单调减少的,在区间 $\left(2k\pi+\dfrac{\pi}{2},2k\pi+\dfrac{3\pi}{2}\right)$ 上该函数是单调增加的.

7. 解 $f[g(x)]=2^{g(x)}=2^{x\ln x}$, $\quad g[f(x)]=f(x)\ln f(x)=2^x\cdot\ln 2^x=(x\ln 2)\cdot 2^x$,
$f[f(x)]=2^{f(x)}=2^{2^x}$, $\quad g[g(x)]=g(x)\ln g(x)=x\ln x\cdot\ln(x\ln x)$.

8. 证 (1) 令函数 $g(x)=f(x)+f(-x)$,函数 $h(x)=f(x)-f(-x)$,则它们的定义域为 $[-l,l]$,且
$$g(-x)=f(-x)+f(x)=g(x),\quad h(-x)=f(-x)-f(x)=-h(x),$$
所以 $f(x)+f(-x)$ 是偶函数,$f(x)-f(-x)$ 是奇函数.

(2) 令任意函数 $f(x)=\dfrac{f(x)+f(-x)}{2}+\dfrac{f(x)-f(-x)}{2}$,由 (1) 可知,$\dfrac{f(x)+f(-x)}{2}$ 是偶函数,$\dfrac{f(x)-f(-x)}{2}$ 是奇函数,所以命题得证.

9. 解 (1) 是,最小正周期为 π. (2) 不是.

(3) 是,最小正周期为 $\dfrac{2}{\pi}$. (4) 是,最小正周期为 π.

10. 解 (1) 由 $y=\dfrac{1-x}{1+x}$ 得 $x=\dfrac{1-y}{1+y}$,所以函数 $y=\dfrac{1-x}{1+x}$ 的反函数为

$$y=\dfrac{1-x}{1+x},\quad x\in(-\infty,-1)\bigcup(-1,+\infty).$$

(2) 由 $y=\ln(x+2)+1$ 得 $x=\mathrm{e}^{y-1}-2$,所以函数 $y=\ln(x+2)+1$ 的反函数为

$$y=\mathrm{e}^{x-1}-2,\quad x\in \mathbf{R}.$$

(3) 由 $y=3^{2x+5}$ 得 $x=\dfrac{1}{2}(\log_3 y-5)$,所以函数 $y=3^{2x+5}$ 的反函数为

$$y=\dfrac{1}{2}(\log_3 x-5),\quad x\in(0,+\infty).$$

(4) 由 $y=1+\cos^3 x$ 得 $\cos x=\sqrt[3]{y-1}$. 而 $x\in[0,\pi]$,故 $x=\arccos\sqrt[3]{y-1}$.
又由 $-1\leqslant\cos x\leqslant 1$ 得 $0\leqslant 1+\cos^3 x\leqslant 2$,即 $0\leqslant y\leqslant 2$,故反函数的定义域为 $[0,2]$. 因此,函数 $y=1+\cos^3 x,x\in[0,\pi]$ 的反函数为

$$y=\arccos\sqrt[3]{x-1},\quad x\in[0,2].$$

11. 解 (1) 由 $y=\mathrm{e}^u,u=v^{20},v=1+x$ 复合而成.

(2) 由 $y=u^4,u=\arcsin v,v=x^2$ 复合而成.

(3) 由 $y=3^u,u=v^2,v=\cos x$ 复合而成.

(4) 由 $y=\ln u,u=1+\sqrt{v},v=x^2+1$ 复合而成.

12. 解 $f[g(x)] = \begin{cases} 1, & x < 0, \\ 0, & x = 0, \\ -1, & x > 0, \end{cases}$ $\quad g[f(x)] = \begin{cases} \mathrm{e}, & |x| < 1, \\ 1, & |x| = 1, \\ \mathrm{e}^{-1}, & |x| > 1. \end{cases}$

13. 解 依题意有 $V = \pi r^2 h$, 则 $h = \dfrac{V}{\pi r^2}, V \in [0, \pi r^2 H]$.

14. 解 依题意有 $R(x) = \begin{cases} ax, & x \leqslant 50, \\ 50a + 0.8a(x - 50), & x > 50. \end{cases}$

简答 1.2

1. 解 (1) $\left| x_1 - \dfrac{2}{3} \right| = \left| -\dfrac{1}{4} - \dfrac{2}{3} \right| = \dfrac{11}{12}$, $\left| x_{20} - \dfrac{2}{3} \right| = \left| \dfrac{37}{61} - \dfrac{2}{3} \right| = \dfrac{11}{183}$, $\left| x_{1\,000} - \dfrac{2}{3} \right| = \left| \dfrac{1\,997}{3\,001} - \dfrac{2}{3} \right| = \dfrac{11}{9\,003}$.

(2) 要使得 $\left| x_n - \dfrac{2}{3} \right| < 10^{-4}$, 即 $\dfrac{11}{3(3n+1)} < \dfrac{1}{10^4}$, 则只要 $n > 12\,222$, 取正整数 $N \geqslant 12\,222$. 故当 $n > N$ 时, 不等式 $\left| x_n - \dfrac{2}{3} \right| < 10^{-4}$ 成立.

(3) 要使得 $\left| x_n - \dfrac{2}{3} \right| < \varepsilon$ 成立, 只要 $\left| \dfrac{2n-3}{3n+1} - \dfrac{2}{3} \right| = \dfrac{11}{9n+3} < \varepsilon$, 即 $n > \dfrac{11 - 3\varepsilon}{9\varepsilon}$. 取正整数 $N \geqslant 1 + \left[\dfrac{11 - 3\varepsilon}{9\varepsilon} \right]$, 那么当 $n > N$ 时, $\left| x_n - \dfrac{2}{3} \right| < \varepsilon$ 成立.

2. 解 令 $|x - 1| < \dfrac{1}{2}$, 则 $\dfrac{3}{2} < |x + 1| < \dfrac{5}{2}$. 要使得

$$|y - 3| = |x^2 + 2 - 3| = |x^2 - 1| = |x - 1||x + 1| < \dfrac{5}{2}|x - 1| < 0.01,$$

只要 $|x - 1| < 0.004$, 所以取 $\delta = 0.004$, 则当 $|x - 1| < \delta$ 时, $|y - 3| < 0.01$ 成立.

3. 解 要使得 $|y - 2| = \left| \dfrac{2x^2 - 1}{x^2 + 2} - 2 \right| = \dfrac{5}{x^2 + 2} \leqslant \dfrac{5}{x^2} < 0.001$, 只要 $x^2 > 5\,000$, 即 $|x| > \sqrt{5\,000}$, 所以可取 $X = \sqrt{5\,000}$.

4. 证 (1) $\forall \varepsilon > 0$, 若 $a = 0$, 则任取正整数 N, 当 $n > N$ 时, 总有 $\left| \dfrac{0}{n} - 0 \right| = 0 < \varepsilon$; 若 $a \neq 0$, 要使得 $\left| \dfrac{a}{n} - 0 \right| = \dfrac{|a|}{n} < \varepsilon$, 只需 $n > \dfrac{|a|}{\varepsilon}$. 取正整数 $N = \left[\dfrac{|a|}{\varepsilon} \right] + 1$, 当 $n > N$ 时, 总有 $\left| \dfrac{a}{n} - 0 \right| < \varepsilon$. 综上, 可得 $\lim\limits_{n \to \infty} \dfrac{a}{n} = 0$.

(2) $\forall \varepsilon > 0$, 要使得 $\left| \dfrac{\sqrt{n^2 - 1}}{n} - 1 \right| = \dfrac{1}{n(\sqrt{n^2 - 1} + n)} \leqslant \dfrac{1}{n^2} < \varepsilon$, 只要 $n > \dfrac{1}{\sqrt{\varepsilon}}$. 取正整数 $N = \left[\dfrac{1}{\sqrt{\varepsilon}} \right]$, 当 $n > N$ 时, 总有 $\left| \dfrac{\sqrt{n^2 - 1}}{n} - 1 \right| < \varepsilon$, 则 $\lim\limits_{n \to \infty} \dfrac{\sqrt{n^2 - 1}}{n} = 1$.

(3) $\forall \varepsilon > 0$, 要使得 $|3x - 1 - 2| = 3|x - 1| < \varepsilon$, 只要 $|x - 1| < \dfrac{\varepsilon}{3}$. 取正数 $\delta = \dfrac{\varepsilon}{3}$, 则当 $0 < |x - 1| < \delta$ 时, 总有 $|3x - 1 - 2| < \varepsilon$, 则 $\lim\limits_{x \to 1}(3x - 1) = 2$.

(4) $\forall \varepsilon > 0$, 要使得 $\left| \dfrac{x^2 - 4}{x + 2} - (-4) \right| = |x - (-2)| < \varepsilon$. 取正数 $\delta = \varepsilon$, 则当 $0 < |x - (-2)| < \delta$ 时, 总有 $\left| \dfrac{x^2 - 4}{x + 2} - (-4) \right| < \varepsilon$, 则 $\lim\limits_{x \to -2} \dfrac{x^2 - 4}{x + 2} = -4$.

(5) 对于 $|x| > 1$, 有 $\left| \dfrac{3x + 5}{x - 1} - 3 \right| = \dfrac{8}{|x - 1|} \leqslant \dfrac{8}{|x| - 1}$. $\forall \varepsilon > 0$, 要使得 $\left| \dfrac{3x + 5}{x - 1} - 3 \right| < \varepsilon$, 只要

$\dfrac{8}{|x|-1}<\varepsilon$，即 $|x|>\dfrac{8}{\varepsilon}+1$. 取正数 $X=1+\dfrac{8}{\varepsilon}$，则当 $|x|>X$ 时，有 $\left|\dfrac{3x+5}{x-1}-3\right|<\varepsilon$，则 $\lim\limits_{x\to\infty}\dfrac{3x+5}{x-1}=3$.

5. 解 （1）$\forall \varepsilon>0,\exists X>0$，当 $x<-X$ 时，总有 $|f(x)-a|<\varepsilon$.

（2）$\forall \varepsilon>0,\exists X>0$，当 $x>X$ 时，总有 $|f(x)-a|<\varepsilon$.

（3）$\forall \varepsilon>0,\exists \delta>0$，当 $a<x<a+\delta$ 时，总有 $|f(x)-b|<\varepsilon$.

（4）$\forall \varepsilon>0,\exists \delta>0$，当 $a-\delta<x<a$ 时，总有 $|f(x)-b|<\varepsilon$.

6. 证 必要性 假设 $\lim\limits_{x\to\infty}f(x)=A$，则对于任意的 $\varepsilon>0$，存在 $M>0$，当 $|x|>M$ 时，有 $|f(x)-A|<\varepsilon$. 于是，当 $x>M$ 时，有 $|f(x)-A|<\varepsilon$；当 $x<-M$ 时，有 $|f(x)-A|<\varepsilon$. 因此，得 $\lim\limits_{x\to+\infty}f(x)=\lim\limits_{x\to-\infty}f(x)=A$，即 $\lim\limits_{x\to+\infty}f(x)$ 和 $\lim\limits_{x\to-\infty}f(x)$ 都存在且相等.

充分性 假设 $\lim\limits_{x\to+\infty}f(x)=\lim\limits_{x\to-\infty}f(x)=A$，则对于任意的 $\varepsilon>0$，存在 $M_1>0$ 和 $M_2>0$，当 $x>M_1$ 时，$|f(x)-A|<\varepsilon$；当 $x<-M_2$ 时，$|f(x)-A|<\varepsilon$. 取 $M=M_1+M_2$，则当 $|x|>M$ 时，$|f(x)-A|<\varepsilon$. 因此 $\lim\limits_{x\to\infty}f(x)=A$，即 $\lim\limits_{x\to\infty}f(x)$ 存在.

7. 证 由于 $\lim\limits_{k\to\infty}x_{2k-1}=a$，因此 $\forall \varepsilon>0,\exists N_1>0$，当 $k>N_1$ 时，有 $|x_{2k-1}-a|<\varepsilon$. 同理，对于上述 ε，$\exists N_2>0$，当 $k>N_2$ 时，有 $|x_{2k}-a|<\varepsilon$. 取 $N=\max\{N_1,N_2\}$，则 $\forall \varepsilon>0$，当 $n>N$ 时，$|x_n-a|<\varepsilon$ 成立，故 $\lim\limits_{n\to\infty}x_n=a$.

简答 1.3

1. 证 （1）$\forall \varepsilon>0$，因 $\left|\dfrac{x^2-4}{x-2}-0\right|=|x+2|$，取 $\delta=\varepsilon$，则当 $0<|x+2|<\delta$ 时，总有 $\left|\dfrac{x^2-4}{x-2}-0\right|<\varepsilon$，故 $\lim\limits_{x\to-2}\dfrac{x^2-4}{x-2}=0$. 因此，$y=\dfrac{x^2-4}{x-2}$ 为 $x\to-2$ 时的无穷小.

（2）$\forall M>0,\exists \delta=\dfrac{2}{M+5}$，当 $0<|x|<\delta$ 时，总有 $\left|\dfrac{2+5x}{x}\right|=\left|\dfrac{2}{x}+5\right|>\dfrac{2}{|x|}-5>M$，所以 $\lim\limits_{x\to0}\dfrac{2+5x}{x}=\infty$，即 $y=\dfrac{2+5x}{x}$ 为 $x\to0$ 时的无穷大.

2. 解 （1）因为函数 $\sin x$ 在区间 $(-\infty,+\infty)$ 上有界，且 $\lim\limits_{x\to\infty}\dfrac{1}{x}=0$，所以 $\lim\limits_{x\to\infty}\dfrac{\sin x}{x}=0$.

（2）因为函数 $\cos x$ 在区间 $(-\infty,+\infty)$ 上有界，且 $\lim\limits_{x\to\infty}\dfrac{1}{x^2}=0$，所以 $\lim\limits_{x\to\infty}\dfrac{\cos x}{x^2}=0$.

（3）因为函数 $\arctan x$ 在区间 $(0,+\infty)$ 上有界，且 $\lim\limits_{x\to+\infty}\dfrac{1}{\ln x}=0$，所以 $\lim\limits_{x\to+\infty}\dfrac{\arctan x}{\ln x}=0$.

（4）因为函数 $\operatorname{arccot}(\lg x)$ 在区间 $(0,+\infty)$ 上有界，且 $\lim\limits_{x\to0^+}x=0$，所以 $\lim\limits_{x\to0^+}x\operatorname{arccot}(\lg x)=0$.

3. 解 因为 $\forall M>0$，取 $N_0=[M]+1$，$\exists x_0=2N_0\pi\in(0,+\infty)$，使得
$$y_{N_0}=(2N_0\pi)^2\cos(2N_0\pi)=(2N_0\pi)^2>M,$$
所以 $y=x^2\cos x$ 在 $(0,+\infty)$ 上是无界的.

但若取 $x_n=2n\pi+\dfrac{\pi}{2}$，则 $y_n=0$，故当 $n\to\infty$ 时，$y_n\to0(x_n\to+\infty)$. 因此，当 $x\to+\infty$ 时，函数 $y=x^2\cos x$ 不是无穷大.

4. 证 因为 $\forall M>0$，取 $N_0=[M]+1$，$\exists x_0=\dfrac{1}{2N_0\pi+\dfrac{\pi}{2}}\in(0,+\infty)$，使得

$$y_{N_0}=\left(2N_0\pi+\dfrac{\pi}{2}\right)\sin\left(2N_0\pi+\dfrac{\pi}{2}\right)=2N_0\pi+\dfrac{\pi}{2}>M,$$

所以 $y=\dfrac{1}{x}\sin\dfrac{1}{x}$ 在 $(0,+\infty)$ 上是无界的.

但若取 $x_n=\dfrac{1}{2n\pi}$,则 $y_n=0$,故当 $n\to\infty$ 时,$y_n\to 0(x_n\to 0)$. 因此,当 $x\to 0$ 时,函数 $y=\dfrac{1}{x}\sin\dfrac{1}{x}$ 不是无穷大.

简答 1.4

1. 解 (1) $\displaystyle\lim_{n\to\infty}\frac{2n^3+n-3}{6n^3-2n+3}=\lim_{n\to\infty}\frac{2+\dfrac{1}{n^2}-\dfrac{3}{n^3}}{6-\dfrac{2}{n^2}+\dfrac{3}{n^3}}=\frac{1}{3}.$

(2) $\displaystyle\lim_{n\to\infty}\left[\frac{1}{1\cdot 3}+\frac{1}{3\cdot 5}+\cdots+\frac{1}{(2n-1)(2n+1)}\right]$

$\qquad =\displaystyle\lim_{n\to\infty}\frac{1}{2}\left(1-\frac{1}{3}+\frac{1}{3}-\frac{1}{5}+\cdots+\frac{1}{2n-1}-\frac{1}{2n+1}\right)$

$\qquad =\displaystyle\lim_{n\to\infty}\frac{1}{2}\left(1-\frac{1}{2n+1}\right)=\frac{1}{2}.$

(3) 因为 $\dfrac{2n-1}{2^n}=\dfrac{2n+1}{2^{n-1}}-\dfrac{2n+3}{2^n}$,所以

$\qquad$ 原式 $=\displaystyle\lim_{n\to\infty}\left[\left(3-\frac{5}{2}\right)+\left(\frac{5}{2}-\frac{7}{4}\right)+\cdots+\left(\frac{2n+1}{2^{n-1}}-\frac{2n+3}{2^n}\right)\right]=\lim_{n\to\infty}\left(3-\frac{2n+3}{2^n}\right)=3.$

注 当 $n>1$ 时,$\dfrac{n}{2^n}\leqslant\dfrac{n}{1+n+\dfrac{n(n-1)}{2}}\leqslant\dfrac{2}{n-1}$;当 $n\to\infty$ 时,$\displaystyle\lim_{n\to\infty}\frac{2}{n-1}=0$,故 $\displaystyle\lim_{n\to\infty}\frac{n}{2^n}=0.$

(4) $\displaystyle\lim_{n\to\infty}\frac{3^n+2^n}{3^{n+1}-2^{n+1}}=\lim_{n\to\infty}\frac{1+\left(\dfrac{2}{3}\right)^n}{3-2\cdot\left(\dfrac{2}{3}\right)^n}=\frac{1}{3}.$

(5) $\displaystyle\lim_{x\to 2}(x^3-3x+5)=(\lim_{x\to 2}x)^3-3\lim_{x\to 2}x+5=7.$

(6) $\displaystyle\lim_{x\to 2}\frac{x^3+1}{x^2-5x+3}=\frac{(\lim_{x\to 2}x)^3+1}{(\lim_{x\to 2}x)^2-5\lim_{x\to 2}x+3}=-3.$

(7) $\displaystyle\lim_{x\to 1}\frac{x^2-1}{x^2+4x-5}=\lim_{x\to 1}\frac{(x-1)(x+1)}{(x-1)(x+5)}=\lim_{x\to 1}\frac{x+1}{x+5}=\frac{1}{3}.$

(8) $\displaystyle\lim_{x\to-3}\frac{x^3-x^2-9x+9}{x^3+27}=\lim_{x\to-3}\frac{(x-1)(x-3)}{x^2-3x+9}=\frac{8}{9}.$

(9) $\displaystyle\lim_{h\to 0}\frac{(x+h)^2-x^2}{h}=\lim_{h\to 0}\frac{(x^2+2xh+h^2)-x^2}{h}=\lim_{h\to 0}(2x+h)=2x.$

(10) $\displaystyle\lim_{x\to 2}\left(\frac{12}{8-x^3}-\frac{1}{2-x}\right)=\lim_{x\to 2}\frac{12-(4+2x+x^2)}{8-x^3}=\lim_{x\to 2}\frac{(2-x)(4+x)}{(2-x)(4+2x+x^2)}$

$\qquad =\displaystyle\lim_{x\to 2}\frac{4+x}{4+2x+x^2}=\frac{1}{2}.$

(11) $\displaystyle\lim_{x\to 1}\frac{\sqrt{1+x}-\sqrt{1-x}}{\sqrt[3]{1+x}-\sqrt[3]{1-x}}=\frac{\sqrt{2}}{\sqrt[3]{2}}=\sqrt[6]{2}.$

(12) $\displaystyle\lim_{x\to\infty}\frac{3x^2-1}{x^2+7x-3}=\lim_{x\to\infty}\frac{3-\dfrac{1}{x^2}}{1+\dfrac{7}{x}-\dfrac{3}{x^2}}=3.$

(13) $\displaystyle\lim_{x\to\infty}\frac{x^3+3x}{2x^3-7x+8}=\lim_{x\to\infty}\frac{1+\dfrac{3}{x^2}}{2-\dfrac{7}{x^2}+\dfrac{8}{x^3}}=\frac{1}{2}.$

(14) $\lim\limits_{x\to\infty}\dfrac{x^2+3x-8}{7x^4+5x^3}=\lim\limits_{x\to\infty}\dfrac{\dfrac{1}{x^2}+\dfrac{3}{x^3}-\dfrac{8}{x^4}}{7+\dfrac{5}{x}}=0.$

(15) $\lim\limits_{x\to\infty}(2x^3-3x+6)=\lim\limits_{x\to\infty}x^3\left(2-\dfrac{3}{x^2}+\dfrac{6}{x^3}\right)=\infty.$

(16) $\lim\limits_{x\to+\infty}(\sqrt{x^4+2x^2}-\sqrt{x^4+1})$

$$=\lim\limits_{x\to+\infty}\dfrac{(\sqrt{x^4+2x^2}-\sqrt{x^4+1})(\sqrt{x^4+2x^2}+\sqrt{x^4+1})}{\sqrt{x^4+2x^2}+\sqrt{x^4+1}}$$

$$=\lim\limits_{x\to+\infty}\dfrac{2x^2-1}{\sqrt{x^4+2x^2}+\sqrt{x^4+1}}=\lim\limits_{x\to+\infty}\dfrac{2-\dfrac{1}{x^2}}{\sqrt{1+\dfrac{2}{x^2}}+\sqrt{1+\dfrac{1}{x^4}}}=1.$$

2. 解 因为

$$\lim\limits_{x\to0^-}f(x)=\lim\limits_{x\to0^-}(1-3x^2)=1,\qquad \lim\limits_{x\to0^+}f(x)=\lim\limits_{x\to0^+}\mathrm{e}^x=1,$$

即 $\lim\limits_{x\to0^-}f(x)=\lim\limits_{x\to0^+}f(x)$,所以$\lim\limits_{x\to0}f(x)$ 存在.

3. 解 因为

$$\lim\limits_{x\to0^-}f(x)=\lim\limits_{x\to0^-}2^{x+1}=2,\qquad \lim\limits_{x\to0^+}f(x)=\lim\limits_{x\to0^+}(2x+a)=a,$$

所以当 $\lim\limits_{x\to0^-}f(x)=\lim\limits_{x\to0^+}f(x)$,即 $a=2$ 时,$\lim\limits_{x\to0}f(x)$ 存在.

4. 解 令 $\lim\limits_{x\to\infty}f(x)=A$,则 $f(x)=\dfrac{1}{x}-4+3A$.而$\lim\limits_{x\to\infty}f(x)=0-4+3A$,从而得 $A=3A-4$,即 $A=2$,故 $f(x)=\dfrac{1}{x}+2.$

简答 1.5

1. 解 (1) $\lim\limits_{x\to\infty}\left(1-\dfrac{1}{x}\right)^{2x}=\lim\limits_{x\to\infty}\left[\left(1+\dfrac{1}{-x}\right)^{-x}\right]^{-2}=\mathrm{e}^{-2}.$

(2) $\lim\limits_{x\to0}\left(1-\dfrac{x}{3}\right)^{\frac{1}{x}}=\lim\limits_{x\to0}\left[\left(1-\dfrac{x}{3}\right)^{-\frac{3}{x}}\right]^{-\frac{1}{3}}=\mathrm{e}^{-\frac{1}{3}}.$

(3) $\lim\limits_{x\to3}\left(\dfrac{x}{3}\right)^{\frac{1}{x-3}}=\lim\limits_{x\to3}\left[\left(1+\dfrac{x-3}{3}\right)^{\frac{3}{x-3}}\right]^{\frac{1}{3}}=\mathrm{e}^{\frac{1}{3}}.$

(4) $\lim\limits_{x\to\infty}\left(\dfrac{x-2}{x+2}\right)^{x}=\lim\limits_{x\to\infty}\left\{\left[\left(1-\dfrac{4}{x+2}\right)^{-\frac{x+2}{4}}\right]^{-4}\cdot\left(1-\dfrac{4}{x+2}\right)^{-2}\right\}$

$$=\lim\limits_{x\to\infty}\left[\left(1-\dfrac{4}{x+2}\right)^{-\frac{x+2}{4}}\right]^{-4}\cdot\lim\limits_{x\to\infty}\left(1-\dfrac{4}{x+2}\right)^{-2}=\mathrm{e}^{-4}.$$

2. 解 (1) $\lim\limits_{x\to0}\dfrac{\sin 3x}{\sin 5x}=\lim\limits_{x\to0}\left(\dfrac{\sin 3x}{3x}\cdot\dfrac{5x}{\sin 5x}\cdot\dfrac{3}{5}\right)=\dfrac{3}{5}.$

(2) $\lim\limits_{x\to\infty}x\sin\dfrac{3}{x}=3\lim\limits_{x\to\infty}\dfrac{\sin\dfrac{3}{x}}{\dfrac{3}{x}}=3.$

(3) $\lim\limits_{x\to0}\dfrac{\tan x-\sin x}{x^3}=\lim\limits_{x\to0}\dfrac{\sin x(1-\cos x)}{x^3\cos x}=\dfrac{1}{2}\lim\limits_{x\to0}\left[\dfrac{\sin x}{x}\cdot\left(\dfrac{\sin\dfrac{x}{2}}{\dfrac{x}{2}}\right)^2\cdot\dfrac{1}{\cos x}\right]=\dfrac{1}{2}.$

(4) $\lim\limits_{x\to0^+}\dfrac{1-\cos 2x}{x^{\frac{5}{2}}}=\lim\limits_{x\to0^+}\dfrac{2\sin^2 x}{x^{\frac{5}{2}}}=\lim\limits_{x\to0^+}\dfrac{2}{\sqrt{x}}\left(\dfrac{\sin x}{x}\right)^2=+\infty.$

(5) $\lim\limits_{n\to\infty}3^n\sin\dfrac{x}{3^n}=x\lim\limits_{n\to\infty}\dfrac{\sin\dfrac{x}{3^n}}{\dfrac{x}{3^n}}=x.$

3. 证 （1）由题意知，$x_1=10>3$. 假设 $x_n\geqslant 3$，则 $x_{n+1}=\sqrt{6+x_n}\geqslant\sqrt{9}=3$. 因此 $x_n\geqslant 3(n=1,2,\cdots)$，数列 $\{x_n\}$ 有下界. 因为

$$x_{n+1}-x_n=\dfrac{6+x_n-x_n^2}{\sqrt{6+x_n}+x_n}=-\dfrac{(x_n+2)(x_n-3)}{\sqrt{6+x_n}+x_n}\leqslant 0,$$

所以 $\{x_n\}$ 单调减少. 根据单调有界准则可知，$\lim\limits_{n\to\infty}x_n$ 存在. 令 $\lim\limits_{n\to\infty}x_n=A$，从而有 $A=\sqrt{6+A}$，解得 $A=3$，故 $\lim\limits_{n\to\infty}x_n=3$.

（2）因为 $1\leqslant\sqrt{1+\dfrac{a}{n}}\leqslant 1+\dfrac{a}{n}$，且 $\lim\limits_{n\to\infty}1=\lim\limits_{n\to\infty}\left(1+\dfrac{a}{n}\right)=1$，所以 $\lim\limits_{n\to\infty}\sqrt{1+\dfrac{a}{n}}=1.$

（3）因为 $\dfrac{n}{\sqrt{n^2+n}}\leqslant\dfrac{1}{\sqrt{n^2+1}}+\dfrac{1}{\sqrt{n^2+2}}+\cdots+\dfrac{1}{\sqrt{n^2+n}}\leqslant\dfrac{n}{\sqrt{n^2+1}}$，且

$$\lim\limits_{n\to\infty}\dfrac{n}{\sqrt{n^2+n}}=\lim\limits_{n\to\infty}\dfrac{n}{\sqrt{n^2+1}}=1,$$

所以

$$\lim\limits_{n\to\infty}\left(\dfrac{1}{\sqrt{n^2+1}}+\dfrac{1}{\sqrt{n^2+2}}+\cdots+\dfrac{1}{\sqrt{n^2+n}}\right)=1.$$

（4）对于任一 $x\in\mathbf{R}$，有 $x-1\leqslant[x]\leqslant x$，则当 $x\neq 0$ 时，有

$$\dfrac{1}{x}-1\leqslant\left[\dfrac{1}{x}\right]\leqslant\dfrac{1}{x}.$$

因为 $x\to 0^+$，所以 $x>0$. 此时，$x\left(\dfrac{1}{x}-1\right)\leqslant x\left[\dfrac{1}{x}\right]\leqslant x\cdot\dfrac{1}{x}$，由夹逼准则得 $\lim\limits_{x\to 0^+}x\left[\dfrac{1}{x}\right]=1.$

简答 1.6

1. 解 因为 $\lim\limits_{x\to 1}\dfrac{1-x}{1-x^2}=\lim\limits_{x\to 1}\dfrac{1}{1+x}=\dfrac{1}{2}$，所以当 $x\to 1$ 时，$1-x$ 是与 $1-x^2$ 同阶的无穷小，$1-x$ 与 $1-x^2$ 不是等价无穷小；

因为 $\lim\limits_{x\to 1}\dfrac{1-x}{\dfrac{1}{2}(1-x^2)}=\lim\limits_{x\to 1}\dfrac{2}{1+x}=1$，所以当 $x\to 1$ 时，$1-x$ 是与 $\dfrac{1}{2}(1-x^2)$ 同阶的无穷小，且 $1-x$ 与 $\dfrac{1}{2}(1-x^2)$ 是等价无穷小.

2. 解 因为 $\lim\limits_{x\to 0}\dfrac{x^2-x^3}{2x-x^2}=\lim\limits_{x\to 0}\dfrac{x-x^2}{2-x}=0$，所以当 $x\to 0$ 时，x^2-x^3 是比 $2x-x^2$ 高阶的无穷小.

3. 解 （1）$\lim\limits_{x\to 0}\dfrac{3x}{\sin 5x}=\lim\limits_{x\to 0}\dfrac{3x}{5x}=\dfrac{3}{5}.$

（2）$\lim\limits_{x\to 0}\dfrac{\sin kx}{\tan tx}=\lim\limits_{x\to 0}\dfrac{kx}{tx}=\dfrac{k}{t}.$

（3）$\lim\limits_{x\to 0}\dfrac{\arctan^2 x}{\mathrm{e}^{\frac{\sin x^2}{3}}-1}=\lim\limits_{x\to 0}\dfrac{x^2}{\dfrac{\sin x^2}{3}}=3\lim\limits_{x\to 0}\dfrac{x^2}{\sin x^2}=3.$

（4）$\lim\limits_{x\to 0}\dfrac{\sqrt{2}-\sqrt{1+\cos x}}{\sin^2 3x}=\lim\limits_{x\to 0}\dfrac{2-(1+\cos x)}{\sin^2 3x(\sqrt{2}+\sqrt{1+\cos x})}=\lim\limits_{x\to 0}\dfrac{\dfrac{1}{2}x^2}{(3x)^2}\cdot\lim\limits_{x\to 0}\dfrac{1}{\sqrt{2}+\sqrt{1+\cos x}}$

$$=\dfrac{1}{18}\times\dfrac{1}{2\sqrt{2}}=\dfrac{\sqrt{2}}{72}.$$

(5) $\lim\limits_{x\to 0^+}\dfrac{1-\sqrt{\cos x}}{x(1-\cos\sqrt{x})}=\lim\limits_{x\to 0^+}\dfrac{1-\cos x}{x(1-\cos\sqrt{x})(1+\sqrt{\cos x})}$

$$=\lim\limits_{x\to 0^+}\dfrac{\frac{1}{2}x^2}{x\cdot\frac{1}{2}x}\cdot\lim\limits_{x\to 0^+}\dfrac{1}{1+\sqrt{\cos x}}=\dfrac{1}{2}.$$

(6) $\lim\limits_{x\to 0}\left(\dfrac{a^x+b^x}{2}\right)^{\frac{3}{x}}=\mathrm{e}^{3\lim\limits_{x\to 0}\ln\left(\frac{a^x+b^x}{2}\right)^{\frac{1}{x}}}=\mathrm{e}^{3\lim\limits_{x\to 0}\frac{\ln\left(\frac{a^x+b^x-2}{2}+1\right)}{x}}$

$$=\mathrm{e}^{3\lim\limits_{x\to 0}\frac{\frac{1}{2}(a^x+b^x-2)}{x}}=\mathrm{e}^{\frac{3}{2}\lim\limits_{x\to 0}\frac{(a^x-1)+(b^x-1)}{x}}=\mathrm{e}^{\frac{3}{2}(\ln a+\ln b)}=(ab)^{\frac{3}{2}}.$$

4. 证 因为

$$\lim\limits_{x\to 0}\dfrac{\ln(1+x)}{x}=\lim\limits_{x\to 0}\ln(1+x)^{\frac{1}{x}}=\ln\left[\lim\limits_{x\to 0}(1+x)^{\frac{1}{x}}\right]=\ln\mathrm{e}=1,$$

所以当 $x\to 0$ 时, $\ln(1+x)\sim x$.

5. 证 因为

$$\lim\limits_{x\to 0}\dfrac{\sqrt[n]{1+x}-1}{\frac{1}{n}x}=\lim\limits_{x\to 0}\dfrac{1+x-1}{\frac{1}{n}x\left[(\sqrt[n]{1+x})^{n-1}+(\sqrt[n]{1+x})^{n-2}+\cdots+1\right]}$$

$$=\lim\limits_{x\to 0}\dfrac{1}{\frac{1}{n}\left[(\sqrt[n]{1+x})^{n-1}+(\sqrt[n]{1+x})^{n-2}+\cdots+1\right]}=1,$$

所以当 $x\to 0$ 时, $\sqrt[n]{1+x}-1\sim\dfrac{1}{n}x$.

6. 分析 设 $\lim\limits_{x\to 0}\dfrac{f(x)}{g(x)}=A(A\neq 0$ 为常数). 若 $\lim\limits_{x\to 0}f(x)=0$,则必有 $\lim\limits_{x\to 0}g(x)=\lim\limits_{x\to 0}\left[f(x)\cdot\dfrac{g(x)}{f(x)}\right]=0.$

解 由 $\lim\limits_{x\to 0}\dfrac{\sin x\cdot(\cos x-b)}{\mathrm{e}^x-a}=5$,且 $\lim\limits_{x\to 0}[\sin x\cdot(\cos x-b)]=0$,得

$$\lim\limits_{x\to 0}(\mathrm{e}^x-a)=1-a=0,\quad 即\quad a=1.$$

而 $5=\lim\limits_{x\to 0}\dfrac{\sin x\cdot(\cos x-b)}{\mathrm{e}^x-1}=\lim\limits_{x\to 0}\dfrac{x(\cos x-b)}{x}=1-b$,得 $b=-4.$

简答 1.7

1. 解 (1) $f(x)$ 在区间 $(-\infty,+\infty)$ 上连续. (2) $f(x)$ 在 **R** 上处处不连续.

2. 解 (1) 点 $x=0$ 为跳跃间断点.

(2) 因为 $\lim\limits_{x\to 0}\dfrac{\sin x}{1+\mathrm{e}^{\frac{1}{x}}}=0$,所以点 $x=0$ 为可去间断点,补充定义 $f(0)=0$,则函数 $f(x)$ 在点 $x=0$ 处连续.

(3) $x=n,n=0,\pm 1,\pm 2,\cdots$ 为跳跃间断点.

(4) 因为 $\lim\limits_{x\to\pm 1}\dfrac{x^4-1}{x^2-1}=2$,所以点 $x=\pm 1$ 为可去间断点,补充定义 $f(1)=2,f(-1)=2$,则函数 $f(x)$ 在点 $x=\pm 1$ 处连续.

(5) 因为 $\lim\limits_{x\to 1}\dfrac{x^2-1}{x^2-3x+2}=-2$,所以点 $x=1$ 为可去间断点,补充定义 $f(1)=-2$,则函数 $f(x)$ 在点 $x=1$ 处连续;因为 $\lim\limits_{x\to 2}\dfrac{x^2-1}{x^2-3x+2}=\infty$,所以点 $x=2$ 为无穷间断点.

(6) 因为 $\lim\limits_{x\to 0}x\sin\dfrac{1}{x}=0$,所以点 $x=0$ 为可去间断点,补充定义 $f(0)=0$,则函数 $f(x)$ 在点 $x=0$ 处连续.

3. 解 因为 $\lim\limits_{x\to 0^-}f(x)=\lim\limits_{x\to 0^-}\sin x=0$, $\lim\limits_{x\to 0^+}f(x)=\lim\limits_{x\to 0^+}(a+x)=a,f(0)=a$,所以 $a=0$.

4. 解 $\lim\limits_{x\to c^-}f(x)=\lim\limits_{x\to c^-}2\cos x=2\cos c,\lim\limits_{x\to c^+}f(x)=\lim\limits_{x\to c^+}(ax^2+b)=ac^2+b,f(c)=2\cos c.$ 因此,若 $c=0$,则 $f(x)$ 为连续函数必要求 $b=2$,此时 a 可取任意实数;若 $c\neq 0$,则取 $a=\dfrac{2\cos c-b}{c^2}$,可使得 $f(x)$ 为连续函数.

5. 证 设 $\max\limits_{x\in I}f(x)=\min\limits_{x\in I}f(x)=M$,则 $\forall x\in I$,有 $M\leqslant f(x)\leqslant M$,即 $f(x)=M$,所以 $f(x)$ 是区间 I 上的常数函数.

6. 证 令函数 $f(x)=x\cdot 2^x-1$,则 $f(x)$ 在区间 $[0,1]$ 上连续,且 $f(0)=-1<0,f(1)=1>0$. 由零点定理可知,至少 $\exists \xi\in(0,1)$,使得 $f(\xi)=0$,即 $\xi\cdot 2^\xi-1=0$. 故方程 $x\cdot 2^x=1$ 至少有一个小于1的正根.

7. 证 令函数 $f(x)=x-a\sin x-b$,并取正整数 k,使得 $2k\pi+\dfrac{\pi}{2}>a+b$,则 $f(x)$ 在区间 $\left[0,2k\pi+\dfrac{\pi}{2}\right]$ 上连续. 又

$$f(0)=-b<0,\quad f\left(2k\pi+\frac{\pi}{2}\right)=2k\pi+\frac{\pi}{2}-a-b>0,$$

于是根据零点定理,$f(x)=x-a\sin x-b$ 在区间 $\left(0,2k\pi+\dfrac{\pi}{2}\right)$ 内至少有一点 ξ,使得 $f(\xi)=0$. 故方程 $x=a\sin x+b$ 至少存在一个正根,且 $x=a\sin x+b\leqslant a+b$,即它的根不超过 $a+b$.

8. 证 任取 $x\in(a,b)$,取 Δx,使得 $x+\Delta x\in(a,b)$. 依题意有 $0\leqslant|f(x+\Delta x)-f(x)|\leqslant L|\Delta x|$,则 $\lim\limits_{\Delta x\to 0}|f(x+\Delta x)-f(x)|=0$,即 $\lim\limits_{\Delta x\to 0}f(x+\Delta x)=f(x)$. 由 x 的任意性可知,$f(x)$ 在区间 (a,b) 内连续. 同理,可证 $f(x)$ 在点 a 处右连续,点 b 处左连续,那么 $f(x)$ 在区间 $[a,b]$ 上连续. 而 $f(a)\cdot f(b)<0$,根据零点定理,至少有一点 $\xi\in(a,b)$,使得 $f(\xi)=0$.

9. 证 由题设知 $f(x)$ 在区间 $[x_1,x_n]$ 上连续,则 $f(x)$ 在 $[x_1,x_n]$ 上有最大值 M 和最小值 m,于是

$$m\leqslant\frac{f(x_1)+f(x_2)+\cdots+f(x_n)}{n}\leqslant M.$$

由介值定理可知,必有 $\xi\in(x_1,x_n)$,使得

$$f(\xi)=\frac{f(x_1)+f(x_2)+\cdots+f(x_n)}{n}.$$

简答1.8

1. 解 (1) 因为函数 $f(x)=x^2\mathrm{e}^x+\sin(x^3+1)$ 在区间 $(-\infty,+\infty)$ 上是初等函数,所以 $f(x)$ 在 $(-\infty,+\infty)$ 上连续.

(2) 因为 $\lim\limits_{x\to-3}\dfrac{x^3+27}{x+3}=27$,所以点 $x=-3$ 是函数 $f(x)$ 的可去间断点.

(3) 函数 $f(x)$ 在区间 $(-\infty,+\infty)$ 上连续.

2. 解 (1) 因为函数 $\dfrac{x^2+\ln(2-x)}{\arctan x}$ 在点 $x=1$ 处连续,所以

$$\lim_{x\to 1}\frac{x^2+\ln(2-x)}{\arctan x}=\frac{1^2+\ln(2-1)}{\arctan 1}=\frac{4}{\pi}.$$

(2) $\lim\limits_{x\to 0}\dfrac{\ln(1+x^2)}{x\tan x}=\lim\limits_{x\to 0}\left[\dfrac{x}{\tan x}\cdot\ln(1+x^2)^{\frac{1}{x^2}}\right]=1.$

(3) $\lim\limits_{x\to+\infty}\arctan\left(\sqrt{x^2+2x}-x\right)=\lim\limits_{x\to+\infty}\arctan\left(\dfrac{2x}{\sqrt{x^2+2x}+x}\right)=\arctan\left(\lim\limits_{x\to+\infty}\dfrac{2x}{\sqrt{x^2+2x}+x}\right)$

$$=\arctan 1=\frac{\pi}{4}.$$

(4) $\lim\limits_{x\to 0}(1+\tan x)^{\frac{3}{\sin x}}=\mathrm{e}^{\lim\limits_{x\to 0}3\frac{1}{\cos x}\ln\left[(1+\tan x)^{\frac{1}{\tan x}}\right]}=\mathrm{e}^3.$

(5) $\lim\limits_{x\to 0}(1-2x)^{\frac{1-x}{\sin x}} = e^{\lim\limits_{x\to 0}\frac{2x(x-1)}{\sin x}\ln(1-2x)^{-\frac{1}{2x}}} = e^{-2}$.

(6) $\lim\limits_{x\to 0}(1+x^2e^x)^{\frac{1}{1-\cos x}} = \lim\limits_{x\to 0}(1+x^2e^x)^{\frac{1}{x^2e^x}\cdot\frac{x^2}{1-\cos x}\cdot e^x} = e^2$.

(7) $\lim\limits_{n\to\infty}n[\ln n - \ln(n+2)] = \lim\limits_{n\to\infty}n\ln\dfrac{n}{n+2} = \lim\limits_{n\to\infty}n\ln\left(1-\dfrac{2}{n+2}\right) = \lim\limits_{n\to\infty}\ln\left(1-\dfrac{2}{n+2}\right)^n$

$$= \lim\limits_{n\to\infty}\ln\left(1+\dfrac{-2}{n+2}\right)^{\frac{n+2}{-2}\cdot\frac{-2n}{n+2}} = \ln e^{-2} = -2.$$

3. 解 因为 $\lim\limits_{x\to\infty}\left(\dfrac{x+2}{x-a}\right)^x = \lim\limits_{x\to\infty}\left(1+\dfrac{a+2}{x-a}\right)^x = \lim\limits_{x\to\infty}\left(1+\dfrac{a+2}{x-a}\right)^{\frac{x-a}{a+2}\cdot\frac{(a+2)x}{x-a}} = e^{a+2} = 4$，所以 $a = -2+\ln 4$.

复习题 A

一、选择题

1. 下列函数中不是复合函数的是(　　).

A. $y = \left(\dfrac{1}{3}\right)^x$　　　B. $y = e^{1+x^2}$　　　C. $y = \ln\sqrt{1-x}$　　　D. $y = \sin(2x+1)$

2. 当 $x\to 0$ 时，下列比 $\tan x^2$ 高阶的无穷小为(　　).

A. x^2　　　　　B. $1-\cos x$　　　C. $\sqrt{1-x^2}-1$　　　D. $\sin x - \tan x$

3. 极限 $\lim\limits_{x\to 2^-}\dfrac{x^3-8}{x-2}e^{\frac{1}{x-2}}$ 为(　　).

A. 1　　　　　　B. 0　　　　　　C. ∞　　　　　　D. 不存在但不为 ∞

4. 若当 $x\to 0$ 时，$\alpha(x)$ 和 $\beta(x)$ 都是无穷小，则当 $x\to 0$ 时，下列表达式中不一定是无穷小的是(　　).

A. $|\alpha(x)-\beta(x)|$　　　　　　　　B. $\alpha^2(x)+\beta^2(x)$

C. $\dfrac{\alpha^2(x)}{\beta(x)}$　　　　　　　　　　D. $\sin[\alpha(x)\cdot\beta(x)]$

5. 设函数 $f(x) = \begin{cases} \dfrac{x^2+2x+b}{x-1}, & x\neq 1, \\ a, & x=1, \end{cases}$ 且 $\lim\limits_{x\to 1}f(x) = A$，则以下结果正确的是(　　).

A. $b=-3, A=4, a$ 可取任意实数　　B. $a=4, A=4, b$ 可取任意实数

C. $a=4, b=-3, A=4$　　　　　　　D. a, b, A 可取任意实数

二、填空题

1. 函数 $y = \sqrt{16-x^2}+\ln x$ 的定义域为_____.

2. 函数 $y = \ln(\sin e^x)$ 是由基本初等函数_____复合而成的.

3. 函数 $f(x) = \sqrt{x^2-2x+1}$ 的连续区间是_____.

4. $\lim\limits_{x\to\infty}\left(\dfrac{x+1}{x}\right)^{-x} = $_____.

5. 已知 a, b 为常数，$\lim\limits_{x\to\infty}\dfrac{ax^2+bx+1}{2x+1} = 2$，则 $a = $_____，$b = $_____.

三、解答题

1. 已知函数 $f(x) = \dfrac{1}{1-x^2}, g(x) = \sin\sqrt{x+1}$，求 $f[g(x)]$ 及其定义域.

2. 求下列极限：

$(1)\ \lim\limits_{x\to-\infty}\sqrt{\dfrac{3-x^3}{4-9x^3}}\,;$ 　　　　$(2)\ \lim\limits_{x\to0^+}\left(\dfrac{\tan x}{x}+x^2\sin\dfrac{1}{\sqrt{x}}\right);$

$(3)\ \lim\limits_{n\to\infty}2^n\sin\dfrac{\pi}{2^{n+1}}\,;$ 　　　　$(4)\ \lim\limits_{x\to0}\dfrac{\arcsin x^2\cos\dfrac{1}{x}}{x}\,;$

$(5)\ \lim\limits_{x\to0}\dfrac{1-\cos(\sin x)}{2\ln(1+x^2)}\,;$ 　　　　$(6)\ \lim\limits_{x\to\infty}\dfrac{1-\cos\left(\sin\dfrac{1}{x}\right)}{\ln\left(1+\dfrac{1}{x^2}\right)}\,.$

3. 设函数 $f(x)=\begin{cases}\dfrac{\tan 4x}{2x}, & x<0,\\[2mm] a, & x=0,\\[2mm] (1+bx)^{\frac{1}{x}}, & x>0\end{cases}$ 在点 $x=0$ 处连续,求常数 a 与 b 的值.

四、证明题

证明:方程 $x^3+4x^2-3x=1$ 有三个实根.

复习题 B

一、选择题

1. 函数 $y=|x|$ 的连续区间为(　　).

A. $(-\infty,0)$ 　　　　B. $(0,+\infty)$ 　　　　C. $(-\infty,+\infty)$ 　　　　D. $[-1,1]$

2. 下列极限不存在的是(　　).

A. $\lim\limits_{x\to0^+}\arctan\dfrac{1}{x}$ 　　　　　　B. $\lim\limits_{x\to0}\dfrac{1}{x}\sin\dfrac{1}{x}$

C. $\lim\limits_{x\to+\infty}\dfrac{\sqrt{x^2-3x+1}}{x}$ 　　　　D. $\lim\limits_{x\to+\infty}\left(2^{\frac{1}{x}}+\dfrac{\sin x}{x}\right)$

3. 当 $x\to\infty$ 时,下列变量为无穷小的是(　　).

A. $2\cos\dfrac{1}{x}+1$ 　　　B. x^2+x 　　　C. $\dfrac{\sin x}{x}$ 　　　D. $\arctan(x-1)$

4. 若不等式 $|f(n)|<g(n)$ 对于任何的正整数 n 成立,且 $\lim\limits_{n\to\infty}g(n)=3$,则(　　).

A. $\lim\limits_{n\to\infty}f(n)=0$ 　　　　　　B. $-3\leqslant\lim\limits_{n\to\infty}f(n)\leqslant3$

C. $\lim\limits_{n\to\infty}f(n)=-3$ 　　　　　D. $\lim\limits_{n\to\infty}f(n)<3$

5. 设函数 $f(x)=\dfrac{x^3-x}{\sin\pi x}$,则(　　).

A. 只有一个可去间断点 　　　　　　B. 有两个跳跃间断点

C. 有无穷多个第一类间断点 　　　　D. 在 **R** 上连续

二、填空题

1. 设函数 $f(x)$ 的定义域为 $[-1,2]$,则 $f\left(e^{\frac{x+1}{x-2}}\right)$ 的定义域为_____.

2. $\lim\limits_{x\to0}\dfrac{\sqrt{1+\tan x}-\sqrt{1+\sin x}}{x\sqrt{1+\sin^2 x}-x}=$_____.

3. 设当 $x\to0^+$ 时,$e^{\sqrt{x}\cos x^2}-e^{\sqrt{x}}$ 与 x^α 是同阶的无穷小,则 $\alpha=$_____.

4. 设 $\lim\limits_{x\to3}\dfrac{x^2-mx+k}{x-3}=4$,则 $m=$_____,$k=$_____.

5. 设 $\lim\limits_{x\to 0}\dfrac{f(x)}{\sin x^3}=-3$，则 $\lim\limits_{x\to 0}\dfrac{f(x)}{x^2}$ _____.

三、解答题

求下列极限：

(1) $\lim\limits_{n\to\infty}\left[\sqrt{n+5}+\sqrt{n-1}-2\sqrt{n+3}\right]$;

(2) $\lim\limits_{x\to+\infty}\left[\sqrt{x(x+5)}-\sqrt{x(x+1)}\right]$;

(3) $\lim\limits_{x\to\frac{\pi}{2}}(\sin x)^{\tan x}$;

(4) $\lim\limits_{x\to 0}(1+\mathrm{e}^{2x}\sin x^2)^{\frac{1}{1-\cos x}}$;

(5) $\lim\limits_{x\to 0}\left(\dfrac{4-\mathrm{e}^{\frac{1}{x}}}{2+\mathrm{e}^{\frac{2}{x}}}+\dfrac{\arctan x}{|x|}\right)$;

(6) $\lim\limits_{x\to 0}\left(\dfrac{a^x+b^x+c^x}{3}\right)^{\frac{1}{x}}(a>0,b>0,c>0)$.

四、证明题

1. 设 $0<x_1<\sqrt{3}$，$x_{n+1}=\dfrac{1}{2}\left(x_n+\dfrac{3}{x_n}\right)(n=1,2,\cdots)$. 证明：数列 $\{x_n\}$ 收敛，并求 $\lim\limits_{n\to\infty}x_n$.

2. 若函数 $f(x)$ 在区间 $[a,b]$ 上连续，$x_1,x_2,\cdots,x_n\in[a,b]$. 试证明：对于任何满足 $\sum\limits_{i=1}^{n}\alpha_i=1$ 的正数组 $\alpha_1,\alpha_2,\cdots,\alpha_n$，至少存在一点 $\xi\in(a,b)$，使得 $f(\xi)=\alpha_1 f(x_1)+\alpha_2 f(x_2)+\cdots+\alpha_n f(x_n)$.

3. 设 a 为正常数，函数 $f(x)$ 在区间 $[0,2a]$ 上连续，且 $f(0)=f(2a)$，证明：方程 $f(x)=f(x+a)$ 在区间 $(0,a)$ 内至少有一个根.

第 2 章　导数与微分

一、知 识 梳 理

（一）知识结构

导数与微分

导数
- 导数的基本概念与几何意义
- 可导与连续的关系
- 基本初等函数的导数公式
- 求导法则
  - 四则运算求导法则
  - 反函数求导法则
  - 复合函数求导法则
  - 隐函数求导法则
  - 由参数方程所确定的函数求导法则
- 高阶导数、常用函数的高阶导数公式

微分
- 微分的基本概念与几何意义
- 可微与可导的关系
- 基本初等函数的微分公式
- 微分运算法则
  - 四则运算微分法则
  - 复合函数微分法则
  - 一阶微分形式不变性

（二）教学内容

（1）导数的基本概念.

（2）函数的求导法则.

（3）隐函数及由参数方程所确定的函数的导数及相关变化率.

（4）高阶导数.

（5）函数的微分与近似计算.

（三）教学要求

（1）理解导数和微分的概念及其几何意义；了解函数的可导性和连续性的关系；会求平面曲线的切线方程和法线方程；会利用导数描述一些简单的物理量.

（2）熟练掌握导数与微分的运算法则及基本公式.

（3）熟练掌握初等函数的一阶、二阶导数的计算；会求分段函数的导数；会计算常用简单函数的 n 阶导数.

（4）会求隐函数及由参数方程所确定的函数的一阶、二阶导数.

（四）重点与难点

重点：导数与微分的概念；导数的几何意义；导数与微分的运算法则与基本公式；初等函数导数的求法.

难点：复合函数求导法则；一阶微分形式不变性；隐函数求导法则.

二、学习指导

微分学是高等数学的重要组成部分，作为研究分析函数的工具和方法，其主要包含导数与微分两个重要的基本概念，其中导数反映了函数相对于自变量的变化的快慢程度，即变化率问题；而微分刻画了当自变量有微小变化时，函数变化量的近似值. 物理学和其他学科（如经济学）的许多重要问题都涉及研究函数变化率和增量问题，因此本章的导数与微分问题，是学习后继课程和工程技术中不可缺少的部分. 函数的可导性是继连续性之后利用极限工具刻画函数的另一重要分析性质. 求导数、微分是学习高等数学必备的基本功，要加强训练，熟练掌握.

（一）导数和变化率

函数的增量与自变量的增量之比，在自变量的增量趋向于零时的极限，即为导数. 在科学技术中常常把导数称为变化率（因变量关于自变量的变化率就是因变量关于自变量的导数）. 变化率反映了因变量随着自变量在某处的变化而变化的快慢程度. 函数变化率的概念有两个不同的层面：一是平均变化率，刻画的是在某一区间内函数的平均变化状态；二是瞬时变化率，刻画的是函数在某点处的变化状态，而瞬时变化率就是函数在某点处的导数. 导数的概念表明：当自变量的增量趋向于零时，函数在某点处的平均变化率无限地趋向于函数在该点处的瞬时变化率. 这是非常重要的极限思想.

变化率对理解导数概念及其几何意义有着重要的作用. 变化率是一个重要的过渡性概念，是学习导数的必经之路.

导数是微积分的核心概念之一，是研究函数增减、变化快慢、最值问题等最一般、最有效的工具. 因而它也是解决诸如运动速度、物种繁殖率、绿化面积增长率，以及用料最省、利润最大、效率最高等实际问题最有力的工具.

导数可以描述任何事物的变化率. 从历史上看，导数的产生主要源自两个问题：一是物理背景，根据物体的路程关于时间的函数求速度与加速度；二是几何背景，求已知曲线的切线. 在平均变化率过渡到瞬时变化率的过程中，把一点处的问题转化为该点的一个邻域的问题来研究，先用这个邻域的平均变化率来近似表示，再让该邻域无限趋向于零. 瞬时变化率就是平均变化率的极限. 这一过程充分体现了静态问题的动态研究，以及"以直代曲"和无限逼近的极限思想.

变化率对理解导数概念及其几何意义有着重要作用. 我们应使抽象的概念回到具体的问题中去，变化率反映了函数 y 随着自变量 x 在点 x_0 处的变化而变化的快慢程度. 显然，当函数有不同实际含义时，变化率的含义也不同. 常见的变化率有：曲线 $y = f(x)$ 在某点处的切线斜率 $\dfrac{\mathrm{d}y}{\mathrm{d}x}$ 是纵坐标 y 对横坐标 x 的变化率；电流强度 $\dfrac{\mathrm{d}Q}{\mathrm{d}t}$ 是电荷 Q 对时间 t 的变化率；线密度 $\dfrac{\mathrm{d}m}{\mathrm{d}l}$ 是

质量 m 对长度 l 的变化率；比热容 $\dfrac{\mathrm{d}Q}{\mathrm{d}\theta}$ 是热量 Q 对温度 θ 的变化率；以及人口出生率、经济增长率、化学反应速度等.

▌ 题 1 判断：设函数 $f(x)$ 在点 $x=0$ 处可导，且 $f(0)=0$，则一定有 $f'(0)=0$.

解 不正确. 例如函数 $f(x)=\sin x$，$f(0)=0$，而 $f'(0)=\cos x\Big|_{x=0}=1$. 错误的原因是将 $f'(x_0)$ 与 $\left[f(x_0)\right]'$ 的含义混淆了. 前者表示 $f(x)$ 在点 x_0 处的导数，后者是函数值（常数）的导数，必为 0.

（二）导数的几何意义

函数 $y=f(x)$ 在点 x_0 处的导数表示曲线 $y=f(x)$ 在点 $(x_0,f(x_0))$ 处的切线斜率. 关于导数的几何意义有以下几点说明：

(1) 曲线 $y=f(x)$ 在点 $(x_0,f(x_0))$ 处的切线斜率是函数 $y=f(x)$ 在点 x_0 处的导数. 这一点在讨论用参数方程表示的曲线在某点处的切线斜率时尤为重要.

(2) 若函数 $y=f(x)$ 在点 x_0 处的导数为无穷大 $\left(\lim\limits_{\Delta x\to 0}\dfrac{\Delta y}{\Delta x}=\infty\right.$，此时 $f(x)$ 在点 x_0 处不可导$\Big)$，则曲线 $y=f(x)$ 上点 $(x_0,f(x_0))$ 处的切线垂直于 x 轴.

(3) 函数 $y=f(x)$ 在点 x_0 处可导在几何上意味着曲线 $y=f(x)$ 在点 $(x_0,f(x_0))$ 处必存在不垂直于 x 轴的切线.

▌ 题 2 函数 $y=f(x)$ 在点 x_0 处可导与曲线 $y=f(x)$ 在点 $(x_0,f(x_0))$ 处有切线是等价的吗？

解 不是. 如果函数 $y=f(x)$ 在点 x_0 处可导，那么曲线 $y=f(x)$ 在点 $(x_0,f(x_0))$ 处一定有切线；反之，不然. 例如，曲线 $y=\sqrt[3]{x}$ 在点 $(0,0)$ 处有切线 y 轴，即 $x=0$，但函数 $y=\sqrt[3]{x}$ 在点 $x=0$ 处不可导.

（三）可导与连续

如果函数 $y=f(x)$ 在某点处的导数存在，那么它一定在该点处连续. 但反过来不一定成立，即在点 x 处连续的函数未必在点 x 处可导. 函数连续是可导的必要条件而不是充分条件. 例如，函数 $y=|x|$ 在点 $x=0$ 处连续但不可导.

要判定一个函数在某点处是否可导，可先检查函数在该点处是否连续. 如果不连续，那么一定不可导. 如果连续，那么再用以下两种方法判定：

(1) 直接利用导数的定义；

(2) 求左、右导数，看其是否存在且相等.

（四）利用导数定义求导数

(1) 对于函数 $y=f(x)$ 在点 x_0 处的导数，需要更进一步地理解为结构式

$$f'(x_0)=\lim_{h\to 0}\frac{f\left[x_0+\varphi(h)\right]-f(x_0)}{\varphi(h)},$$

其中 $\lim\limits_{h\to 0}\varphi(h)=0$.

题 3 已知 $f'(1) = 2$,则 $\lim\limits_{h \to 0} \dfrac{f(1+2h) - f(1)}{h} = $ _____.

解 通过观察可知 $\varphi(h) = 2h$. 为了使用已知条件和导数的结构式,故需要将极限表达式中的分母凑出 $\varphi(h)$ 的表达式,即分母要乘以 2;同时为了保证函数值不改变,则分子也需乘以 2. 具体过程为

$$\lim_{h \to 0} \frac{f(1+2h) - f(1)}{h} = \lim_{h \to 0} \left[\frac{f(1+2h) - f(1)}{2h} \cdot 2 \right] = 2f'(1) = 4.$$

(2) 利用定义求导数分为以下三个步骤:

① 求增量:$\Delta y = f(x_0 + \Delta x) - f(x_0)$;

② 算比值:$\dfrac{\Delta y}{\Delta x} = \dfrac{f(x_0 + \Delta x) - f(x_0)}{\Delta x}$;

③ 取极限:$f'(x_0) = \lim\limits_{\Delta x \to 0} \dfrac{\Delta y}{\Delta x} = \lim\limits_{\Delta x \to 0} \dfrac{f(x_0 + \Delta x) - f(x_0)}{\Delta x}$.

(3) 对求导公式做如下两点说明:

① 求导公式 $\{f[\varphi(x)]\}'$ 表示函数 $f[\varphi(x)]$ 对自变量 x 的导数,即

$$\{f[\varphi(x)]\}' = \frac{\mathrm{d}f[\varphi(x)]}{\mathrm{d}x};$$

② 求导公式 $f'[\varphi(x)]$ 表示函数 $f[\varphi(x)]$ 对函数 $\varphi(x)$ 的导数,即

$$f'[\varphi(x)] = \frac{\mathrm{d}f[\varphi(x)]}{\mathrm{d}\varphi(x)}.$$

(五) 求导法则

1. 四则运算求导法则

设函数 $u = u(x)$,$v = v(x)$ 都可导,则

(1) $(u \pm v)' = u' \pm v'$;   (2) $(Cu)' = Cu'$ (C 是常数);

(3) $(uv)' = u'v + uv'$;   (4) $\left(\dfrac{u}{v} \right)' = \dfrac{u'v - uv'}{v^2}$ ($v \neq 0$).

2. 反函数求导法则

设函数 $x = f(y)$ 在区间 I_y 内单调、可导且 $f'(y) \neq 0$,则它的反函数 $y = f^{-1}(x)$ 在对应区间 $I_x = f(I_y)$ 内也可导,并且

$$[f^{-1}(x)]' = \frac{1}{f'(y)} \quad \text{或} \quad \frac{\mathrm{d}y}{\mathrm{d}x} = \frac{1}{\dfrac{\mathrm{d}x}{\mathrm{d}y}}.$$

3. 复合函数求导法则

复合函数的求导法则也称为链式法则.

(1) 分清复合层次,写出各中间变量,逐次运用链式法则求导数.

(2) 熟悉(1)后,可以不写出中间变量而逐次运用链式法则求导数,使计算简化.

(3) 复合函数的求导,要根据复合结构由外而内依次进行,直至对自变量求导数而停止,各项用乘号相连.

4. 隐函数求导法则

隐函数存在定理及推导隐函数的导数公式,将在下册详细展开讨论.

本章将通过例题介绍隐函数的求导法则,注意变量关系的理解,在变量关系中,y 是 x 的函数.隐函数求导的基本思想是把方程 $F(x,y)=0$ 中的 y 看作 x 的函数 $y(x)$,利用复合函数的求导法则,方程两端同时对 x 求导数,然后解出 $\dfrac{\mathrm{d}y}{\mathrm{d}x}$.

而在某些场合,利用对数求导法求导数要更为简便.这种方法是先对所给函数式两端同时取对数,再求导数 y'.

对数求导法适合两类函数的求导:

(1) 幂指函数;

(2) 由几个初等函数经过乘、除、乘方、开方构成的函数.

注 对幂指函数求导一般有两种方法:(1) 对数求导法;(2) 利用恒等式 $x=\mathrm{e}^{\ln x}(x>0)$,将幂指函数化为复合函数.

5. 由参数方程所确定的函数求导法则

对此类函数的求导有两种方法:复合函数求导法则和微分法.进行二阶求导时很容易犯错,务必加强训练.

题 4 设参数方程 $\begin{cases} x=\mathrm{e}^t\cos t, \\ y=\mathrm{e}^t\sin t, \end{cases}$ 求 $\dfrac{\mathrm{d}^2 y}{\mathrm{d}x^2}$.判断以下运算是否正确:

因为 $\dfrac{\mathrm{d}y}{\mathrm{d}x}=\dfrac{(\mathrm{e}^t\sin t)'}{(\mathrm{e}^t\cos t)'}=\dfrac{\sin t+\cos t}{\cos t-\sin t}$,所以

$$\frac{\mathrm{d}^2 y}{\mathrm{d}x^2}=\frac{\mathrm{d}}{\mathrm{d}x}\left(\frac{\mathrm{d}y}{\mathrm{d}x}\right)=\left(\frac{\sin t+\cos t}{\cos t-\sin t}\right)'=\frac{2}{(\cos t-\sin t)^2}.$$

解 不正确.因为一阶导数的表达式是变量 t 的函数,所以对变量 x 求二阶导数时,应将 t 作为复合函数的中间变量.正确的解法为

$$\frac{\mathrm{d}^2 y}{\mathrm{d}x^2}=\frac{\mathrm{d}}{\mathrm{d}x}\left(\frac{\mathrm{d}y}{\mathrm{d}x}\right)=\frac{\mathrm{d}}{\mathrm{d}t}\left(\frac{\mathrm{d}y}{\mathrm{d}x}\right)\cdot\frac{\mathrm{d}t}{\mathrm{d}x}$$

$$=\frac{\mathrm{d}}{\mathrm{d}t}\left(\frac{\sin t+\cos t}{\cos t-\sin t}\right)\Big/\frac{\mathrm{d}x}{\mathrm{d}t}=\frac{2}{\mathrm{e}^t(\cos t-\sin t)^3}.$$

(六) 分段函数在分段点处的导数

函数 $y=f(x)$ 在某点处的导数,反映了函数 y 对自变量 x 的变化率,这个变化率是由函数 y 与自变量 x 的依赖关系(对应法则)所决定的.对于初等函数,这种依赖关系是由一个数学解析式给出的,所以求导数时可按初等函数的求导公式、求导法则来求;而分段函数在分段点处附近表示函数 y 与自变量 x 依赖关系的数学解析式不是一个,因此只能利用导数的定义确定左、右导数是否存在.

判断分段函数在其分段点处是否可导时,我们通常利用教材定理 2.1.1:函数 $f(x)$ 在点 x_0 处可导的充要条件是左导数 $f'_-(x_0)$ 和右导数 $f'_+(x_0)$ 都存在且相等.

题 5 设函数 $f(x)=\begin{cases} x^2\sin\dfrac{1}{x}, & x\neq 0, \\ x, & x=0, \end{cases}$ 求 $f'(0)$.判断以下做法是否正确:

当 $x\neq 0$ 时,$f'(x)=2x\sin\dfrac{1}{x}-\cos\dfrac{1}{x}$,故 $f'(0)=\lim\limits_{x\to 0}f'(x)=\lim\limits_{x\to 0}\left(2x\sin\dfrac{1}{x}-\cos\dfrac{1}{x}\right)$ 不

存在.

解 不正确. 事实上,

$$f'(0) = \lim_{x \to 0} \frac{f(x) - f(0)}{x} = \lim_{x \to 0} \frac{x^2 \sin \frac{1}{x}}{x} = 0.$$

函数 $f(x)$ 在点 x_0 处可导, 但导函数 $f'(x)$ 当 $x \to x_0$ 时不一定存在极限. 但当 $f(x)$ 满足了以下定理条件时, 有 $\lim_{x \to x_0} f'(x) = f'(x_0)$.

定理 1 如果函数 $f(x)$ 在点 x_0 处连续, 在点 x_0 的去心邻域内可导, 且 $\lim_{x \to x_0} f'(x)$ 存在, 那么 $f(x)$ 在点 x_0 处可导, 且有 $\lim_{x \to x_0} f'(x) = f'(x_0)$. (可用以后要学的微分中值定理证明)

(七) 一阶微分形式不变性

对于函数 $f(u)$, 不论 u 是自变量还是中间变量, 总有 $\mathrm{d}f(u) = f'(u)\mathrm{d}u$ 成立. 利用一阶微分形式不变性可以方便地求函数的微分. 在对复合函数求微分时, 可以将中间变量当成自变量逐次求微分, 直到求自变量的微分为止.

(八) 可微与可导的区别及联系

1. 区别

(1) 概念上有本质的不同. 导数是函数对自变量的变化率, 只依赖于自变量 x, 而微分是函数增量的线性主部, 不仅依赖于自变量 x, 还依赖于自变量的增量 Δx.

(2) 当给定 x 时, $f'(x)$ 为一个常数, 而 $\mathrm{d}y = f'(x)\Delta x$ 在 Δx 趋向于零的过程中是一个变量, 且为 Δx 趋向于零时的无穷小.

(3) 一阶微分具有形式不变性, 而导数不具有这个特性, 因此求导数时应指明对哪一个变量求导数, 而求微分则无须指明是对哪一个变量求微分.

(4) 几何意义不同. 导数 $f'(x)$ 是曲线 $y = f(x)$ 在点 $(x, f(x))$ 处的切线斜率, 而微分表示曲线在该点处切线上点的纵坐标的增量 Δy.

2. 联系

函数 $y = f(x)$ 在点 x 处可导与可微等价, 即

$$\frac{\mathrm{d}y}{\mathrm{d}x} = f'(x) \quad \text{或} \quad \mathrm{d}y = f'(x)\mathrm{d}x.$$

因此, 导数也称为"微商".

(九) 微分近似公式

1. 微分进行近似计算的理论依据

若函数 $y = f(x)$ 在点 x_0 处可导且导数 $f'(x_0) \neq 0$, 则当 $|\Delta x|$ 很小时, 函数的增量近似等于函数的微分, 即有近似公式 $\Delta y \approx \mathrm{d}y$.

2. 微分进行近似计算的四个近似公式

设函数 $y = f(x)$ 在点 x_0 处可导且 $f'(x_0) \neq 0$. 当 $|\Delta x|$ 很小时, 有近似公式 $\Delta y \approx \mathrm{d}y$, 即

$$f(x_0 + \Delta x) - f(x_0) \approx f'(x_0)\Delta x, \tag{2-1}$$

$$f(x_0 + \Delta x) \approx f(x_0) + f'(x_0)\Delta x. \tag{2-2}$$

令 $x_0 + \Delta x = x$,则

$$f(x) \approx f(x_0) + f'(x_0)(x - x_0). \tag{2-3}$$

特别地,当 $x_0 = 0, |x|$ 很小时,有

$$f(x) \approx f(0) + f'(0)x. \tag{2-4}$$

3. 一些常用的近似公式(假定 $|x|$ 是较小的数值)

(1) $\sqrt[n]{1+x} \approx 1 + \dfrac{1}{n}x$;

(2) $\ln(1+x) \approx x$;

(3) $\sin x \approx x$ (x 为弧度);

(4) $\tan x \approx x$ (x 为弧度);

(5) $e^x \approx 1 + x$;

(6) $(1+x)^\alpha \approx 1 + \alpha x$;

(7) $\arcsin x \approx x$;

(8) $\arctan x \approx x$.

三、常 见 题 型

例 1 设函数 $f(x) = 3x^3 + x^2|x|$,讨论 $f(x)$ 在点 $x = 0$ 处的各阶导数.

解 $f(x) = \begin{cases} 3x^3 + x^3, & x \geqslant 0, \\ 3x^3 - x^3, & x < 0 \end{cases} = \begin{cases} 4x^3, & x \geqslant 0, \\ 2x^3, & x < 0. \end{cases}$ 由导数的定义和求导公式易得

$$f'(0) = 0, \quad f'(x) = \begin{cases} 12x^2, & x > 0, \\ 6x^2, & x < 0; \end{cases}$$

$$f''(0) = 0, \quad f''(x) = \begin{cases} 24x, & x > 0, \\ 12x, & x < 0; \end{cases}$$

$$f'''_+(0) = 24, \quad f'''_-(0) = 12.$$

故 $f'''(0)$ 不存在,从而 $f(x)$ 在点 $x = 0$ 处更高阶导数不存在.

注 求分段函数的导数时,除在分段点处的导数用导数定义求得外,其余点仍按初等函数的求导公式求得.

例 2 设函数 $f(x) = \sin x, \varphi(x) = x^2$,求 $f[\varphi'(x)], f'[\varphi(x)], \{f[\varphi(x)]\}'$.

解 因为 $f'(x) = \cos x, \varphi'(x) = 2x$,所以

$$f[\varphi'(x)] = f(2x) = \sin 2x, \quad f'[\varphi(x)] = \cos x^2,$$

以及

$$\{f[\varphi(x)]\}' = f'[\varphi(x)] \cdot \varphi'(x) = 2x\cos x^2.$$

注 对于复合函数,要根据复合结构,逐层求导,直到最内层求完为止.括号层次分析清楚,对掌握复合函数的求导是有帮助的.

例 3 求函数 $y = \left(\dfrac{x}{1+x}\right)^x$ 的导数.

解法一 对数求导法.函数两端同时取对数,得

$$\ln y = x[\ln x - \ln(1+x)],$$

上式两端同时对 x 求导数,得

$$\frac{1}{y} \cdot y' = [\ln x - \ln(1+x)] + x\left(\frac{1}{x} - \frac{1}{1+x}\right),$$

解得
$$y' = \left(\frac{x}{1+x}\right)^x \left(\ln\frac{x}{1+x} + \frac{1}{1+x}\right).$$

解法二 利用恒等式 $x = e^{\ln x}(x>0)$，则
$$y = \left(\frac{x}{1+x}\right)^x = e^{\ln\left(\frac{x}{1+x}\right)^x} = e^{x[\ln x - \ln(1+x)]}.$$

上式两端同时对 x 求导数，得
$$y' = e^{x[\ln x - \ln(1+x)]} \cdot \{x[\ln x - \ln(1+x)]\}' = \left(\frac{x}{1+x}\right)^x \left(\ln\frac{x}{1+x} + \frac{1}{1+x}\right).$$

例 4 设函数 $f(t) = \lim\limits_{x\to\infty} t\left(1+\frac{1}{x}\right)^{2tx}$，求 $f'(t)$.

解 $f(t) = \lim\limits_{x\to\infty} t\left[\left(1+\frac{1}{x}\right)^x\right]^{2t} = te^{2t}$,

$f'(t) = e^{2t} + 2te^{2t} = e^{2t}(1+2t).$

例 5 设参数方程 $\begin{cases} x = t - \cos t, \\ y = \sin t, \end{cases}$ 求 $\dfrac{d^2y}{dx^2}$.

解 $\dfrac{dy}{dx} = \dfrac{(\sin t)'}{(t-\cos t)'} = \dfrac{\cos t}{1+\sin t}$,

$\dfrac{d^2y}{dx^2} = \dfrac{d}{dt}\left(\dfrac{\cos t}{1+\sin t}\right) \cdot \dfrac{dt}{dx} = \left(\dfrac{\cos t}{1+\sin t}\right)' \dfrac{1}{\dfrac{dx}{dt}}$

$= \dfrac{-\sin t(1+\sin t) - \cos^2 t}{(1+\sin t)^2} \cdot \dfrac{1}{1+\sin t} = \dfrac{-1}{(1+\sin t)^2}.$

注 对于由参数方程所确定的函数，求一阶导数时，不必死记公式，可以先求出微分 dy，dx，然后做比值 $\dfrac{dy}{dx}$，即做微商；求二阶导数时，应按复合函数求导法则进行，必须分清是对哪一个变量求导数.

例 6 求函数 $y = xe^{\ln(\tan x)}$ 的微分.

解法一 利用微分的定义 $dy = f'(x)dx$ 求微分：
$$dy = [xe^{\ln(\tan x)}]'dx = \left[e^{\ln(\tan x)} + xe^{\ln(\tan x)}\frac{1}{\tan x}\cdot\sec^2 x\right]dx = e^{\ln(\tan x)}\left(1+\frac{2x}{\sin 2x}\right)dx.$$

解法二 利用一阶微分形式不变性和微分运算法则求微分：
$$dy = d[xe^{\ln(\tan x)}] = e^{\ln(\tan x)}dx + xd[e^{\ln(\tan x)}]$$

$$= e^{\ln(\tan x)}dx + xe^{\ln(\tan x)}d[\ln(\tan x)] = e^{\ln(\tan x)}dx + xe^{\ln(\tan x)}\frac{1}{\tan x}d(\tan x)$$

$$= e^{\ln(\tan x)}dx + xe^{\ln(\tan x)}\frac{1}{\tan x}\cdot\frac{1}{\cos^2 x}dx = e^{\ln(\tan x)}\left(1+\frac{2x}{\sin 2x}\right)dx.$$

注 求函数微分可利用微分的定义、微分的运算法则、一阶微分形式不变性等，利用一阶微分形式不变性可以不考虑变量之间是怎样的复合关系.

例 7 利用微分求下列各数的近似值：

(1) $\cos 59°$;

(2) $\sqrt[6]{65}$.

解 (1) 设函数 $f(x) = \cos x$. 取 $x_0 = 60° = \dfrac{\pi}{3}$, $\Delta x = -1° = -\dfrac{\pi}{180}$, 则

$$f'(x) = -\sin x, \quad f(x_0) = \frac{1}{2}, \quad f'(x_0) = -\frac{\sqrt{3}}{2}.$$

故 $\cos 59° \approx \dfrac{1}{2} + \dfrac{\sqrt{3}}{2} \cdot \dfrac{\pi}{180} \approx 0.515\,1$.

注 求三角函数近似值时角度的单位一定要是弧度.

(2) $\sqrt[6]{65} = \sqrt[6]{64+1} = 2\sqrt[6]{1+\dfrac{1}{64}} \approx 2\left(1 + \dfrac{1}{6} \times \dfrac{1}{64}\right) \approx 2.005\,2$.

注 使用近似公式 $\sqrt[n]{1+x} \approx 1 + \dfrac{1}{n}x$ 时, $|x|$ 一定是较小的数值.

例8 石头落在平静水面上, 水面会产生同心圆形波纹. 若最外一圈波纹半径的增大率总是 6 m/s, 问: 2 s 末受到扰动的水面面积的增大率为多少?

解 设最外圈波纹半径为 r, 受到扰动的水面面积为 S, 则 $S = \pi r^2$. 两端同时对 t 求导数, 得

$$\frac{\mathrm{d}S}{\mathrm{d}t} = \pi \cdot 2r \frac{\mathrm{d}r}{\mathrm{d}t},$$

由题意知 $\dfrac{\mathrm{d}r}{\mathrm{d}t} = 6$, 从而

$$\left.\frac{\mathrm{d}S}{\mathrm{d}t}\right|_{t=2} = 2\pi r \left.\frac{\mathrm{d}r}{\mathrm{d}t}\right|_{t=2} = 2\pi r \Big|_{t=2} \cdot 6 = 12\pi r \Big|_{t=2}.$$

因 $\dfrac{\mathrm{d}r}{\mathrm{d}t} \equiv 6$ 为常数, 故 $r = 6t$ (类似于匀速直线运动路程与速度、时间的关系), 从而 $r\Big|_{t=2} = 12$, 则有

$$\left.\frac{\mathrm{d}S}{\mathrm{d}t}\right|_{t=2} = 12\pi \times 12 \text{ m}^2/\text{s} = 144\pi \text{ m}^2/\text{s}.$$

因此, 2 s 末受到扰动的水面面积的增大率为 144π m^2/s.

注 对于求变化率的模型, 要先根据几何关系及物理知识建立变量之间的函数关系式. 求变化率时要根据复合函数求导法则, 弄清是对哪一个变量的导数.

例9 设有一深为 18 cm、顶部直径为 12 cm 的正圆锥形漏斗装满水, 下面接一直径为 10 cm 的圆柱形水桶 (见图 2-1), 水由漏斗流入桶内. 当漏斗中水深为 12 cm, 水面下降速度为 1 cm/s 时, 求桶中水面的上升速度.

解 设在时刻 t 漏斗中水面的高度 $h = h(t)$, 漏斗在高为 $h(t)$ 处的截面半径为 $r(t)$, 桶中水面高度 $H = H(t)$.

(1) 建立变量 h 与 H 的关系. 由于在任意时刻 t, 漏斗中的水与水桶中的水量之和应等于开始时装满漏斗的总水量, 则

$$\frac{\pi}{3} r^2(t) h(t) + 5^2 \pi H(t) = 6^3 \pi.$$

又因 $\dfrac{r(t)}{6} = \dfrac{h(t)}{18}$, 故 $r(t) = \dfrac{1}{3} h(t)$, 代入上式, 得

$$\frac{\pi}{27} h^3(t) + 25\pi H(t) = 6^3 \pi.$$

(2) 建立 $h'(t)$ 与 $H'(t)$ 之间的关系. 将 (1) 中所得关系式两端同时对 t 求导数, 得

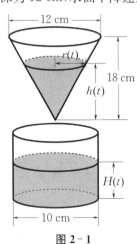

图 2-1

$$\frac{\pi}{9}h^2(t)h'(t) + 25\pi H'(t) = 0,$$

所以

$$H'(t) = -\frac{h^2(t)}{225}h'(t).$$

由题意可知,当 $h(t) = 12$ cm 时,$h'(t) = -1$ cm/s,代入上式,得

$$H'(t) = -\frac{12^2}{225} \times (-1) \text{ cm/s} = 0.64 \text{ cm/s},$$

即当漏斗中水深为 12 cm,下降速度为 1 cm/s 时,桶中水面上升速度为 0.64 cm/s.

例 10 设 $f(0) = 0$,则函数 $f(x)$ 在点 $x = 0$ 处可导的充要条件是( ).

A. $\lim\limits_{h\to 0}\dfrac{1}{h^2}f(1-\cos h)$ 存在   B. $\lim\limits_{h\to 0}\dfrac{1}{h}f(1-e^h)$ 存在

C. $\lim\limits_{h\to 0}\dfrac{1}{h^2}f(h-\sin h)$ 存在   D. $\lim\limits_{h\to 0}\dfrac{1}{h}[f(2h) - f(h)]$ 存在

分析 本题主要考查导数的定义,另外也考查了某些无穷小的阶以及它们的正负号.

解 注意到 $1 - \cos h \geqslant 0$,且 $\lim\limits_{h\to 0}(1-\cos h) = 0$. 如果 $\lim\limits_{h\to 0}\dfrac{1}{h^2}f(1-\cos h)$ 存在,那么

$$\lim_{h\to 0}\frac{1}{h^2}f(1-\cos h) = \lim_{h\to 0}\left[\frac{f(1-\cos h) - f(0)}{1-\cos h - 0} \cdot \frac{1-\cos h}{h^2}\right]$$

$$= \lim_{h\to 0}\frac{f(1-\cos h) - f(0)}{1-\cos h - 0} \cdot \lim_{h\to 0}\frac{1-\cos h}{h^2}$$

$$= \frac{1}{2}\lim_{h\to 0}\frac{f(1-\cos h) - f(0)}{1-\cos h - 0}$$

$$= \frac{1}{2}\lim_{u\to 0^+}\frac{f(u) - f(0)}{u - 0} = \frac{1}{2}f'_+(0),$$

所以选项 A 只保证 $f'_+(0)$ 存在,而不是 $f'(0)$ 存在的充分条件.

如果 $\lim\limits_{h\to 0}\dfrac{1}{h}f(1-e^h)$ 存在,那么

$$\lim_{h\to 0}\frac{1}{h}f(1-e^h) = \lim_{h\to 0}\left[\frac{f(1-e^h) - f(0)}{1-e^h - 0} \cdot \frac{1-e^h}{h}\right]$$

$$= \lim_{h\to 0}\frac{f(1-e^h) - f(0)}{1-e^h - 0} \cdot \lim_{h\to 0}\frac{1-e^h}{h}$$

$$= (-1)\lim_{u\to 0}\frac{f(u) - f(0)}{u - 0} = -f'(0),$$

所以选项 B 是 $f'(0)$ 存在的充要条件.

对于选项 C,注意到 $\lim\limits_{h\to 0}\dfrac{h-\sin h}{h^2} = 0$,有

$$\frac{1}{h^2}f(h-\sin h) = \frac{f(h-\sin h) - f(0)}{h-\sin h - 0} \cdot \frac{h-\sin h}{h^2}.$$

若 $f'(0)$ 存在,则由右端推知左端极限存在且为零. 若左端极限存在,则由

$$\frac{\dfrac{1}{h^2}f(h-\sin h)}{\dfrac{h-\sin h}{h^2}} = \frac{f(h-\sin h) - f(0)}{h-\sin h - 0}$$

知上式左端极限可能不存在,故 $f'(0)$ 可能不存在.

对于选项 D, $\lim\limits_{h \to 0} \dfrac{1}{h}[f(2h) - f(h)] = \lim\limits_{h \to 0}\left\{\dfrac{1}{h}[f(2h) - f(0)] - \dfrac{1}{h}[f(h) - f(0)]\right\}$. 若

$f'(0)$ 存在,上述右端拆项分别求极限均存在,保证了左端存在.而左端存在,不能保证右端拆项后极限也分别存在.

故答案为选项 B.

例 11 求曲线 $y = x\sqrt{x}$ 的通过点 $(0, -4)$ 的切线方程.

解 因为 $y' = \dfrac{3}{2}x^{\frac{1}{2}}$,所以过曲线上一点 (x_1, y_1) 的切线方程为

$$y - x_1^{\frac{3}{2}} = \dfrac{3}{2}x_1^{\frac{1}{2}}(x - x_1).$$

将点 $(0, -4)$ 代入切线方程,得 $x_1 = 4$,从而所求切线方程为 $y - 8 = 3(x - 4)$.

注 因为此例中点 $(0, -4)$ 不是曲线 $y = x\sqrt{x}$ 上的点,所以必须先求出切点.

例 12 讨论下列函数在点 $x = 0$ 处的连续性与可导性:

(1) $f(x) = |\sin x|$;

(2) $f(x) = \begin{cases} x^2 \sin \dfrac{1}{x}, & x \neq 0, \\ 0, & x = 0; \end{cases}$

(3) $f(x) = \begin{cases} x\arctan \dfrac{1}{x}, & x \neq 0, \\ 0, & x = 0. \end{cases}$

解 (1) 因为 $\lim\limits_{x \to 0} f(x) = \lim\limits_{x \to 0} |\sin x| = 0 = f(0)$,所以 $f(x)$ 在点 $x = 0$ 处连续.而

$$f'_+(0) = \lim_{x \to 0^+} \dfrac{|\sin x| - |\sin 0|}{x - 0} = \lim_{x \to 0^+} \dfrac{|\sin x|}{x} = \lim_{x \to 0^+} \dfrac{\sin x}{x} = 1,$$

$$f'_-(0) = \lim_{x \to 0^-} \dfrac{|\sin x| - |\sin 0|}{x - 0} = \lim_{x \to 0^-} \dfrac{|\sin x|}{x} = \lim_{x \to 0^-} \dfrac{-\sin x}{x} = -1,$$

显然 $f'_+(0) \neq f'_-(0)$,故 $f(x)$ 在点 $x = 0$ 处不可导.

(2) 因为 $\lim\limits_{x \to 0} f(x) = \lim\limits_{x \to 0} x^2 \sin \dfrac{1}{x} = 0 = f(0)$,所以 $f(x)$ 在点 $x = 0$ 处连续.而 $\lim\limits_{x \to 0} \dfrac{x^2 \sin \dfrac{1}{x}}{x - 0} = 0$,故 $f(x)$ 在点 $x = 0$ 处可导.

(3) 因为 $\lim\limits_{x \to 0} f(x) = \lim\limits_{x \to 0} x\arctan \dfrac{1}{x} = 0 = f(0)$,所以 $f(x)$ 在点 $x = 0$ 处连续.而

$$f'_+(0) = \lim_{x \to 0^+} \dfrac{x\arctan \dfrac{1}{x}}{x - 0} = \lim_{x \to 0^+} \arctan \dfrac{1}{x} = \dfrac{\pi}{2},$$

$$f'_-(0) = \lim_{x \to 0^-} \dfrac{x\arctan \dfrac{1}{x}}{x - 0} = \lim_{x \to 0^-} \arctan \dfrac{1}{x} = -\dfrac{\pi}{2},$$

显然 $f'_+(0) \neq f'_-(0)$,故 $f(x)$ 在点 $x = 0$ 处不可导.

例 13 设函数 $f(x)$ 可导,证明:偶函数的导数是奇函数.

证 设 $f(x)$ 为偶函数,即 $f(-x) = f(x)$,则由导数定义,得

$$f'(-x) = \lim_{h \to 0} \frac{f(-x+h) - f(-x)}{h} = \lim_{h \to 0} \frac{f[-(x-h)] - f(-x)}{h}$$

$$= -\lim_{h \to 0} \frac{f(x-h) - f(x)}{-h} = -f'(x).$$

故 $f'(x)$ 是奇函数.

例 14 讨论函数 $f(x) = \begin{cases} 1 - \cos x, & x < 0, \\ \ln(1+x) - x\cos x, & x \geq 0 \end{cases}$ 的可导性.

解 当 $x < 0$ 时, $f'(x) = \sin x$; 当 $x > 0$ 时, $f'(x) = \dfrac{1}{1+x} - \cos x + x\sin x$; 当 $x = 0$ 时,

$$\lim_{x \to 0^-} f(x) = \lim_{x \to 0^-}(1 - \cos x) = 0, \quad \lim_{x \to 0^+} f(x) = \lim_{x \to 0^+}[\ln(1+x) - x\cos x] = 0,$$

从而 $\lim\limits_{x \to 0^-} f(x) = \lim\limits_{x \to 0^+} f(x) = f(0)$, 故 $f(x)$ 在点 $x = 0$ 处连续. 又

$$f'_+(0) = \lim_{x \to 0^+} \frac{f(x) - f(0)}{x} = \lim_{x \to 0^+} \frac{\ln(1+x) - x\cos x}{x}$$

$$= \lim_{x \to 0^+} \frac{\ln(1+x)}{x} - \lim_{x \to 0^+}\cos x = 1 - 1 = 0,$$

$$f'_-(0) = \lim_{x \to 0^-} \frac{f(x) - f(0)}{x} = \lim_{x \to 0^-} \frac{1 - \cos x}{x} = 0,$$

显然 $f'_-(0) = f'_+(0)$, 故 $f(x)$ 在点 $x = 0$ 处可导. 综上所述,

$$f'(x) = \begin{cases} \sin x, & x < 0, \\ \dfrac{1}{1+x} - \cos x + x\sin x, & x \geq 0. \end{cases}$$

例 15 设函数 $f(x)$ 可导, 求函数 $y = f^n(\cos x)$ 的导数.

解 $y' = -nf^{n-1}(\cos x)f'(\cos x)\sin x.$

例 16 求函数 $y = (\sin x)^{\cos x}$ 的导数.

解 $y' = [e^{\cos x\ln(\sin x)}]' = e^{\cos x\ln(\sin x)}[\cos x\ln(\sin x)]'$

$$= (\sin x)^{\cos x}\left[-\sin x\ln(\sin x) + \frac{\cos^2 x}{\sin x}\right].$$

例 17 设函数 $y = x^2\sin 2x$, 求 $y^{(10)}$.

解 $y^{(10)} = C_{10}^0 x^2(\sin 2x)^{(10)} + C_{10}^1 2x(\sin 2x)^{(9)} + C_{10}^2 2(\sin 2x)^{(8)}$

$$= 2^{10}x^2\sin\left(2x + \frac{10\pi}{2}\right) + 20 \cdot 2^9 x\sin\left(2x + \frac{9\pi}{2}\right) + 90 \cdot 2^8\sin\left(2x + \frac{8\pi}{2}\right)$$

$$= -2^{10}x^2\sin 2x + 5 \cdot 2^{11}x\cos 2x + 45 \cdot 2^9\sin 2x.$$

例 18 设函数 $y = x^{a^a} + a^{x^a} + a^{a^x}, a > 0$, 求 $\dfrac{dy}{dx}$.

分析 x^{a^a} 为幂函数, a^{x^a} 为指数函数与幂函数复合而成的函数, 而 a^{a^x} 为指数函数与指数函数复合而成的函数.

解 $\dfrac{dy}{dx} = (x^{a^a})' + (a^{x^a})' + (a^{a^x})' = a^a \cdot x^{a^a-1} + (e^{x^a \cdot \ln a})' + (e^{a^x \cdot \ln a})'$

$$= a^a \cdot x^{a^a-1} + a^{x^a} \cdot \ln a \cdot (x^a)' + a^{a^x} \cdot \ln a \cdot (a^x)'$$

$$= a^a \cdot x^{a^a-1} + a^{x^a} \cdot a\ln a \cdot x^{a-1} + a^{a^x} \cdot a^x \cdot \ln^2 a$$

$$= a^a \cdot x^{a^a-1} + ax^{a-1} \cdot a^{x^a} \cdot \ln a + a^{a^x+x} \cdot \ln^2 a.$$

例 19 设函数 $f(x) = \ln \dfrac{1}{1-x}$,求 $f^{(n)}(0)$.

解 因为 $f(x) = \ln \dfrac{1}{1-x} = -\ln(1-x)$,所以

$$f'(x) = \frac{1}{1-x}, \quad f''(x) = \frac{1}{(1-x)^2}, \quad f'''(x) = \frac{2}{(1-x)^3}, \quad \cdots, \quad f^{(n)}(x) = \frac{(n-1)!}{(1-x)^n},$$

则 $f^{(n)}(0) = (n-1)!$.

例 20 设参数方程 $\begin{cases} x = te^t, \\ e^t + e^y = 2, \end{cases}$ 求 $\left. \dfrac{d^2 y}{dx^2} \right|_{t=0}$.

解 $x_t' = e^t(t+1)$,则 $\left. x_t' \right|_{t=0} = 1$. 又

$$e^t + e^y y_t' = 0,$$

当 $t = 0$ 时,$x = 0, y = 0$,则

$$y_t' = -e^{t-y}, \quad \left. y_t' \right|_{t=0} = -1.$$

因此,有

$$\frac{dy}{dx} = -\frac{e^{t-y}}{e^t(1+t)} = -\frac{e^{-y}}{1+t},$$

$$\frac{d^2 y}{dx^2} = \left(-\frac{e^{-y}}{1+t} \right)_t' \cdot \frac{1}{x_t'} = \frac{-\left[-e^{-y} y_t'(1+t) - e^{-y} \right]}{x_t'(1+t)^2}.$$

代入初值(当 $t = 0$ 时,$y = 0, x_t' = 1, y_t' = -1$),得

$$\left. \frac{d^2 y}{dx^2} \right|_{t=0} = -1 + 1 = 0.$$

例 21 设参数方程 $\begin{cases} x = a\cos^3 t, \\ y = a\sin^3 t. \end{cases}$

(1) 求 $y'(x)$;

(2) 证明:由该参数方程所确定的函数曲线的切线被坐标轴所截的长度为一个常数.

解 (1) $y'(x) = \dfrac{\dfrac{dy}{dt}}{\dfrac{dx}{dt}} = \dfrac{3a\sin^2 t\cos t}{-3a\cos^2 t\sin t} = -\tan t$.

(2) 过该曲线上任一点 (x, y) 的切线方程为

$$y - a\sin^3 t = -\tan t(x - a\cos^3 t),$$

则该切线在两坐标轴的截距分别为

$$y_0 = a\sin t, \quad x_0 = a\cos t.$$

于是,坐标轴所截线段的长度 $L = \sqrt{x_0^2 + y_0^2} = a$ 为常数.

例 22 证明:曲线 $\begin{cases} x = a(\cos t + t\sin t), \\ y = a(\sin t - t\cos t) \end{cases}$ 上任一点的法线到坐标原点的距离恒等于 a.

证 因为 $y'(x) = \dfrac{\dfrac{dy}{dt}}{\dfrac{dx}{dt}} = \dfrac{\cos t - \cos t + t\sin t}{-\sin t + \sin t + t\cos t} = \tan t$,所以过曲线上任一点 (x, y) 的法

线方程为
$$y - a(\sin t - t\cos t) = -\cot t[x - a(\cos t + t\sin t)],$$
即
$$y + x\cot t - a(\sin t - t\cos t) - a\cot t(\cos t + t\sin t) = 0.$$
因此,该法线到坐标原点的距离为
$$L = \frac{|0 + 0\cot t - a(\sin t - t\cos t) - a\cot t(\cos t + t\sin t)|}{\sqrt{1 + \cot^2 t}} = a.$$

例 23 某工厂每周生产 x 件产品,利润为 y 万元.已知 $y = 6\sqrt{1\,000x - x^2}$,当每周产量由 100 件增至 102 件时,试用微分求其利润增加的近似值.

解 由题意可知,$x = 100$,$\Delta x = \mathrm{d}x = 2$.

因为 $\Delta y \approx \mathrm{d}y = (6\sqrt{1\,000x - x^2})'\mathrm{d}x = \dfrac{6(500 - x)}{\sqrt{1\,000x - x^2}}\mathrm{d}x$,所以

$$\mathrm{d}y\Big|_{\substack{x=100\\ \mathrm{d}x=2}} = \frac{6(500 - x)}{\sqrt{1\,000x - x^2}}\mathrm{d}x\Big|_{\substack{x=100\\ \mathrm{d}x=2}} = 16 \text{ 万元}.$$

故每周产量由 100 件增至 102 件可增加利润约 16 万元.

四、同 步 练 习

练习 2.1

1. 设函数 $y = 10x^2$,试按导数定义求 $y'\Big|_{x=-1}$.

2. 设函数 $y = ax^2 + bx + c$(a,b,c 为常数),试按导数定义求 $\dfrac{\mathrm{d}y}{\mathrm{d}x}$.

3. 用定义证明:$(\cos x)' = -\sin x$.

4. 求下列函数的导数:

(1) $y = x^6$; (2) $y = \dfrac{1}{\sqrt[3]{x}}$;

(3) $y = x^{1.8}$; (4) $y = \log_{\frac{1}{2}} x$;

(5) $y = \dfrac{x^2\sqrt{x^3}}{\sqrt{x^5}}$; (6) $y = x^3\sqrt[5]{x}$.

5. 将一物体竖直上抛,经过时间 t(单位:s)后,物体上升的高度 $s = 10t - \dfrac{1}{2}gt^2$(单位:m),试求:

(1) 该物体在 1 到 $1 + \Delta t$ 这段时间内的平均速度;

(2) 该物体在时刻 1 s 的瞬时速度;

(3) 该物体在 t_0 到 $t_0 + \Delta t$ 这段时间内的平均速度;

(4) 该物体在时刻 t_0 的瞬时速度.

6. 在抛物线 $y = x^2$ 上取横坐标为 $x_1 = 1$,$x_2 = 3$ 的两点,作过这两点的割线,问:抛物线在哪一点处的切线平行于这条割线?并写出这条切线的方程.

7. 求曲线 $y = \cos x$ 在点 $\left(\dfrac{\pi}{3}, \dfrac{1}{2}\right)$ 处的切线方程和法线方程.

8. 证明:双曲线 $xy = a^2$ 上任一点处的切线与两坐标轴构成的三角形的面积都等于 $2a^2$.

9. 设函数 $f(x) = \begin{cases} \mathrm{e}^{ax}, & x < 0, \\ b + \sin 2x, & x \geqslant 0 \end{cases}$ 在点 $x = 0$ 处可导,求 a,b 的值.

10. 设函数 $f(x) = \begin{cases} 1 - x^2, & |x| < 1, \\ 0, & |x| \geqslant 1, \end{cases}$ 求 $f'_-(1), f'_+(-1)$.

11. 设函数 $f(x) = \arcsin x, \varphi(x) = x^2$, 求 $f[\varphi'(x)], f'[\varphi(x)], \{f[\varphi(x)]\}'$.

12. 设函数 $f(x)$ 在点 $x = 0$ 处可导, 问: 在什么情况下, 函数 $|f(x)|$ 在点 $x = 0$ 处也可导?

练习 2.2

1. 证明余切函数与余割函数的导数公式:

(1) $(\cot x)' = -\csc^2 x$; (2) $(\csc x)' = -\csc x \cot x$.

2. 证明反余弦函数与反余切函数的导数公式:

(1) $(\arccos x)' = -\dfrac{1}{\sqrt{1-x^2}}$; (2) $(\operatorname{arccot} x)' = -\dfrac{1}{1+x^2}$.

3. 求下列函数的导数(其中 a, b, c 为常数):

(1) $y = x^a - a^x + \ln x - \cos x + \mathrm{e}^2$; (2) $y = 2\sqrt{x} - \dfrac{1}{x} + x\sqrt{x}$;

(3) $y = (\sqrt{x} + 1)\left(\dfrac{1}{\sqrt{x}} - 1\right)$; (4) $y = 2\tan x + \sec x - 2$;

(5) $y = \dfrac{1 + \ln x}{1 - \ln x}$; (6) $y = \dfrac{1 + x - x^2}{1 - x + x^2}$;

(7) $y = \dfrac{a + bt - ct^2}{t}$; (8) $y = \dfrac{5\sin x}{1 + \cos x}$;

(9) $y = x\sin x\ln x$; (10) $y = \dfrac{10^x - 1}{10^x + 1}$.

4. 求下列函数的导数(其中 a 为常数):

(1) $y = (2x + 3)^4$; (2) $y = \cos(4 - 3x) + \cos x^2$;

(3) $y = \mathrm{e}^{-3x^2}\sin 2x$; (4) $y = \sqrt{a^2 - x^2}$;

(5) $y = 2\sin^2\dfrac{1}{x^2}$; (6) $y = \ln(\ln^2(\ln^3 x))$;

(7) $y = \sec^2 x + \csc^2 x$; (8) $y = \ln\left(\tan\dfrac{x}{2}\right) - \cos x\ln(\tan x)$;

(9) $y = \left(\arcsin\dfrac{x}{2}\right)^2$; (10) $y = \arctan(\tan^2 x)$.

5. 设函数 $f(x)$ 可导, 求下列函数的导数:

(1) $y = f(2x + 1)$; (2) $y = [xf(x^2)]^2$;

(3) $y = f(\sin^2 x) + f(\cos^2 x)$, 求 $y'\big|_{x = \frac{\pi}{4}}$.

6. 求函数 $y = x^{\mathrm{e}^x}$ 的导数.

7. 求下列函数的导数:

(1) $y = \mathrm{e}^{-2x}(x^2 - x + 1)$; (2) $y = \sin^n x\cos nx$;

(3) $y = \sqrt{\dfrac{1 - \sin 2x}{1 + \sin 2x}}$; (4) $y = \sec^2\dfrac{x}{2}$;

(5) $y = \mathrm{e}^{-\cos^2\frac{x}{2}}$; (6) $y = \sqrt[3]{x + \sqrt{x}}$;

(7) $y = x\arccos\dfrac{x}{2} + \sqrt{4 - x^2}$; (8) $y = \arccos\dfrac{x}{1 + x^2}$.

1. 求下列隐函数的导数 $\dfrac{\mathrm{d}y}{\mathrm{d}x}$：

(1) $x^2 + xy + y^2 = a^2$ （a 为常数）；

(2) $x^{\frac{2}{3}} + y^{\frac{2}{3}} = a^{\frac{2}{3}}$ （a 为常数）；

(3) $y = \cos(x+y)$；

(4) $y = 1 - \ln(x+y) + \mathrm{e}^y$；

(5) $\arctan \dfrac{y}{x} = \ln\sqrt{x^2+y^2}$.

2. 利用对数求导法求下列函数的导数：

(1) $y = \dfrac{x^2}{1-x}\sqrt{\dfrac{1+x}{1+x+x^2}}$；

(2) $y = (x+\sqrt{1+x^2})^n$；

(3) $y = (1+x)^{\frac{1}{x}}$ （$x > 0$）；

(4) $y = x^{\tan x}$ （$x > 0$）；

(5) $y = a^{\sin x}$ （$a > 0$）.

3. 求下列由参数方程所确定的函数的导数 $\dfrac{\mathrm{d}y}{\mathrm{d}x}$：

(1) $\begin{cases} x = \dfrac{t}{1+t}, \\ y = \dfrac{1-t}{1+t}; \end{cases}$

(2) $\begin{cases} x = \mathrm{e}^{2t}\cos^2 t, \\ y = \mathrm{e}^{2t}\sin^2 t. \end{cases}$

4. 求曲线 $\begin{cases} x = \mathrm{e}^t\sin 2t, \\ y = \mathrm{e}^t\cos t \end{cases}$ 在点 $(0,1)$ 处的切线方程和法线方程.

1. 求下列函数的二阶导数：

(1) $y = \mathrm{e}^{3x-1}$；

(2) $y = \cot x$；

(3) $y = x\ln(x+\sqrt{x^2+a^2}) - \sqrt{x^2+a^2}$；

(4) $y = \sqrt{x^2-1}$；

(5) $y = x\cos x$；

(6) $y = x\mathrm{e}^{x^2}$.

2. 求下列函数在指定点处的二阶导数：

(1) $f(x) = x\sqrt{x^2-16}$，求 $f''(5)$；

(2) $y = [\cos(\ln x)]^2$，求 $y''\big|_{x=\mathrm{e}}$.

3. 求下列由方程所确定的函数的二阶导数 y''：

(1) $x - y + \dfrac{1}{2}\sin y = 0$；

(2) $y = 1 + x\mathrm{e}^y$；

(3) $y = \tan(x+y)$；

(4) $x^2 - y^2 = 1$.

4. 求下列由参数方程所确定的函数 $y = y(x)$ 的二阶导数：

(1) $\begin{cases} x = 2t-1, \\ y^3 + 3ty + 1 = 0, \end{cases}$ 求 $\dfrac{\mathrm{d}^2 y}{\mathrm{d}x^2}\bigg|_{t=0}$；

(2) $\begin{cases} x = \ln(1+t^2), \\ y = t - \arctan t, \end{cases}$ 求 $\dfrac{\mathrm{d}^2 y}{\mathrm{d}x^2}$.

5. 验证：函数 $y = \mathrm{e}^x\sin x$ 满足关系式 $y'' - 2y' + 2y = 0$.

6. 设函数 $y = x^3\mathrm{e}^x$，求 $y^{(5)}(0)$.

7. 求下列函数的 n 阶导数：

(1) $y = x\mathrm{e}^x$；

(2) $y = \sin^2 x$.

1. 选择题：

(1) 设函数 $f(x)$ 可微，则 $\mathrm{d}[\mathrm{e}^{f(x)}] = ($　　$)$.

A. $f'(x)\mathrm{d}x$ 　　　B. $\mathrm{e}^{f(x)}\mathrm{d}x$ 　　　C. $f'(x)\mathrm{e}^{f(x)}\mathrm{d}x$ 　　　D. $f'(x)\mathrm{d}[\mathrm{e}^{f(x)}]$

(2) 函数 $f(x)$ 在点 x_0 处可微,则当 $|\Delta x|$ 很小时,$f(x_0 + \Delta x) \approx ($　　).

A. $f(x_0)$ B. $f'(x_0)\Delta x$ C. Δy D. $f(x_0) + f'(x_0)\Delta x$

(3) 设 x 为自变量,当 $x = 1, \Delta x = 0.1$ 时,$\mathrm{d}(x^3) = ($　　).

A. 0.3 B. 0 C. 0.01 D. 0.03

(4) $\mathrm{d}(\cos 2x) = ($　　).

A. $\cos 2x \mathrm{d}x$ B. $-\sin 2x \mathrm{d}x$ C. $2\sin 2x \mathrm{d}x$ D. $-2\sin 2x \mathrm{d}x$

(5) 将半径为 R 的球体加热,若球半径增加 ΔR,则球体积的增量 $\Delta V \approx ($　　).

A. $\dfrac{4}{3}\pi R^3$ B. $4\pi R^2 \Delta R$ C. $4\pi R^2$ D. $4\pi R \Delta R$

2. 已知函数 $y = f(x) = x^3 - x$,在 $x = 2$ 时,计算当 Δx 分别等于 $0.1, 0.01$ 时的 Δy 和 $\mathrm{d}y$.

3. 函数 $y = f(x)$ 在点 x_0 处有增量 $\Delta x = 0.2$,对应的函数增量的线性主部等于 0.8,求该函数在点 x_0 处的导数.

4. 求下列函数的微分:

(1) $y = x^2 \mathrm{e}^{2x}$;　　　　　　　　　　(2) $y = \tan^2(1 + 2x^2)$;

(3) $y = \arcsin \sqrt{1 - x^2}$;　　　　　　　(4) $y = \mathrm{e}^{-x}\cos(3 - x)$;

(5) $y = 5^{\ln(\tan x)}$;　　　　　　　　　　(6) $y = x^{5x}$;

(7) $y = \dfrac{x^3 - 1}{x^3 + 1}$;　　　　　　　　　(8) $y^2 + \ln y = x^4$;

(9) $\mathrm{e}^{\frac{x}{y}} - xy = 0$;　　　　　　　　　(10) $y = \cos(xy) - x$.

5. 将适当的函数填入下列括号内,使得等式成立:

(1) $\mathrm{d}($　　$) = \cos t \mathrm{d}t$;　　　　　　　(2) $\mathrm{d}($　　$) = \sin \omega t \mathrm{d}t$;

(3) $\mathrm{d}($　　$) = \dfrac{\mathrm{d}x}{1 + x}$;　　　　　　(4) $\mathrm{d}($　　$) = \mathrm{e}^{-2x}\mathrm{d}x$;

(5) $\mathrm{d}($　　$) = \dfrac{\mathrm{d}x}{\sqrt{x}}$;　　　　　　(6) $\mathrm{d}($　　$) = \sec^2 3x \mathrm{d}x$.

6. 利用一阶微分形式不变性求下列函数的微分(其中 f 和 φ 均为可微函数):

(1) $y = f[x^3 + \varphi(x^4)]$;　　　　　　(2) $y = f(1 - 2x) + 3\sin f(x)$.

7. 利用微分求近似值:

(1) $\mathrm{e}^{1.01}$;　　　　　　　　　　　(2) $\sin(60°40')$.

8. 扩音器插头为圆柱形,截面半径 $r = 0.15\,\mathrm{cm}$,长度 $l = 4\,\mathrm{cm}$. 为提高它的导电性能,要在圆柱的侧面镀一层厚度为 $0.001\,\mathrm{cm}$ 的纯铜,问:每个插头约需多少纯铜(铜的密度是 $8.9\,\mathrm{g/cm^3}$)?

简答 2.1

1. 解 $y'\Big|_{x=-1} = \lim\limits_{x \to -1} \dfrac{10x^2 - 10(-1)^2}{x + 1} = 10 \lim\limits_{x \to -1}(x - 1) = -20.$

2. 解 $\dfrac{\mathrm{d}y}{\mathrm{d}x} = \lim\limits_{\Delta x \to 0} \dfrac{a(x + \Delta x)^2 + b(x + \Delta x) + c - ax^2 - bx - c}{\Delta x}$

$= \lim\limits_{\Delta x \to 0} \dfrac{2ax\Delta x + a(\Delta x)^2 + b\Delta x}{\Delta x} = \lim\limits_{\Delta x \to 0}(2ax + a\Delta x + b) = 2ax + b.$

3. 证 令 $f(x) = \cos x$,则有

$$f'(x) = \lim\limits_{\Delta x \to 0} \dfrac{f(x + \Delta x) - f(x)}{\Delta x} = \lim\limits_{\Delta x \to 0} \dfrac{\cos(x + \Delta x) - \cos x}{\Delta x}$$

$$= -\lim\limits_{\Delta x \to 0}\left[\dfrac{1}{\Delta x} \cdot 2\sin\left(x + \dfrac{\Delta x}{2}\right)\sin\dfrac{\Delta x}{2}\right] = -\lim\limits_{\Delta x \to 0}\left[\sin\left(x + \dfrac{\Delta x}{2}\right) \cdot \dfrac{\sin\dfrac{\Delta x}{2}}{\dfrac{\Delta x}{2}}\right] = -\sin x,$$

即
$$(\cos x)' = -\sin x.$$

4. 解 (1) $y' = 6x^5$.

(2) $y' = (x^{-\frac{1}{3}})' = -\frac{1}{3}x^{-\frac{4}{3}}$.

(3) $y' = 1.8x^{0.8}$.

(4) $y' = \dfrac{1}{x\ln\frac{1}{2}} = -\dfrac{1}{x\ln 2}$.

(5) $y' = (x)' = 1$.

(6) $y' = (x^{\frac{16}{5}})' = \dfrac{16}{5}x^{\frac{11}{5}}$.

5. 解 (1) 该物体在 1 到 $1+\Delta t$ 这段时间内的平均速度为
$$\bar{v} = \frac{s(1+\Delta t) - s(1)}{\Delta t} = \frac{10(1+\Delta t) - \frac{1}{2}g(1+\Delta t)^2 - 10 + \frac{1}{2}g}{\Delta t}$$
$$= \left(10 - g - \frac{1}{2}g\Delta t\right)\text{m/s}.$$

(2) 该物体在时刻 1 s 的瞬时速度为
$$v = \lim_{\Delta t \to 0}\frac{s(1+\Delta t) - s(1)}{\Delta t} = \lim_{\Delta t \to 0}\frac{10(1+\Delta t) - \frac{1}{2}g(1+\Delta t)^2 - 10 + \frac{1}{2}g}{\Delta t}$$
$$= (10 - g)\text{m/s}.$$

(3) 该物体在 t_0 到 $t_0 + \Delta t$ 这段时间内的平均速度为
$$\bar{v} = \frac{s(t_0 + \Delta t) - s(t_0)}{\Delta t} = \frac{10(t_0 + \Delta t) - \frac{1}{2}g(t_0 + \Delta t)^2 - 10t_0 + \frac{1}{2}gt_0^2}{\Delta t}$$
$$= \left(10 - gt_0 - \frac{1}{2}g\Delta t\right)\text{m/s}.$$

(4) 该物体在时刻 t_0 的瞬时速度为
$$v = \lim_{\Delta t \to 0}\frac{10(t_0 + \Delta t) - \frac{1}{2}g(t_0 + \Delta t)^2 - 10t_0 + \frac{1}{2}gt_0^2}{\Delta t} = (10 - gt_0)\text{m/s}.$$

6. 解 割线的斜率 $k = \dfrac{3^2 - 1^2}{3 - 1} = 4$. 又 $y' = 2x$, 令 $2x = 4$, 得 $x_0 = 2$, 从而 $y_0 = 4$, 即抛物线在点 $(2,4)$ 处的切线平行于该割线, 且切线方程为
$$y - 4 = 4(x - 2), \quad \text{即} \quad y - 4x + 4 = 0.$$

7. 解 因为 $y' = -\sin x$, 所以所求切线的斜率 $k_1 = y'\Big|_{x=\frac{\pi}{3}} = -\sin\dfrac{\pi}{3} = -\dfrac{\sqrt{3}}{2}$, 法线的斜率 $k_2 = -\dfrac{1}{k_1} = \dfrac{2\sqrt{3}}{3}$. 于是, 所求切线方程为
$$y - \frac{1}{2} = -\frac{\sqrt{3}}{2}\left(x - \frac{\pi}{3}\right),$$

所求法线方程为
$$y - \frac{1}{2} = \frac{2\sqrt{3}}{3}\left(x - \frac{\pi}{3}\right).$$

8. 证 因为 $y' = -\dfrac{a^2}{x^2}$, 在该双曲线上任取一点 (x_1, y_1), 则过该点的切线方程为
$$y - y_1 = -\frac{a^2}{x_1^2}(x - x_1).$$

于是, 该切线在 x 轴和 y 轴的截距分别为 $A = \dfrac{2a^2}{x_1}, B = 2x_1$, 因此该切线与两坐标轴所围成的面积
$$S = \frac{1}{2}AB = 2a^2.$$

9. 解 要使得函数 $f(x)$ 在点 $x=0$ 处连续且可导,应满足

$$\lim_{x\to 0^+} f(x) = \lim_{x\to 0^-} f(x) = f(0), \qquad \lim_{\Delta x\to 0} \frac{f(0+\Delta x)-f(0)}{\Delta x} \text{ 存在}.$$

因为 $\lim\limits_{x\to 0^+} f(x) = \lim\limits_{x\to 0^+}(b+\sin 2x) = b$, $\lim\limits_{x\to 0^-} f(x) = \lim\limits_{x\to 0^-} \mathrm{e}^{ax} = 1$,所以 $b=1$. 又因为

$$\lim_{\Delta x\to 0^+} \frac{f(0+\Delta x)-f(0)}{\Delta x} = \lim_{\Delta x\to 0^+} \frac{\sin 2\Delta x}{\Delta x} = 2,$$

$$\lim_{\Delta x\to 0^-} \frac{f(0+\Delta x)-f(0)}{\Delta x} = \lim_{\Delta x\to 0^-} \frac{\mathrm{e}^{a\Delta x}-1}{\Delta x} = a,$$

所以要使得 $\lim\limits_{\Delta x\to 0} \dfrac{f(0+\Delta x)-f(0)}{\Delta x}$ 存在,则

$$\lim_{\Delta x\to 0^+} \frac{f(0+\Delta x)-f(0)}{\Delta x} = \lim_{\Delta x\to 0^-} \frac{f(0+\Delta x)-f(0)}{\Delta x}, \qquad \text{即} \quad 2=a.$$

故 $a=2, b=1$.

10. 解 $f'_-(1) = \lim\limits_{\Delta x\to 0^-} \dfrac{f(1+\Delta x)-f(1)}{\Delta x} = \lim\limits_{\Delta x\to 0^-} \dfrac{-2\Delta x-(\Delta x)^2}{\Delta x} = -2,$

$f'_+(-1) = \lim\limits_{\Delta x\to 0^+} \dfrac{f(-1+\Delta x)-f(-1)}{\Delta x} = \lim\limits_{\Delta x\to 0^+} \dfrac{2\Delta x-(\Delta x)^2}{\Delta x} = 2.$

11. 解 因为 $f'(x) = \dfrac{1}{\sqrt{1-x^2}}$, $\varphi'(x) = 2x$,所以

$$f[\varphi'(x)] = f(2x) = \arcsin 2x,$$

$$f'[\varphi(x)] = \frac{1}{\sqrt{1-\varphi^2(x)}} = \frac{1}{\sqrt{1-x^4}},$$

$$\{f[\varphi(x)]\}' = f'[\varphi(x)] \cdot \varphi'(x) = \frac{2x}{\sqrt{1-\varphi^2(x)}} = \frac{2x}{\sqrt{1-x^4}}.$$

12. 解 当 $f(0) \neq 0$ 时,不妨设 $f(0) > 0$,则在点 $x=0$ 的某一邻域内有 $f(x) > 0$,故 $|f(x)| = f(x)$,所以 $|f(x)|$ 在点 $x=0$ 处也可导.

当 $f(0) = 0$ 时,由于 $\dfrac{|f(x)|-|f(0)|}{x-0} = \left|\dfrac{f(x)-f(0)}{x-0}\right| \operatorname{sgn} x$,其中

$$\operatorname{sgn} x = \begin{cases} 1, & x > 0, \\ 0, & x = 0, \\ -1, & x < 0, \end{cases}$$

分别在点 $x=0$ 处计算左、右极限,得 $|f(x)|$ 在点 $x=0$ 处的左导数为 $-|f'(0)|$,右导数为 $|f'(0)|$,因此 $|f(x)|$ 在点 $x=0$ 处也可导的充要条件是 $f'(0) = 0$.

简答 2.2

1. 证 (1) $(\cot x)' = \left(\dfrac{\cos x}{\sin x}\right)' = \dfrac{(\cos x)' \sin x - (\sin x)' \cos x}{\sin^2 x}$

$$= -\frac{1}{\sin^2 x} = -\csc^2 x.$$

(2) $(\csc x)' = \left(\dfrac{1}{\sin x}\right)' = \dfrac{-\cos x}{\sin^2 x} = -\csc x \cot x.$

2. 证 (1) $(\arccos x)' = \dfrac{1}{(\cos y)'} = -\dfrac{1}{\sin y} = \dfrac{-1}{\sqrt{1-\cos^2 y}} = -\dfrac{1}{\sqrt{1-x^2}}.$

(2) $(\operatorname{arccot} x)' = \dfrac{1}{(\cot y)'} = \dfrac{-1}{\csc^2 y} = \dfrac{-1}{1+\cot^2 y} = -\dfrac{1}{1+x^2}.$

3. 解 (1) $y' = (x^a)' - (a^x)' + (\ln x)' - (\cos x)' + (\mathrm{e}^2)' = ax^{a-1} - a^x \ln a + \dfrac{1}{x} + \sin x.$

(2) $y' = 2(x^{\frac{1}{2}})' - (x^{-1})' + (x^{\frac{3}{2}})' = x^{-\frac{1}{2}} + x^{-2} + \dfrac{3}{2}x^{\frac{1}{2}}$.

(3) $y = (\sqrt{x} + 1)\left(\dfrac{1}{\sqrt{x}} - 1\right) = -x^{\frac{1}{2}} + x^{-\frac{1}{2}}$,从而

$$y' = (-x^{\frac{1}{2}})' + (x^{-\frac{1}{2}})' = -\dfrac{1}{2}x^{-\frac{1}{2}} - \dfrac{1}{2}x^{-\frac{3}{2}}.$$

(4) $y' = 2(\tan x)' + (\sec x)' - (2)' = 2\sec^2 x + \sec x \tan x$.

(5) $y' = \dfrac{(1 + \ln x)'(1 - \ln x) - (1 - \ln x)'(1 + \ln x)}{(1 - \ln x)^2}$

$= \dfrac{\dfrac{1}{x}(1 - \ln x) + \dfrac{1}{x}(1 + \ln x)}{(1 - \ln x)^2} = \dfrac{2}{x(1 - \ln x)^2}$.

(6) $y' = \dfrac{(1 - 2x)(1 - x + x^2) - (-1 + 2x)(1 + x - x^2)}{(1 - x + x^2)^2} = \dfrac{2(1 - 2x)}{(1 - x + x^2)^2}$.

(7) $y' = (at^{-1} + b - ct)' = -at^{-2} - c$.

(8) $y' = \dfrac{5\cos x(1 + \cos x) + 5\sin^2 x}{(1 + \cos x)^2} = \dfrac{5\cos x + 5}{(1 + \cos x)^2} = \dfrac{5}{1 + \cos x}$.

(9) $y' = (x)'\sin x \ln x + x(\sin x)'\ln x + x\sin x(\ln x)'$

$= \sin x \ln x + x\cos x \ln x + \sin x$.

(10) $y' = \dfrac{10^x \ln 10 \cdot (10^x + 1) - 10^x \ln 10 \cdot (10^x - 1)}{(10^x + 1)^2} = \dfrac{2 \cdot 10^x \ln 10}{(10^x + 1)^2}$.

4. 解 (1) $y' = 4(2x + 3)^3 \cdot 2 = 8(2x + 3)^3$.

(2) $y' = -\sin(4 - 3x) \cdot (-3) - (2x)\sin x^2 = 3\sin(4 - 3x) - 2x\sin x^2$.

(3) $y' = \mathrm{e}^{-3x^2} \cdot (-6x)\sin 2x + 2x\mathrm{e}^{-3x^2}\cos 2x = 2x\mathrm{e}^{-3x^2}(\cos 2x - 3\sin 2x)$.

(4) $y' = \dfrac{1}{2}(a^2 - x^2)^{-\frac{1}{2}} \cdot (-2x) = -\dfrac{x}{\sqrt{a^2 - x^2}}$.

(5) $y' = 2 \cdot 2\sin\dfrac{1}{x^2}\cos\dfrac{1}{x^2} \cdot \left(-\dfrac{2}{x^3}\right) = -\dfrac{4}{x^3}\sin\dfrac{2}{x^2}$.

(6) $y' = \dfrac{1}{\ln^2(\ln^3 x)} \cdot 2\ln(\ln^3 x)\dfrac{1}{\ln^3 x} \cdot 3\ln^2 x \cdot \dfrac{1}{x} = \dfrac{6\ln(\ln^3 x)\ln^2 x}{x\ln^3 x\ln^2(\ln^3 x)}$.

(7) $y' = 2\sec x\sec x\tan x + 2\csc x(-\csc x\cot x) = 2\sec^2 x\tan x - 2\csc^2 x\cot x$.

(8) $y' = \dfrac{1}{\tan\dfrac{x}{2}}\sec^2\dfrac{x}{2} \cdot \dfrac{1}{2} - \left[-\sin x\ln(\tan x) + \dfrac{\sec^2 x}{\tan x}\cos x\right] = \sin x\ln(\tan x)$.

(9) $y' = 2\arcsin\dfrac{x}{2} \cdot \dfrac{1}{\sqrt{1 - \dfrac{x^2}{4}}} \cdot \dfrac{1}{2} = \dfrac{2\arcsin\dfrac{x}{2}}{\sqrt{4 - x^2}}$.

(10) $y' = \dfrac{1}{1 + \tan^4 x} \cdot 2\tan x \cdot \sec^2 x = \dfrac{2\tan x\sec^2 x}{1 + \tan^4 x}$.

5. 解 (1) $y' = f'(2x + 1)(2x + 1)' = 2f'(2x + 1)$.

(2) $y' = 2xf(x^2)[f(x^2) + 2x^2 f'(x^2)]$.

(3) $y' = 2\sin x\cos x f'(\sin^2 x) - 2\cos x\sin x f'(\cos^2 x) = \sin 2x[f'(\sin^2 x) - f'(\cos^2 x)]$,

$y'\big|_{x = \frac{\pi}{4}} = \sin\dfrac{\pi}{2}\left[f'\left(\sin^2\dfrac{\pi}{4}\right) - f'\left(\cos^2\dfrac{\pi}{4}\right)\right] = f'\left(\dfrac{1}{2}\right) - f'\left(\dfrac{1}{2}\right) = 0$.

6. 解 $y' = (\mathrm{e}^{\mathrm{e}^x\ln x})' = \mathrm{e}^{\mathrm{e}^x\ln x}(\mathrm{e}^x\ln x)' = x^{\mathrm{e}^x}\left(\mathrm{e}^x\ln x + \dfrac{\mathrm{e}^x}{x}\right)$.

7. 解 (1) $y' = -2\mathrm{e}^{-2x}(x^2 - x + 1) + \mathrm{e}^{-2x}(2x - 1) = \mathrm{e}^{-2x}(-2x^2 + 4x - 3)$.

(2) $y' = n\sin^{n-1}x\cos x\cos nx - n\sin^n x\sin nx.$

(3) $\ln y = \dfrac{1}{2}\ln(1-\sin 2x) - \dfrac{1}{2}\ln(1+\sin 2x)$，则

$$\frac{y'}{y} = \frac{-\cos 2x}{1-\sin 2x} - \frac{\cos 2x}{1+\sin 2x} = \frac{2\cos 2x}{\sin^2 2x - 1},$$

于是

$$y' = \frac{2\cos 2x}{\sin^2 2x - 1}\sqrt{\frac{1-\sin 2x}{1+\sin 2x}}.$$

(4) $y' = \sec^2\dfrac{x}{2}\tan\dfrac{x}{2}.$

(5) $y' = \mathrm{e}^{-\cos^2\frac{x}{2}}\left(-\cos^2\dfrac{x}{2}\right)' = \dfrac{1}{2}\mathrm{e}^{-\cos^2\frac{x}{2}}\cdot 2\cos\dfrac{x}{2}\sin\dfrac{x}{2} = \dfrac{1}{2}\mathrm{e}^{-\cos^2\frac{x}{2}}\sin x.$

(6) $y' = \left[(x+\sqrt{x})^{\frac{1}{3}}\right]' = \dfrac{1}{3}(x+\sqrt{x})^{-\frac{2}{3}}\left(1+\dfrac{1}{2\sqrt{x}}\right) = \dfrac{1+2\sqrt{x}}{6\sqrt{x}\,\sqrt[3]{(x+\sqrt{x})^2}}.$

(7) $y' = \arccos\dfrac{x}{2} - x\dfrac{\frac{1}{2}}{\sqrt{1-\frac{x^2}{4}}} + \dfrac{-2x}{2\sqrt{4-x^2}} = \arccos\dfrac{x}{2} - \dfrac{2x}{\sqrt{4-x^2}}.$

(8) $y' = -\dfrac{1}{\sqrt{1-\frac{x^2}{(1+x^2)^2}}}\left(\dfrac{x}{1+x^2}\right)' = -\dfrac{1+x^2}{\sqrt{(1+x^2)^2-x^2}}\cdot\dfrac{1+x^2-2x^2}{(1+x^2)^2}$

$$= -\dfrac{1+x^2}{\sqrt{1+x^2+x^4}}\cdot\dfrac{1-x^2}{(1+x^2)^2} = \dfrac{x^2-1}{(1+x^2)\,\sqrt{1+x^2+x^4}}.$$

简答 2.3

1. 解 （1）方程两端同时对 x 求导数，得 $2x+y+xy'+2yy'=0$，解得 $y' = -\dfrac{2x+y}{x+2y}.$

（2）方程两端同时对 x 求导数，得 $\dfrac{2}{3}x^{-\frac{1}{3}} + \dfrac{2}{3}y^{-\frac{1}{3}}y' = 0$，解得 $y' = -\sqrt[3]{\dfrac{y}{x}}.$

（3）方程两端同时对 x 求导数，得 $y' = -\sin(x+y)(1+y')$，解得 $y' = -\dfrac{\sin(x+y)}{1+\sin(x+y)}.$

（4）方程两端同时对 x 求导数，得 $y' = -\dfrac{1+y'}{x+y} + \mathrm{e}^y y'$，解得

$$y' = -\dfrac{1}{x+y+1-(x+y)\mathrm{e}^y}.$$

（5）方程两端同时对 x 求导数，得 $\dfrac{1}{1+\frac{y^2}{x^2}}\cdot\dfrac{y'x-y}{x^2} = \dfrac{2x+2yy'}{2(x^2+y^2)}$，解得 $y' = \dfrac{x+y}{x-y}.$

2. 解 （1）$\ln y = 2\ln x - \ln(1-x) + \dfrac{1}{2}\ln(1+x) - \dfrac{1}{2}\ln(1+x+x^2)$，等式两端同时对 x 求导数，得

$$y' = \dfrac{x^2}{1-x}\sqrt{\dfrac{1+x}{1+x+x^2}}\left[\dfrac{2}{x} + \dfrac{1}{1-x} + \dfrac{1}{2(1+x)} - \dfrac{1+2x}{2(1+x+x^2)}\right].$$

（2）$\ln y = n\ln(x+\sqrt{1+x^2})$，等式两端同时对 x 求导数，得

$$\frac{y'}{y} = n\dfrac{1+\frac{x}{\sqrt{1+x^2}}}{x+\sqrt{1+x^2}} = \dfrac{n}{\sqrt{1+x^2}},\quad 即\quad y' = \dfrac{n\left(x+\sqrt{1+x^2}\right)^n}{\sqrt{1+x^2}}.$$

（3）$\ln y = \dfrac{\ln(1+x)}{x}$，等式两端同时对 x 求导数，得

$$\frac{y'}{y} = \frac{\dfrac{x}{1+x} - \ln(1+x)}{x^2} = \frac{x - (1+x)\ln(1+x)}{x^2(1+x)},$$

即
$$y' = \frac{x - (1+x)\ln(1+x)}{x^2(1+x)}(1+x)^{\frac{1}{x}}.$$

(4) $\ln y = \tan x \ln x$, 等式两端同时对 x 求导数, 得

$$\frac{y'}{y} = \sec^2 x \ln x + \frac{\tan x}{x}, \quad 即 \quad y' = \left(\sec^2 x \ln x + \frac{\tan x}{x}\right) x^{\tan x}.$$

(5) $\ln y = \sin x \ln a$, 等式两端同时对 x 求导数, 得

$$\frac{y'}{y} = \cos x \ln a, \quad 即 \quad y' = a^{\sin x} \cos x \ln a.$$

3. 解 (1) $\dfrac{dy}{dt} = \left(\dfrac{1-t}{1+t}\right)' = \dfrac{-2}{(1+t)^2}, \dfrac{dx}{dt} = \left(\dfrac{t}{1+t}\right)' = \dfrac{1}{(1+t)^2}$, 则 $\dfrac{dy}{dx} = \dfrac{\dfrac{dy}{dt}}{\dfrac{dx}{dt}} = -2$.

(2) $\dfrac{dy}{dx} = \dfrac{\dfrac{dy}{dt}}{\dfrac{dx}{dt}} = \dfrac{2e^{2t}\sin^2 t + e^{2t} \cdot 2\cos t \sin t}{2e^{2t}\cos^2 t - e^{2t} \cdot 2\cos t \sin t} = \dfrac{\sin t(\sin t + \cos t)}{\cos t(\cos t - \sin t)}.$

4. 解 显然, 题设曲线上点 $(0,1)$ 对应的参数值为 $t = 0$, 而曲线在该点处切线的斜率为

$$\left.\frac{dy}{dx}\right|_{t=0} = \left.\frac{(e^t\cos t)'}{(e^t\sin 2t)'}\right|_{t=0} = \left.\frac{e^t\cos t - e^t\sin t}{e^t\sin 2t + 2e^t\cos 2t}\right|_{t=0} = \frac{1}{2}.$$

因此, 所求的切线方程为

$$y - 1 = \frac{1}{2}(x - 0), \quad 即 \quad x - 2y + 2 = 0,$$

所求的法线方程为

$$y - 1 = -2x, \quad 即 \quad 2x + y - 1 = 0.$$

简答 2.4

1. 解 (1) $y' = 3e^{3x-1}, y'' = 9e^{3x-1}$.

(2) $y' = -\csc^2 x, y'' = 2\csc^2 x \cot x$.

(3) $y' = \ln(x + \sqrt{x^2+a^2}) + x\dfrac{1 + \dfrac{x}{\sqrt{x^2+a^2}}}{x + \sqrt{x^2+a^2}} - \dfrac{x}{\sqrt{x^2+a^2}} = \ln(x + \sqrt{x^2+a^2})$,

$$y'' = \frac{1 + \dfrac{x}{\sqrt{x^2+a^2}}}{x + \sqrt{x^2+a^2}} = \frac{1}{\sqrt{x^2+a^2}}.$$

(4) $y' = \dfrac{x}{\sqrt{x^2-1}}, y'' = \dfrac{\sqrt{x^2-1} - \dfrac{x^2}{\sqrt{x^2-1}}}{x^2-1} = \dfrac{-1}{(x^2-1)\sqrt{x^2-1}}.$

(5) $y' = \cos x - x\sin x, y'' = -2\sin x - x\cos x$.

(6) $y' = e^{x^2} + 2x^2 e^{x^2}, y'' = 2xe^{x^2} + 4xe^{x^2} + 4x^3 e^{x^2} = 2xe^{x^2}(3 + 2x^2)$.

2. 解 (1) $f'(x) = \sqrt{x^2-16} + \dfrac{x^2}{\sqrt{x^2-16}} = \dfrac{2x^2 - 16}{\sqrt{x^2-16}}$,

$$f''(x) = \frac{4x\sqrt{x^2-16} - \dfrac{2x^3 - 16x}{\sqrt{x^2-16}}}{x^2-16} = \frac{4x(x^2-16) - 2x^3 + 16x}{\sqrt{(x^2-16)^3}} = \frac{2x^3 - 48x}{\sqrt{(x^2-16)^3}},$$

则 $f''(5) = \dfrac{10}{27}$.

(2) $y' = -2\,\dfrac{1}{x}\cos(\ln x)\sin(\ln x) = -\dfrac{\sin(2\ln x)}{x}$，$y'' = -\dfrac{2\cos(2\ln x) - \sin(2\ln x)}{x^2}$，则

$$y''\Big|_{x=\mathrm{e}} = -\dfrac{2\cos(2\ln \mathrm{e}) - \sin(2\ln \mathrm{e})}{\mathrm{e}^2} = \dfrac{\sin 2 - 2\cos 2}{\mathrm{e}^2}.$$

3. 解 (1) 方程两端同时对 x 求导数，得

$$1 - y' + \dfrac{1}{2}\cos y \cdot y' = 0, \quad 即 \quad y' = \dfrac{2}{2 - \cos y},$$

于是

$$y'' = -\dfrac{2y'\sin y}{(2 - \cos y)^2}, \quad 即 \quad y'' = -\dfrac{4\sin y}{(2 - \cos y)^3}.$$

(2) 方程两端同时对 x 求导数，得

$$y' = \mathrm{e}^y + x\mathrm{e}^y y', \quad 即 \quad y' = \dfrac{\mathrm{e}^y}{1 - x\mathrm{e}^y} = \dfrac{\mathrm{e}^y}{2 - y},$$

于是

$$y'' = \dfrac{\mathrm{e}^y y'(2 - y) + y'\mathrm{e}^y}{(2 - y)^2} = \dfrac{\mathrm{e}^{2y}(3 - y)}{(2 - y)^3}.$$

(3) 方程两端同时对 x 求导数，得

$$y' = (1 + y')\sec^2(x + y), \quad 即 \quad y' = -\csc^2(x + y),$$

于是

$$y'' = 2\csc^2(x + y)\cot(x + y)(1 + y') = -2\csc^2(x + y)\cot^3(x + y).$$

(4) 方程两端同时对 x 求导数，得

$$2x - 2yy' = 0, \quad 即 \quad y' = \dfrac{x}{y},$$

于是

$$y'' = \dfrac{y - y'x}{y^2} = -\dfrac{1}{y^3}.$$

4. 解 (1) $3y^2\dfrac{\mathrm{d}y}{\mathrm{d}t} + 3y + 3t\dfrac{\mathrm{d}y}{\mathrm{d}t} = 0$，解得 $\dfrac{\mathrm{d}y}{\mathrm{d}t} = -\dfrac{y}{y^2 + t}$.

由方程 $y^3 + 3ty + 1 = 0$，得 $t = 0$ 时，$y = -1$，则 $\dfrac{\mathrm{d}y}{\mathrm{d}t}\Big|_{t=0} = -\dfrac{y}{y^2 + t}\Big|_{t=0} = 1$. 于是，有

$$\dfrac{\mathrm{d}y}{\mathrm{d}x} = \dfrac{\dfrac{\mathrm{d}y}{\mathrm{d}t}}{\dfrac{\mathrm{d}x}{\mathrm{d}t}} = -\dfrac{y}{2(y^2 + t)},$$

$$\dfrac{\mathrm{d}^2 y}{\mathrm{d}x^2} = \dfrac{\mathrm{d}\left(\dfrac{\mathrm{d}y}{\mathrm{d}x}\right)}{\mathrm{d}x} = \dfrac{\mathrm{d}\left(\dfrac{\mathrm{d}y}{\mathrm{d}x}\right)}{\mathrm{d}t}\Big/\dfrac{\mathrm{d}x}{\mathrm{d}t} = -\dfrac{\dfrac{\mathrm{d}y}{\mathrm{d}t}[2(y^2 + t)] - 2y\left(2y\dfrac{\mathrm{d}y}{\mathrm{d}t} + 1\right)}{8(y^2 + t)^2},$$

则

$$\dfrac{\mathrm{d}^2 y}{\mathrm{d}x^2}\Big|_{t=0} = -\dfrac{\dfrac{\mathrm{d}y}{\mathrm{d}t}[2(y^2 + t)] - 2y\left(2y\dfrac{\mathrm{d}y}{\mathrm{d}t} + 1\right)}{8(y^2 + t)^2}\Big|_{t=0} = 0.$$

(2) $\dfrac{\mathrm{d}y}{\mathrm{d}x} = \dfrac{\dfrac{\mathrm{d}y}{\mathrm{d}t}}{\dfrac{\mathrm{d}x}{\mathrm{d}t}} = \dfrac{1 - \dfrac{1}{1 + t^2}}{\dfrac{2t}{1 + t^2}} = \dfrac{t}{2}$,

$$\dfrac{\mathrm{d}^2 y}{\mathrm{d}x^2} = \dfrac{\mathrm{d}\left(\dfrac{\mathrm{d}y}{\mathrm{d}x}\right)}{\mathrm{d}x} = \dfrac{\mathrm{d}\left(\dfrac{\mathrm{d}y}{\mathrm{d}x}\right)}{\mathrm{d}t}\Big/\dfrac{\mathrm{d}x}{\mathrm{d}t} = \dfrac{\dfrac{1}{2}}{\dfrac{2t}{1 + t^2}} = \dfrac{1 + t^2}{4t} \ (t \neq 0).$$

5. 证 $y' = \mathrm{e}^x \sin x + \mathrm{e}^x \cos x, y'' = 2\mathrm{e}^x \cos x.$ 于是,将 y, y', y'' 代入关系式,得

$$y'' - 2y' + 2y = 0,$$

即函数 $y = \mathrm{e}^x \sin x$ 满足关系式 $y'' - 2y' + 2y = 0.$

6. 解 因为 $(x^3)''' = 6, (x^3)^{(4)} = 0,$ 从而得

$$y^{(5)} = (\mathrm{e}^x)^{(5)} x^3 + 5(\mathrm{e}^x)^{(4)}(x^3)' + \frac{5 \times 4}{1 \times 2}(\mathrm{e}^x)'''(x^3)'' + \frac{5 \times 4 \times 3}{1 \times 2 \times 3}(\mathrm{e}^x)''(x^3)'''$$

$$= (x^3 + 15x^2 + 60x + 60)\mathrm{e}^x,$$

所以 $y^{(5)}(0) = 60.$

7. 解 (1) $y^{(n)} = (x\mathrm{e}^x)^{(n)} = (\mathrm{e}^x)^{(n)} x + C_n^1 (\mathrm{e}^x)^{(n-1)}(x)' = (x+n)\mathrm{e}^x.$

(2) $y = \sin^2 x = \dfrac{1}{2} - \dfrac{1}{2}\cos 2x,$ 则

$$y' = \sin 2x, \quad y'' = 2\cos 2x, \quad \cdots, \quad y^{(n)} = 2^{n-1}\sin\left[2x + \frac{(n-1)\pi}{2}\right].$$

简答 2.5

1. 解 (1) C. (2) D. (3) A. (4) D. (5) B.

2. 解 当 $\Delta x = 0.1$ 时,$\Delta y = f(x_0 + \Delta x) - f(x_0) = f(2+0.1) - f(2) = 1.161, \mathrm{d}y = f'(x_0)\Delta x = f'(2) \cdot 0.1 = 1.1.$

当 $\Delta x = 0.01$ 时,$\Delta y = f(x_0 + \Delta x) - f(x_0) = f(2+0.01) - f(2) = 0.110\,601, \mathrm{d}y = f'(x_0)\Delta x = f'(2) \cdot 0.01 = 0.11.$

3. 解 依题意知 $\mathrm{d}y = f'(x_0)\Delta x,$ 则 $f'(x_0) = \dfrac{\mathrm{d}y}{\Delta x} = \dfrac{0.8}{0.2} = 4.$

4. 解 (1) $\mathrm{d}y = (2x\mathrm{e}^{2x} + 2x^2\mathrm{e}^{2x})\mathrm{d}x.$ (2) $\mathrm{d}y = 8x\tan(1+2x^2)\sec^2(1+2x^2)\mathrm{d}x.$

(3) $\mathrm{d}y = -\dfrac{x}{|x|\sqrt{1-x^2}}\mathrm{d}x.$ (4) $\mathrm{d}y = \mathrm{e}^{-x}[\sin(3-x) - \cos(3-x)]\mathrm{d}x.$

(5) $\mathrm{d}y = \dfrac{\sec x}{\sin x} 5^{\ln(\tan x)}\ln 5\mathrm{d}x.$ (6) $\mathrm{d}y = 5x^{5x}(\ln x + 1)\mathrm{d}x.$

(7) $\mathrm{d}y = \dfrac{6x^2}{(x^3+1)^2}\mathrm{d}x.$ (8) $\mathrm{d}y = \dfrac{4x^3 y}{2y^2 + 1}\mathrm{d}x.$

(9) $\mathrm{d}y = \dfrac{y(\mathrm{e}^{\frac{x}{y}} - y^2)}{x(\mathrm{e}^{\frac{x}{y}} + y^2)}\mathrm{d}x.$ (10) $\mathrm{d}y = -\dfrac{1 + y\sin(xy)}{1 + x\sin(xy)}\mathrm{d}x.$

5. 解 (1) $\sin t.$ (2) $-\dfrac{\cos \omega t}{\omega}.$ (3) $\ln(1+x).$ (4) $-\dfrac{1}{2}\mathrm{e}^{-2x}.$ (5) $2\sqrt{x}.$ (6) $\dfrac{1}{3}\tan 3x.$

6. 解 (1) $\mathrm{d}y = f'[x^3 + \varphi(x^4)]\mathrm{d}[x^3 + \varphi(x^4)] = f'[x^3 + \varphi(x^4)][3x^2 + 4x^3 \varphi'(x^4)]\mathrm{d}x.$

(2) $\mathrm{d}y = \mathrm{d}f(1-2x) + 3\mathrm{d}[\sin f(x)] = f'(1-2x)\mathrm{d}(1-2x) + 3\cos f(x)\mathrm{d}[f(x)]$

$$= f'(1-2x)(-2)\mathrm{d}x + 3\cos f(x) \cdot f'(x)\mathrm{d}x$$

$$= [-2f'(1-2x) + 3f'(x)\cos f(x)]\mathrm{d}x.$$

7. 解 (1) $\mathrm{e}^{1.01} \approx \mathrm{e} + \mathrm{e} \times 0.01 \approx 2.745\,5.$

(2) $\sin(60°40') \approx \sin\dfrac{\pi}{3} + 0.005\,8 = \dfrac{\sqrt{3}}{2} + 0.005\,8 \approx 0.871\,8.$

8. 解 圆柱形体积 $V = \pi r^2 l = 4\pi r^2, \mathrm{d}V = 8\pi r\mathrm{d}r,$ 从而 $\Delta V \approx \mathrm{d}V \Big|_{\substack{r=0.15\text{ cm} \\ \mathrm{d}r=0.001\text{ cm}}}.$ 于是,可得纯铜质量

$$\Delta m \approx 8.9 \times 8\pi \times 0.15 \times 0.001\text{ g} \approx 0.033\,6\text{ g}.$$

复习题 A

一、选择题

1. 设函数 $f(x) = 3x^3 + x^2 |x|$，则使得 $f^{(n)}(0)$ 存在的最高阶数 n 为（   ）.

A. 0   B. 1   C. 2   D. 3

2. 设函数 $f(x) = \lim\limits_{n\to\infty} \sqrt[n]{1 + |x|^{3n}}$，则 $f(x)$ 在区间 $(-\infty, +\infty)$ 上（   ）.

A. 处处可导   B. 恰有一个不可导点

C. 恰有两个不可导点   D. 至少有三个不可导点

3. 函数 $f(x) = (x^2 - x - 2)|x^3 - x|$ 不可导点的个数为（   ）.

A. 3   B. 2   C. 1   D. 0

4. 若函数 $y = f(x)$ 有 $f'(x_0) = \dfrac{1}{2}$，则当 $\Delta x \to 0$ 时，该函数在点 $x = x_0$ 处的微分 $\mathrm{d}y$ 是（   ）.

A. 与 Δx 等价的无穷小   B. 与 Δx 同阶的无穷小

C. 比 Δx 低阶的无穷小   D. 比 Δx 高阶的无穷小

5. 函数 $f(x)$ 在点 x_0 处存在左、右导数，则 $f(x)$ 在点 x_0 处（   ）.

A. 可导   B. 连续   C. 不可导   D. 不连续

6. 设 $\lim\limits_{x\to x_0^+} f'(x) = \lim\limits_{x\to x_0^-} f'(x) = a$，则（   ）.

A. 函数 $f(x)$ 在点 $x = x_0$ 处必可导且 $f'(x_0) = a$

B. 函数 $f(x)$ 在点 $x = x_0$ 处必连续，但未必可导

C. 函数 $f(x)$ 在点 $x = x_0$ 处必有极限但未必连续

D. 以上结论都不对

7. 设函数 $f(x)$ 可导，且满足 $\lim\limits_{x\to 0} \dfrac{f(1) - f(1-x)}{2x} = -1$，则曲线 $y = f(x)$ 在点 $(1, f(1))$ 处的切线的斜率为（   ）.

A. 2   B. -2 C. $\dfrac{1}{2}$ D. -1

二、填空题

1. 设函数 $f(x)$ 处处可导，且有 $f'(0) = 1$，并对于任何实数 x 和 h，恒有 $f(x+h) = f(x) + f(h) + 2hx$，则 $f'(x) = $ _____.

2. 设函数 $f(x)$ 在点 x_0 处可导，则 $\lim\limits_{h\to 0} \dfrac{f(x_0 + mh) - f(x_0 - nh)}{h} = $ _____.

3. 已知函数 $y = y(x)$ 由方程 $\mathrm{e}^y + 6xy + x^2 - 1 = 0$ 所确定，则 $y''(0) = $ _____.

4. 曲线 $y = \ln x$ 上与直线 $x + y = 1$ 垂直的切线方程为 _____.

5. 设函数 $y = y(x)$ 由方程 $2^{xy} = x + y$ 所确定，则 $\mathrm{d}y \big|_{x=0} = $ _____.

6. 设函数 $y = \ln \sqrt{\dfrac{(1-x)\mathrm{e}^x}{\arccos x}}$，则 $y'(0) = $ _____.

7. 若 $y^{(n-2)} = \ln \dfrac{2+x}{2-x}$，则 $y^{(n)}(1) = $ _____.

三、解答题

1. 试从 $\dfrac{\mathrm{d}x}{\mathrm{d}y} = \dfrac{1}{y'}$ 导出：

第 2 章　导数与微分　 69

(1) $\dfrac{\mathrm{d}^2 x}{\mathrm{d}y^2} = -\dfrac{y''}{(y')^3}$;

(2) $\dfrac{\mathrm{d}^3 x}{\mathrm{d}y^3} = \dfrac{3(y'')^2 - y'y'''}{(y')^5}$.

2. 求下列函数的导数:

(1) $y = \mathrm{e}^x \cos x$, 求 $y^{(4)}$;

(2) $y = x \sin hx$, 求 $y^{(100)}$;

(3) $y = x^2 \sin 2x$, 求 $y^{(50)}$.

3. 利用对数求导法求下列函数的导数:

(1) $y = \left(\dfrac{\sin x}{x}\right)^{\ln x}$;

(2) $y = \dfrac{\sqrt{x+2}\,(3-x)^4}{(x+1)^5}$.

4. 设参数方程 $\begin{cases} x = f'(t), \\ y = tf'(t) - f(t), \end{cases}$ 其中 $f(t)$ 三阶可导且 $f''(t) \neq 0$, 求 $\dfrac{\mathrm{d}^2 y}{\mathrm{d}x^2}, \dfrac{\mathrm{d}^3 y}{\mathrm{d}x^3}$.

5. 设函数 $f(x) = \begin{cases} \dfrac{x^3}{|x|}, & x \neq 0, \\ 0, & x = 0, \end{cases}$ 求复合函数 $\varPhi(x) = f[f(x)]$ 的导数, 并讨论 $\varPhi'(x)$ 的连续性.

复习题 B

一、选择题

1. 函数 $f(x) = |x-1|$ 在点 $x = 1$ 处(   ).

A. 不连续

B. 连续但不可导

C. 可导, 但导函数不连续

D. 导函数不连续

2. 设函数 $y = y(x)$ 由 $y = \cos x - x\mathrm{e}^y$ 所确定, 则 $\left.\dfrac{\mathrm{d}y}{\mathrm{d}x}\right|_{x=0} = ($).

A. e

B. 2e

C. $-\mathrm{e}$

D. $-2\mathrm{e}$

3. 设函数 $f(x)$ 在区间 $(-1,1)$ 内有定义, 且 $|f(x)| \leqslant x^2$, 则点 $x = 0$ 必是 $f(x)$ 的(   ).

A. 间断点

B. 连续而不可导点

C. 可导点, 且 $f'(0) = 0$

D. 可导点, 且 $f'(0) \neq 0$

4. 函数 $f(x) = \begin{cases} \dfrac{2}{3}x^3, & x \leqslant 1, \\ x^2, & x > 1 \end{cases}$ 在点 $x = 1$ 处(   ).

A. 左导数存在, 右导数存在

B. 左导数存在, 右导数不存在

C. 左导数不存在, 右导数不存在

D. 左导数不存在, 右导数存在

5. 曲线 $y = \ln x$ 在点 $(1,0)$ 处的切线与 x 轴的交角为(   ).

A. $\dfrac{\pi}{2}$

B. $\dfrac{\pi}{3}$

C. $\dfrac{\pi}{4}$

D. $\dfrac{\pi}{6}$

6. 设周期为 4 的周期函数 $f(x)$ 在区间 $(-\infty, +\infty)$ 上可导, $\lim\limits_{x\to 0}\dfrac{f(1) - f(1-x)}{2x} = -1$, 则曲线 $y = f(x)$ 在点 $(5, f(5))$ 处的切线的斜率为(   ).

A. $\dfrac{1}{2}$

B. 0

C. -1

D. -2

7. 设函数 $f(x)$ 满足 $f(x+1) = af(x)$, 且 $f'(0) = b$, 其中 a, b 为非零常数, 则 $f'(1) = ($).

A. a

B. b

C. ab

D. 0

8. 设函数 $F(x) = \begin{cases} \dfrac{f(x)}{x}, & x \neq 0, \\ f(0), & x = 0, \end{cases}$ 其中函数 $f(x)$ 在点 $x = 0$ 处可导, $f'(0) \neq 0$, $f(0) = 0$, 则点 $x = 0$ 是 $F(x)$ 的(   ).

A. 连续点　　　　　　　　　　　　　　　　B. 第一类间断点

C. 第二类间断点　　　　　　　　　　　　　D. 连续点或间断点不能由此确定

9. 设函数 $f(x) = \begin{cases} \dfrac{1-\cos x}{\sqrt{x}}, & x > 0, \\ x^2 g(x), & x \leqslant 0, \end{cases}$ 其中 $g(x)$ 是有界函数,则 $f(x)$ 在点 $x = 0$ 处( ).

A. 极限不存在　　　　　　　　　　　　　　B. 极限存在但不连续

C. 连续但不可导　　　　　　　　　　　　　D. 可导

10. 设函数 $f(x) = x|x^2 - x|$,则 $f(x)$( ).

A. 处处不可导　　　　　　　　　　　　　　B. 处处可导

C. 有且仅有一个不可导点　　　　　　　　　D. 有且仅有两个不可导点

11. 设函数 $f(u)$ 可导,而 $y = f(x^2)$ 当自变量 x 在点 $x = -1$ 处取得增量 $\Delta x = -0.1$ 时,相应的函数增量 Δy 的线性主部为 0.1,则 $f'(1) = ($).

A. -1　　　　　　B. 0.1　　　　　　C. 1　　　　　　D. 0.5

12. 函数 $f(x) = \mathrm{e}^{|\sin x|}$ 在点 $x = 0$ 处( ).

A. 不连续,不可导　　　　　　　　　　　　B. 不连续,可导

C. 连续,不可导　　　　　　　　　　　　　D. 连续,可导

13. 设函数 $f(x)$ 在点 a 的某一邻域内有定义,则 $f(x)$ 在点 a 处可导的一个充要条件是( )存在.

A. $\lim\limits_{h \to +\infty} h\left[f\left(a + \dfrac{1}{h}\right) - f(a)\right]$　　　　B. $\lim\limits_{h \to -\infty} h\left[f\left(a + \dfrac{1}{h}\right) - f(a)\right]$

C. $\lim\limits_{h \to 0} \dfrac{f(a+h) - f(a-h)}{2h}$　　　　D. $\lim\limits_{h \to 0} \dfrac{f(a) - f(a-h)}{h}$

14. 若函数 $f(x)$ 的导函数在点 $x = 1$ 处连续,且 $f'(1) = -2$,则 $\lim\limits_{x \to 0^+} \dfrac{\mathrm{d}}{\mathrm{d}x} f(\cos\sqrt{x}) = ($).

A. 0　　　　　　B. 1　　　　　　C. 2　　　　　　D. 3

二、填空题

1. 设函数 $y = \arccos\dfrac{1}{x}$,则 $\mathrm{d}y = $ _____.

2. 设函数 $f(x) = x^4 + 3x^3 + 2x^2 - 10x + 1$,则 $f^{(5)}(x) = $ _____.

3. 曲线 $\begin{cases} x = 2t + 3 + \arctan t, \\ y = 2 - 3t + \ln(1+t^2) \end{cases}$ 在点 $(3, 2)$ 处的切线方程为 _____.

4. 设函数 $y(x) = (\mathrm{e}^x - 1)(\mathrm{e}^{2x} - 2)\cdots(\mathrm{e}^{nx} - n)$,其中 n 是正整数,则 $y'(0) = $ _____.

5. 设函数 $f(x) = \begin{cases} \mathrm{e}^{2x}, & x \leqslant 0, \\ \ln(1+2x) + \cos x, & x > 0, \end{cases}$ 则 $f'(0) = $ _____.

6. 曲线 $y = \sqrt{x}$ 在点 $(1, 1)$ 处的切线方程为 _____.

7. 设曲线 $y = x^3 + x + 2$ 上某点处的切线方程为 $y = kx$,则常数 $k = $ _____.

8. 已知 $f'(x_0) = -1$,则 $\lim\limits_{x \to 0} \dfrac{x}{f(x_0 - 2x) - f(x_0 - x)} = $ _____.

9. 已知函数 $y = f\left(\dfrac{3x-2}{3x+2}\right)$,$f'(x) = \arctan x^2$,则 $\left.\dfrac{\mathrm{d}y}{\mathrm{d}x}\right|_{x=0} = $ _____.

10. 设函数 $f(t) = \lim\limits_{x \to \infty} t\left(\dfrac{x+t}{x-t}\right)^x$,则 $f'(t) = $ _____.

11. 设函数 $y = f(\cos^2 x) + \tan x^2$,其中 f 可导,则 $\dfrac{\mathrm{d}y}{\mathrm{d}x} = $ _____.

12. 已知函数 $y = y(x)$ 由方程 $\mathrm{e}^y + 6xy + x^2 - 1 = 0$ 所确定,则 $y''(0) = $ _____.

13. 设函数 $f(x) = \dfrac{x^2}{x^2 - 1}$,则 $f^{(n)}(x) = $ _____.

14. 设函数 $f(x) = x^2 \ln(1+x)$，则 $f^{(n)}(0) = $ _____.

15. 设函数 $f(x) = x(x-1)(x-2)(x-3)(x-4)$，则 $f'(2) = $ _____.

16. 设 $f'(x_0)$ 存在，则 $\lim\limits_{x \to x_0} \dfrac{xf(x_0) - x_0 f(x)}{x - x_0} = $ _____.

17. 设函数 $y = y(x)$ 由方程 $e^y - \sin x + y = 1$ 所确定，则 $\mathrm{d}y \Big|_{x=0} = $ _____.

三、解答题

1. 求函数 $y = \arctan \dfrac{x}{1 + \sqrt{1 - x^2}}$ 的导数.

2. 试确定常数 a, b，使得函数 $f(x) = \begin{cases} e^{3x} - 1, & x < 0, \\ b(1 + \sin x) + a + 2, & x \geqslant 0 \end{cases}$ 处处可导.

3. 设曲线 $f(x) = x^3 + ax$ 与 $g(x) = bx^2 + c$ 都通过点 $(-1, 0)$，且在点 $(-1, 0)$ 处有公共切线，求常数 a, b, c.

4. 设函数 $y = y(x)$ 由参数方程 $\begin{cases} x = e^t \sin t, \\ y = e^t \cos t \end{cases}$ 所确定，求 $\dfrac{\mathrm{d}^2 y}{\mathrm{d}x^2}$.

5. 设函数 $f(x)$ 有一阶连续导数，$f'(1) = 2$，求 $\lim\limits_{x \to 0^+} \dfrac{\mathrm{d}}{\mathrm{d}x} f(\cos \sqrt{x})$.

6. 设曲线 $y = f(x) = x^n$ 在点 $(1, 1)$ 处的切线交 x 轴于点 $(\xi_n, 0)$，求 $\lim\limits_{n \to \infty} f(\xi_n)$.

7. 设函数 $f(x) = \lim\limits_{n \to \infty} \dfrac{\ln(e^n + x^n)}{n}$ $(x > 0)$，

（1）求 $f(x)$ 的表达式；

（2）讨论 $f(x)$ 的连续性和可导性.

8. 求函数 $y = \dfrac{1}{2} \operatorname{arccot} \dfrac{2x}{1 - x^2}$ 的导数.

9. 已知函数 $y = \ln \sqrt{\sqrt{1 - e^{-x}} \, x \sin x}$，求 $y'\left(\dfrac{\pi}{2}\right)$.

10. 求函数 $y = e^{x+y} + x^{\sin x}$ 的导数.

11. 设函数 $f(x) = x^n (x-1)^n \cos \dfrac{\pi x^2}{4}$，求 $f^{(n)}(1)$.

12. 已知函数 $y = \sin^2 3x \cos 5x$，求 $y^{(n)}$.

13. 已知函数 $f(x) = \begin{cases} x^k \sin \dfrac{1}{x}, & x \neq 0, \\ 0, & x = 0 \end{cases}$ （k 为正常数），讨论 k 为何值时，存在二阶导数 $f''(0)$.

第3章　微分中值定理与导数的应用

一、知 识 梳 理

（一）知识结构

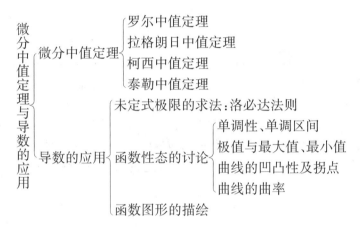

（二）教学内容

（1）微分中值定理.

（2）泰勒公式.

（3）洛必达法则.

（4）函数的单调性与曲线的凹凸性.

（5）函数的极值与最大值、最小值.

（6）函数图形的描绘.

（7）曲率.

（8）导数在经济学中的应用.

（三）教学要求

（1）理解并会使用罗尔中值定理、拉格朗日中值定理及柯西中值定理.

（2）熟练掌握利用洛必达法则求未定式极限.

（3）了解并会使用泰勒中值定理；掌握 e^x, $\sin x$, $\cos x$, $\ln(1+x)$, $(1+x)^a$ 的麦克劳林公式.

（4）会判断函数的单调性、曲线的凹凸性；会求曲线的拐点.

（5）了解函数作图（包括求曲线的渐近线）的方法.

（6）理解函数的极值概念；熟练掌握利用导数求函数的极值；会解决应用题中简单的最大

值和最小值问题.

（7）了解曲率和曲率半径的概念；会计算曲率和曲率半径.

（8）会解决一些常见的导数在经济学中的应用问题.

（四）重点与难点

重点：拉格朗日中值定理；泰勒公式；洛必达法则；函数单调性的判定；函数的极值及其求法；最大值、最小值问题.

难点：拉格朗日中值定理；泰勒公式.

二、学 习 指 导

本章可分为导数理论及导数应用. 导数理论是作为导数应用的一个基础部分，主要是通过几个中值定理来表现的；导数应用则是借助于中值定理，利用导数对函数的性态做比较全面的研究. 要利用导数这个工具研究函数的性态（不是局部，而是区间上的整体性态），必须建立导数与函数之间的联系. 微分中值定理和泰勒公式为我们利用导数研究并深入了解函数性态提供了理论基础，是非常有效的工具. 就高等数学而言，罗尔中值定理主要用来证明拉格朗日中值与柯西中值定理；柯西中值定理主要用来证明洛必达法则；拉格朗日中值定理主要用来研究函数性态. 本章理论性较强，往往难以理解，证明题常感到困惑. 需注意证明过程中的分析及基本思路.

（一）微分中值定理

为应用导数的概念和运算来研究函数与实际问题，需要一个联系局部与整体的工具，它就是微分中值定理. 微分中值定理作为微分学的核心，是沟通导数和函数值之间的桥梁. 罗尔中值定理、拉格朗日中值定理、柯西中值定理、泰勒中值定理是微分学的基本定理，统称为微分中值定理. 这四个定理作为微分学的基本定理，是研究函数性态的有力工具.

从几何的角度讲，中值定理可以用几何直观来描述，例如，罗尔中值定理、拉格朗日中值定理、柯西中值定理的几何意义都是"存在与割线平行的切线". 四个定理的关系如图 3-1 所示.

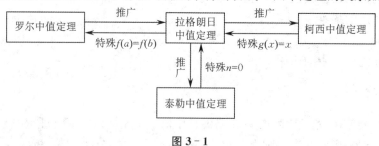

图 3-1

1. 学习罗尔中值定理、拉格朗日中值定理与柯西中值定理应注意的问题

（1）罗尔中值定理是一个函数需满足三个条件，拉格朗日中值定理是一个函数需满足两个条件，柯西中值定理是两个函数需满足两个条件，才有相应结论；

（2）定理的条件是充分的，但不是必要的；

（3）三个定理都是存在性定理，只肯定了有 ξ 存在，而未指出如何确定该点；

（4）三个定理中的条件是函数在开区间 (a,b) 内可导,只能推出在开区间 (a,b) 内连续,而未包含端点.因此,定理条件也可以说为在开区间 (a,b) 内可导且在点 $x=a$ 处右连续,在点 $x=b$ 处左连续.

2. 构造辅助函数

构造一个辅助函数,通过这个辅助函数的认识或解决,达到对原问题的认识或解决的方法就称为构造法.构造辅助函数通常先对所给的定理或命题进行分析、简化、变形,得出其等价命题;接着对该等价命题进行分析,看是否可以利用一些已知的定理解决这个等价命题,由此可以构造出恰当的辅助函数来解决问题.例如,从拉格朗日中值定理的结论来看,欲证存在一点 $\xi \in (a,b)$,使得

$$f(b)-f(a)=f'(\xi)(b-a),$$

即证存在一点 $\xi \in (a,b)$,使得

$$f'(\xi)(b-a)-[f(b)-f(a)]=0,$$

亦即

$$\{f(x)(b-a)-[f(b)-f(a)]x\}'\Big|_{x=\xi}=0.$$

这与罗尔中值定理的结论 $f'(\xi)=0$ 的形式是一样的,所以可作辅助函数

$$F(x)=(b-a)f(x)-[f(b)-f(a)]x.$$

显然,$F(x)$ 满足罗尔中值定理的条件,由 $F'(\xi)=0$ 证得拉格朗日中值定理成立,亦即下面的等式成立:

$$f(b)-f(a)=f'(\xi)(b-a) \quad (a<\xi<b).$$

辅助函数的构造采用"逆推法",即从结论出发,倒推导,求出一个适当的关系式,由此通过逻辑推理和演绎过程,可得欲证之结论.逆推法的大致步骤如下:

（1）把结论中的 ξ 换成 x;

（2）（必要时）通过初等变换化为易于消除导数符号的形式;

（3）利用观察法或积分法求出原函数,积分常数取为零;

（4）移项使得等式一边为零,则另一边为辅助函数 $F(x)$.

（二）泰勒公式

1. 学习泰勒公式应注意的问题

（1）麦克劳林公式是特殊的泰勒公式;

（2）用关于 $(x-x_0)$ 的 n 次多项式近似表示函数 $f(x)$ 时,一定有一个余项,该余项(误差)一定是 $(x-x_0)^n$ 的高阶无穷小;

（3）熟记一些常用的泰勒公式.

① 函数 $f(x)$ 在点 x_0 处的带拉格朗日型余项的 n 阶泰勒公式为

$$f(x)=f(x_0)+f'(x_0)(x-x_0)+\frac{f''(x_0)}{2!}(x-x_0)^2+\cdots$$

$$+\frac{f^{(n)}(x_0)}{n!}(x-x_0)^n+\frac{f^{(n+1)}(\xi)}{(n+1)!}(x-x_0)^{n+1},$$

其中 ξ 在 x_0 与 x 之间;

② 当 $x_0 = 0$ 时,泰勒公式成为带拉格朗日型余项的 n 阶麦克劳林公式

$$f(x) = f(0) + f'(0)x + \frac{f''(0)}{2!}x^2 + \cdots + \frac{f^{(n)}(0)}{n!}x^n + \frac{f^{(n+1)}(\theta x)}{(n+1)!}x^{n+1} \quad (0 < \theta < 1);$$

③ 常见函数的带拉格朗日型余项的麦克劳林公式:

$$e^x = 1 + x + \frac{1}{2!}x^2 + \cdots + \frac{1}{n!}x^n + \frac{e^{\theta x}}{(n+1)!}x^{n+1} \quad (0 < \theta < 1);$$

$$\sin x = x - \frac{1}{3!}x^3 + \frac{1}{5!}x^5 - \cdots + (-1)^{m-1}\frac{x^{2m-1}}{(2m-1)!} + R_{2m}(x),$$

其中 $R_{2m}(x) = \dfrac{\sin\left[\theta x + (2m+1)\dfrac{\pi}{2}\right]}{(2m+1)!}x^{2m+1} \quad (0 < \theta < 1);$

$$\cos x = 1 - \frac{1}{2!}x^2 + \frac{1}{4!}x^4 - \cdots + (-1)^m \frac{x^{2m}}{(2m)!} + R_{2m+1}(x),$$

其中 $R_{2m+1}(x) = \dfrac{\cos\left[\theta x + (m+1)\pi\right]}{(2m+2)!}x^{2m+2} \quad (0 < \theta < 1);$

$$\ln(1+x) = x - \frac{1}{2}x^2 + \frac{1}{3}x^3 - \cdots + \frac{(-1)^{n-1}}{n}x^n + R_n(x),$$

其中 $R_n(x) = \dfrac{(-1)^n}{(n+1)(1+\theta x)^{n+1}}x^{n+1} \quad (0 < \theta < 1);$

$$(1+x)^\alpha = 1 + \alpha x + \frac{\alpha(\alpha-1)}{2!}x^2 + \cdots + \frac{\alpha(\alpha-1)\cdots(\alpha-n+1)}{n!}x^n + R_n(x),$$

其中 $R_n(x) = \dfrac{\alpha(\alpha-1)\cdots(\alpha-n+1)(\alpha-n)}{(n+1)!}(1+\theta x)^{\alpha-n-1}x^{n+1} \quad (0 < \theta < 1).$

2. 带佩亚诺型余项的泰勒中值定理

如果函数 $f(x)$ 在含有 x_0 的某个区间 $[a,b]$ 上有直到 n 阶的连续导数,且 $f^{(n)}(x)$ 在区间 (a,b) 内连续,那么对于任一 $x \in (a,b)$,有

$$f(x) = f(x_0) + f'(x_0)(x-x_0) + \frac{1}{2!}f''(x_0)(x-x_0)^2 + \cdots$$
$$+ \frac{1}{n!}f^{(n)}(x_0)(x-x_0)^n + o\left[(x-x_0)^n\right],$$

其中 $o\left[(x-x_0)^n\right]$ 称为佩亚诺型余项.

在带佩亚诺型余项的泰勒中值定理中取 $x_0 = 0$ 后得到的公式称为带佩亚诺型余项的麦克劳林公式.几个常用函数的带佩亚诺型余项的麦克劳林公式如下:

$$e^x = 1 + x + \frac{1}{2!}x^2 + \cdots + \frac{1}{n!}x^n + o(x^n), \quad x \in (-\infty, +\infty);$$

$$\sin x = x - \frac{1}{3!}x^3 + \frac{1}{5!}x^5 - \cdots + \frac{(-1)^{n-1}}{(2n-1)!}x^{2n-1} + o(x^{2n-1}), \quad x \in (-\infty, +\infty);$$

$$\cos x = 1 - \frac{1}{2!}x^2 + \frac{1}{4!}x^4 - \cdots + \frac{(-1)^n}{(2n)!}x^{2n} + o(x^{2n}), \quad x \in (-\infty, +\infty);$$

$$\ln(1+x) = x - \frac{1}{2}x^2 + \frac{1}{3}x^3 - \cdots + \frac{(-1)^{n-1}}{n}x^n + o(x^n), \quad x \in (-1, 1];$$

$$(1+x)^\alpha = 1 + \alpha x + \frac{\alpha(\alpha-1)}{2!}x^2 + \cdots + \frac{\alpha(\alpha-1)\cdots(\alpha-n+1)}{n!}x^n + o(x^n), \quad x \in (-1, 1);$$

$$\frac{1}{1+x} = 1 - x + x^2 - \cdots + (-1)^n x^n + o(x^n), \quad x \in (-1,1];$$

$$\frac{1}{1-x} = 1 + x + x^2 + x^3 + \cdots + x^n + o(x^n), \quad x \in (-1,1).$$

3. 几条关于高阶无穷小的运算规律

以下几条关于高阶无穷小的运算规律在用麦克劳林公式求极限时尤为有用,下面以当 $x \to 0$ 时为例:

(1) $o(x^n) \pm o(x^n) = o(x^n)$;

(2) 当 $m > n$ 时, $o(x^m) \pm o(x^n) = o(x^n)$;

(3) $o(x^m) \cdot o(x^n) = o(x^{m+n})$;

(4) 若函数 $\varphi(x)$ 有界,则 $\varphi(x) \cdot o(x^n) = o(x^n)$.

(三) 洛必达法则

利用洛必达法则求未定式的极限是微分学中的重点之一. 解题时应注意:

(1) 在求极限之前,要检查未定式是否满足 $\frac{0}{0}$ 型或 $\frac{\infty}{\infty}$ 型. 若不满足,则不能使用该法则;否则,会得到错误的结果.

(2) 洛必达法则可连续多次使用,直到求出极限为止. 但每一次都要验证是否满足 $\frac{0}{0}$ 型或 $\frac{\infty}{\infty}$ 型.

(3) 在同一题中,洛必达法则与其他方法可交替使用. 如果有可约因子,或有非零极限值的乘积因子,那么可先约去或提出. 无穷小因子相乘时可用等价无穷小替换,以简化计算步骤.

(4) $\lim\limits_{x \to x_0} \dfrac{f'(x)}{g'(x)}$ 不存在(不包括 ∞),不能断言 $\lim\limits_{x \to x_0} \dfrac{f(x)}{g(x)}$ 不存在,只能说明洛必达法则在此失效,应采用其他方法求极限.

(5) $0 \cdot \infty, \infty - \infty, 1^\infty, 0^0, \infty^0$ 也叫作未定式,但必须先转化为 $\frac{0}{0}$ 型或 $\frac{\infty}{\infty}$ 型,之后才可用洛必达法则求极限.

解题思路:

$$\text{``}0 \cdot \infty\text{''} = \text{``}\frac{0}{\frac{1}{\infty}}\text{''} = \text{``}\frac{0}{0}\text{''} \quad \text{或} \quad \text{``}0 \cdot \infty\text{''} = \text{``}\frac{\infty}{\frac{1}{0}}\text{''} = \text{``}\frac{\infty}{\infty}\text{''};$$

$$\text{``}\infty - \infty\text{''} = \text{``}\frac{1}{\frac{1}{\infty}} - \frac{1}{\frac{1}{\infty}}\text{''} = \text{``}\frac{\frac{1}{\infty} - \frac{1}{\infty}}{\frac{1}{\infty \cdot \infty}}\text{''} = \text{``}\frac{0}{0}\text{''};$$

$$\text{``}1^\infty\text{''} = e^{\text{``}\infty \cdot \ln 1\text{''}} = e^{\text{``}\infty \cdot 0\text{''}} = e^{\text{``}\frac{0}{\frac{1}{\infty}}\text{''}} = e^{\text{``}\frac{0}{0}\text{''}} \quad \text{或} \quad \text{``}1^\infty\text{''} = e^{\text{``}\infty \cdot 0\text{''}} = e^{\text{``}\frac{\infty}{\frac{1}{0}}\text{''}} = e^{\text{``}\frac{\infty}{\infty}\text{''}};$$

$$\text{``}0^0\text{''} = e^{\text{``}0 \cdot \ln 0\text{''}} = e^{\text{``}0 \cdot \infty\text{''}} = e^{\text{``}\frac{0}{\frac{1}{\infty}}\text{''}} = e^{\text{``}\frac{\infty}{\infty}\text{''}} \quad \text{或} \quad \text{``}0^0\text{''} = e^{\text{``}0 \cdot \infty\text{''}} = e^{\text{``}\frac{0}{\frac{1}{\infty}}\text{''}} = e^{\text{``}\frac{0}{0}\text{''}};$$

$$\text{``}\infty^0\text{''} = e^{\text{``}0 \cdot \ln \infty\text{''}} = e^{\text{``}0 \cdot \infty\text{''}} = e^{\text{``}\frac{0}{\frac{1}{\infty}}\text{''}} = e^{\text{``}\frac{0}{0}\text{''}}.$$

(6) 离散型数列求极限时不能直接用洛必达法则. 也就是说,对于数列 $\{x_n\}$ 的极限 $\lim\limits_{n\to\infty} x_n$ 不能直接用洛必达法则. 这是因为数列不是连续变化的,无导数可言. 但可用洛必达法则先求出相应的连续变量的函数极限,再利用数列极限与函数极限的关系得 $\lim\limits_{n\to\infty} x_n = \lim\limits_{x\to+\infty} f(x)$. 然而,当 $\lim\limits_{x\to+\infty} f(x)$ 不存在时,不能断定 $\lim\limits_{n\to\infty} x_n$ 不存在,这时应使用其他方法去求.

(四) 函数单调性的判定

(1) 如果 $f'(x)$ 在某个区间内只有有限个点处等于零,在其他点处均为正(或负),那么函数 $f(x)$ 在该区间上单调增加(或单调减少).

(2) 判定函数 $f(x)$ 单调性的步骤:先求 $f'(x)$,找出驻点与不可导点,这样的点将 $f(x)$ 的定义域分成若干区间;再在每个区间上讨论 $f'(x) = 0$ 的符号,若为正,则 $f(x)$ 单调增加,若为负,则 $f(x)$ 单调减少.

(3) 用单调性来证明不等式,其方法是:先将不等式两端的解析式移到不等式的一边;接着令此不等式的左端为函数 $f(x)$;然后利用导数判定 $f(x)$ 的单调性;最后利用已知条件与单调性,得到所证不等式.

(五) 曲线的凹凸性及拐点

(1) 用一阶导数确定单调区间,用二阶导数确定凹凸区间及拐点,确定拐点时不但需要 $f''(x) = 0$,而且二阶导数在该点的邻近两侧异号.

(2) 拐点一定是坐标形式的点 $(x, f(x))$,拐点的表达与极值点的表达不同. 拐点是曲线上的某一点,极值点是使函数取得极值的自变量. 那么如何寻找曲线 $y = f(x)$ 的拐点呢?

如果 $f''(x_0) = 0$(或 $f''(x_0)$ 不存在),而 $f''(x)$ 在点 x_0 的邻近两侧异号,那么点 $(x_0, f(x_0))$ 就是该曲线的一个拐点.

在几何上,若曲线 $y = f(x)$ 上任意两点的割线在曲线下(或上)方,则 $y = f(x)$ 是凸(或凹)的.

如果曲线 $y = f(x)$ 有切线,且每一点的切线都在曲线之上(或下),那么 $y = f(x)$ 是凸(或凹)的.

(3) 设函数 $f(x)$ 的二阶导数连续,且点 $(x_0, f(x_0))$ 为拐点,则 $f''(x_0) = 0$;反之,不成立. 例如函数 $f(x) = x^4$,其二阶导数 $f''(x) = 12x^2$ 且 $f''(0) = 0$,但点 $(0,0)$ 不是曲线 $f(x) = x^4$ 的拐点.

注 $f''(x) = 0$ 的点或 $f''(x)$ 不存在的点对应的曲线上的点可能是拐点.

(六) 渐近线的求法

1. 垂直渐近线

如果曲线 $y = f(x)$ 有 $\lim\limits_{x\to c^-} f(x) = \infty$ 或 $\lim\limits_{x\to c^+} f(x) = \infty$,那么称直线 $x = c$ 为曲线 $y = f(x)$ 的垂直渐近线.

2. 水平渐近线

如果曲线 $y = f(x)$ 的定义域是无限区间,且 $\lim\limits_{x\to-\infty} f(x) = b$ 或 $\lim\limits_{x\to+\infty} f(x) = b$,那么称直线

$y = b$ 为曲线 $y = f(x)$ 的水平渐近线.

3. 斜渐近线

若函数 $y = f(x)$ 满足 $a = \lim\limits_{x \to \infty} \dfrac{f(x)}{x}, b = \lim\limits_{x \to \infty}[f(x) - ax]$（其中自变量的变化过程 $x \to \infty$ 可同时换成 $x \to +\infty$ 或 $x \to -\infty$），则称直线 $y = ax + b$ 为曲线 $y = f(x)$ 的斜渐近线.

注 函数的图形不一定都有渐近线.

（七）函数的极值

（1）函数的极值是一个局部性的概念，它只与极值点邻近的所有点的函数值相比较是大还是小，并不是说它在定义区间上最大或最小. 因此，一个函数可能存在其极大值小于极小值的情形.

（2）极值点与极值是两个不同的概念. 极值点是使函数取得极值的自变量.

（3）用二阶导数讨论函数在某点处的极值，不列表也很方便，但它的使用范围有限，当 $f''(x) = 0$ 或 $f'(x) = 0, f''(x) = 0$ 时，不能使用二阶导数来判断.

（4）一阶导数为零的点称为驻点. 对于可导函数，极值点一定是驻点.

（5）若可导函数无驻点，则该函数无极值.

（6）驻点不一定为极值点.

例如函数 $y = x^3, y' = 3x^2$，有驻点 $x = 0$，但 $x = 0$ 不是该函数的极值点.

（7）千万不要误认为只有驻点才可能成为极值点，一阶导数不存在的点也有可能成为极值点，即可能的极值点（可疑点）包括驻点或一阶导数不存在的点.

例如函数 $y = |x|, y' = \begin{cases} -1, & x < 0, \\ 1, & x > 0, \end{cases}$ 该函数在点 $x = 0$ 处不可导，但在点 $x = 0$ 处取得极小值 0.

（8）求函数 $f(x)$ 极值的步骤：首先，求 $f'(x)$，进而求出 $f(x)$ 的全部驻点以及 $f'(x)$ 不存在的点，这些点都是可疑的极值点；其次，可疑极值点将 $f(x)$ 的定义域分成了几个区间，在每个区间考察 $f'(x)$ 的符号；最后，确定极值点，求出 $f(x)$ 的极值.

（八）函数的最大值和最小值

闭区间 $[a, b]$ 上的连续函数 $f(x)$ 一定存在着最大值和最小值. 可直接求出一切可能的极值点（包括驻点和导数不存在的点）和端点处的函数值，比较这些函数值的大小，即可得到函数的最大值和最小值. 讨论最大值、最小值问题时，一般要就 $f(x)$ 的整体定义域（不加限制）来研究，找出定义域内的全部极值.

1. 极值与最值的区别

（1）极值是函数在某点附近函数值的大小比较，是局部性质，而最值是函数在区间 $[a, b]$ 上的性质，是整体性质.

（2）最值在区间的端点和极值点中产生，所以确定最值的步骤为先求出定义域再求出 $f'(x)$，进而求出可疑的极值点，最后比较可疑点处的函数值与端点处的函数值.

2. 求具体问题最值的步骤

（1）分析问题，明确求哪个量的最值.

（2）写出函数关系式.确定函数关系式常常要用几何学、物理学、化学、经济学等方面的知识,函数关系式列出后,依具体情况要写出定义域.

（3）由函数关系式求驻点,并判断是否为极值点.

（4）根据具体问题,判别该极值点是否为最值点.一般地,如果函数在区间$[a,b]$上连续,且只求得唯一的极值点,那么这个极值点就是所求的最值点.在实际应用中,如果函数在已给区间内部只有一个极值,那么就可以断定这个唯一极值就是最值,而无须与端点值加以比较.

（5）写出最值.

求具体问题的最值,关键是在某个范围内建立目标函数 $f(x)$.若根据实际问题本身可以断定可导函数 $f(x)$ 一定存在最大值或最小值,且在所讨论的区间内部 $f(x)$ 有唯一的驻点,则该驻点一定是最值点.

（九）利用导数证明不等式的常用方法

（1）用微分中值定理证明不等式;

（2）用原函数存在定理证明不等式;

（3）用函数单调性证明不等式;

（4）用泰勒公式证明不等式;

（5）用求极值的方法证明不等式;

（6）用单调极限证明不等式;

（7）用定积分的性质证明不等式;

（8）用函数的最值证明不等式.

要证明 $f(x) \geqslant g(x)$,只要求函数 $F(x) = f(x) - g(x)$ 的极值,证明 $\min\{F(x)\} \geqslant 0$. 这是证明不等式的基本方法.

（十）导数在研究函数性态方面的应用

（1）利用导数研究函数性态的理论依据 —— 拉格朗日中值定理;

（2）利用一阶导数的符号判定函数的单调性;

（3）求函数极值的方法:

① 利用一阶导数的符号判定极值;

② 利用二阶导数的符号判定极值.

（4）利用二阶导数的符号判定曲线的凹凸性及拐点;

（5）函数图形的描绘;

（6）最值的应用问题:根据题意,建立数学模型.对于一般的应用问题,求出驻点后,若在考虑的定义域内驻点唯一,则函数在该驻点处一定取得最大值（或最小值）.

（十一）导数在经济学中的应用

1. 经济学中常用的函数

导数在经济学中的应用,主要是研究在这一领域中出现的一些函数关系,因此必须了解一些经济学中常见的函数.

（1）需求函数.作为市场上的一种产品,其需求量受到很多因素影响,如产品的市场价格、消费者的喜好等. 为便于讨论, 我们先不考虑其他因素, 假设产品的需求量仅受自身价格的影响, 则需求量可视为该产品价格的函数, 称为需求函数, 记作

$$Q = f(P),$$

其中 Q 表示产品需求量, P 表示产品市场价格.

(2) 价格函数. 需求函数 $Q = f(P)$ 的反函数就是价格函数, 即

$$P = f^{-1}(Q),$$

它反映了产品的需求与价格之间的关系.

(3) 总成本函数. 总成本包括固定成本和变动成本. 固定成本是指厂房、设备等固定资产的折旧、管理者的固定工资等, 记为 C_0. 变动成本是指原材料的费用、工人的工资等, 记为 C_1. 这两类成本的总和称为总成本, 记为 C, 即

$$C = C_0 + C_1.$$

假设固定成本不变(C_0 为常数), 变动成本是产量 x 的函数 $C_1 = C_1(x)$, 则总成本函数为

$$C(x) = C_0 + C_1(x).$$

(4) 总收入函数. 总收入是指厂商销售一定数量的产品所得到的全部收入, 记为 R. 销售某产品的总收入取决于该产品的销售量和价格, 因此总收入函数为

$$R(x) = xP(x),$$

其中 x 表示销售量, $P(x)$ 为该产品的价格函数.

(5) 总利润函数. 总利润是指总收入扣除总成本后的剩余部分, 记为 L. 对于产量(或销售量)x, 若总成本函数为 $C(x)$, 总收入函数为 $R(x)$, 则

$$L(x) = R(x) - C(x).$$

2. 边际分析

边际概念是经济学中的一个重要概念, 一般指经济函数的变化率. 利用导数研究经济变量的边际变化的方法, 称为边际分析方法.

根据导数的定义, 导数 $f'(x)$ 表示 $f(x)$ 在点 x 处的变化率, 在经济学中, 一个经济函数 $f(x)$ 的导数 $f'(x)$ 称为该函数的边际函数, $f(x)$ 在点 $x = x_0$ 处的导数 $f'(x_0)$ 称为 $f(x)$ 在点 $x = x_0$ 处的边际函数值.

总成本函数 $C = C(x)$(x 表示产量) 的导数 $C'(x)$ 称为边际成本函数; 总收入函数 $R = R(x)$ 的导数 $R'(x)$ 称为边际收入函数; 总利润函数 $L = L(x)$ 的导数 $L'(x)$ 称为边际利润函数.

三、常见题型

例 1　证明不等式: $\ln^2 b - \ln^2 a > \dfrac{4}{e^2}(b-a)$, 其中 $e < a < b < e^2$.

分析　根据该不等式的形式, 可考虑利用拉格朗日中值定理证明, 或转化为函数不等式后, 利用函数的单调性证明. 利用拉格朗日中值定理证明不等式的一般步骤如下:

(1) 从要证不等式中找到含函数值差的表达式, 从中选定 $f(x)$ 及一闭区间 $[a, b]$;

(2) 在选定的闭区间 $[a, b]$ 上运用拉格朗日中值定理得到一等式;

(3) 利用此等式及 $a < \xi < b$ 导出要证明的不等式.

证 对函数$\ln^2 x$在区间$[a,b]$上应用拉格朗日中值定理,得

$$\ln^2 b - \ln^2 a = \frac{2\ln \xi}{\xi}(b-a), \quad a < \xi < b.$$

设函数$\varphi(t) = \dfrac{\ln t}{t}$,则$\varphi'(t) = \dfrac{1-\ln t}{t^2}$. 当$t > \mathrm{e}$时,$\varphi'(t) < 0$,所以$\varphi(t)$单调减少,从而$\varphi(\xi) > \varphi(\mathrm{e}^2)$,即$\dfrac{\ln \xi}{\xi} > \dfrac{\ln \mathrm{e}^2}{\mathrm{e}^2} = \dfrac{2}{\mathrm{e}^2}$,故

$$\ln^2 b - \ln^2 a > \frac{4}{\mathrm{e}^2}(b-a).$$

本题也可设辅助函数$\varphi(x) = \ln^2 x - \ln^2 a - \dfrac{4}{\mathrm{e}^2}(x-a)$,$\mathrm{e} < a < x < \mathrm{e}^2$或$\varphi(x) = \ln^2 b - \ln^2 x - \dfrac{4}{\mathrm{e}^2}(b-x)$,$\mathrm{e} < x < b < \mathrm{e}^2$,再利用函数的单调性进行证明.

▍例 2 证明:当$x \neq 1$时,$\mathrm{e}^x > \mathrm{e}x$.

证 令函数$f(x) = \mathrm{e}^x - \mathrm{e}x$,易见$f(x)$在区间$(-\infty, +\infty)$上连续,且$f(1) = 0$,$f'(x) = \mathrm{e}^x - \mathrm{e}$.

当$x < 1$时,$f'(x) = \mathrm{e}^x - \mathrm{e} < 0$,可知$f(x)$为区间$(-\infty, 1]$上的单调减少函数,即$f(x) > f(1) = 0$.

当$x > 1$时,$f'(x) = \mathrm{e}^x - \mathrm{e} > 0$,可知$f(x)$为区间$[1, +\infty)$上的单调增加函数,即$f(x) > f(1) = 0$.

故对于任意$x \neq 1$,有$f(x) > 0$,即$\mathrm{e}^x > \mathrm{e}x$.

▍例 3 设$x < 0$,试证:$\mathrm{e}^x > 1+x$.

证法一 利用拉格朗日中值定理. 设函数$f(t) = \mathrm{e}^t - 1 - t$,则$f(t)$在闭区间$[x, 0]$上连续,在开区间$(x, 0)$内可导,有$f'(t) = \mathrm{e}^t - 1$. 根据拉格朗日中值定理,至少存在一点$\xi \in (x, 0)$,使得

$$f'(\xi) = \frac{f(0) - f(x)}{0-x}, \quad \text{即} \quad x(\mathrm{e}^\xi - 1) = \mathrm{e}^x - 1 - x.$$

因为$\xi < 0$,所以$0 < \mathrm{e}^\xi < 1$. 又因为$x < 0$,所以$x(\mathrm{e}^\xi - 1) > 0$,从而

$$\mathrm{e}^x - 1 - x > 0, \quad \text{即} \quad \mathrm{e}^x > 1 + x.$$

证法二 利用函数的单调性. 设函数$f(x) = \mathrm{e}^x - 1 - x$,则$f'(x) = \mathrm{e}^x - 1$. 因为$x < 0$,所以$\mathrm{e}^x - 1 < 0$,即$f'(x) < 0$,从而当$x < 0$时,$f(x)$是单调减少的. 又

$$\lim_{x \to 0^-} f(x) = \lim_{x \to 0^-} (\mathrm{e}^x - 1 - x) = 0,$$

所以当$x < 0$时,有

$$f(x) > f(0^-) = 0, \quad \text{即} \quad \mathrm{e}^x - 1 - x > 0.$$

故

$$\mathrm{e}^x > 1 + x.$$

▍例 4 证明:方程$2^x - x - 1 = 0$除$x = 0$和$x = 1$外,不存在其他实根.

证 假设函数$f(x) = 2^x - x - 1$除点$x = 0$和点$x = 1$外还有第三个零点x_0,则由罗尔中值定理可知,在以$0,1$与x_0这三个零点为端点所构成的两个相邻开区间内,至少各存在一点ξ_1和ξ_2,使得

$$f'(\xi_1) = f'(\xi_2) = 0,$$

即方程 $f'(x) = 0$ 至少有两个实根. 又因为 $f'(x) = 2^x \ln 2 - 1$, 而 $2^x \ln 2 - 1 = 0$ 仅有一个实根 $x = -\log_2(\ln 2)$, 这与上述结论矛盾, 所以原假设不成立.

例 5 设 $a_0, a_1, a_2, \cdots, a_n$ 为满足 $a_0 + \dfrac{a_1}{2} + \dfrac{a_2}{3} + \cdots + \dfrac{a_n}{n+1} = 0$ 的非零实数, 证明: 方程 $a_0 + a_1 x + a_2 x^2 + \cdots + a_n x^n = 0$ 在区间 $(0,1)$ 内至少有一个实根.

证 设函数 $f(x) = a_0 x + \dfrac{a_1}{2} x^2 + \dfrac{a_2}{3} x^3 + \cdots + \dfrac{a_n}{n+1} x^{n+1}$, 则 $f(x)$ 在闭区间 $[0,1]$ 上连续, 在开区间 $(0,1)$ 内可导, 且

$$f(0) = 0, \quad f(1) = a_0 + \dfrac{a_1}{2} + \dfrac{a_2}{3} + \cdots + \dfrac{a_n}{n+1} = 0.$$

由罗尔中值定理可知, 至少有一点 $\xi \in (0,1)$, 使得 $f'(\xi) = a_0 + a_1 \xi + a_2 \xi^2 + \cdots + a_n \xi^n = 0$, 即方程 $a_0 + a_1 x + a_2 x^2 + \cdots + a_n x^n = 0$ 在区间 $(0,1)$ 内至少有一个实根.

例 6 设函数 $f(x)$ 在闭区间 $[a,b]$ 上连续, 在开区间 (a,b) 内可导, $0 < a < b$, 证明: $\exists \xi, \eta \in (a,b)$, 使得 $f'(\xi) = \dfrac{a+b}{2\eta} f'(\eta)$.

证 由 $0 < a < b$, 令函数 $g(x) = x^2$, 则 $g'(x) = 2x \neq 0, x \in (a,b)$. 因为 $f(x), g(x)$ 在闭区间 $[a,b]$ 上满足柯西中值定理, 所以 $\exists \eta \in (a,b)$, 使得

$$\frac{f'(\eta)}{g'(\eta)} = \frac{f'(\eta)}{2\eta} = \frac{f(b) - f(a)}{b^2 - a^2},$$

即

$$\frac{f'(\eta)}{2\eta}(b+a) = \frac{f(b) - f(a)}{b - a} = f'(\xi), \quad \xi \in (a,b).$$

由上两式可得 $\exists \xi, \eta \in (a,b)$, 使得

$$f'(\xi) = \frac{a+b}{2\eta} f'(\eta).$$

例 7 设函数 $f(x)$ 在闭区间 $[a,b]$ 上连续, 在开区间 (a,b) 内可导 $(a > 0)$, 证明: 在开区间 (a,b) 内至少存在一点 ξ, 使得 $2\xi[f(b) - f(a)] = (b^2 - a^2) f'(\xi)$.

证 令函数 $F(x) = x^2$, 则 $f(x), F(x)$ 在闭区间 $[a,b]$ 上连续, 在开区间 (a,b) 内可导, 且 $F'(x) = 2x \neq 0$. 由柯西中值定理可知, 至少存在一点 $\xi \in (a,b)$, 使得

$$\frac{f(b) - f(a)}{F(b) - F(a)} = \frac{f'(\xi)}{F'(\xi)},$$

即

$$2\xi[f(b) - f(a)] = (b^2 - a^2) f'(\xi).$$

例 8 证明: 当 $b > a > \mathrm{e}$ 时, $a^b > b^a$.

证 要证 $a^b > b^a$, 只要证 $\dfrac{\ln a}{a} > \dfrac{\ln b}{b}$ 成立.

设函数 $f(x) = \dfrac{\ln x}{x}, x \in [a,b]$. 由于 $f(x)$ 在闭区间 $[a,b]$ 上连续, 在开区间 (a,b) 内可导, 且 $f'(x) < 0$, 因此

$$\frac{\ln a}{a} - \frac{\ln b}{b} = f(a) - f(b) = f'(\xi)(a - b) > 0,$$

即 $\dfrac{\ln a}{a} > \dfrac{\ln b}{b}$, 故 $a^b > b^a$ 成立.

例 9 设函数 $f(x)$ 在闭区间 $[x_1,x_2]$ 上连续,在开区间 (x_1,x_2) 内可导,且 $x_1 \cdot x_2 > 0$,证明:至少存在一点 $\xi \in (x_1,x_2)$,使得

$$\frac{x_1 f(x_2) - x_2 f(x_1)}{x_1 - x_2} = f(\xi) - \xi f'(\xi).$$

证 原式可写成

$$\frac{\dfrac{f(x_2)}{x_2} - \dfrac{f(x_1)}{x_1}}{\dfrac{1}{x_2} - \dfrac{1}{x_1}} = f(\xi) - \xi f'(\xi).$$

令函数 $\varphi(x) = \dfrac{f(x)}{x}$, $\psi(x) = \dfrac{1}{x}$,它们在区间 $[x_1,x_2]$ 上满足柯西中值定理的条件,且有

$$\frac{\varphi'(x)}{\psi'(x)} = f(x) - xf'(x).$$

由柯西中值定理可知,至少存在一点 $\xi \in (x_1,x_2)$,使得

$$\frac{\dfrac{f(x_2)}{x_2} - \dfrac{f(x_1)}{x_1}}{\dfrac{1}{x_2} - \dfrac{1}{x_1}} = \frac{\varphi(x_2) - \varphi(x_1)}{\psi(x_2) - \psi(x_1)} = \frac{\varphi'(\xi)}{\psi'(\xi)} = f(\xi) - \xi f'(\xi).$$

例 10 求函数 $f(x) = \ln x$ 在点 $x = 2$ 处的带佩亚诺型余项的 n 阶泰勒公式.

解 由于

$$\ln x = \ln[2 + (x-2)] = \ln\left[2\left(1 + \frac{x-2}{2}\right)\right] = \ln 2 + \ln\left(1 + \frac{x-2}{2}\right),$$

因此

$$\ln x = \ln 2 + \frac{x-2}{2} - \frac{(x-2)^2}{2 \cdot 2^2} + \cdots + (-1)^{n-1} \frac{(x-2)^n}{n \cdot 2^n} + o\left[\left(\frac{x-2}{2}\right)^n\right].$$

例 11 利用泰勒公式求下列极限:

(1) $\lim\limits_{x \to 0}\left(\dfrac{1}{x} - \dfrac{1}{\sin x}\right)$; (2) $\lim\limits_{x \to 0} \dfrac{\cos x - e^{-\frac{x^2}{2}}}{x^4}$.

解 (1) 原式 $= \lim\limits_{x \to 0} \dfrac{\sin x - x}{x \sin x} = \lim\limits_{x \to 0} \dfrac{\left[x - \dfrac{x^3}{3!} + o(x^3)\right] - x}{x^2}$

$$= \lim\limits_{x \to 0}\left[-\frac{x}{6} + \frac{o(x^3)}{x^2}\right] = 0.$$

(2) 原式 $= \lim\limits_{x \to 0} \dfrac{\left[1 - \dfrac{x^2}{2!} + \dfrac{x^4}{4!} + o(x^4)\right] - \left[1 + \left(-\dfrac{x^2}{2}\right) + \dfrac{\left(-\dfrac{x^2}{2}\right)^2}{2!} + o(x^4)\right]}{x^4}$

$$= \lim\limits_{x \to 0} \frac{\dfrac{x^4}{24} - \dfrac{x^4}{8} + o(x^4)}{x^4} = \lim\limits_{x \to 0}\left[-\frac{1}{12} + \frac{o(x^4)}{x^4}\right] = -\frac{1}{12}.$$

例 12 利用三阶泰勒公式求 $\sqrt[3]{30}$ 的近似值,并估计误差.

解 因为

$$\sqrt[3]{30} = \sqrt[3]{27+3} = 3\left(1+\frac{1}{9}\right)^{\frac{1}{3}}$$

$$\approx 3\left[1+\frac{1}{3}\cdot\frac{1}{9}+\frac{\frac{1}{3}\left(\frac{1}{3}-1\right)}{2!}\cdot\left(\frac{1}{9}\right)^2+\frac{\frac{1}{3}\left(\frac{1}{3}-1\right)\left(\frac{1}{3}-2\right)}{3!}\cdot\left(\frac{1}{9}\right)^3\right]$$

$$\approx 3.107\,24,$$

其误差为

$$|R_3(x)| = 3\cdot\left|\frac{\frac{1}{3}\left(\frac{1}{3}-1\right)\left(\frac{1}{3}-2\right)\left(\frac{1}{3}-3\right)}{4!}(1+\xi)^{\frac{1}{3}-4}\left(\frac{1}{9}\right)^4\right|, \quad 0<\xi<\frac{1}{9},$$

即
$$|R_3(x)| \leqslant \frac{10}{3^{12}} \approx 1.88\times 10^{-5}.$$

例 13 设函数 $f(x)$ 在区间 $[0,1]$ 上二阶可导,且 $f(0)=f'(0)=f'(1)=0, f(1)=1$. 求证:至少存在一点 $\xi\in(0,1)$,使得 $|f''(\xi)|\geqslant 4$.

证 先把 $f(x)$ 在点 $x=0$ 处展开成带拉格朗日型余项的一阶泰勒公式

$$f(x) = f(0)+f'(0)x+\frac{1}{2!}f''(\xi_1)x^2 \quad (0<\xi_1<x).$$

再把 $f(x)$ 在点 $x=1$ 处展开成带拉格朗日型余项的一阶泰勒公式

$$f(x) = f(1)+f'(1)(x-1)+\frac{1}{2!}f''(\xi_2)(x-1)^2 \quad (x<\xi_2<1).$$

在上面两个公式中皆取 $x=\frac{1}{2}$,则得

$$f\left(\frac{1}{2}\right) = \frac{1}{8}f''(\xi_1) \quad \left(0<\xi_1<\frac{1}{2}\right),$$

$$f\left(\frac{1}{2}\right) = 1+\frac{1}{8}f''(\xi_2) \quad \left(\frac{1}{2}<\xi_2<1\right).$$

上面两式相减,得 $f''(\xi_1)-f''(\xi_2)=8$,于是

$$|f''(\xi_1)|+|f''(\xi_2)| \geqslant 8.$$

因此,得 $\max\{|f''(\xi_1)|,|f''(\xi_2)|\}\geqslant 4$,即至少存在一个 $\xi\in(0,1)$,使得 $|f''(\xi)|\geqslant 4$.

例 14 利用泰勒公式证明:当 $x>0$ 时,$\sqrt{1+x}>1+\frac{x}{2}-\frac{x^2}{8}$.

分析 如果不等式是一个复杂函数与多项式的大小关系,那么可将这个复杂函数用泰勒公式表示,比较其大小.

证 设函数 $f(x)=\sqrt{1+x}$,则 $f(0)=1$. 又因为

$$f'(x) = \frac{1}{2\sqrt{1+x}} = \frac{1}{2}(1+x)^{-\frac{1}{2}}, \quad f'(0)=\frac{1}{2},$$

$$f''(x) = -\frac{1}{4}(1+x)^{-\frac{3}{2}}, \quad f''(0)=-\frac{1}{4},$$

$$f'''(x) = \frac{3}{8}(1+x)^{-\frac{5}{2}},$$

所以 $f(x)$ 在点 $x=0$ 处有二阶泰勒公式

$$\sqrt{1+x} = f(0) + f'(0)x + \frac{f''(0)}{2!}x^2 + \frac{f'''(\theta x)}{3!}x^3$$

$$= 1 + \frac{x}{2} - \frac{x^2}{8} + \frac{1}{16}(1+\theta x)^{-\frac{5}{2}}x^3 \quad (0 < \theta < 1).$$

当 $x > 0$ 时,余项 $\frac{1}{16}(1+\theta x)^{-\frac{5}{2}}x^3 > 0$,所以 $\sqrt{1+x} > 1 + \frac{x}{2} - \frac{x^2}{8} \ (x > 0)$.

例 15 证明:$\lim\limits_{x \to \infty}\dfrac{x + \sin x}{x}$ 存在,但不能利用洛必达法则求出.

证 由于 $\lim\limits_{x \to \infty}\dfrac{(x + \sin x)'}{(x)'} = \lim\limits_{x \to \infty}\dfrac{1 + \cos x}{1}$ 不存在,因此不能利用洛必达法则来求原极限,但不表示原极限不存在. 此极限可按如下方法求得:

$$\lim_{x \to \infty}\frac{x + \sin x}{x} = \lim_{x \to \infty}\left(1 + \frac{\sin x}{x}\right) = 1 + 0 = 1.$$

例 16 求 $\lim\limits_{n \to \infty}\dfrac{\dfrac{1}{n} - \sin\dfrac{1}{n}}{\sin^3\dfrac{1}{n}}$.

解 此未定式的极限不能直接利用洛必达法则来求,故考虑

$$原式 \xlongequal{令\,x = \frac{1}{n}} \lim_{x \to 0}\frac{x - \sin x}{\sin^3 x} \xlongequal{等价无穷小替换} \lim_{x \to 0}\frac{x - \sin x}{x^3}$$

$$= \lim_{x \to 0}\frac{1 - \cos x}{3x^2} = \lim_{x \to 0}\frac{\sin x}{6x} = \frac{1}{6}.$$

例 17 求下列极限:

(1) $\lim\limits_{x \to 0}\dfrac{x\cot x - 1}{x^2}$; \qquad\qquad (2) $\lim\limits_{x \to 0^+}\sqrt[n]{x}\ln x$.

解 (1) 由于当 $x \to 0$ 时,$x\cot x = \dfrac{x}{\tan x} \to 1$,因此原未定式为 $\dfrac{0}{0}$ 型,用洛必达法则有

$$\lim_{x \to 0}\frac{x\cot x - 1}{x^2} = \lim_{x \to 0}\frac{x\cos x - \sin x}{x^2 \sin x} \xlongequal{等价无穷小替换} \lim_{x \to 0}\frac{x\cos x - \sin x}{x^3}$$

$$= \lim_{x \to 0}\frac{\cos x - x\sin x - \cos x}{3x^2} = -\frac{1}{3}\lim_{x \to 0}\frac{\sin x}{x} = -\frac{1}{3}.$$

(2) 所求极限为 $0 \cdot \infty$ 型未定式,将它化为 $\dfrac{\infty}{\infty}$ 型,有

$$\lim_{x \to 0^+}\sqrt[n]{x}\ln x = \lim_{x \to 0^+}\frac{\ln x}{x^{-\frac{1}{n}}} = \lim_{x \to 0^+}\frac{\frac{1}{x}}{-\frac{1}{n}x^{-\frac{1}{n}-1}} = -n\lim_{x \to 0^+}x^{\frac{1}{n}} = 0.$$

例 18 利用函数的单调性证明:当 $0 < x < \dfrac{\pi}{2}$ 时,$\tan x > x + \dfrac{1}{3}x^3$.

证 令函数 $f(x) = \tan x - \left(x + \dfrac{1}{3}x^3\right)$,则 $f(x)$ 在区间 $\left(0, \dfrac{\pi}{2}\right)$ 内连续,且 $f(0) = 0$. 当 $0 < x < \dfrac{\pi}{2}$ 时,$\tan x > x$,从而

$$f'(x) = \sec^2 x - 1 - x^2 = \tan^2 x - x^2$$

$$= (\tan x + x)(\tan x - x) > 0,$$

所以 $f(x)$ 在区间 $\left(0, \dfrac{\pi}{2}\right)$ 内单调增加. 故 $f(x) > f(0) = 0$, 即

$$\tan x > x + \frac{1}{3}x^3 \quad \left(0 < x < \frac{\pi}{2}\right).$$

例 19 求 $\displaystyle\lim_{x \to 0} \dfrac{\sin x + x^2 \sin \dfrac{1}{x}}{(1 + \cos x)\ln(1 + x)}$.

分析 所求极限不满足洛必达法则的条件,故本题不能利用洛必达法则求解. 洛必达法则仅是极限存在的充分条件而非必要条件.

解 原式 $= \displaystyle\lim_{x \to 0}\left[\dfrac{1}{1 + \cos x} \cdot \dfrac{\sin x + x^2 \sin \dfrac{1}{x}}{x} \cdot \dfrac{x}{\ln(1 + x)}\right]$

$$= \lim_{x \to 0} \frac{1}{1 + \cos x} \cdot \lim_{x \to 0}\left(\frac{\sin x}{x} + x \sin \frac{1}{x}\right) \cdot \lim_{x \to 0} \frac{x}{\ln(1 + x)} = \frac{1}{2}.$$

例 20 求 $\displaystyle\lim_{x \to 0} \dfrac{3\sin x + x^2 \cos \dfrac{1}{x}}{(1 + \cos x)\ln(1 + x)}$.

解 因为 $\displaystyle\lim_{x \to 0}(1 + \cos x) = 2, \ln(1 + x) \sim x (x \to 0)$, 所以

$$\lim_{x \to 0} \frac{3\sin x + x^2 \cos \dfrac{1}{x}}{(1 + \cos x)\ln(1 + x)} = \lim_{x \to 0} \frac{3\sin x + x^2 \cos \dfrac{1}{x}}{2x}$$

$$= \frac{1}{2} \lim_{x \to 0}\left(\frac{3\sin x}{x} + x \cos \frac{1}{x}\right) = \frac{3}{2}.$$

例 21 利用拉格朗日中值定理证明不等式:

$$\frac{\alpha - \beta}{\cos^2 \beta} \leqslant \tan \alpha - \tan \beta \leqslant \frac{\alpha - \beta}{\cos^2 \alpha} \quad \left(0 < \beta \leqslant \alpha < \frac{\pi}{2}\right).$$

证 设函数 $f(x) = \tan x$. 因为 $0 < \beta \leqslant \alpha < \dfrac{\pi}{2}$, 所以 $f(x)$ 在闭区间 $[\beta, \alpha]$ 上连续, 在开区间 (β, α) 内可导. 由拉格朗日中值定理可知, 在 (β, α) 内至少存在一点 ξ, 使得

$$\frac{\tan \alpha - \tan \beta}{\alpha - \beta} = \sec^2 \xi = \frac{1}{\cos^2 \xi}, \quad \text{即} \quad \tan \alpha - \tan \beta = \frac{\alpha - \beta}{\cos^2 \xi}.$$

又因为 $0 < \beta \leqslant \alpha < \dfrac{\pi}{2}$, 所以 $\dfrac{\alpha - \beta}{\cos^2 \beta} \leqslant \dfrac{\alpha - \beta}{\cos^2 \xi} \leqslant \dfrac{\alpha - \beta}{\cos^2 \alpha}$, 即

$$\frac{\alpha - \beta}{\cos^2 \beta} \leqslant \tan \alpha - \tan \beta \leqslant \frac{\alpha - \beta}{\cos^2 \alpha}.$$

例 22 证明: 当 $x > 0$ 时, $x - \dfrac{x^2}{2} < \ln(1 + x) < x$.

证 设函数 $f(x) = x - \dfrac{x^2}{2} - \ln(1 + x)$, 则 $f'(x) = 1 - x - \dfrac{1}{1 + x} = \dfrac{-x^2}{1 + x}$.

当 $x > 0$ 时, $f'(x) < 0$, 故 $f(x)$ 在区间 $(0, +\infty)$ 上单调减少. 所以, 当 $x > 0$ 时,

$$f(x) < f(0) = 0, \quad \text{即} \quad x - \frac{x^2}{2} < \ln(1 + x).$$

设函数 $g(x) = \ln(1+x) - x$，则 $g'(x) = \dfrac{1}{1+x} - 1 = \dfrac{-x}{1+x}$.

当 $x > 0$ 时，$g'(x) < 0$，故 $g(x)$ 在区间 $(0, +\infty)$ 上单调减少. 所以，当 $x > 0$ 时，
$$g(x) < g(0) = 0, \quad 即 \quad \ln(1+x) < x.$$

综上，当 $x > 0$ 时，$x - \dfrac{x^2}{2} < \ln(1+x) < x$.

例 23 已知曲线 $f(x) = x^3 + ax^2 + bx + c$ 上有拐点 $(1, -1)$，且 $x = 0$ 时曲线上点的切线平行于 x 轴，试确定 a, b, c 的值.

解 函数 $f(x) = x^3 + ax^2 + bx + c$ 在定义域 $(-\infty, +\infty)$ 上有连续的二阶导数，
$$f'(x) = 3x^2 + 2ax + b, \quad f''(x) = 6x + 2a.$$
已知点 $(1, -1)$ 为曲线的拐点，且 $x = 0$ 时曲线上点的切线平行于 x 轴，故有
$$\begin{cases} f(1) = 1 + a + b + c = -1, \\ f''(1) = 6 + 2a = 0, \\ f'(0) = b = 0, \end{cases}$$
解得 $a = -3, b = 0, c = 1$.

例 24 证明：方程 $2^x - x^2 = 1$ 有且仅有三个实根.

证 设函数 $f(x) = 2^x - x^2 - 1$，易知 $f(0) = f(1) = 0$.

因为 $f(4) = 16 - 16 - 1 = -1 < 0$，$f(5) = 32 - 25 - 1 = 6 > 0$，所以由连续函数介值定理可知，$\exists \xi \in (4, 5)$，使得 $f(\xi) = 0$，即 $f(x)$ 至少有三个零点.

假设 $f(x) = 0$ 有四个根，记为 x_1, x_2, x_3, x_4. 由罗尔中值定理可知，$f'(x)$ 有三个零点，$f''(x)$ 有两个零点，$f'''(x) = (\ln 2)^3 2^x$ 有一个零点，这显然不可能. 故方程 $2^x - x^2 = 1$ 有且仅有三个实根.

例 25 设曲线 $y = ax^2 + bx + c$ 在点 $x = -1$ 处取得极值，且与曲线 $f(x) = 3x^2$ 相切于点 $(1, 3)$，试确定常数 a, b, c 的值.

解 因为 $y' = 2ax + b$，且 $y = ax^2 + bx + c$ 在点 $x = -1$ 处取得极值，所以 $y'(-1) = 0$. 又 $y = ax^2 + bx + c$ 与 $f(x) = 3x^2$ 相切于点 $(1, 3)$，所以 $y'(1) = f'(1)$，$y(1) = 3$. 故有
$$\begin{cases} -2a + b = 0, \\ 2a + b = 6, \\ a + b + c = 3, \end{cases}$$
解得 $a = \dfrac{3}{2}, b = 3, c = -\dfrac{3}{2}$.

例 26 试确定 a, b, c 的值，使得曲线 $y = ax^3 + bx^2 + cx$ 有拐点 $(1, 2)$，且在该点处的切线斜率为 -1.

解 $y' = 3ax^2 + 2bx + c$，$y'' = 6ax + 2b$.

根据题意，点 $(1, 2)$ 为曲线的拐点，且在该点处的切线斜率为 -1，因此有
$$\begin{cases} 2 = a + b + c, \\ 6a + 2b = 0, \\ 3a + 2b + c = -1, \end{cases}$$
解得 $a = 3, b = -9, c = 8$.

例 27 证明下列不等式:

(1) $\dfrac{1}{2^{p-1}} \leqslant x^p + (1-x)^p \leqslant 1$ $(0 \leqslant x \leqslant 1, p > 1)$; (2) $(1-x)\mathrm{e}^x \leqslant 1$.

证 (1) 设函数 $f(x) = x^p + (1-x)^p$. 令 $f'(x) = px^{p-1} - p(1-x)^{p-1} = 0$, 解得 $x = \dfrac{1}{2}$.

又 $f''(x) = p(p-1)x^{p-2} + p(p-1)(1-x)^{p-2}, f''\left(\dfrac{1}{2}\right) > 0, f(1) = 1, f(0) = 1$, 所以 $f\left(\dfrac{1}{2}\right) = \dfrac{1}{2^{p-1}}$ 为最小值. 故 $\forall x \in [0,1]$, 有

$$\frac{1}{2^{p-1}} \leqslant x^p + (1-x)^p \leqslant 1 \quad (0 \leqslant x \leqslant 1, p > 1).$$

(2) 设函数 $f(x) = (1-x)\mathrm{e}^x$. 令 $f'(x) = -\mathrm{e}^x + (1-x)\mathrm{e}^x = 0$, 解得 $x = 0$. 又 $f''(x) = -\mathrm{e}^x - x\mathrm{e}^x = -\mathrm{e}^x(1+x), f''(0) = -1 < 0$, 所以 $f(x)$ 在定义域内有一个驻点且为最大值点, 即 $f(0) = 1$. 故 $(1-x)\mathrm{e}^x \leqslant 1$ 在整个定义域上成立.

例 28 求函数 $f(x) = (x-1)\sqrt[3]{x^2}$ 在闭区间 $[-1,1]$ 上的最大值与最小值.

解 $f(x)$ 在除点 $x = 0$ 外处处可导, $f'(x) = \dfrac{2}{3}x^{-\frac{1}{3}}(x-1) + x^{\frac{2}{3}}$. 令 $f'(x) = 0$, 得驻点 $x = \dfrac{2}{5}$. 又 $f(-1) = -2, f(0) = 0, f\left(\dfrac{2}{5}\right) = -\dfrac{3}{5}\sqrt[3]{\dfrac{4}{25}}, f(1) = 0$, 故 $f(x)$ 的最小值为 -2, 最大值为 0.

例 29 求函数 $y = (2x-5)x^{\frac{2}{3}}$ 在闭区间 $[-1,2]$ 上的最大值与最小值.

解 题设函数在区间 $[-1,2]$ 上连续, $y' = \dfrac{10(x-1)}{3x^{\frac{1}{3}}}$. 令 $y' = 0$, 则 $x = 1$, 且 y' 在点 $x = 0$ 处不存在. 因此, 可得

$$y_{\max} = \max\{f(-1), f(2), f(0), f(1)\} = \max\{-7, -2^{\frac{2}{3}}, 0, -3\} = 0,$$

$$y_{\min} = \min\{-7, -2^{\frac{2}{3}}, 0, -3\} = -7.$$

注 函数的最大(或小)值是整个区间上的最大(或小)值. 求函数 $f(x)$ 在闭区间 $[a,b]$ 上最大(或小)值的一般步骤如下:(1)求出 $f(x)$ 在区间 (a,b) 内的所有驻点及不可导点;(2)求出 $f(x)$ 在驻点、不可导点及区间端点处的函数值;(3)比较这些值的大小, 其中最大者即为 $f(x)$ 的最大值, 最小者即为 $f(x)$ 的最小值.

例 30 某地区防空洞的截面拟建成矩形加半圆. 已知截面的面积为 $5\ \mathrm{m}^2$, 问:底宽 x(单位:m)为多少时, 才能使截面的周长最小, 从而使建造时所用的材料最省?

解 设截面周长为 l(单位:m), 矩形高为 y(单位:m), 根据题意有

$$l = x + 2y + \frac{\pi x}{2}, \quad xy + \frac{\pi}{2}\left(\frac{x}{2}\right)^2 = 5.$$

于是, 有 $y = \dfrac{5}{x} - \dfrac{\pi x}{8}$, 从而

$$l = x + \frac{x\pi}{4} + \frac{10}{x}, \quad x \in \left(0, \sqrt{\frac{40}{\pi}}\right).$$

又 $l' = 1 + \dfrac{\pi}{4} - \dfrac{10}{x^2}, l'' = \dfrac{20}{x^3}$. 令 $l' = 0$, 得驻点 $x = \sqrt{\dfrac{40}{4+\pi}}$. 由 $l''\Big|_{x=\sqrt{\frac{40}{4+\pi}}} > 0$ 知 $x =$

$\sqrt{\dfrac{40}{4+\pi}}$ 为极小值点. 而驻点唯一, 所以极小值点就是最小值点. 因此, 当截面的底宽为

$\sqrt{\dfrac{40}{4+\pi}}$ m 时, 才能使截面的周长最小, 从而使建造时所用的材料最省.

注 对于求最优化问题, 关键是在某个范围内建立目标函数 $f(x)$. 若根据实际问题本身可以断定可导函数 $f(x)$ 一定存在最大值或最小值, 且在所讨论的区间内部 $f(x)$ 有唯一的极值点, 则该极值点一定是最值点.

例 31 在半径为 R 的半球内作一内接圆柱体, 求其体积最大时的底面半径和高.

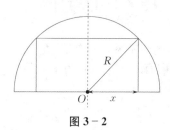

图 3-2

解 截面如图 3-2 所示, 设圆柱体的底面半径为 x, 则其高为 $\sqrt{R^2-x^2}$, 于是圆柱体体积为
$$V = \pi x^2 \sqrt{R^2 - x^2}.$$
又
$$V'_x = 2\pi x \sqrt{R^2 - x^2} - \frac{\pi x^3}{\sqrt{R^2 - x^2}} = \frac{\pi x (2R^2 - 3x^2)}{\sqrt{R^2 - x^2}},$$
令 $V'_x = 0$, 得驻点
$$x = 0, \quad x = \pm \sqrt{\frac{2}{3}}R.$$

根据实际意义知 $x = 0, x = -\sqrt{\dfrac{2}{3}}R$ 都应舍去, 故取 $x = \sqrt{\dfrac{2}{3}}R$. 因 $x > \sqrt{\dfrac{2}{3}}R$ 时, $V'_x < 0$, 而 $x < \sqrt{\dfrac{2}{3}}R$ 时, $V'_x > 0$, 故 $x = \sqrt{\dfrac{2}{3}}R$ 是 V 的极大值点, 从而也是 V 的最大值点. 因此, 该球内接圆柱体体积最大时, 底面半径和高分别为 $\sqrt{\dfrac{2}{3}}R$ 和 $\sqrt{\dfrac{1}{3}}R$.

例 32 要做一个带盖的长方体的箱子, 体积为 $72\ \text{cm}^3$, 其底面的长与宽之比为 2. 问: 长方体的长、宽、高(单位:cm) 分别为多少时, 可使表面积最小?

解 设长方体的长、宽、高分别为 x, y, z, 长方体的表面积为 S, 则
$$S = 2(xy + xz + yz).$$
由题意知 $xyz = 72, x = 2y$, 所以
$$S = S(x) = x^2 + \frac{432}{x} \quad (0 < x < +\infty).$$
于是令 $S' = 2x - \dfrac{432}{x^2} = 0$, 得 $x = 6$.

由实际问题可知, 使表面积最小的 x 一定存在, 且函数在 $(0, +\infty)$ 上存在唯一驻点, 所以当长方体的长、宽、高分别为 $6\ \text{cm}, 3\ \text{cm}, 4\ \text{cm}$ 时, 其表面积最小.

例 33 求下列曲线的渐近线:

(1) $y = \dfrac{\ln x}{x}$; (2) $y = \dfrac{x^2 - 2x + 2}{x - 1}$.

解 (1) 所给函数的定义域为 $(0, +\infty)$. 由
$$\lim_{x \to +\infty} \frac{\ln x}{x} = \lim_{x \to +\infty} \frac{\frac{1}{x}}{1} = 0$$

可知,直线 $y=0$ 为该曲线的水平渐近线.

又由 $\lim\limits_{x\to 0^+}\dfrac{\ln x}{x}=-\infty$ 可知,直线 $x=0$ 为该曲线的垂直渐近线.

(2) 所给函数的定义域为 $(-\infty,1)\bigcup(1,+\infty)$. 因为

$$\lim_{x\to 1^-}\frac{x^2-2x+2}{x-1}=-\infty,\qquad \lim_{x\to 1^+}\frac{x^2-2x+2}{x-1}=+\infty,$$

所以直线 $x=1$ 为该曲线的垂直渐近线(在直线 $x=1$ 的两侧曲线的趋向不同).

又

$$\lim_{x\to\infty}\frac{x^2-2x+2}{x(x-1)}=1,\qquad \lim_{x\to\infty}\left(\frac{x^2-2x+2}{x-1}-x\right)=\lim_{x\to\infty}\frac{-x+2}{x-1}=-1,$$

所以直线 $y=x-1$ 为该曲线的斜渐近线.

例 34 在半径为 R 的球内作一内接圆锥体,要使圆锥体体积最大,问:其高、底半径应是多少?

解 截面如图 3-3 所示. 设圆锥体底半径为 r,高为 h,则圆锥体体积为 $V=\dfrac{1}{3}\pi r^2 h$. 将 $(h-R)^2+r^2=R^2$ 代入,得

$$V=V(h)=\frac{1}{3}\pi h(2Rh-h^2)\quad(0\leqslant h\leqslant 2R).$$

令 $V'(h)=\dfrac{1}{3}\pi(4Rh-3h^2)=0$,解得

$$h=\frac{4R}{3},\quad h=0(\text{舍去}),$$

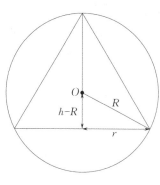

图 3-3

从而 $r=\dfrac{2\sqrt{2}}{3}R$. 由 V' 的符号易知,此时 V 取得极大值. 又 $V(h)$ 在区间 $[0,2R]$ 上只有一个极大值,从而此函数值也是最大值,即当球内接圆锥体高为 $\dfrac{4}{3}R$,底半径为 $\dfrac{2\sqrt{2}}{3}R$ 时,其体积最大.

四、同 步 练 习

练习 3.1

1. 验证:拉格朗日中值定理对函数 $f(x)=\ln x$ 在区间 $[1,\mathrm{e}]$ 上的正确性.

2. 若方程 $a_0 x^n+a_1 x^{n-1}+\cdots+a_{n-1}x=0$ 有一个正根 x_0,证明:方程

$$a_0 n x^{n-1}+a_1(n-1)x^{n-2}+\cdots+a_{n-1}=0$$

必有一个小于 x_0 的正根.

3. 设 $-1<a<b<1$,证明不等式:$|\arcsin a-\arcsin b|\geqslant|a-b|$.

4. 证明恒等式:$\arctan x+\operatorname{arccot} x=\dfrac{\pi}{2}$.

5. 证明:若函数 $f(x)$ 在区间 $(-\infty,+\infty)$ 上满足关系式 $f'(x)=f(x)$ 且 $f(0)=1$,则 $f(x)=\mathrm{e}^x$.

1. 求下列函数的带佩亚诺型余项的 n 阶麦克劳林公式:

(1) $f(x) = \dfrac{x^2 + 2x - 1}{x - 1}$;

(2) $f(x) = \cos x^3$.

2. 当 $x_0 = -1$ 时,求函数 $f(x) = \dfrac{1}{x}$ 的带拉格朗日型余项的 n 阶泰勒公式.

3. 求函数 $f(x) = x e^x$ 的带拉格朗日型余项的 n 阶麦克劳林公式.

4. 利用泰勒公式求下列极限:

(1) $\lim\limits_{x \to 0} \dfrac{1 - x^2 - e^{-x^2}}{x \sin^3 2x}$;

(2) $\lim\limits_{x \to 0} \left(\dfrac{1}{x} - \dfrac{1}{e^x - 1} \right)$;

(3) $\lim\limits_{x \to 0} \left(\dfrac{1}{x} - \dfrac{\cos x}{\sin x} \right) \dfrac{1}{\sin x}$.

5. 利用三阶泰勒公式求 $\sin 18°$ 的近似值,并估计误差.

6. 估计下列近似公式加绝对值的误差(绝对误差):

(1) $\sin x \approx x - \dfrac{x^3}{6}$, $|x| \leqslant \dfrac{1}{2}$;

(2) $\sqrt{1 + x} \approx 1 + \dfrac{x}{2} - \dfrac{x^2}{8}$, $x \in [0, 1]$.

1. 利用洛必达法则求下列极限:

(1) $\lim\limits_{x \to a} \dfrac{x^m - a^m}{x^n - a^n}$ $(a \neq 0)$;

(2) $\lim\limits_{x \to 0} \dfrac{a^x - b^x}{x}$;

(3) $\lim\limits_{x \to \frac{\pi}{2}} \dfrac{\ln(\sin x)}{(\pi - 2x)^2}$;

(4) $\lim\limits_{x \to +\infty} \dfrac{\log_a x}{x^\alpha}$ $(a > 1, \alpha > 0)$;

(5) $\lim\limits_{x \to 0^+} \dfrac{\ln(\tan 7x)}{\ln(\tan 2x)}$;

(6) $\lim\limits_{x \to 0} x \cot 2x$;

(7) $\lim\limits_{x \to 1} \left(\dfrac{1}{\ln x} - \dfrac{1}{x - 1} \right)$;

(8) $\lim\limits_{x \to 0^+} x^{\frac{1}{\ln(e^x - 1)}}$;

(9) $\lim\limits_{x \to 0^+} \left(\dfrac{1}{x} \right)^{\tan x}$.

2. 设 $\lim\limits_{x \to 1} \dfrac{x^2 + mx + n}{x - 1} = 5$,求常数 m, n 的值.

3. 设函数 $f(x)$ 二阶可导,求 $\lim\limits_{h \to 0} \dfrac{f(x + h) - 2f(x) + f(x - h)}{h^2}$.

1. 确定函数 $y = \dfrac{10}{4x^3 - 9x^2 + 6x}$ 的单调区间.

2. 证明:当 $x > 0$ 时,$1 + x \ln(x + \sqrt{1 + x^2}) > \sqrt{1 + x^2}$.

3. 确定下列函数的单调区间:

(1) $f(x) = 2x^3 - 6x^2 - 18x - 7$;

(2) $f(x) = \sqrt{2x - x^2}$.

4. 证明下列不等式:

(1) $x > \sin x > \dfrac{2}{\pi} x$ $\left(0 < x < \dfrac{\pi}{2} \right)$;

(2) $e^{-x} + \sin x < 1 + \dfrac{x^2}{2}$ $(0 < x < 1)$.

5. 讨论方程 $\ln x = ax$ $(a > 0)$ 有几个实根.

6. 求下列曲线的凹凸区间与拐点:

(1) $y = 2x^3 - 3x^2 - 36x + 25$;

(2) $y = x + \dfrac{1}{x}$.

7. 证明:曲线 $y = \dfrac{x + 1}{x^2 + 1}$ 有三个位于同一直线上的拐点.

8. 问:a, b 为何值时,点 $(1, 3)$ 为曲线 $y = ax^3 + bx^2$ 的拐点?

9. 求曲线 $y = \ln(1 + x^2)$ 的凹凸区间与拐点.

10. 利用曲线的凹凸性证明:

$$\frac{1}{2}(x^n + y^n) > \left(\frac{x+y}{2}\right)^n \quad (x > 0, y > 0, x \neq y, n > 1).$$

练习 3.5

1. 求下列函数的极值:

(1) $f(x) = 2e^x + e^{-x}$; 　　　　　　　　(2) $f(x) = \dfrac{\ln^2 x}{x}$;

(3) $f(x) = \arctan x - \dfrac{1}{2}\ln(1 + x^2)$.

2. 设函数 $f(x) = a\ln x + bx^2 + x$ 在点 $x_1 = 1, x_2 = 2$ 处都取得极值. 试确定 a, b 的值, 并判断 $f(x)$ 在点 x_1, x_2 处是取得极大值还是极小值.

3. 试问: a 为何值时, 函数 $f(x) = a\sin x + \dfrac{1}{3}\sin 3x$ 在点 $x = \dfrac{\pi}{3}$ 处取得极值? 它是极大值还是极小值? 并求此极值.

4. 求函数 $y = x + \sqrt{1-x}$ 在闭区间 $[-5, 1]$ 上的最大值和最小值.

5. 证明: 当 $0 < x < \dfrac{\pi}{2}$ 时, $\sin x > \dfrac{2}{\pi}x$.

6. 问: 函数 $f(x) = \dfrac{x}{x^2 + 1}(x \geqslant 0)$ 在何处取得最大值?

7. 讨论函数 $y = x^x (x > 0)$ 的最值问题.

8. 求函数 $f(x) = 2x^3 - 9x^2 + 12x + 2$ 在闭区间 $[-1, 3]$ 上的最大值和最小值.

9. 某工厂生产电视机, 固定成本为 a 元, 每生产一台电视机成本增加 b 元. 已知总收入 R (单位: 元) 是年产量 x 的函数:

$$R = R(x) = 4bx - \frac{1}{2}x^2 \quad (0 < x < 4b).$$

问: 每年生产多少台电视机, 总利润最大? 此时总利润是多少?

练习 3.6

1. 求下列曲线的渐近线:

(1) $y = \dfrac{1}{x+1}$; 　　　　　　　　(2) $y = \dfrac{x^2 + x}{(x-2)(x+3)}$.

2. 作出下列函数的图形:

(1) $f(x) = \dfrac{2x-1}{(x-1)^2}$; 　　　　　(2) $f(x) = x + \dfrac{1}{x}, x \neq 0$.

练习 3.7

1. 求下列曲线在给定点处的曲率:

(1) $y = 3x^3 - x + 1, \left(-\dfrac{1}{3}, \dfrac{11}{9}\right)$; 　　(2) $y = \dfrac{x^2}{x-1}, \left(3, \dfrac{9}{2}\right)$;

(3) $x(t) = a(t - \sin t), y(t) = a(1 - \cos t)$, 其中 a 为常数, 在 $t = \dfrac{\pi}{2}$ 的对应点处.

2. 求椭圆 $4x^2 + y^2 = 4$ 在点 $(0, 2)$ 处的曲率及曲率半径.

3. 试问: 抛物线 $y = ax^2 + bx + c(a \neq 0)$ 上哪一点处的曲率最大?

4. 问: 抛物线 $y = 2x^2 - 4x + 3$ 上哪一点处的曲率最大?

1. 设函数 $y = x^2$, 试求 y 在 $x = 5$ 时的边际函数值, 并说明其经济意义.

2. 某工厂生产一批产品的固定成本为 2 000 元, 每增产 1 件产品成本增加 50 元, 设该产品的需求函数(单位:件)为 $Q(P) = 1\ 100 - 10P$(P 为价格, 单位:元/件). 当产销平衡时, (1) 求产量为 100 件时的边际利润; (2) 产量为多少时利润最大?

3. 设某商品的需求函数为 $Q(P) = \mathrm{e}^{-\frac{P}{5}}$, 求:(1) 需求弹性函数;(2) $P = 3, P = 5, P = 6$ 时的需求弹性, 并说明其经济意义.

简答 3.1

1. 证 因函数 $f(x) = \ln x$ 在闭区间 $[1, \mathrm{e}]$ 上连续, 在开区间 $(1, \mathrm{e})$ 内可导, 故 $f(x)$ 在区间 $[1, \mathrm{e}]$ 上满足拉格朗日中值定理的条件. 又因 $f'(x) = \dfrac{1}{x}$, 故解方程 $f'(\xi) = \dfrac{f(\mathrm{e}) - f(1)}{\mathrm{e} - 1}$, 得

$$\frac{1}{\xi} = \frac{1}{\mathrm{e} - 1}, \quad 即 \quad \xi = \mathrm{e} - 1 \in (1, \mathrm{e}).$$

因此, 拉格朗日中值定理对函数 $f(x) = \ln x$ 在区间 $[1, \mathrm{e}]$ 上是正确的.

2. 证 设函数 $f(x) = a_0 x^n + a_1 x^{n-1} + \cdots + a_{n-1} x$, 则 $f(x)$ 在闭区间 $[0, x_0]$ 上连续, 在开区间 $(0, x_0)$ 内可导, 且 $f(0) = f(x_0) = 0$. 由罗尔中值定理可知, 至少存在一点 $\xi \in (0, x_0)$, 使得 $f'(\xi) = 0$, 即方程 $a_0 n x^{n-1} + a_1 (n-1) x^{n-2} + \cdots + a_{n-1} = 0$ 必有一个小于 x_0 的正根.

3. 证 设函数 $f(x) = \arcsin x$, 则 $f(x)$ 在闭区间 $[a, b]$ 上连续, 在开区间 (a, b) 内可导. 由拉格朗日中值定理可知, 至少存在一点 $\xi \in (a, b)$, 使得

$$f(a) - f(b) = f'(\xi)(a - b), \quad 即 \quad \arcsin a - \arcsin b = \frac{1}{\sqrt{1 - \xi^2}}(a - b),$$

故

$$|\arcsin a - \arcsin b| = \frac{1}{\sqrt{1 - \xi^2}} |a - b| \geqslant |a - b|.$$

4. 证 设函数 $f(x) = \arctan x + \operatorname{arccot} x$. 因为 $f'(x) = \dfrac{1}{1 + x^2} - \dfrac{1}{1 + x^2} = 0$, 所以

$$f(x) = C \quad (C 为常数).$$

又因为 $f(1) = \arctan 1 + \operatorname{arccot} 1 = \dfrac{\pi}{2}$, 所以 $f(1) = f(x) = \dfrac{\pi}{2}$.

5. 证 设函数 $F(x) = \dfrac{f(x)}{\mathrm{e}^x}$. 因 $F'(x) = \dfrac{f'(x)\mathrm{e}^x - f(x)\mathrm{e}^x}{\mathrm{e}^{2x}} = \dfrac{f'(x) - f(x)}{\mathrm{e}^x} = 0$, 故

$$F(x) = C \quad (C 为常数).$$

又因 $F(0) = 1$, 故 $F(x) = 1$, 即 $\dfrac{f(x)}{\mathrm{e}^x} = 1$, 从而 $f(x) = \mathrm{e}^x$.

简答 3.2

1. 解 (1) 设函数 $g(x) = \dfrac{1}{1 - x} = (1 - x)^{-1}$, 则 $g(x)$ 的带佩亚诺型余项的 n 阶麦克劳林公式为

$$g(x) = 1 + x + \cdots + x^n + o(x^n).$$

于是, 有

$$
\begin{aligned}
f(x) = \frac{x^2 + 2x - 1}{x - 1} &= -(x^2 + 2x - 1)[1 + x + \cdots + x^n + o(x^n)] \\
&= -[x^2 + x^3 + \cdots + x^{n+2} + o(x^{n+2})] - 2[x + x^2 + \cdots + x^{n+1} + o(x^{n+1})] + [1 + x + \cdots + x^n + o(x^n)] \\
&= 1 - x - 2x^2 - 2x^3 - \cdots - 2x^n + o(x^n).
\end{aligned}
$$

（2）因为 $\cos x$ 的带佩亚诺型余项的 n 阶麦克劳林公式为

$$\cos x = 1 - \frac{x^2}{2!} + \cdots + (-1)^n \frac{x^{2n}}{(2n)!} + o(x^{2n}),$$

所以

$$f(x) = \cos x^3 = 1 - \frac{x^6}{2!} + \cdots + (-1)^n \frac{x^{6n}}{(2n)!} + o(x^{6n}).$$

2. 解 因为 $f^{(n)}(x) = \frac{(-1)^n n!}{x^{n+1}}, f^{(n)}(-1) = -n!$，所以

$$\frac{1}{x} = f(-1) + f'(-1)(x+1) + \frac{f''(-1)}{2!}(x+1)^2 + \frac{f'''(-1)}{3!}(x+1)^3 + \cdots$$

$$+ \frac{f^{(n)}(-1)}{n!}(x+1)^n + \frac{f^{(n+1)}(\xi)}{(n+1)!}(x+1)^{n+1}$$

$$= -[1 + (x+1) + (x+1)^2 + \cdots + (x+1)^n] + (-1)^{n+1}\xi^{-(n+2)}(x+1)^{n+1},$$

其中 ξ 介于 x 与 -1 之间.

3. 解 因为 $f^{(n)}(x) = (n+x)e^x, f^{(n)}(0) = n$，所以

$$xe^x = f(0) + f'(0)x + \frac{f''(0)}{2!}x^2 + \cdots + \frac{f^{(n)}(0)}{n!}x^n + \frac{f^{(n+1)}(\xi)}{(n+1)!}x^{n+1}$$

$$= x + x^2 + \frac{x^3}{2!} + \cdots + \frac{x^n}{(n-1)!} + \frac{e^\xi[(n+1)+\xi]}{(n+1)!}x^{n+1},$$

其中 ξ 介于 x 与 0 之间.

4. 解 （1）$\lim\limits_{x \to 0} \dfrac{1-x^2-e^{-x^2}}{x\sin^3 2x} = \lim\limits_{x \to 0} \dfrac{1-x^2-\left[1-x^2+\dfrac{x^4}{2}+o(x^4)\right]}{8x^4} = -\dfrac{1}{16}.$

（2）$\lim\limits_{x \to 0}\left(\dfrac{1}{x} - \dfrac{1}{e^x-1}\right) = \lim\limits_{x \to 0} \dfrac{e^x-1-x}{x(e^x-1)} = \lim\limits_{x \to 0} \dfrac{\dfrac{x^2}{2}+o(x^2)}{x[x+o(x)]} = \dfrac{1}{2}.$

（3）$\lim\limits_{x \to 0}\left(\dfrac{1}{x} - \dfrac{\cos x}{\sin x}\right)\dfrac{1}{\sin x} = \lim\limits_{x \to 0}\left(\dfrac{\sin x - x\cos x}{x\sin x}\right)\dfrac{1}{\sin x} = \lim\limits_{x \to 0} \dfrac{\sin x - x\cos x}{x^3}$

$$= \lim\limits_{x \to 0} \dfrac{\left(x-\dfrac{x^3}{6}\right)-x\left(1-\dfrac{x^2}{2}\right)+o(x^3)}{x^3} = \dfrac{1}{3}.$$

5. 解 因为 $\sin x \approx x - \dfrac{x^3}{3!}, 18° = \dfrac{\pi}{180}\times 18 = \dfrac{\pi}{10}$，所以 $\sin 18° = \sin\dfrac{\pi}{10} \approx \dfrac{\pi}{10} - \dfrac{1}{3!}\cdot\left(\dfrac{\pi}{10}\right)^3 \approx 0.308\,99.$

误差为 $\left|\dfrac{\sin^{(5)}(\xi)\cdot x^5}{5!}\right| < 2.6\times 10^{-5}.$

6. 解 （1）由于 $\sin x = x - \dfrac{x^3}{3!} + \dfrac{x^5}{5!}\sin\left(\theta x + \dfrac{5\pi}{2}\right)(0 < \theta < 1)$，因此

$$|R_4(x)| \leqslant \dfrac{|x|^5}{5!} \leqslant \dfrac{1}{5!}\left(\dfrac{1}{2}\right)^5 = \dfrac{1}{3\,840} \quad \left(|x| \leqslant \dfrac{1}{2}\right).$$

（2）设函数 $f(x) = \sqrt{1+x}$. 由于

$$f(0) = 1, \quad f'(x) = \dfrac{1}{2}(1+x)^{-\frac{1}{2}}, \quad f'(0) = \dfrac{1}{2},$$

$$f''(x) = -\dfrac{1}{4}(1+x)^{-\frac{3}{2}}, \quad f''(0) = -\dfrac{1}{4}, \quad f'''(x) = \dfrac{3}{8}(1+x)^{-\frac{5}{2}},$$

因此 $f(x) = \sqrt{1+x}$ 带拉格朗日型余项的二阶麦克劳林公式为

$$\sqrt{1+x} = 1 + \dfrac{x}{2} - \dfrac{x^2}{8} + \dfrac{x^3}{16}(1+\theta x)^{-\frac{5}{2}} \quad (0 < \theta < 1),$$

从而

$$|R_2(x)| = \dfrac{|x|^3}{16}(1+\theta x)^{-\frac{5}{2}} \leqslant \dfrac{1}{16}, \quad x \in [0,1].$$

简答 3.3

1. 解 (1) $\lim\limits_{x \to a} \dfrac{x^m - a^m}{x^n - a^n} = \lim\limits_{x \to a} \dfrac{mx^{m-1}}{nx^{n-1}} = \dfrac{m}{n} a^{m-n}$ $(a \neq 0)$.

(2) $\lim\limits_{x \to 0} \dfrac{a^x - b^x}{x} = \lim\limits_{x \to 0} \dfrac{a^x \ln a - b^x \ln b}{1} = \ln a - \ln b = \ln \dfrac{a}{b}$.

(3) $\lim\limits_{x \to \frac{\pi}{2}} \dfrac{\ln(\sin x)}{(\pi - 2x)^2} = \lim\limits_{x \to \frac{\pi}{2}} \dfrac{\cot x}{-4(\pi - 2x)} = \lim\limits_{x \to \frac{\pi}{2}} \dfrac{-\csc^2 x}{8} = -\dfrac{1}{8}$.

(4) $\lim\limits_{x \to +\infty} \dfrac{\log_a x}{x^\alpha} = \lim\limits_{x \to +\infty} \dfrac{\dfrac{1}{x \ln a}}{\alpha x^{\alpha-1}} = \lim\limits_{x \to +\infty} \dfrac{1}{\alpha x^\alpha \ln a} = 0$.

(5) $\lim\limits_{x \to 0^+} \dfrac{\ln(\tan 7x)}{\ln(\tan 2x)} = \lim\limits_{x \to 0^+} \dfrac{\dfrac{1}{\tan 7x} \sec^2 7x \cdot 7}{\dfrac{1}{\tan 2x} \sec^2 2x \cdot 2} = \lim\limits_{x \to 0^+} \dfrac{\dfrac{1}{7x} \sec^2 7x \cdot 7}{\dfrac{1}{2x} \sec^2 2x \cdot 2} = \lim\limits_{x \to 0^+} \dfrac{\sec^2 7x}{\sec^2 2x} = 1$.

(6) $\lim\limits_{x \to 0} x \cot 2x = \lim\limits_{x \to 0} \dfrac{x}{\tan 2x} = \lim\limits_{x \to 0} \dfrac{1}{2\sec^2 2x} = \lim\limits_{x \to 0} \dfrac{\cos^2 2x}{2} = \dfrac{1}{2}$.

(7) $\lim\limits_{x \to 1} \left(\dfrac{1}{\ln x} - \dfrac{1}{x-1} \right) = \lim\limits_{x \to 1} \dfrac{x - 1 - \ln x}{(x-1) \ln x} = \lim\limits_{x \to 1} \dfrac{1 - \dfrac{1}{x}}{\dfrac{1}{x}(x-1) + \ln x}$

$= \lim\limits_{x \to 1} \dfrac{x-1}{(x-1) + x \ln x} = \lim\limits_{x \to 1} \dfrac{1}{1 + 1 + \ln x} = \dfrac{1}{2}$.

(8) 因为 $x^{\frac{1}{\ln(e^x - 1)}} = e^{\frac{1}{\ln(e^x - 1)} \cdot \ln x}$, 而

$$\lim\limits_{x \to 0^+} \dfrac{\ln x}{\ln(e^x - 1)} = \lim\limits_{x \to 0^+} \dfrac{e^x - 1}{xe^x} = \lim\limits_{x \to 0^+} \dfrac{e^x}{e^x + xe^x} = 1,$$

所以
$$\lim\limits_{x \to 0^+} x^{\frac{1}{\ln(e^x - 1)}} = e.$$

(9) 因为 $\left(\dfrac{1}{x} \right)^{\tan x} = e^{-\tan x \ln x}$, 而

$$\lim\limits_{x \to 0^+} (-\tan x \ln x) = -\lim\limits_{x \to 0^+} \dfrac{\ln x}{\cot x} = \lim\limits_{x \to 0^+} \dfrac{\dfrac{1}{x}}{\csc^2 x} = \lim\limits_{x \to 0^+} \dfrac{\sin^2 x}{x} = 0,$$

所以
$$\lim\limits_{x \to 0^+} \left(\dfrac{1}{x} \right)^{\tan x} = 1.$$

2. 解 要使得 $\lim\limits_{x \to 1} \dfrac{x^2 + mx + n}{x - 1} = 5$ 成立, 需

$$\lim\limits_{x \to 1} (x^2 + mx + n) = 0, \quad 即 \quad 1 + m + n = 0.$$

又
$$\lim\limits_{x \to 1} \dfrac{x^2 + mx + n}{x - 1} = \lim\limits_{x \to 1} \dfrac{2x + m}{1} = 2 + m = 5,$$

故解得 $m = 3, n = -4$.

3. 解 $\lim\limits_{h \to 0} \dfrac{f(x+h) - 2f(x) + f(x-h)}{h^2} = \lim\limits_{h \to 0} \dfrac{f'(x+h) - f'(x-h)}{2h}$

$= \lim\limits_{h \to 0} \dfrac{1}{2} \left[\dfrac{f'(x+h) - f'(x)}{h} + \dfrac{f'(x-h) - f'(x)}{-h} \right]$

$= \dfrac{1}{2} \left[\lim\limits_{h \to 0} \dfrac{f'(x+h) - f'(x)}{h} + \lim\limits_{h \to 0} \dfrac{f'(x-h) - f'(x)}{-h} \right]$

$= \dfrac{1}{2} \left[f''(x) + f''(x) \right] = f''(x)$.

简答 3.4

1. 解 该函数在除点 $x=0$ 外处处可导,且

$$y' = \frac{-10(12x^2-18x+6)}{(4x^3-9x^2+6x)^2} = \frac{-120\left(x-\frac{1}{2}\right)(x-1)}{(4x^3-9x^2+6x)^2}.$$

令 $y'=0$,得驻点 $x_1=\frac{1}{2}$,$x_2=1$.这两个驻点及点 $x=0$ 把区间 $(-\infty,+\infty)$ 分成四个部分区间 $(-\infty,0)$, $\left(0,\frac{1}{2}\right)$,$\left(\frac{1}{2},1\right)$,$(1,+\infty)$.

当 $x\in(-\infty,0)\bigcup\left(0,\frac{1}{2}\right)\bigcup(1,+\infty)$ 时,$y'<0$,因此该函数在区间 $(-\infty,0)$,$\left(0,\frac{1}{2}\right]$,$[1,+\infty)$ 上单调减少.

当 $x\in\left(\frac{1}{2},1\right)$ 时,$y'>0$,因此该函数在区间 $\left[\frac{1}{2},1\right]$ 上单调增加.

2. 证 设函数 $f(t)=1+t\ln(t+\sqrt{1+t^2})-\sqrt{1+t^2}$,$t\in[0,x]$,则

$$f'(t) = \ln(t+\sqrt{1+t^2}) + \frac{t}{\sqrt{1+t^2}} - \frac{t}{\sqrt{1+t^2}} = \ln(t+\sqrt{1+t^2}).$$

因此,$f(t)$ 在区间 $[0,x]$ 上单调增加,故当 $x>0$ 时,$f(t)>f(0)$,即

$$1+x\ln(x+\sqrt{1+x^2})-\sqrt{1+x^2} > 1+0-1 = 0,$$

亦即

$$1+x\ln(x+\sqrt{1+x^2}) > \sqrt{1+x^2}.$$

3. 解 (1) $f(x)$ 的定义域为 $(-\infty,+\infty)$,在区间 $(-\infty,+\infty)$ 上可导,且

$$f'(x) = 6x^2-12x-18 = 6(x-3)(x+1).$$

令 $f'(x)=0$,得驻点 $x_1=-1$,$x_2=3$.这两个驻点将区间 $(-\infty,+\infty)$ 分成三个部分区间 $(-\infty,-1)$,$(-1,3)$, $(3,+\infty)$.由 $f'(x)$ 的符号可知,$f(x)$ 的单调增加区间为 $(-\infty,-1]$,$[3,+\infty)$,单调减少区间为 $[-1,3]$.

(2) $f(x)$ 的定义域为 $[0,2]$,在区间 $[0,2]$ 上可导,且

$$f'(x) = \frac{1-x}{\sqrt{2x-x^2}}.$$

令 $f'(x)=0$,得驻点 $x=1$.此驻点将区间 $[0,2]$ 分成两个部分区间 $(0,1)$,$(1,2)$.由 $f'(x)$ 的符号可知,$f(x)$ 的单调增加区间为 $[0,1]$,单调减少区间为 $[1,2]$.

4. 解 (1) 设函数 $f(x)=\frac{\sin x}{x}$,则

$$f'(x) = \frac{(x-\tan x)\cos x}{x^2} < 0 \quad \left(0<x<\frac{\pi}{2}\right).$$

令函数 $g(x)=x-\tan x$,$x\in\left(0,\frac{\pi}{2}\right)$,则 $g'(x)=-\tan^2 x<0$,$x\in\left(0,\frac{\pi}{2}\right)$,故 $g(x)$ 在区间 $\left(0,\frac{\pi}{2}\right)$ 内单调减少.又因为 $g(x)$ 在点 $x=0$ 处连续,且 $g(0)=0$,所以在区间 $\left(0,\frac{\pi}{2}\right)$ 内,$g(x)<0$,即 $x-\tan x<0$.故当 $x\in\left(0,\frac{\pi}{2}\right)$ 时,$f'(x)<0$,即 $f(x)$ 在区间 $\left(0,\frac{\pi}{2}\right)$ 内单调减少.由于 $\lim\limits_{x\to0}\frac{\sin x}{x}=1$,因此

$$\frac{\sin\frac{\pi}{2}}{\frac{\pi}{2}} < \frac{\sin x}{x} < 1, \quad 即 \quad \frac{2x}{\pi} < \sin x < x, \ x\in\left(0,\frac{\pi}{2}\right).$$

(2) 令函数 $f(x)=\mathrm{e}^{-x}+\sin x-1-\frac{x^2}{2}$,则

$$f'(x) = -e^{-x} + \cos x - x \quad (0 < x < 1),$$
$$f''(x) = e^{-x} - \sin x - 1 = e^{-x} - (\sin x + 1) < 0,$$

可见 $f'(x)$ 单调减少. 故 $f'(x) < f'(0) = 0$,即 $f(x)$ 单调减少,从而

$$f(x) < f(0) = 0, \quad \text{即} \quad e^{-x} + \sin x < 1 + \frac{x^2}{2}, \ x \in (0,1).$$

5. 解 令函数 $f(x) = \ln x - ax$,则 $f'(x) = \frac{1}{x} - a = \frac{1-ax}{x}$. 于是,当 $x \in \left(-\infty, \frac{1}{a}\right)$ 时,$f'(x) > 0$;

当 $x \in \left(\frac{1}{a}, +\infty\right)$ 时,$f'(x) < 0$. 故 $f(x)$ 在区间 $\left(-\infty, \frac{1}{a}\right]$ 上单调增加,在区间 $\left[\frac{1}{a}, +\infty\right)$ 上单调减少. 又

因为 $f\left(\frac{1}{a}\right) = \ln \frac{1}{a} - 1 = -\ln a - 1$,所以当 $x \in \left(-\infty, \frac{1}{a}\right)$ 时,$f(x) < f\left(\frac{1}{a}\right) = -\ln a - 1$;当 $x \in$

$\left(\frac{1}{a}, +\infty\right)$ 时,$f(x) < f\left(\frac{1}{a}\right) = -\ln a - 1$.

因此,当 $-\ln a - 1 = 0$,即 $a = \frac{1}{e}$ 时,方程只有一个实根 $x = e$;当 $-\ln a - 1 < 0$,即 $a > \frac{1}{e}$ 时,方程没

有实根;当 $-\ln a - 1 > 0$,即 $0 < a < \frac{1}{e}$ 时,方程有两个实根.

6. 解 (1) $y' = 6x^2 - 6x - 36$,$y'' = 12x - 6$. 令 $y'' = 0$,得 $x = \frac{1}{2}$. 当 $-\infty < x < \frac{1}{2}$ 时,$y'' < 0$,所以

该曲线在区间 $\left(-\infty, \frac{1}{2}\right)$ 上是凸的;当 $\frac{1}{2} < x < +\infty$ 时,$y'' > 0$,所以该曲线在区间 $\left(\frac{1}{2}, +\infty\right)$ 上是凹的. 故

点 $\left(\frac{1}{2}, \frac{13}{2}\right)$ 为拐点.

(2) $y' = 1 - \frac{1}{x^2}$,$y'' = \frac{2}{x^3}$,且 $x \neq 0$. 当 $-\infty < x < 0$ 时,$y'' < 0$,所以该曲线在区间 $(-\infty, 0)$ 上是凸的;

当 $0 < x < +\infty$ 时,$y'' > 0$,所以该曲线在区间 $(0, +\infty)$ 上是凹的. 故该曲线无拐点.

7. 证 $y' = \frac{-x^2 - 2x + 1}{(x^2+1)^2}$,

$$y'' = \frac{2(x-1)(x^2+4x+1)}{(x^2+1)^3} = \frac{2(x-1)\left[x-(-2+\sqrt{3})\right]\left[x-(-2-\sqrt{3})\right]}{(x^2+1)^3}.$$

令 $y'' = 0$,解得 $x_1 = 1, x_2 = -2+\sqrt{3}, x_3 = -2-\sqrt{3}$. 又因当 $x \in (-\infty, -2-\sqrt{3})$ 时,$y'' < 0$;当 $x \in$

$(-2-\sqrt{3}, -2+\sqrt{3})$ 时,$y'' > 0$;当 $x \in (-2+\sqrt{3}, 1)$ 时,$y'' < 0$;当 $x \in (1, +\infty)$ 时,$y'' > 0$. 故点 $(1,1)$,

$\left(-2-\sqrt{3}, \frac{-\sqrt{3}-1}{8+4\sqrt{3}}\right)$,$\left(-2+\sqrt{3}, \frac{-1+\sqrt{3}}{8-4\sqrt{3}}\right)$ 是曲线 $y = \frac{x+1}{x^2+1}$ 的三个拐点. 由于

$$\frac{\dfrac{-1+\sqrt{3}}{8-4\sqrt{3}} - 1}{-2+\sqrt{3}-1} = \frac{\dfrac{-\sqrt{3}-1}{8+4\sqrt{3}} - 1}{-2-\sqrt{3}-1} = \frac{1}{4},$$

因此这三点在同一条直线上.

8. 解 $y' = 3ax^2 + 2bx$,$y'' = 6ax + 2b$. 若点 $(1,3)$ 为曲线的拐点,则满足

$$\begin{cases} f(1) = a + b = 3, \\ f''(1) = 6a + 2b = 0, \end{cases}$$

解得 $a = -\frac{3}{2}, b = \frac{9}{2}$.

9. 解 $y' = \frac{2x}{1+x^2}$,$y'' = \frac{2(1+x^2) - 2x \cdot 2x}{(1+x^2)^2} = \frac{-2(x-1)(x+1)}{(1+x^2)^2}$.

令 $y'' = 0$,得 $x_1 = -1, x_2 = 1$.

当 $x \in (-\infty, -1)$ 时,$y'' < 0$,所以该曲线在区间 $(-\infty, -1]$ 上是凸的;

当 $x \in (-1, 1)$ 时,$y'' > 0$,所以该曲线在区间 $[-1, 1]$ 上是凹的;

当 $x \in (1, +\infty)$ 时,$y'' < 0$,所以该曲线在区间 $[1, +\infty)$ 上是凸的.

故该曲线有两个拐点,分别为点 $(-1, \ln 2)$ 和点 $(1, \ln 2)$.

10. 证 设函数 $f(t) = t^n, t \in (0, +\infty)$,则

$$f'(t) = n t^{n-1}, \qquad f''(t) = n(n-1) t^{n-2}, \qquad t \in (0, +\infty).$$

当 $n > 1$ 时,因为 $f''(t) > 0, t \in (0, +\infty)$,所以曲线 $f(t) = t^n$ 在区间 $(0, +\infty)$ 上是凹的. 故对于任何 $x > 0, y > 0, x \neq y$,恒有

$$\frac{1}{2}[f(x) + f(y)] > f\left(\frac{x+y}{2}\right),$$

即

$$\frac{1}{2}(x^n + y^n) > \left(\frac{x+y}{2}\right)^n \quad (x > 0, y > 0, x \neq y, n > 1).$$

简答 3.5

1. 解 (1) 令 $f'(x) = 2e^x - e^{-x} = 0$,得驻点 $x = -\frac{1}{2}\ln 2$. 因为当 $-\infty < x < -\frac{1}{2}\ln 2$ 时,$f'(x) < 0$;当 $-\frac{1}{2}\ln 2 < x < +\infty$ 时,$f'(x) > 0$,所以 $f(x)$ 在点 $x = -\frac{1}{2}\ln 2$ 处取得极小值 $f\left(-\frac{1}{2}\ln 2\right) = 2\sqrt{2}$.

(2) 令 $f'(x) = \frac{(2 - \ln x)\ln x}{x^2} = 0$,得驻点 $x_1 = 1, x_2 = e^2$. 因为当 $0 < x < 1$ 时,$f'(x) < 0$;当 $1 < x < e^2$ 时,$f'(x) > 0$;当 $x > e^2$ 时,$f'(x) < 0$,所以 $f(x)$ 在点 $x_1 = 1$ 处取得极小值 $f(1) = 0$,在点 $x_2 = e^2$ 处取得极大值 $f(e^2) = 4e^{-2}$.

(3) 令 $f'(x) = \frac{1-x}{1+x^2} = 0$,得驻点 $x = 1$. 因为当 $1 < x < +\infty$ 时,$f'(x) < 0$;当 $-\infty < x < 1$ 时,$f'(x) > 0$,所以 $f(x)$ 在点 $x = 1$ 处取得极大值 $f(1) = \frac{\pi - 2\ln 2}{4}$.

2. 解 $f'(x) = \frac{a}{x} + 2bx + 1$,而 $f(x)$ 在点 $x_1 = 1, x_2 = 2$ 处都取得极值,则

$$f'(1) = a + 2b + 1 = 0, \quad f'(2) = \frac{a}{2} + 4b + 1 = 0,$$

从而得 $a = -\frac{2}{3}, b = -\frac{1}{6}$.

因为 $f''(x) = -\frac{a}{x^2} + 2b$,所以

$$f''(1) = -a + 2b = \frac{2}{3} - \frac{1}{3} = \frac{1}{3} > 0,$$

$$f''(2) = -\frac{a}{4} + 2b = \frac{1}{6} - \frac{1}{3} = -\frac{1}{6} < 0.$$

故 $f(x)$ 在点 $x_1 = 1$ 时取得极小值,在点 $x_2 = 2$ 时取得极大值.

3. 解 $f'(x) = a\cos x + \cos 3x$. 若 $f(x)$ 在点 $x = \frac{\pi}{3}$ 处取得极值,则 $f'\left(\frac{\pi}{3}\right) = 0$,即

$$a\cos\frac{\pi}{3} + \cos\left(3 \cdot \frac{\pi}{3}\right) = 0,$$

解得 $a = 2$. 这时,有

$$f''(x) = -2\sin x - 3\sin 3x, \quad f''\left(\frac{\pi}{3}\right) = -2\sin\frac{\pi}{3} - 3\sin\left(3 \cdot \frac{\pi}{3}\right) = -\sqrt{3} < 0,$$

因此点 $x_0 = \frac{\pi}{3}$ 为极大值点,且极大值为 $f\left(\frac{\pi}{3}\right) = \sqrt{3}$.

4. 解 题设函数在区间 $[-5, 1)$ 上可导,且

$$y' = 1 - \frac{1}{2\sqrt{1-x}} = \frac{2\sqrt{1-x}-1}{2\sqrt{1-x}}.$$

令 $y'=0$,得驻点 $x=\dfrac{3}{4}$. 比较 $y\Big|_{x=-5}=-5+\sqrt{6}$, $y\Big|_{x=\frac{3}{4}}=\dfrac{5}{4}$, $y\Big|_{x=1}=1$,得该函数的最大值为 $y\Big|_{x=\frac{3}{4}}=$

$\dfrac{5}{4}$,最小值为 $y\Big|_{x=-5}=\sqrt{6}-5$.

5. 证 设函数 $F(x)=\sin x-\dfrac{2x}{\pi}$,由闭区间上连续函数的性质知 $F(x)$ 在区间 $\Big[0,\dfrac{\pi}{2}\Big]$ 上可取得最大值和最小值.

令 $F'(x)=\cos x-\dfrac{2}{\pi}=0$,得 $F(x)$ 在区间 $\Big[0,\dfrac{\pi}{2}\Big]$ 上的唯一驻点 $x=\arccos\dfrac{2}{\pi}$. 因为 $F''(x)=-\sin x$,当 $0<x<\dfrac{\pi}{2}$ 时,$F''(x)<0$,所以 $F(x)$ 在点 $x=\arccos\dfrac{2}{\pi}$ 处取得极大值. 因此,$F(x)$ 在区间 $\Big[0,\dfrac{\pi}{2}\Big]$ 上的最小值必在端点处取得,这是因为 $F(x)$ 在区间 $\Big(0,\dfrac{\pi}{2}\Big)$ 内没有极小值. 又由于 $F(0)=F\Big(\dfrac{\pi}{2}\Big)=0$,所以 $F(x)$ 的最小值为零. 故在区间 $\Big(0,\dfrac{\pi}{2}\Big)$ 内必有

$$F(x)>F(0)=0, \quad 即 \quad \sin x>\dfrac{2}{\pi}x.$$

6. 解 $f(x)$ 在区间 $[0,+\infty)$ 上可导,令 $f'(x)=-\dfrac{(x+1)(x-1)}{(x^2+1)^2}=0$,解得 $x_1=1,x_2=-1$(舍去).

比较 $f(1)=\dfrac{1}{2}$, $f(0)=0$,得 $f(x)$ 在点 $x=1$ 处取得最大值 $\dfrac{1}{2}$.

7. 解 题设函数的定义域为 $(0,+\infty)$. 函数两端同时取对数,得

$$\ln y=x\ln x.$$

上式两端同时对 x 求导数,得

$$\dfrac{1}{y}y'=\ln x+1, \quad 即 \quad y'=x^x(1+\ln x).$$

令 $y'=0$,得驻点 $x=\dfrac{1}{e}$.

当 $0<x<\dfrac{1}{e}$ 时,$y'<0$;当 $x>\dfrac{1}{e}$ 时,$y'>0$,所以 $x=\dfrac{1}{e}$ 是该函数的极小值点. 由于该函数在区间 $(0,+\infty)$ 上有唯一的极小值点,所以它也是该函数的最小值点,且最小值为 $y\Big(\dfrac{1}{e}\Big)=e^{-\frac{1}{e}}$;该函数无最大值.

8. 解 令 $f'(x)=6x^2-18x+12=6(x^2-3x+2)=6(x-1)(x-2)=0$,解得驻点 $x_1=1,x_2=2$. 又
$$f(-1)=-21, \quad f(1)=7, \quad f(2)=6, \quad f(3)=11,$$
因此 $f(-1)=-21$ 为最小值,$f(3)=11$ 为最大值.

9. 解 由题意可知,总成本 C(单位:元)是年产量 x 的函数:
$$C=C(x)=a+bx.$$
总利润 $L=L(x)=R(x)-C(x)$,即目标函数为
$$L(x)=3bx-\dfrac{1}{2}x^2-a \quad (0<x<4b),$$

从而
$$L'(x)=3b-x \quad (0<x<4b).$$

令 $L'(x)=0$,得 $x=3b$,所以 $L(x)$ 有唯一驻点 $x=3b$. 因此,当年产量为 $3b$ 台时,总利润最大,此时总利润为 $\dfrac{9}{2}b^2-a$(元).

简答 3.6

1. 解 (1) 所给函数的定义域为 $(-\infty,-1) \bigcup (-1,+\infty)$. 由 $\lim\limits_{x\to\infty}\dfrac{1}{x+1}=0$ 可知,直线 $y=0$ 为该曲线的水平渐近线. 而 $\lim\limits_{x\to-1^-}\dfrac{1}{x+1}=-\infty$, $\lim\limits_{x\to-1^+}\dfrac{1}{x+1}=+\infty$,所以直线 $x=-1$ 为该曲线的垂直渐近线.

(2) 所给函数的定义域为 $(-\infty,-3) \bigcup (-3,2) \bigcup (2,+\infty)$. 由 $\lim\limits_{x\to\infty}\dfrac{x^2+x}{(x-2)(x-3)}=1$ 可知,直线 $y=1$ 为该曲线的水平渐近线. 而 $\lim\limits_{x\to-3^-}\dfrac{x^2+x}{(x-2)(x-3)}=+\infty$, $\lim\limits_{x\to-3^+}\dfrac{x^2+x}{(x-2)(x-3)}=-\infty$, $\lim\limits_{x\to2^-}\dfrac{x^2+x}{(x-2)(x-3)}=-\infty$, $\lim\limits_{x\to2^+}\dfrac{x^2+x}{(x-2)(x-3)}=+\infty$,所以直线 $x=-3$ 与直线 $x=2$ 为该曲线的垂直渐近线.

2. 解 (1) ① $f(x)$ 的定义域为 $(-\infty,1) \bigcup (1,+\infty)$.

② $f'(x)=\dfrac{-2x}{(x-1)^3}$, $f''(x)=\dfrac{2(1+2x)}{(x-1)^4}$. 令 $f'(x)=0$,得 $x=0$;令 $f''(x)=0$,得 $x=-\dfrac{1}{2}$.

③ 列表 3-1 讨论如下:

表 3-1

x	$\left(-\infty,-\dfrac{1}{2}\right)$	$-\dfrac{1}{2}$	$\left(-\dfrac{1}{2},0\right)$	0	$(0,1)$	1	$(1,+\infty)$
$f'(x)$	$-$	$-$	$-$	0	$+$	不存在	$-$
$f''(x)$	$-$	0	$+$	$+$	$+$	不存在	$+$
$f(x)$	↘	$\left(-\dfrac{1}{2},-\dfrac{8}{9}\right)$ 拐点	↘	-1 极小值	↗	间断点	↘

④ $\lim\limits_{x\to1}\dfrac{2x-1}{(x-1)^2}=+\infty$, $\lim\limits_{x\to\infty}\dfrac{2x-1}{(x-1)^2}=0$,因此直线 $x=1$ 为该曲线的垂直渐近线,直线 $y=0$ 为该曲线的水平渐近线.

⑤ 取辅助点 $\left(-1,-\dfrac{3}{4}\right)$, $\left(\dfrac{1}{2},0\right)$, $(2,3)$.

⑥ 作图,如图 3-4 所示.

(2) ① $f(x)$ 的定义域为 $(-\infty,0) \bigcup (0,+\infty)$.

② $f'(x)=\dfrac{x^2-1}{x^2}$, $f''(x)=\dfrac{2}{x^3}$. 令 $f'(x)=0$,得 $x=\pm 1$; $x=0$ 时, $f''(x)$ 不存在.

③ 列表 3-2 讨论如下:

表 3-2

x	$(-\infty,-1)$	-1	$(-1,0)$	0	$(0,1)$	1	$(1,+\infty)$
$f'(x)$	$+$	0	$-$	不存在	$-$	0	$+$
$f''(x)$	$-$	$-$	$-$	不存在	$+$	$+$	$+$
$f(x)$	↗	-2 极大值	↘	间断点	↘	2 极小值	↗

④ 因 $\lim\limits_{x\to0^+}\left(x+\dfrac{1}{x}\right)=+\infty$, $\lim\limits_{x\to0^-}\left(x+\dfrac{1}{x}\right)=-\infty$,故直线 $x=0$ 为该曲线的垂直渐近线. 又因 $\lim\limits_{x\to\infty}\dfrac{x+\dfrac{1}{x}}{x}=$

$1,\lim\limits_{x\to\infty}\left(x+\dfrac{1}{x}-x\right)=0$,故直线 $y=x$ 为该曲线的斜渐近线.

⑤ 作图,如图 3-5 所示.

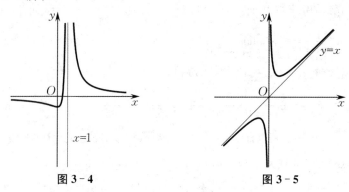

图 3-4   图 3-5

简答 3.7

1. 解　(1) $y'=9x^2-1,y''=18x,K=\dfrac{|-6|}{(1+0^2)^{\frac{3}{2}}}=6.$

(2) $y'=1-\dfrac{1}{(x-1)^2},y''=\dfrac{2}{(x-1)^3},K=\dfrac{\dfrac{1}{4}}{\left(1+\dfrac{9}{16}\right)^{\frac{3}{2}}}=\dfrac{16}{125}.$

(3) $x'(t)=a(1-\cos t),x''(t)=a\sin t,y'(t)=a\sin t,y''(t)=a\cos t,$

$$K=\dfrac{|a(1-\cos t)\cdot a\cos t-a\sin t\cdot a\sin t|}{\left[a^2(1-\cos t)^2+a^2\sin^2 t\right]^{\frac{3}{2}}}\Bigg|_{t=\frac{\pi}{2}}=\dfrac{a^2}{(a^2+a^2)^{\frac{3}{2}}}=\dfrac{1}{2\sqrt{2}a}.$$

2. 解　方程 $4x^2+y^2=4$ 两端同时对 x 求导数,得 $8x+2yy'=0$,从而 $y'=-\dfrac{4x}{y}.$

方程 $8x+2yy'=0$ 两端同时对 x 求导数,得 $y''=-\dfrac{4+(y')^2}{y}.$

将 $x=0,y=2$ 代入 $y'=-\dfrac{4x}{y}$,得 $y'\big|_{x=0}=0$;将 $x=0,y=2,y'\big|_{x=0}=0$ 代入 y'',得 $y''\big|_{x=0}=-2.$ 因此,椭圆在点 $(0,2)$ 处的曲率为

$$K=\dfrac{|y''|}{[1+(y'^2)]^{\frac{3}{2}}}\Bigg|_{(0,2)}=\dfrac{|-2|}{(1+0)^{\frac{3}{2}}}=2,$$

曲率半径为

$$\rho=\dfrac{1}{K}=\dfrac{1}{2}.$$

3. 解　$y'=2ax+b,y''=2a$,则曲率

$$K=\dfrac{|2a|}{[1+(2ax+b)^2]^{\frac{3}{2}}}.$$

显然,当 $2ax+b=0$,即 $x=-\dfrac{b}{2a}$ 时,K 最大.因此,该抛物线在其顶点处的曲率最大.

4. 解　$y'=4x-4,y''=4$,则曲率

$$K=\dfrac{|y''|}{[1+(y')^2]^{\frac{3}{2}}}=\dfrac{4}{[1+(4x-4)^2]^{\frac{3}{2}}}.$$

当 $x=1$ 时曲率最大,对应点 $(1,1)$ 恰是该抛物线的顶点.

简答 3.8

1. 解 因为 $y' = 2x$，所以 $y'\big|_{x=5} = 10$.

其经济意义是当 $x = 5$ 时，x 改变(增加或减少)1 单位，y 改变(增加或减少)10 单位.

2. 解 由于价格函数 $P(Q) = 110 - \dfrac{Q}{10}$，因此总收入函数(单位:元)为 $R(Q) = 110Q - \dfrac{Q^2}{10}$. 又总成本函数(单位:元)为 $C(Q) = 2\,000 + 50Q$，故总利润函数(单位:元)为 $L(Q) = R(Q) - C(Q) = 60Q - \dfrac{Q^2}{10} - 2\,000$.

(1) 边际利润函数为 $L'(Q) = 60 - \dfrac{Q}{5}$. 当产量为 100 件时，边际利润为

$$L'(100) = 60 - \frac{100}{5} = 40 \ (\text{元} / \text{件}).$$

(2) 令 $L'(Q) = 0$，得 $Q = 300$. 由于 $L''(Q) = -\dfrac{1}{5} < 0$，因此当产量为 300 件时，利润最大.

3. 解 (1) 需求弹性一般为负值. 根据题意有 $Q' = -\dfrac{1}{5}\mathrm{e}^{-\frac{P}{5}}$，则需求弹性函数为

$$\eta(P) = -\frac{1}{5}\mathrm{e}^{-\frac{P}{5}} \cdot \frac{P}{\mathrm{e}^{-\frac{P}{5}}} = -\frac{P}{5}.$$

(2) $\eta(3) = -\dfrac{3}{5} = -0.6$，$\eta(5) = -\dfrac{5}{5} = -1$，$\eta(6) = -\dfrac{6}{5} = -1.2$.

$|\eta(3)| = 0.6$ 说明，当 $P = 3$ 时，价格上涨 1%，需求量减少 0.6%，此时需求变动的幅度小于价格变动的幅度；

$|\eta(5)| = 1$ 说明，当 $P = 5$ 时，价格上涨 1%，需求量减少 1%，此时价格与需求变动的幅度相同；

$|\eta(6)| = 1.2$ 说明，当 $P = 6$ 时，价格上涨 1%，需求量减少 1.2%，此时需求变动的幅度大于价格变动的幅度.

复习题 A

1. 下列函数在给定的区间上是否满足罗尔中值定理的条件?若满足，则求出定理中的 ξ；若不满足，则判断 ξ 是否一定不存在:

(1) $f(x) = \dfrac{3}{2x^2 + 1}$，$[-1, 1]$；   (2) $f(x) = |x|$，$[-1, 1]$.

2. 求函数 $f(x) = x^2 \ln x$ 在点 $x = 1$ 处的带拉格朗日型余项的 n 阶泰勒公式.

3. 证明恒等式:

$$3\arccos x - \arccos(3x - 4x^3) = \pi \quad \left(-\frac{1}{2} \leqslant x \leqslant \frac{1}{2}\right).$$

4. 验证:柯西中值定理对函数 $f(x) = \sin x$ 及 $F(x) = x + \cos x$ 在区间 $\left[0, \dfrac{\pi}{2}\right]$ 上的正确性.

5. 在不求出函数 $f(x) = x(x-1)(x-2)(x-3)$ 的导数情况下，说明方程 $f'(x)$ 有几个实根.

6. 设 $f(x)$ 为 n 阶可导函数. 证明:若方程 $f(x) = 0$ 有 $n+1$ 个相异实根，则方程 $f^{(n)}(x) = 0$ 至少有一个实根.

7. 设 $p(x)$ 为多项式函数. 证明:若方程 $p'(x) = 0$ 没有实根，则方程 $p(x) = 0$ 至多有一个实根.

8. 按 $x - 2$ 的幂展开多项式 $f(x) = x^3 - 4x^2 + 2$.

9. 求函数 $f(x) = \dfrac{1}{1+x}$ 的带拉格朗日型余项的 n 阶麦克劳林公式.

10. 求函数 $f(x) = \tan x$ 的带佩亚诺型余项的五阶麦克劳林公式.

11. 求函数 $f(x) = \sqrt{x}$ 按 $x-4$ 的幂展开的带拉格朗日型余项的三阶泰勒公式.

12. 利用泰勒公式求下列极限:

(1) $\lim\limits_{x \to 0} \dfrac{\sin x - x\cos x}{\sin^3 x}$;

(2) $\lim\limits_{x \to 0} \dfrac{x^2}{\sqrt[5]{1+5x} - (1+x)}$.

13. 利用洛必达法则求下列极限:

(1) $\lim\limits_{x \to 0} \dfrac{e^x - 1}{\sin x}$;

(2) $\lim\limits_{x \to \frac{\pi}{6}} \dfrac{1 - 2\sin x}{\cos 3x}$;

(3) $\lim\limits_{x \to 0} \dfrac{\ln(1+x) - x}{\cos x - 1}$;

(4) $\lim\limits_{x \to 0} \dfrac{\tan x - x}{x - \sin x}$;

(5) $\lim\limits_{x \to \frac{\pi}{2}} \dfrac{\tan x}{\tan 3x}$;

(6) $\lim\limits_{x \to +\infty} \dfrac{\ln\left(1 + \dfrac{1}{x}\right)}{\operatorname{arccot} x}$.

14. 说明下列极限不能利用洛必达法则求解:

(1) $\lim\limits_{x \to \infty} \dfrac{e^x - e^{-x}}{e^x + e^{-x}}$;

(2) $\lim\limits_{x \to 0} \dfrac{x^2 \sin \dfrac{1}{x}}{\sin x}$.

15. 判定函数 $f(x) = \arctan x - x$ 的单调性.

16. 确定下列函数的单调区间:

(1) $y = \dfrac{x^2}{1+x}$;

(2) $y = \sqrt[3]{(2x-a)(a-x)^2}$ $(a > 0)$;

(3) $y = x + |\sin 2x|$.

17. 证明不等式: $2\sqrt{x} > 3 - \dfrac{1}{x}$ $(x > 1)$.

18. 求下列曲线的凹凸区间及拐点:

(1) $y = \dfrac{1}{1+x^2}$;

(2) $y = e^{\arctan x}$.

19. 利用函数图形的凹凸性,证明不等式:

$$e^{\frac{a+b}{2}} \leqslant \dfrac{1}{2}(e^a + e^b) \quad (a, b \text{ 为任意实数}).$$

20. 求下列函数的极值:

(1) $y = 2x^3 - x^4$;

(2) $y = 3 - 2(1+x)^{\frac{1}{3}}$;

(3) $y = \dfrac{3x^2 + 4x + 4}{x^2 + x + 1}$.

21. 求下列函数在指定区间上的最大值与最小值:

(1) $y = x^5 - 5x^4 + 5x^3 + 1$ $(-1 \leqslant x \leqslant 2)$;

(2) $y = 2\tan x - \tan^2 x$ $\left(0 \leqslant x < \dfrac{\pi}{2}\right)$.

22. 问:函数 $f(x) = x^2 - \dfrac{54}{x}$ $(x < 0)$ 在何处取得最小值?

23. 把长为 l 的线段截为两段,问:这两段为多长能使这两段为边所组成的矩形的面积最大?

24. 求双曲线 $xy = 1$ 在点 $(1,1)$ 处的曲率.

25. 求曲线 $y = \dfrac{e^x + e^{-x}}{2}$ 在点 $(0,1)$ 处的曲率.

26. 求曲线 $y = \ln(\sec x)$ 在点 (x, y) 处的曲率及曲率半径.

27. 求曲线 $x = a\cos^3 t, y = a\sin^3 t$ 在 $t = t_0$ 的对应点处的曲率.

28. 问:抛物线 $y = ax^2 + bx + c (a \neq 0)$ 上哪一点处的曲率半径最小?求出该点处的曲率半径.

29. 某工厂生产 Q 单位产品的总成本为 $C = C(Q) = 1\,100 + \dfrac{1}{1\,200}Q^2$,求:(1) 生产 900 单位产品时的总成本和平均成本;(2) 生产 $900 \sim 1\,000$ 单位产品时的总成本的平均变化率;(3) 生产 900 单位产品时的边际成本.

30. 设某产品的价格函数为 $P(Q) = 20 - \dfrac{Q}{5}$(P 为价格,Q 为销售量).当销售量为 15 单位时,求总收入、平均收入与边际收入.

31. 设某商品的需求函数为 $Q(P) = 10 - \dfrac{P}{2}$(P 为价格,Q 为需求量),求:(1) 需求弹性函数;(2) $P = 3$ 时的需求弹性;(3) 当 $P = 3$ 时,若价格上涨 1%,其总收入是增加还是减少?将变化百分之几?

复习题 B

一、选择题

1. 若函数 $f(x)$ 在区间 (a, b) 内可导,且 $a < x_1 < x_2 < b$,则至少存在一点 ξ,使得( ).

A. $f(b) - f(a) = f'(\xi)(b - a) \ (a < \xi < b)$

B. $f(b) - f(x_1) = f'(\xi)(b - x_1) \ (x_1 < \xi < b)$

C. $f(x_2) - f(x_1) = f'(\xi)(x_2 - x_1) \ (x_1 < \xi < x_2)$

D. $f(x_2) - f(a) = f'(\xi)(x_2 - a) \ (a < \xi < x_2)$

2. 设 $f'(x_0) = f''(x_0) = 0, f'''(x_0) > 0$,则下列选项中正确的是( ).

A. $f(x_0)$ 是函数 $f(x)$ 的极大值

B. $f(x_0)$ 是函数 $f(x)$ 的极大值

C. $f(x_0)$ 是函数 $f(x)$ 的极小值

D. $(x_0, f(x_0))$ 是曲线 $y = f(x)$ 的拐点

3. 若函数 $f(x)$ 的极值点是 x_0,则必有 $f'(x_0) = 0$.( )

A. 正确　　　　B. 不正确　　　　C. 不一定　　　　D. 无法判断

4. 曲线 $y = \mathrm{e}^{\frac{1}{x^2}} \arctan \dfrac{x^2 + x - 1}{(x + 1)(x - 2)}$ 的渐近线有( ).

A. 一条　　　　B. 两条　　　　C. 三条　　　　D. 四条

5. 设某商品的需求函数为 $Q(P) = 100 - 5P$,其中 Q, P 分别表示需求量和价格. 如果该商品的需求弹性的绝对值大于 1,那么该商品价格的取值范围为( ).

A. $(10, 20]$　　　　B. $(10, 15]$　　　　C. $(10, 25]$　　　　D. $(15, 20]$

二、填空题

1. 设函数 $f(x)$ 有连续的导函数,$f(0) = 0$ 且 $f'(0) = b$. 若函数

$$F(x) = \begin{cases} \dfrac{f(x) + a\sin x}{x}, & x \neq 0, \\ A, & x = 0 \end{cases}$$

在点 $x = 0$ 处连续,则常数 $A =$ _____.

2. 若 $a > 0, b > 0$ 均为常数,则 $\lim\limits_{x \to 0} \left(\dfrac{a^x + b^x}{2} \right)^{\frac{3}{x}} =$ _____.

3. 设函数 $f(x) = x\mathrm{e}^x$,则 $f^{(n)}(x)$ 在点 $x =$ _____ 处取得极小值_____.

4. 设生产函数为 $Q = AL^{\alpha}K^{\beta}$,其中 Q 是产出量,L 是劳动投入量,K 是资本投入量,A, α, β 均为大于零的参数. 当 $Q = 1$ 时,K 关于 L 的弹性为_____.

5. 某商品的需求量 Q 与价格 P 的函数关系为 $Q = Q(P) = aP^b$,其中 a, b 为常数且 $a \neq 0$,则需求弹性为_____.

三、解答题

1. 求 $\lim\limits_{x\to 1}\dfrac{x^x-1}{x\ln x}$.

2. 求 $\lim\limits_{x\to 0}\left(\dfrac{e^x+e^{2x}+\cdots+e^{nx}}{n}\right)^{\frac{1}{x}}$,其中 n 是给定的自然数.

3. 求 $\lim\limits_{x\to+\infty}\dfrac{\ln\left(1+\dfrac{1}{x}\right)}{\arctan\dfrac{1}{x}}$.

4. 求 $\lim\limits_{x\to 1}(1-x^2)\tan\dfrac{\pi x}{2}$.

5. 求 $\lim\limits_{x\to+\infty}(x+e^x)^{\frac{1}{x}}$.

6. 求 $\lim\limits_{x\to+\infty}(x+\sqrt{1+x^2})^{\frac{1}{x}}$.

7. 求 $\lim\limits_{x\to\infty}\left[x-x^2\ln\left(1+\dfrac{1}{x}\right)\right]$.

8. 求 $\lim\limits_{x\to 0}\left[\dfrac{a}{x}-\left(\dfrac{1}{x^2}-a^2\right)\ln(1+ax)\right]\ (a\neq 0)$.

9. 求 $\lim\limits_{n\to\infty}\left(n\tan\dfrac{1}{n}\right)^{n^2}$ (n 为自然数).

10. 已知函数 $f(x)$ 在区间 $(-\infty,+\infty)$ 上可导,且
$$\lim\limits_{x\to\infty}f'(x)=e,\quad \lim\limits_{x\to\infty}\left(\dfrac{x+c}{x-c}\right)^x=\lim\limits_{x\to\infty}[f(x)-f(x-1)],$$
求 c 的值.

11. 求函数 $y=(x-1)e^{\frac{\pi}{2}+\arctan x}$ 的单调区间和极值,并求该函数图形的渐近线.

12. 给定曲线 $y=\dfrac{1}{x^2}$,求:(1) 曲线在点的横坐标为 x_0 处的切线方程;(2) 曲线的切线被两坐标轴所截线段的最短长度.

四、证明题

1. 设函数 $f(x)$ 在闭区间 $[0,c]$ 上连续,其导函数 $f'(x)$ 在开区间 $(0,c)$ 内存在且单调减少,$f(0)=0$. 试利用拉格朗日中值定理证明不等式:
$$f(a+b)\leqslant f(a)+f(b),$$
其中常数 a,b 满足条件 $0\leqslant a\leqslant b\leqslant a+b\leqslant c$.

2. 证明:当 $x\geqslant 1$ 时,$\arctan x-\dfrac{1}{2}\arccos\dfrac{2x}{1+x^2}=\dfrac{\pi}{4}$.

3. 设函数 $f(x)$ 在闭区间 $[a,b]$ 上连续,在开区间 (a,b) 内可导,且 $f'(x)\neq 0$. 证明:存在 $\xi,\eta\in(a,b)$,使得 $\dfrac{f'(\xi)}{f'(\eta)}=\dfrac{e^b-e^a}{b-a}e^{-\eta}$.

4. 设函数 $f(x)$ 在闭区间 $[0,1]$ 上连续,在开区间 $(0,1)$ 内可导,且 $f(0)=f(1)=0$,$f\left(\dfrac{1}{2}\right)=1$. 证明:

(1) 存在 $\eta\in\left(\dfrac{1}{2},1\right)$,使得 $f(\eta)=\eta$;

(2) 对于任意的实数 λ,必存在 $\xi\in(0,1)$,使得 $f'(\xi)-\lambda[f(\xi)-\xi]=1$.

5. 证明:函数 $f(x)=\left(1+\dfrac{1}{x}\right)^x$ 在区间 $(0,+\infty)$ 上单调增加.

6. 设函数 $f(x)$ 在区间 $[a,+\infty)$ 上连续,$f''(x)$ 在区间 $(a,+\infty)$ 上存在且大于零,记函数

$$F(x) = \frac{f(x) - f(a)}{x - a} \quad (x > a).$$

证明：$F(x)$ 在区间 $(a, +\infty)$ 上单调增加.

7. 证明不等式：$\ln\left(1 + \dfrac{1}{x}\right) > \dfrac{1}{1+x}$ $(0 < x < +\infty)$.

8. 证明：当 $x \in (0, \pi)$ 时，$\sin\dfrac{x}{2} > \dfrac{x}{\pi}$.

9. 证明不等式：$1 + x\ln(x + \sqrt{1 + x^2}) \geqslant \sqrt{1 + x^2}$ $(-\infty < x < +\infty)$.

10. 设 p, q 是大于 1 的常数，且 $\dfrac{1}{p} + \dfrac{1}{q} = 1$. 证明：对于任意的 $x > 0$，有

$$\frac{1}{p}x^p + \frac{1}{q} \geqslant x.$$

五、应用题

1. 将长为 a 的一段铁丝截成两段，一段围成正方形，另一段围成圆. 为使正方形与圆的面积之和最小，问：两段铁丝的长各为多少？

2. 已知函数 $y = \dfrac{2x^2}{(1-x)^2}$，试求其单调区间、极值点及函数图形的凹凸性、拐点和渐近线，并画出函数图形.

3. 某厂打算生产一批商品投放市场，已知该商品的价格函数为 $P(x) = 10\mathrm{e}^{-\frac{x}{2}}$，其中 x 表示需求量（产量），且最大需求量为 6，P 表示价格. (1) 求该商品的总收入函数和边际收入；(2) 求使总收入最大时的产量、最大收入和相应的价格；(3) 画出总收入函数的图形.

4. 设某商品的总成本函数为 $C(Q) = aQ^2 + bQ + c$，需求函数为 $Q(P) = \dfrac{1}{e}(d - P)$，其中 C 为总成本，Q 为需求量（产量），P 为价格，a, b, c, d, e 都是正常数，且 $d > b$. 求：(1) 使总利润最大的产量及最大利润；(2) 需求弹性；(3) 需求弹性绝对值为 1 时的产量.

5. 设某产品的需求函数为 $Q = Q(P)$，总收入函数为 $R = PQ$，其中 P 为该产品的价格，Q 为需求量（产量），$Q(P)$ 是单调减少函数. 已知当价格为 P_0，相应的需求量为 Q_0 时，对需求量的边际收入 $R'(Q_0) = a > 0$，对价格的边际收入 $R'(P_0) = c < 0$，需求弹性 $E_P = -\dfrac{P}{Q} \cdot \dfrac{\mathrm{d}Q}{\mathrm{d}P} = b > 1$，求 P_0 和 Q_0.

6. 设某商品的价格为 P 时，售出的商品数量 Q 可以表示成 $Q = \dfrac{a}{P + b} - c$，其中 a, b, c 均为正数，且 $a > bc$. 问：

(1) P 在什么范围变化时，相应的销售额会增加或减少？

(2) 要使销售额最大，商品价格 P 应取何值？最大销售额是多少？

7. 一商家销售某商品的价格满足关系 $P = 7 - 0.2x$（P 是价格，单位：万元／吨；x 是销售量，单位：吨），该商品的总成本函数（单位：万元）为 $C(x) = 3x + 1$.

(1) 若每销售 1 吨该商品，政府要征税 t 万元，求该商家获最大利润时的销售量；

(2) 问：t 为何值时，政府税收总额最大？

8. 设某酒厂有一批新酿的好酒，若现在（假定 $t = 0$）就出售，则总收入为 R_0（元）；若窖藏起来待来日按陈酒价格出售，则 t 年末总收入 $R = R_0\mathrm{e}^{\frac{2}{5}\sqrt{t}}$. 假定银行的年利率为 r，并以连续复利计息，问：窖藏多少年售出可使总收入的现值最大？并求 $r = 0.06$ 时 t 的值.

9. 设总成本 C 关于产量 x 的函数为 $C(x) = 400 + 3x + 0.5x^2$，需求量 x 关于价格 P 的函数为 $P(x) = \dfrac{100}{\sqrt{x}}$，求：(1) 边际成本；(2) 边际收入；(3) 边际利润；(4) 收入对价格的弹性.

10. 假设某企业在两个相互分割的市场上出售同一种产品. 两个市场的价格函数分别为 $P_1 = 18 - 2Q_1$，

$P_2 = 12 - Q_2$，其中 P_1 和 P_2 分别表示该产品在两个市场上的价格（单位：万元／吨），Q_1 和 Q_2 分别表示该产品在两个市场上的销售量（需求量，单位：吨），并且该企业生产这种产品的总成本函数为 $C(Q) = 2Q + 5$，其中 Q 表示该产品在两个市场上的销售总量，即 $Q = Q_1 + Q_2$.

（1）如果该企业实行差别价格策略，那么试确定两个市场上该产品的销售量和价格，使该企业获得最大利润；

（2）如果该企业实行无差别价格策略，那么试确定两个市场上该产品的销售量及其统一的价格，使该企业的总利润最大，并比较两种价格策略下的总利润大小.

11. 某养殖场饲养两种鱼，若甲种鱼放养 x（单位：万尾），乙种鱼放养 y（单位：万尾），收获时两种鱼的总量分别为

$$(3 - \alpha x - \beta y)x \quad 和 \quad (4 - \beta x - 2\alpha y)y \quad (\alpha > \beta > 0),$$

求使产鱼总量最大的放养数.

第4章　不定积分

一、知识梳理

（一）知识结构

$$
不定积分
\begin{cases}
原函数与不定积分的概念 \\
不定积分的性质与基本积分公式 \\
不定积分的计算
\begin{cases}
换元积分法
\begin{cases}
第一类换元积分法 \\
第二类换元积分法
\end{cases} \\
分部积分法
\end{cases} \\
几种特殊类型函数的不定积分
\begin{cases}
有理函数的不定积分 \\
三角函数有理式的不定积分 \\
可化为有理函数的不定积分
\end{cases}
\end{cases}
$$

（二）教学内容

（1）不定积分的基本概念与性质.

（2）换元积分法与分部积分法.

（3）几种特殊类型函数的不定积分.

（三）教学要求

（1）理解原函数、不定积分的概念与性质.

（2）熟练掌握基本积分公式、不定积分的换元积分法与分部积分法.

（3）会求简单的三角函数有理式的不定积分.

（四）重点与难点

重点：换元积分法；分部积分法.

难点：有理函数的不定积分.

二、学习指导

本章的主要内容是不定积分的计算. 在由基本微分公式导出基本积分公式的基础上，介绍了不定积分的换元积分法、分部积分法和有理函数的不定积分. 不定积分是一元函数积分学的主要内容之一，其蕴涵的求不定积分的方法和技巧是计算一元及多元函数定积分的基础.

不定积分的概念是从求已知函数的原函数引入的，是求已知函数的导函数的逆运算. 这种运算虽然本质上属于微分学的范畴,但它的引入是为方便定积分的计算及微分方程的求解.本章在教材中起到了承上启下的作用,占有重要地位.

虽然不定积分是导数的逆运算,但求不定积分比求导数要难得多.尽管不定积分的计算方法有一些规律可循,但在具体应用时十分灵活,应通过多做习题来积累经验,熟悉技巧,才能熟练掌握.

不定积分的计算方法灵活,有些题还可以一题多解,对于一些有规律性的方法,应在做题的基础上加以总结.不定积分的计算要根据被积函数的特征灵活运用积分方法,针对不同的问题采用不同的积分方法.在具体的问题中,常常综合使用各种方法.对不定积分的熟练程度,将直接影响后面积分学内容的学习.

(一)原函数与不定积分

1. 原函数

设函数 $y = f(x)$ 在某区间上有定义.若存在函数 $F(x)$,使得在该区间任一点处,均有
$$F'(x) = f(x) \quad \text{或} \quad dF(x) = f(x)dx,$$
则称 $F(x)$ 为 $f(x)$ 在该区间上的一个原函数.

关于原函数的问题,还要说明几点:

(1) 原函数的存在问题:若函数 $f(x)$ 在某区间上连续,则它的原函数一定存在.

(2) 原函数的一般表达式:若 $F(x)$ 是函数 $f(x)$ 的一个原函数,则 $F(x) + C$ 是 $f(x)$ 的全体原函数,其中 C 为任意常数.

(3) 若 $F(x)$ 是原函数,则 $F(x)$ 至少应连续.

2. 不定积分

若 $F(x)$ 是函数 $f(x)$ 在某区间上的一个原函数,则 $f(x)$ 的全体原函数 $F(x) + C(C$ 为任意常数) 称为 $f(x)$ 在该区间上的不定积分,记为 $\int f(x)dx$,即

$$\int f(x)dx = F(x) + C.$$

由不定积分的定义可知,求已知函数的不定积分是找它的全体原函数,而找全体原函数的关键是求出它的一个原函数,这个原函数的导数恰为已知函数.因此,积分法是微分法的逆运算,积分结果是否正确,可求出结果的导数来验证.

积分运算与微分运算之间有如下的互逆关系:

(1) $\left[\int f(x)dx\right]' = f(x)$ 或 $d\left[\int f(x)dx\right] = f(x)dx$. 此式表明,先求积分再求导数(或求微分),两种运算的作用相互抵消.

(2) $\int F'(x)dx = F(x) + C$ 或 $\int dF(x) = F(x) + C$. 此式表明,先求导数(或求微分)再求积分,两种运算的作用相互抵消后还留有积分常数 C.

对于这两个式子,要记准,并熟练运用.

题 1 判断等式 $\left[\int f(x)dx\right]' = \int f'(x)dx$ 是否成立.

解 不成立.由不定积分的定义和 $\int f'(x)dx = f(x) + C$,而由不定积分的性质和

$$\left[\int f(x)\mathrm{d}x\right]' = f(x).$$

题2　正确理解微分学中的导数公式 $(\ln x)' = \dfrac{1}{x}$ 以及积分学中的不定积分公式

$$\int \frac{\mathrm{d}x}{x} = \ln|x| + C.$$

解　在微分中,导数公式是指求已知函数 $\ln x$ 的导数,因为这个函数的定义域是 $x > 0$,所以公式 $(\ln x)' = \dfrac{1}{x}$ 自然只在区间 $(0, +\infty)$ 上成立.而积分学中的不定积分公式则是指求已知函数 $\dfrac{1}{x}$ 的原函数,这个函数的定义域是 $(-\infty, 0) \bigcup (0, +\infty)$.因此,一般应理解为在上述两个区间分别求其原函数:

$$\int \frac{\mathrm{d}x}{x} = \begin{cases} \ln x + C_1, & x > 0, \\ \ln(-x) + C_2, & x < 0, \end{cases}$$

其中 C_1 和 C_2 是两个彼此独立的常数.为方便起见,写为 $\displaystyle\int \frac{\mathrm{d}x}{x} = \ln|x| + C$.

因函数 $\dfrac{1}{x}$ 的定义域是两个区间,故在每个区间内用各自的原函数来理解上述公式.

3. 分段函数的不定积分

对于分段函数,在对其进行不定积分时,要分别求不定积分,最后统一常数,以保证原函数的连续性.

题3　给出 $y = \mathrm{e}^{|x|}$,求 y 的一个原函数.下述运算正确吗?

y 是一个分段函数,即 $y = \begin{cases} \mathrm{e}^x, & x \geqslant 0, \\ \mathrm{e}^{-x}, & x < 0, \end{cases}$ 故其一个原函数为 $F(x) = \begin{cases} \mathrm{e}^x, & x \geqslant 0, \\ -\mathrm{e}^{-x}, & x < 0. \end{cases}$

解　不正确.这是求分段函数的原函数的问题.由于原函数可导必连续,因此原函数在分段点 $x = 0$ 处连续.根据原函数的定义,若 $F(x)$ 是 $y = \mathrm{e}^{|x|}$ 的原函数,则 $F(x)$ 至少应连续.但上述给出的 $F(x)$ 在点 $x = 0$ 处间断,所以上述 $F(x)$ 不能作为 $y = \mathrm{e}^{|x|}$ 的原函数.显然,若 $F(x)$ 是原函数,则 $F(x) + C$ 也是原函数,故只要选取适当的 C,使 $F(x)$ 的两个分支在点 $x = 0$ 处连续,就可找到所求的原函数.

令函数 $F(x) = \begin{cases} \mathrm{e}^x, & x \geqslant 0, \\ 2 - \mathrm{e}^{-x}, & x < 0. \end{cases}$ 容易验证 $F(x)$ 的两个分支在点 $x = 0$ 处连续,且 $F'(x) = \mathrm{e}^{|x|}$,故 $F(x)$ 可以作为 $y = \mathrm{e}^{|x|}$ 的一个原函数.

题4　为什么用不同的方法求同一个不定积分可得出形式完全不一样的结果?

解　这是因为不定积分 $\displaystyle\int f(x)\mathrm{d}x$ 求的是 $f(x)$ 的全体原函数,而 $f(x)$ 的任意两个原函数之间相差一个常数,从而出现同一函数的两个原函数在形式上有较大的差异.但是,不管所求原函数的形式如何,其导数都必须是被积函数.据此,可对所求结果的正确性进行检验.

(二)　换元积分法

1. 第一类换元积分法(又称为凑微分法)

这里主要强调如何将所给不定积分凑成基本积分公式所列的形式:

$$\int f[\varphi(x)]\varphi'(x)\mathrm{d}x = \int f[\varphi(x)]\mathrm{d}\varphi(x) \xlongequal{u=\varphi(x)} \int f(u)\mathrm{d}u$$
$$= F(u) + C = F[\varphi(x)] + C.$$

凑微分法是求不定积分的一种最常用的方法,熟练掌握以下几种常用的凑微分形式对求不定积分是非常有益的:

(1) $\dfrac{\mathrm{d}x}{x^2} = -\mathrm{d}\left(\dfrac{1}{x}\right)$;   (2) $\dfrac{\mathrm{d}x}{x} = \mathrm{d}(\ln x)$;

(3) $\mathrm{e}^x\mathrm{d}x = \mathrm{d}(\mathrm{e}^x)$;   (4) $\dfrac{\mathrm{d}x}{\sqrt{x}} = 2\mathrm{d}(\sqrt{x})$;

(5) $\sin x\mathrm{d}x = -\mathrm{d}(\cos x)$;   (6) $\cos x\mathrm{d}x = \mathrm{d}(\sin x)$;

(7) $\dfrac{\mathrm{d}x}{\sqrt{1-x^2}} = \mathrm{d}(\arcsin x)$;   (8) $\dfrac{\mathrm{d}x}{x^2+1} = \mathrm{d}(\arctan x)$;

(9) $\tan x\sec x\mathrm{d}x = \mathrm{d}(\sec x)$;   (10) $\sec^2 x\mathrm{d}x = \mathrm{d}(\tan x)$.

一些可用凑微分法来求解的不定积分类型归纳如下:

(1) $\int f(ax+b)\mathrm{d}x = \dfrac{1}{a}\int f(ax+b)\mathrm{d}(ax+b)$ $(a \neq 0)$;

(2) $\int f(ax^n+b)x^{n-1}\mathrm{d}x = \dfrac{1}{na}\int f(ax^n+b)\mathrm{d}(ax^n+b)$ $(a \neq 0, n \neq 0)$;

(3) $\int \dfrac{f(\ln x)}{x}\mathrm{d}x = \int f(\ln x)\mathrm{d}(\ln x)$;

(4) $\int \dfrac{f\left(\dfrac{1}{x}\right)}{x^2}\mathrm{d}x = -\int f\left(\dfrac{1}{x}\right)\mathrm{d}\left(\dfrac{1}{x}\right)$;

(5) $\int \dfrac{f(\sqrt{x})}{\sqrt{x}}\mathrm{d}x = 2\int f(\sqrt{x})\mathrm{d}(\sqrt{x})$;

(6) $\int f(a^x)a^x\mathrm{d}x = \dfrac{1}{\ln a}\int f(a^x)\mathrm{d}(a^x)$ $(a \neq 0, a \neq 1)$;

特别地,$\int f(\mathrm{e}^x)\mathrm{e}^x\mathrm{d}x = \int f(\mathrm{e}^x)\mathrm{d}(\mathrm{e}^x)$;

(7) $\int f(\sin x)\cos x\mathrm{d}x = \int f(\sin x)\mathrm{d}(\sin x)$;

(8) $\int f(\cos x)\sin x\mathrm{d}x = -\int f(\cos x)\mathrm{d}(\cos x)$;

(9) $\int f(\tan x)\sec^2 x\mathrm{d}x = \int f(\tan x)\mathrm{d}(\tan x)$;

(10) $\int f(\cot x)\csc^2 x\mathrm{d}x = -\int f(\cot x)\mathrm{d}(\cot x)$;

(11) $\int f(\sec x)\sec x\tan x\mathrm{d}x = \int f(\sec x)\mathrm{d}(\sec x)$;

(12) $\int f(\csc x)\csc x\cot x\mathrm{d}x = -\int f(\csc x)\mathrm{d}(\csc x)$;

(13) $\int \dfrac{f(\arcsin x)}{\sqrt{1-x^2}}\mathrm{d}x = \int f(\arcsin x)\mathrm{d}(\arcsin x)$;

$(14)\displaystyle\int\frac{f(\arccos x)}{\sqrt{1-x^2}}\mathrm{d}x=-\int f(\arccos x)\mathrm{d}(\arccos x);$

$(15)\displaystyle\int\frac{f(\arctan x)}{1+x^2}\mathrm{d}x=\int f(\arctan x)\mathrm{d}(\arctan x);$

$(16)\displaystyle\int\frac{f(\mathrm{arccot}\,x)}{1+x^2}\mathrm{d}x=-\int f(\mathrm{arccot}\,x)\mathrm{d}(\mathrm{arccot}\,x);$

$(17)\displaystyle\int\frac{f\left(\arctan\dfrac{1}{x}\right)}{1+x^2}\mathrm{d}x=-\int f\left(\arctan\frac{1}{x}\right)\mathrm{d}\left(\arctan\frac{1}{x}\right);$

$(18)\displaystyle\int\frac{f[\ln(x+\sqrt{x^2+a^2})]}{\sqrt{x^2+a^2}}\mathrm{d}x$

$$=\int f[\ln(x+\sqrt{x^2+a^2})]\mathrm{d}[\ln(x+\sqrt{x^2+a^2})]\quad(a>0);$$

$(19)\displaystyle\int\frac{f[\ln(x+\sqrt{x^2-a^2})]}{\sqrt{x^2-a^2}}\mathrm{d}x$

$$=\int f[\ln(x+\sqrt{x^2-a^2})]\mathrm{d}[\ln(x+\sqrt{x^2-a^2})]\quad(a>0);$$

$(20)\displaystyle\int\frac{f'(x)}{f(x)}\mathrm{d}x=\ln|f(x)|+C\quad(f(x)\neq 0).$

2. 第二类换元积分法

第一类换元积分法是通过变量代换 $u=\varphi(x)$，将不定积分 $\displaystyle\int f[\varphi(x)]\varphi'(x)\mathrm{d}x$ 化为 $\displaystyle\int f(u)\mathrm{d}u$，而 $\displaystyle\int f(u)\mathrm{d}u$ 容易求出来. 在计算不定积分的实际问题时，我们常常会遇到相反的情形，即适当选择变量代换 $x=\psi(t)$，将不定积分 $\displaystyle\int f(x)\mathrm{d}x$ 化为 $\displaystyle\int f[\psi(t)]\psi'(t)\mathrm{d}t$. 这是另一种形式变量代换，写成公式形式

$$\int f(x)\mathrm{d}x=\int f[\psi(t)]\psi'(t)\mathrm{d}t.$$

这个公式的成立需要满足两个条件. 首先，等式右边的不定积分要存在，即 $f[\psi(t)]\psi'(t)$ 有原函数；其次，$\displaystyle\int f[\psi(t)]\psi'(t)\mathrm{d}t$ 求出后必须用 $x=\psi(t)$ 的反函数 $t=\psi^{-1}(x)$ 回代. 为了保证这反函数存在而且是可导的，我们假定直接函数 $x=\psi(t)$ 在 t 的某一个区间（这个区间和所考虑的 x 的积分区间相对应）上是单调、可导的，并且 $\psi'(t)\neq 0$. 这就是第二类换元积分法.

第二类换元积分法一般解决被积函数含有根式的积分问题，通过合适的代换函数 $x=\psi(t)$ 使被积函数中的根式有理化（去根号）. 常用的变量代换方法有简单根式代换法、三角代换法和倒代换法.

(1) 简单根式代换法. 当被积函数含有 $\sqrt[n]{\dfrac{ax+b}{cx+d}}$ 时，只要令根式 $\sqrt[n]{\dfrac{ax+b}{cx+d}}=t$，解出 $x=\varphi(t)$，使被积函数中不再有根式，最后回代即可.

(2) 三角代换法 $(a>0)$. 当被积函数中含有：

① $\sqrt{a^2-x^2}$，可做代换 $x=a\sin t\left(-\dfrac{\pi}{2}<t<\dfrac{\pi}{2}\right)$ 或 $x=a\cos t(0<t<\pi)$；

② $\sqrt{a^2+x^2}$，可做代换 $x=a\tan t\left(-\dfrac{\pi}{2}<t<\dfrac{\pi}{2}\right)$；

③ $\sqrt{x^2-a^2}$，可做代换 $x=a\sec t\left(0<t<\dfrac{\pi}{2}\right)$.

注 应用三角代换法，在变量回代的过程中，需作辅助直角三角形. 在使用第二类换元积分法计算不定积分时，要强调换元后的积分变量的回代. 在不定积分计算中，为简便起见，一般遇到平方根时总取算术平方根，而省略负平方根情况的讨论；对三角代换，也可把角限制在 0 到 $\dfrac{\pi}{2}$ 范围内，即不论什么三角函数都取正值，避免正负号的讨论.

(3) 倒代换法. 当被积函数是分式，分母的幂次较高时，可做代换 $x=\dfrac{1}{t}$.

（三）分部积分法

不定积分的分部积分公式是

$$\int uv'\mathrm{d}x=uv-\int u'v\mathrm{d}x \quad \text{或} \quad \int u\mathrm{d}v=uv-\int v\mathrm{d}u.$$

只要被积函数可以看成两类不同函数的乘积，就要优先考虑分部积分法，其关键是适当地选择 u 和 v'. 选择的原则是：

(1) 选为 v' 的函数一定要容易求得原函数（如对数函数、反三角函数不能选作 v'）；

(2) u,v' 的选择要使 $\int v\mathrm{d}u$ 比 $\int u\mathrm{d}v$ 容易计算.

在多数情况下可按以下顺序：反三角函数、对数函数、幂函数、三角函数、指数函数，将排在后面的函数选作 v'. 具体地说，若被积函数是 $x^3\mathrm{e}^{2x}$，则将 e^{2x} 选作 v'；若被积函数是 $x^3\arctan x$，则将 x^3 选作 v'.

可利用分部积分法求解的几类常见被积函数的形式有：

(1) $x^n\sin ax,x^n\cos ax,x^n\mathrm{e}^{ax}(n\in\mathbf{N},a$ 为常数$)$，可令 $u=x^n$；

(2) $x^n\ln x,x^n\arcsin x,x^n\arctan x(n\in\mathbf{N})$，可令 u 为对数函数或反三角函数；

(3) $\mathrm{e}^{ax}\sin bx,\mathrm{e}^{ax}\cos bx(a,b$ 为常数$)$，可令 u 为三角函数.

分部积分法的主要作用有以下三种：

(1) 化简积分式，通过公式 $\int u\mathrm{d}v=uv-\int v\mathrm{d}u$，将不定积分 $\int u\mathrm{d}v$ 化为 $\int v\mathrm{d}u$，当 $\int v\mathrm{d}u$ 较 $\int u\mathrm{d}v$ 容易计算时，公式就起到了简化作用.

(2) 产生循环现象，从而求出不定积分. 例如求 $I=\int\mathrm{e}^x\cos x\mathrm{d}x$，因为

$$I=\int\mathrm{e}^x\cos x\mathrm{d}x=\mathrm{e}^x\cos x+\int\mathrm{e}^x\sin x\mathrm{d}x$$

$$=\mathrm{e}^x\cos x+\mathrm{e}^x\sin x-\int\mathrm{e}^x\cos x\mathrm{d}x=\mathrm{e}^x(\sin x+\cos x)-I,$$

所以

$$I=\frac{1}{2}\mathrm{e}^x(\sin x+\cos x)+C.$$

注 若再次使用分部积分法，选择的 u,v' 必须与前一次选择的函数类型相同.

(3) 建立递推公式. 例如求 $I_n = \displaystyle\int \tan^n x \, \mathrm{d}x (n \geqslant 2)$, 因为

$$I_n = \int \tan^{n-2} x \tan^2 x \, \mathrm{d}x = \int \tan^{n-2} x (\sec^2 x - 1) \, \mathrm{d}x$$

$$= \int \tan^{n-2} x \sec^2 x \, \mathrm{d}x - \int \tan^{n-2} x \, \mathrm{d}x = \int \tan^{n-2} x \, \mathrm{d}(\tan x) - \int \tan^{n-2} x \, \mathrm{d}x$$

$$= \frac{1}{n-1} \tan^{n-1} x - \int \tan^{n-2} x \, \mathrm{d}x,$$

所以

$$I_n = \frac{1}{n-1} \tan^{n-1} x - I_{n-2}.$$

（四）有理函数的不定积分

任何一个初等函数的导数仍为初等函数. 虽然相当多的初等函数存在原函数, 但这些原函数不全是初等函数. 也就是说, 存在"这个不定积分积不出来"的情形. 例如 $\displaystyle\int \frac{\sin x}{x} \mathrm{d}x$, $\displaystyle\int \sin x^2 \, \mathrm{d}x$, $\displaystyle\int e^{-x^2} \mathrm{d}x$, 这些不定积分都积不出来. 下面是几个著名的积不出来的不定积分:

$$\int \frac{\mathrm{d}x}{\sqrt{1 - k^2 \sin^2 x}}, \quad \int \sqrt{1 - k^2 \sin^2 x} \, \mathrm{d}x, \quad \int \frac{\mathrm{d}x}{(1 + k \sin x)^2} \quad (0 < k < 1),$$

分别称为第一、第二、第三种椭圆积分. 它们是在计算椭圆弧长时碰到的, 故由此而得名. 法国数学家刘维尔曾证明了它们的不定积分不能用初等函数表示, 故积不出来.

究竟什么样的不定积分可以积出来呢? 可表为有限形式的不定积分, 即有理函数的不定积分可以积出来. 有理函数的不定积分主要强调将有理函数化为部分分式. 对可化为有理函数的不定积分主要强调针对不同形式的被积函数进行相应的换元.

求有理函数不定积分的步骤如下:

(1) 用多项式除法, 把被积函数化为一个整式与一个真分式之和;

(2) 把真分式分解成部分分式之和. 所谓部分分式, 是指分母为质因式或一质因式的若干次幂, 而分子的次数低于分母的次数. 例如,

$$\frac{1}{x(x+1)^2(x^2+1)(x^2+x+1)^2}$$

$$= \frac{A_1}{x} + \frac{A_2}{x+1} + \frac{A_3}{(x+1)^2} + \frac{M_1 x + N_1}{x^2+1} + \frac{M_2 x + N_2}{x^2+x+1} + \frac{M_3 x + N_3}{(x^2+x+1)^2}.$$

把真分式写成部分分式之和时, 每个 k 重因子（一次或二次）对应有 k 项; 每个一次因子所对应的部分分式分子是常数, 每个二次因子所对应的部分分式分子是一次因式, 分式中的常数可以用待定系数法或赋值法来确定.

三、常见题型

▌ **例 1**　设 $\displaystyle\int x f(x) \, \mathrm{d}x = \arccos x + C$, 求 $\displaystyle\int \frac{\mathrm{d}x}{f(x)}$.

解　因为 $x f(x) = \left[\displaystyle\int x f(x) \, \mathrm{d}x \right]' = (\arccos x + C)' = -\dfrac{1}{\sqrt{1-x^2}}$, 所以

$$\int \frac{\mathrm{d}x}{f(x)} = -\int x\sqrt{1-x^2}\,\mathrm{d}x = \frac{1}{2}\int \sqrt{1-x^2}\,\mathrm{d}(1-x^2)$$

$$= \frac{1}{3}(1-x^2)^{\frac{3}{2}} + C.$$

▌ 例 2　已知 $f'(\mathrm{e}^x) = x\mathrm{e}^{-x}$，且 $f(1) = 0$，求 $f(x)$.

分析　已知条件与 $f(x)$ 的导数有关，所求的是 $f(x)$ 的表达式，若能求出 $f(x)$ 的导数，则其导数的不定积分即为 $f(x)$.

解　设 $\mathrm{e}^x = t$，则 $x = \ln t$，从而 $f'(t) = \dfrac{\ln t}{t}$.

又因为 $\int f'(x)\mathrm{d}x = f(x) + C$，所以有

$$\int \frac{\ln x}{x}\mathrm{d}x = \int \ln x\,\mathrm{d}(\ln x) = \frac{1}{2}\ln^2 x + C_1 = f(x) + C_2,$$

即 $f(x) = \dfrac{1}{2}\ln^2 x + C_1 - C_2$. 由于 $f(1) = 0$，因此取 $C_1 - C_2 = 0$，则

$$f(x) = \frac{1}{2}\ln^2 x.$$

▌ 例 3　求下列不定积分：

(1) $\displaystyle\int \frac{1+2x^2}{x^2(1+x^2)}\mathrm{d}x$；　　　　　　　(2) $\displaystyle\int \frac{\mathrm{d}x}{1+\sin x}$.

解　(1) $\displaystyle\int \frac{1+2x^2}{x^2(1+x^2)}\mathrm{d}x = \int \frac{1+x^2+x^2}{x^2(1+x^2)}\mathrm{d}x = \int \frac{\mathrm{d}x}{x^2} + \int \frac{\mathrm{d}x}{1+x^2}$

$$= -\frac{1}{x} + \arctan x + C.$$

(2) 利用 $(1+\sin x)(1-\sin x) = 1 - \sin^2 x = \cos^2 x$，有

$$\int \frac{\mathrm{d}x}{1+\sin x} = \int \frac{1-\sin x}{(1+\sin x)(1-\sin x)}\mathrm{d}x = \int \frac{1-\sin x}{\cos^2 x}\mathrm{d}x$$

$$= \int \frac{\mathrm{d}x}{\cos^2 x} - \int \frac{\sin x}{\cos^2 x}\mathrm{d}x = \int \sec^2 x\,\mathrm{d}x - \int \sec x\tan x\,\mathrm{d}x$$

$$= \tan x - \sec x + C.$$

注　对于简单的不定积分，有时只需按不定积分的性质和基本公式进行计算；有时需要先利用代数运算或三角恒等变换将被积函数进行整理，然后分项计算.

▌ 例 4　设 $F(x)$ 为函数 $f(x)$ 的一个原函数，$F(0) = 1$，$F(x) > 0$，且当 $x \geqslant 0$ 时，有 $f(x)F(x) = \dfrac{x\mathrm{e}^x}{2(1+x)^2}$，求 $f(x)$.

解　由题意知 $F'(x) = f(x)$，则 $F'(x)F(x) = \dfrac{x\mathrm{e}^x}{2(1+x)^2}$. 于是，式子两端同时积分，得

$$2\int F(x)F'(x)\mathrm{d}x = \int \frac{x\mathrm{e}^x}{(1+x)^2}\mathrm{d}x,$$

即

$$F^2(x) = -\int x\mathrm{e}^x\,\mathrm{d}\left(\frac{1}{x+1}\right) = -\frac{x\mathrm{e}^x}{x+1} + \int \frac{\mathrm{d}(x\mathrm{e}^x)}{x+1}$$

$$= -\frac{x\mathrm{e}^x}{x+1} + \int \frac{x+1}{x+1}\mathrm{e}^x\,\mathrm{d}x = -\frac{x\mathrm{e}^x}{x+1} + \mathrm{e}^x + C.$$

又由 $F(0)=1$ 和 $F^2(0)=1+C$，得 $C=0$，从而

$$F(x)=\sqrt{\frac{\mathrm{e}^x}{1+x}}.$$

故
$$f(x)=\frac{x\mathrm{e}^{\frac{x}{2}}}{2(1+x)^{\frac{3}{2}}}.$$

例 5 求 $\displaystyle\int\frac{\mathrm{d}x}{\mathrm{e}^x+\mathrm{e}^{-x}}$.

解 $\displaystyle\int\frac{\mathrm{d}x}{\mathrm{e}^x+\mathrm{e}^{-x}}=\int\frac{\mathrm{e}^x}{\mathrm{e}^{2x}+1}\mathrm{d}x=\int\frac{\mathrm{d}(\mathrm{e}^x)}{\mathrm{e}^{2x}+1}=\arctan\mathrm{e}^x+C.$

注 凑微分法一般不显换新变量 u，而是隐换，省掉回代过程，可使计算更简便.

例 6 求 $\displaystyle\int\sin 5x\sin 7x\mathrm{d}x$.

解 原式 $\displaystyle=\int-\frac{1}{2}(\cos 12x-\cos 2x)\mathrm{d}x=\frac{1}{2}\int\cos 2x\mathrm{d}x-\frac{1}{2}\int\cos 12x\mathrm{d}x$

$\displaystyle=\frac{1}{4}\sin 2x-\frac{1}{24}\sin 12x+C.$

例 7 求 $\displaystyle\int\sin^3 x\mathrm{d}x$.

解 $\displaystyle\int\sin^3 x\mathrm{d}x=\int(1-\cos^2 x)\sin x\mathrm{d}x=-\int(1-\cos^2 x)\mathrm{d}(\cos x)$

$\displaystyle=-\left(\cos x-\frac{1}{3}\cos^3 x\right)+C=\frac{1}{3}\cos^3 x-\cos x+C.$

注 被积函数为 $\sin^m x\cos^n x$ 型. 当 m 和 n 都是偶数（或其中之一为零）时，首先利用三角公式 $\sin^2 x=\dfrac{1-\cos 2x}{2}$，$\cos^2 x=\dfrac{1+\cos 2x}{2}$ 进行降幂，然后利用凑微分法求解；当 m 或 n 有一个为奇数时，需先将奇数次幂分出一个因子，再凑微分 $\sin x\mathrm{d}x=-\mathrm{d}(\cos x)$ 或 $\cos x\mathrm{d}x=\mathrm{d}(\sin x)$ 求解.

例 8 求 $\displaystyle\int\frac{\mathrm{d}x}{1+\sqrt{1+x}}$.

解 令 $\sqrt{1+x}=t$，则 $x=t^2-1$，$\mathrm{d}x=2t\mathrm{d}t$. 于是

原式 $\displaystyle=\int\frac{2t}{1+t}\mathrm{d}t=2\int\frac{t+1-1}{1+t}\mathrm{d}t=2\left(\int\mathrm{d}t-\int\frac{\mathrm{d}t}{1+t}\right)=2t-2\ln(1+t)+C$

$\displaystyle=2\sqrt{1+x}-2\ln(1+\sqrt{1+x})+C.$

例 9 求 $\displaystyle\int\frac{\mathrm{d}x}{\sqrt{x(1+x)}}$.

解法一 原式 $\displaystyle=\int\frac{\mathrm{d}\left(x+\frac{1}{2}\right)}{\sqrt{\left(x+\frac{1}{2}\right)^2-\left(\frac{1}{2}\right)^2}}$

$\displaystyle=\ln\left|\left(x+\frac{1}{2}\right)+\sqrt{\left(x+\frac{1}{2}\right)^2-\left(\frac{1}{2}\right)^2}\right|+C$

$\displaystyle=\ln\left|x+\frac{1}{2}+\sqrt{x(x+1)}\right|+C.$

解法二　原式 $=\displaystyle\int\frac{\mathrm{d}x}{\sqrt{x}\,\sqrt{1+x}}=\int\frac{2\mathrm{d}(\sqrt{x})}{\sqrt{1+(\sqrt{x})^2}}$

$$=2\ln(\sqrt{x}+\sqrt{1+x})+C_1=\ln\left|x+\frac{1}{2}+\sqrt{x(x+1)}\right|+C,$$

其中 $C=C_1+\ln 2$.

　　注　当被积函数含有根式时,可通过凑微分巧妙地将其化成常用积分公式.

　　▌ **例 10**　求 $\displaystyle\int\frac{x^2}{\sqrt{1-x^2}}\mathrm{d}x$.

　　解　设 $x=\sin t,-\dfrac{\pi}{2}<t<\dfrac{\pi}{2}$,则 $\sqrt{1-x^2}=\cos t,\mathrm{d}x=\cos t\mathrm{d}t$. 于是

$$原式=\int\frac{\sin^2 t\cos t}{\cos t}\mathrm{d}t=\int\sin^2 t\mathrm{d}t=\int\frac{1-\cos 2t}{2}\mathrm{d}t$$

$$=\frac{1}{2}\int\mathrm{d}t-\frac{1}{4}\int\cos 2t\mathrm{d}(2t)=\frac{1}{2}t-\frac{1}{4}\sin 2t+C$$

$$=\frac{1}{2}t-\frac{1}{2}\sin t\cos t+C=\frac{1}{2}\arcsin x-\frac{x}{2}\sqrt{1-x^2}+C.$$

　　▌ **例 11**　求 $\displaystyle\int\ln(x+\sqrt{x^2-1})\mathrm{d}x$.

　　解　原式 $=x\ln(x+\sqrt{x^2-1})-\displaystyle\int\frac{x}{\sqrt{x^2-1}}\mathrm{d}x$

$$=x\ln(x+\sqrt{x^2-1})-\sqrt{x^2-1}+C.$$

　　▌ **例 12**　求 $\displaystyle\int\csc^3 x\mathrm{d}x$.

　　解　$\displaystyle\int\csc^3 x\mathrm{d}x=\int\csc x\csc^2 x\mathrm{d}x=-\int\csc x\mathrm{d}(\cot x)$

$$=-\csc x\cot x-\int\cot^2 x\csc x\mathrm{d}x$$

$$=-\csc x\cot x-\int\csc^3 x\mathrm{d}x+\int\csc x\mathrm{d}x$$

$$=-\csc x\cot x-\int\csc^3 x\mathrm{d}x+\ln|\csc x-\cot x|.$$

这时出现循环,移项后除以 2,得

$$\int\csc^3 x\mathrm{d}x=-\frac{1}{2}(\csc x\cot x-\ln|\csc x-\cot x|)+C.$$

　　注　对于被积函数是指数函数与三角函数的乘积以及 $\displaystyle\int\sin(\ln x)\mathrm{d}x,\int\cos(\ln x)\mathrm{d}x,$ $\displaystyle\int\sqrt{x^2+a^2}\mathrm{d}x$ 等形式的不定积分,需多次使用分部积分公式,在积分中出现原来的不定积分再移项合并解方程,右端补加积分常数 C,方可得出结果.

　　▌ **例 13**　求 $\displaystyle\int\sin(\ln x)\mathrm{d}x$.

　　解　设 $u=\sin(\ln x),\mathrm{d}v=\mathrm{d}x$,则

$$\int\sin(\ln x)\mathrm{d}x=x\sin(\ln x)-\int x\cdot\frac{1}{x}\cos(\ln x)\mathrm{d}x$$

$$= x\sin(\ln x) - \int \cos(\ln x)\mathrm{d}x.$$

对 $\int \cos(\ln x)\mathrm{d}x$ 再利用分部积分公式,有

$$\int \cos(\ln x)\mathrm{d}x = x\cos(\ln x) + \int x \cdot \frac{1}{x}\sin(\ln x)\mathrm{d}x$$

$$= x\cos(\ln x) + \int \sin(\ln x)\mathrm{d}x,$$

则

$$\int \sin(\ln x)\mathrm{d}x = x\sin(\ln x) - x\cos(\ln x) - \int \sin(\ln x)\mathrm{d}x.$$

移项整理得

$$\int \sin(\ln x)\mathrm{d}x = \frac{x}{2}\big[\sin(\ln x) - \cos(\ln x)\big] + C.$$

例 14 求 $\int \dfrac{x\mathrm{e}^x}{(\mathrm{e}^x+1)^2}\mathrm{d}x$.

分析一 被积函数中含有 e^x,若令 $\mathrm{e}^x = t$,则 $x = \ln t, \mathrm{d}x = \dfrac{1}{t}\mathrm{d}t$,从而可以将原不定积分化为其他容易积分的不定积分.

解法一 令 $\mathrm{e}^x = t$,则

$$原式 = \int \frac{t\ln t}{(t+1)^2} \cdot \frac{1}{t}\mathrm{d}t = \int \frac{\ln t}{(t+1)^2}\mathrm{d}t = \int \ln t\,\mathrm{d}\Big(-\frac{1}{t+1}\Big)$$

$$= -\frac{\ln t}{1+t} + \int \frac{1}{t+1} \cdot \frac{1}{t}\mathrm{d}t = -\frac{\ln t}{t+1} + \int \Big(\frac{1}{t} - \frac{1}{t+1}\Big)\mathrm{d}t$$

$$= -\frac{\ln t}{t+1} + \ln t - \ln(t+1) + C$$

$$= \frac{x\mathrm{e}^x}{\mathrm{e}^x+1} - \ln(\mathrm{e}^x+1) + C.$$

分析二 先将被积表达式中的 $\mathrm{e}^x\mathrm{d}x$ 凑成 $\mathrm{d}(\mathrm{e}^x+1)$,从而 $\dfrac{\mathrm{d}(\mathrm{e}^x+1)}{(\mathrm{e}^x+1)^2}$ 可以凑成 $\mathrm{d}\Big(-\dfrac{1}{\mathrm{e}^x+1}\Big)$,再用分部积分法.

解法二 $原式 = \displaystyle\int \frac{x\mathrm{d}(\mathrm{e}^x+1)}{(\mathrm{e}^x+1)^2} = \int x\mathrm{d}\Big(-\frac{1}{\mathrm{e}^x+1}\Big) = -\frac{x}{\mathrm{e}^x+1} + \int \frac{\mathrm{d}x}{\mathrm{e}^x+1}$

$$= -\frac{x}{\mathrm{e}^x+1} + \int \frac{\mathrm{e}^x}{\mathrm{e}^x(\mathrm{e}^x+1)}\mathrm{d}x = -\frac{x}{\mathrm{e}^x+1} + \int \frac{\mathrm{d}(\mathrm{e}^x)}{\mathrm{e}^x(\mathrm{e}^x+1)}$$

$$= -\frac{x}{\mathrm{e}^x+1} + \int \Big(\frac{1}{\mathrm{e}^x} - \frac{1}{\mathrm{e}^x+1}\Big)\mathrm{d}(\mathrm{e}^x)$$

$$= -\frac{x}{\mathrm{e}^x+1} + \ln \mathrm{e}^x - \ln(\mathrm{e}^x+1) + C$$

$$= \frac{x\mathrm{e}^x}{\mathrm{e}^x+1} - \ln(\mathrm{e}^x+1) + C.$$

例 15 求 $\displaystyle\int \dfrac{\mathrm{d}x}{x^4\sqrt{1+x^2}}$.

分析一 被积函数中根式内、外都有 x 的幂次,可尝试用倒代换.

解法一　令 $x=\dfrac{1}{t}$，$\mathrm{d}x=-\dfrac{1}{t^2}\mathrm{d}t$，则

$$原式=-\int\frac{t^3\mathrm{d}t}{\sqrt{1+t^2}}=-\frac{1}{2}\int\frac{t^2\mathrm{d}(t^2)}{\sqrt{1+t^2}}$$

$$\xlongequal{u=t^2}-\frac{1}{2}\int\frac{u\mathrm{d}u}{\sqrt{1+u}}=-\frac{1}{2}\int\frac{u+1-1}{\sqrt{1+u}}\mathrm{d}u$$

$$=-\frac{1}{2}\int\sqrt{1+u}\,\mathrm{d}u+\frac{1}{2}\int\frac{\mathrm{d}u}{\sqrt{1+u}}$$

$$=-\frac{1}{3}(1+u)^{\frac{3}{2}}+(1+u)^{\frac{1}{2}}+C$$

$$=-\frac{1}{3}(1+t^2)^{\frac{3}{2}}+(1+t^2)^{\frac{1}{2}}+C$$

$$=-\frac{\sqrt{(1+x^2)^3}}{3x^3}+\frac{\sqrt{1+x^2}}{x}+C.$$

分析二　利用三角代换，令 $x=\tan t$，则根式下可化为 $\sec^2 t$。

解法二　令 $x=\tan t$，$\mathrm{d}x=\sec^2 t\mathrm{d}t$，则

$$原式=\int\frac{\cos^3 t}{\sin^4 t}\mathrm{d}t=\int\frac{1-\sin^2 t}{\sin^4 t}\mathrm{d}(\sin t)$$

$$=\int\frac{\mathrm{d}(\sin t)}{\sin^4 t}-\int\frac{\mathrm{d}(\sin t)}{\sin^2 t}=-\frac{1}{3\sin^3 t}+\frac{1}{\sin t}+C$$

$$=-\frac{1}{3}\left(\frac{\sec t}{\tan t}\right)^3+\frac{\sec t}{\tan t}+C$$

$$=-\frac{\sqrt{(1+x^2)^3}}{3x^3}+\frac{\sqrt{1+x^2}}{x}+C.$$

注　当被积函数中含有 x 的幂次时，可尝试用倒代换。但是，若出现 $(x^2\pm a^2)$，(a^2-x^2) 或 $\sqrt{x^2\pm a^2}$，$\sqrt{a^2-x^2}$，则仍可以采用三角代换，然后利用三角函数恒等式将被积函数化简。

例 16　求 $\displaystyle\int\frac{x+1}{x^2\sqrt{x^2-1}}\mathrm{d}x$。

解　令 $x=\dfrac{1}{t}$，$\mathrm{d}x=-\dfrac{1}{t^2}\mathrm{d}t$，则

$$原式=\int\frac{\dfrac{1}{t}+1}{\dfrac{1}{t^2}\sqrt{\dfrac{1}{t^2}-1}}\left(-\frac{1}{t^2}\right)\mathrm{d}t=-\int\frac{1+t}{\sqrt{1-t^2}}\mathrm{d}t$$

$$=-\int\frac{\mathrm{d}t}{\sqrt{1-t^2}}-\int\frac{t}{\sqrt{1-t^2}}\mathrm{d}t=-\arcsin t+\sqrt{1-t^2}+C$$

$$=-\arcsin\frac{1}{x}+\frac{\sqrt{x^2-1}}{x}+C.$$

例 17　求 $\displaystyle\int\frac{1+\sin x}{1+\cos x}\mathrm{d}x$。

分析一　本题属于三角函数有理式的不定积分，可以利用万能公式做变量代换。

解法一　令 $t=\tan\dfrac{x}{2}$，则

$$\sin x = \frac{2t}{1+t^2}, \quad \cos x = \frac{1-t^2}{1+t^2}, \quad \mathrm{d}x = \frac{2\mathrm{d}t}{1+t^2}.$$

于是

$$原式 = \int \frac{1+\dfrac{2t}{1+t^2}}{1+\dfrac{1-t^2}{1+t^2}} \cdot \frac{2}{1+t^2}\mathrm{d}t = \int \frac{t^2+2t+1}{1+t^2}\mathrm{d}t$$

$$= \int \left(1 + \frac{2t}{1+t^2}\right)\mathrm{d}t = t + \ln(1+t^2) + C$$

$$= \tan\frac{x}{2} + \ln\left(1 + \tan^2\frac{x}{2}\right) + C.$$

分析二　本题被积函数含有三角函数,若适当利用三角函数恒等式,往往能简化计算.

解法二　$原式 = \displaystyle\int \frac{1+2\sin\dfrac{x}{2}\cos\dfrac{x}{2}}{2\cos^2\dfrac{x}{2}}\mathrm{d}x = \int \frac{\mathrm{d}\left(\dfrac{x}{2}\right)}{\cos^2\dfrac{x}{2}} + 2\int \frac{\sin\dfrac{x}{2}}{\cos\dfrac{x}{2}}\mathrm{d}\left(\frac{x}{2}\right)$

$$= \tan\frac{x}{2} - 2\ln\left|\cos\frac{x}{2}\right| + C.$$

注　一般地,当被积函数含有三角函数时,常利用万能公式做变量代换或利用三角函数恒等式进行化简.前者虽然是通用的方法,但往往不是最简便的.另外,本题两种解法给出的结果虽然不一致,但求导后都等于被积函数,所以都是正确的.

例 18　设函数 $f(x)$ 的一个原函数为 $\dfrac{\sin x}{x}$,求 $\displaystyle\int xf'(2x)\mathrm{d}x$.

解　$\displaystyle\int xf'(2x)\mathrm{d}x = \frac{1}{2}\int xf'(2x)\mathrm{d}(2x) = \frac{1}{2}\int x\mathrm{d}f(2x)$

$$= \frac{1}{2}xf(2x) - \frac{1}{2}\int f(2x)\mathrm{d}x$$

$$= \frac{1}{2}xf(2x) - \frac{1}{4}\int f(2x)\mathrm{d}(2x).$$

由于 $f(x) = \left(\dfrac{\sin x}{x}\right)' = \dfrac{x\cos x - \sin x}{x^2}$,因此

$$\int xf'(2x)\mathrm{d}x = \frac{1}{2}xf(2x) - \frac{1}{4}\cdot\frac{\sin 2x}{2x} + C = \frac{\cos 2x}{4} - \frac{\sin 2x}{4x} + C.$$

例 19　求 $I_n = \displaystyle\int x^n\mathrm{e}^x\mathrm{d}x$ 的递推公式,其中 n 为正整数,并计算 I_2 的值.

解　$I_n = \displaystyle\int x^n\mathrm{e}^x\mathrm{d}x = \int x^n\mathrm{d}(\mathrm{e}^x) = x^n\mathrm{e}^x - n\int x^{n-1}\mathrm{e}^x\mathrm{d}x = x^n\mathrm{e}^x - nI_{n-1}$,即

$$I_n = x^n\mathrm{e}^x - nI_{n-1}$$

为所求递推公式. 而

$$I_2 = x^2\mathrm{e}^x - 2I_1, \quad I_1 = \int x\mathrm{e}^x\mathrm{d}x = \int x\mathrm{d}(\mathrm{e}^x) = x\mathrm{e}^x - \int \mathrm{e}^x\mathrm{d}x = x\mathrm{e}^x - \mathrm{e}^x + C_1,$$

故　　　　　　　　　$I_2 = (x^2 - 2x + 2)\mathrm{e}^x + C \quad (C = -2C_1).$

例 20　求 $\displaystyle\int \frac{x^{11}}{x^8 + 3x^4 + 2}\mathrm{d}x$.

分析 被积函数中 x 的幂次较高,可以先令 $x^4 = t$,将幂次降低.

解 $\int \dfrac{x^{11}}{x^8 + 3x^4 + 2}\mathrm{d}x = \dfrac{1}{4}\int \dfrac{x^8}{x^8 + 3x^4 + 2}\mathrm{d}(x^4)$. 令 $x^4 = t$,则

$$原式 = \frac{1}{4}\int \frac{x^8}{x^8 + 3x^4 + 2}\mathrm{d}(x^4) = \frac{1}{4}\int \frac{t^2}{t^2 + 3t + 2}\mathrm{d}t$$

$$= \frac{1}{4}\left(\int \mathrm{d}t - \int \frac{3t + 2}{t^2 + 3t + 2}\mathrm{d}t\right) = \frac{1}{4}t - \frac{1}{4}\int\left(\frac{4}{t + 2} - \frac{1}{t + 1}\right)\mathrm{d}t$$

$$= \frac{1}{4}t - \ln(t + 2) + \frac{1}{4}\ln(t + 1) + C$$

$$= \frac{1}{4}x^4 + \ln\frac{\sqrt[4]{x^4 + 1}}{x^4 + 2} + C.$$

注 对于有理函数的不定积分,一般来说,可以先化假分式为整式与真分式之和,再将真分式化为若干部分分式之和,然后分项积分.但这样做,有时显得很繁杂,可以运用换元、拼凑等技巧,将不定积分化简.

例 21 设函数 $f(\ln x) = \dfrac{\ln(1 + x)}{x}$,求 $\int f(x)\mathrm{d}x$.

解 令 $\ln x = t$,则 $x = \mathrm{e}^t$, $f(t) = \dfrac{\ln(1 + \mathrm{e}^t)}{\mathrm{e}^t}$. 于是

$$\int f(x)\mathrm{d}x = \int \frac{\ln(1 + \mathrm{e}^x)}{\mathrm{e}^x}\mathrm{d}x = -\int \ln(1 + \mathrm{e}^x)\mathrm{d}(\mathrm{e}^{-x})$$

$$= -\mathrm{e}^{-x}\ln(1 + \mathrm{e}^x) + \int \frac{\mathrm{d}x}{1 + \mathrm{e}^x}$$

$$= -\mathrm{e}^{-x}\ln(1 + \mathrm{e}^x) + \int\left(1 - \frac{\mathrm{e}^x}{1 + \mathrm{e}^x}\right)\mathrm{d}x$$

$$= -\mathrm{e}^{-x}\ln(1 + \mathrm{e}^x) + x - \ln(1 + \mathrm{e}^x) + C$$

$$= x - (1 + \mathrm{e}^{-x})\ln(1 + \mathrm{e}^x) + C.$$

例 22 求 $\int \dfrac{x^5 + x^4 - 8}{x^3 - x}\mathrm{d}x$.

分析 本题属于有理函数的不定积分,一般来说,先将真分式化为若干部分分式之和,再分项积分.但对于本题而言,可以将分母的一部分凑成完全平方,更为便捷.

解 $原式 = \int(x^2 + x + 1)\mathrm{d}x + \int \dfrac{x^2 + x - 8}{x^3 - x}\mathrm{d}x$

$$= \frac{1}{3}x^3 + \frac{1}{2}x^2 + x + \int \frac{8}{x}\mathrm{d}x - \int \frac{4}{x + 1}\mathrm{d}x - \int \frac{3}{x - 1}\mathrm{d}x$$

$$= \frac{1}{3}x^3 + \frac{1}{2}x^2 + x + 8\ln x - 4\ln(x + 1) - 3\ln(x - 1) + C.$$

例 23 求 $I_n = \int \ln^n x\,\mathrm{d}x$ 的递推公式,其中 n 为正整数,并计算 I_1 的值.

解 $I_n = \displaystyle\int \ln^n x\,\mathrm{d}x = x\ln^n x - n\int \ln^{n-1} x\,\mathrm{d}x = x\ln^n x - nI_{n-1}$,即

$$I_n = x\ln^n x - nI_{n-1}$$

为所求递推公式. 而

$$I_1 = \int \ln x\,\mathrm{d}x = x\ln x - \int \mathrm{d}x = x\ln x - x + C.$$

例 24 将分式 $\dfrac{x^2+2}{(x+1)^3(x-2)}$ 分解为部分分式之和.

解 设 $\dfrac{x^2+2}{(x+1)^3(x-2)}=\dfrac{A_1}{x+1}+\dfrac{A_2}{(x+1)^2}+\dfrac{A_3}{(x+1)^3}+\dfrac{B_1}{x-2}$,通分整理后,有

$$
\begin{aligned}
x^2+2 &= A_3(x-2)+A_2(x+1)(x-2)+A_1(x+1)^2(x-2)+B_1(x+1)^3\\
&= (A_1+B_1)x^3+(A_2+3B_1)x^2+(A_3-A_2-3A_1+3B_1)x\\
&\quad +(-2A_3-2A_2-2A_1+B_1).
\end{aligned}
$$

比较两端同类项系数,得方程组

$$
\begin{cases}
A_1+B_1=0,\\
A_2+3B_1=1,\\
A_3-A_2-3A_1+3B_1=0,\\
-2A_3-2A_2-2A_1+B_1=2,
\end{cases}
$$

解得 $A_1=-\dfrac{2}{9}$, $A_2=\dfrac{1}{3}$, $A_3=-1$, $B_1=\dfrac{2}{9}$. 故

$$
\frac{x^2+2}{(x+1)^3(x-2)}=-\frac{2}{9(x+1)}+\frac{1}{3(x+1)^2}-\frac{1}{(x+1)^3}+\frac{2}{9(x-2)}.
$$

例 25 设函数 $f(x)=\begin{cases}\sin 2x, & x<0,\\ 0, & x=0,\\ \ln(2x+1), & x>0,\end{cases}$ 求 $f(x)$ 的原函数.

解 当 $x<0$ 时,有 $F(x)=\displaystyle\int f(x)\mathrm{d}x=\int\sin 2x\,\mathrm{d}x=-\dfrac{1}{2}\cos 2x+C_1$;

当 $x>0$ 时,有

$$
\begin{aligned}
F(x)&=\int f(x)\mathrm{d}x=\int\ln(2x+1)\mathrm{d}x=x\ln(2x+1)-\int x\cdot\frac{2}{2x+1}\mathrm{d}x\\
&=x\ln(2x+1)-x+\frac{1}{2}\ln(2x+1)+C_2.
\end{aligned}
$$

因此 $\displaystyle\lim_{x\to 0^-}F(x)=-\dfrac{1}{2}+C_1$, $\displaystyle\lim_{x\to 0^+}F(x)=C_2$,于是由原函数的连续性知

$$
C_2=C_1-\frac{1}{2}.
$$

因此,给 C_1 不同的值,便可得到 $f(x)$ 不同的原函数:

$$
F(x)=\begin{cases}
-\dfrac{1}{2}\cos 2x+C_1 & x<0,\\
0, & x=0,\\
x\ln(2x+1)+\dfrac{1}{2}\ln(2x+1)-x+C_1-\dfrac{1}{2}, & x>0.
\end{cases}
$$

例 26 求 $\displaystyle\int\left[\dfrac{f(x)}{f'(x)}-\dfrac{f^2(x)f''(x)}{[f'(x)]^3}\right]\mathrm{d}x$.

解 原式 $=\displaystyle\int\frac{f(x)[f'(x)]^2-f^2(x)f''(x)}{[f'(x)]^3}\mathrm{d}x=\int\frac{f(x)}{f'(x)}\cdot\frac{[f'(x)]^2-f(x)f''(x)}{[f'(x)]^2}\mathrm{d}x$

$\qquad=\displaystyle\int\frac{f(x)}{f'(x)}\mathrm{d}\left[\frac{f(x)}{f'(x)}\right]=\frac{1}{2}\left[\frac{f(x)}{f'(x)}\right]^2+C.$

例 27 已知 $f'(\sin^2 x) = \cos^2 x + \tan^2 x, 0 < x < 1$，求 $f(x)$.

解 $f(x) = \int f'(x)\mathrm{d}x \xrightarrow{\,\,\diamondsuit\, x = \sin^2 u\,\,} \int f'(\sin^2 u)\mathrm{d}(\sin^2 u)$

$$= \int (\cos^2 u + \tan^2 u)\mathrm{d}(\sin^2 u) = \int \left(\frac{1}{1-\sin^2 u} - \sin^2 u\right)\mathrm{d}(\sin^2 u)$$

$$= \int \left(\frac{1}{1-x} - x\right)\mathrm{d}x = -\ln(1-x) - \frac{1}{2}x^2 + C \quad (0 < x < 1).$$

例 28 求 $\displaystyle\int \frac{\mathrm{d}x}{a^2\cos^2 x + b^2\sin^2 x}$.

解 原式 $= \dfrac{1}{a^2}\displaystyle\int \dfrac{\sec^2 x}{1 + \left(\dfrac{b}{a}\tan x\right)^2}\mathrm{d}x = \dfrac{1}{ab}\displaystyle\int \dfrac{\mathrm{d}\left(\dfrac{b}{a}\tan x\right)}{1 + \left(\dfrac{b}{a}\tan x\right)^2}$

$$= \frac{1}{ab}\arctan\left(\frac{b}{a}\tan x\right) + C.$$

四、同 步 练 习

练习 4.1

1. 求下列不定积分：

(1) $\displaystyle\int \frac{\mathrm{d}x}{x^2\sqrt{x}}$；

(2) $\displaystyle\int (2^x + 3^x)^2\mathrm{d}x$；

(3) $\displaystyle\int \frac{\mathrm{d}x}{x^2(1+x^2)}$；

(4) $\displaystyle\int \left(\frac{1}{\sqrt{1-x^2}} + \cot^2 x\right)\mathrm{d}x$；

(5) $\displaystyle\int \frac{(1-x)^2}{\sqrt{x}}\mathrm{d}x$；

(6) $\displaystyle\int \left(1 - \frac{1}{x^2}\right)\sqrt{x\sqrt{x}}\,\mathrm{d}x$；

(7) $\displaystyle\int \frac{\mathrm{d}x}{1+\cos 2x}$；

(8) $\displaystyle\int \frac{\cos 2x}{\cos^2 x\sin^2 x}\mathrm{d}x$；

(9) $\displaystyle\int \frac{\mathrm{d}x}{\sin^2 x\cos^2 x}$；

(10) $\displaystyle\int \max\{|x|, 1\}\mathrm{d}x$.

2. 设某曲线在任意点处的切线的斜率等于该点横坐标的立方，且该曲线过坐标原点，求该曲线方程.

3. 验证：函数 $\dfrac{1}{2}\sin^2 x, -\dfrac{1}{2}\cos^2 x, -\dfrac{1}{4}\cos 2x$ 是同一函数的原函数.

练习 4.2

1. 求下列不定积分：

(1) $\displaystyle\int \frac{\mathrm{d}x}{1-2x}$；

(2) $\displaystyle\int (2-3x)^{100}\mathrm{d}x$；

(3) $\displaystyle\int \frac{\mathrm{e}^{\frac{1}{x}}}{x^2}\mathrm{d}x$；

(4) $\displaystyle\int \frac{1}{x^2}\sin\frac{1}{x}\mathrm{d}x$；

(5) $\displaystyle\int \frac{\mathrm{d}x}{4-9x^2}$；

(6) $\displaystyle\int \frac{1+\ln x}{(x\ln x)^2}\mathrm{d}x$；

(7) $\displaystyle\int \frac{\mathrm{d}x}{x\ln x\ln(\ln x)}$；

(8) $\displaystyle\int \frac{\mathrm{d}x}{1+\mathrm{e}^x}$；

(9) $\displaystyle\int \frac{\mathrm{d}x}{\sqrt{x}+\sqrt[3]{x}}$;

(10) $\displaystyle\int \frac{\cos x - 2\sin x}{(\sin x + 2\cos x)^2}\mathrm{d}x$;

(11) $\displaystyle\int \cos^3 x\,\mathrm{d}x$;

(12) $\displaystyle\int \frac{\mathrm{d}x}{4+x^2}$;

(13) $\displaystyle\int \frac{\arcsin^2 x}{\sqrt{1-x^2}}\mathrm{d}x$;

(14) $\displaystyle\int \frac{\sin x}{\cos^2 x - 6\cos x + 12}\mathrm{d}x$;

(15) $\displaystyle\int \frac{\arctan \sqrt{x}}{\sqrt{x}\,(1+x)}\mathrm{d}x$;

(16) $\displaystyle\int \cos^5 x\,\mathrm{d}x$;

(17) $\displaystyle\int \sin^2 x\cos^5 x\,\mathrm{d}x$;

(18) $\displaystyle\int \cos 5x\sin 4x\,\mathrm{d}x$;

(19) $\displaystyle\int \frac{\sin x}{1+\sin x}\mathrm{d}x$;

(20) $\displaystyle\int \frac{\mathrm{d}x}{\sqrt{1+\mathrm{e}^{2x}}}$;

(21) $\displaystyle\int x^2\sqrt{a^2-x^2}\,\mathrm{d}x$;

(22) $\displaystyle\int \frac{\sqrt{x^2-a^2}}{x}\mathrm{d}x$.

2. 已知 $f'(\sin^2 x) = \tan^2 x$,求函数 $f(x)$.

3. 已知函数 $f(x) = \mathrm{e}^{-x}$,求 $\displaystyle\int \frac{f'(\ln x)}{x}\mathrm{d}x$.

练习 4.3

1. 求下列不定积分:

(1) $\displaystyle\int x\sin 2x\,\mathrm{d}x$;

(2) $\displaystyle\int x^2\,\mathrm{e}^{-x}\,\mathrm{d}x$;

(3) $\displaystyle\int x\ln(x-1)\,\mathrm{d}x$;

(4) $\displaystyle\int (3x+1)\sin 3x\,\mathrm{d}x$;

(5) $\displaystyle\int \sin \sqrt[3]{x}\,\mathrm{d}x$;

(6) $\displaystyle\int \mathrm{e}^{-x}\sin 2x\,\mathrm{d}x$;

(7) $\displaystyle\int x^2\arctan x\,\mathrm{d}x$;

(8) $\displaystyle\int x\cos^2 x\,\mathrm{d}x$;

(9) $\displaystyle\int \frac{1}{\sqrt{x}}\arcsin \sqrt{x}\,\mathrm{d}x$;

(10) $\displaystyle\int \mathrm{e}^x\sin x\,\mathrm{d}x$;

(11) $\displaystyle\int xf''(x)\,\mathrm{d}x$.

2. 已知函数 $f(u)$ 有二阶连续导数,求 $\displaystyle\int \mathrm{e}^{2x}f''(\mathrm{e}^x)\,\mathrm{d}x$.

练习 4.4

求下列不定积分:

(1) $\displaystyle\int \frac{x+3}{x^2-5x+6}\mathrm{d}x$;

(2) $\displaystyle\int \frac{\mathrm{d}x}{x(x-1)^2}$;

(3) $\displaystyle\int \frac{\mathrm{d}x}{(x^2+1)(x^2+x+1)}$;

(4) $\displaystyle\int \frac{x^3+4x^2}{x^2+5x+6}\mathrm{d}x$;

(5) $\displaystyle\int \frac{\mathrm{d}x}{x\,(1+x^8)^2}$;

(6) $\displaystyle\int \frac{\mathrm{d}x}{3+\sin^2 x}$;

(7) $\displaystyle\int \frac{\mathrm{d}x}{1+\sqrt[3]{1+x}}$;

(8) $\displaystyle\int \frac{x+\sin x}{1+\cos x}\mathrm{d}x$.

简答 4.1

1. 解 (1) $\displaystyle\int \frac{\mathrm{d}x}{x^2\sqrt{x}} = \int x^{-\frac{5}{2}}\,\mathrm{d}x = \frac{1}{1+\left(-\frac{5}{2}\right)}x^{-\frac{5}{2}+1}+C = -\frac{2}{3}x^{-\frac{3}{2}}+C.$

(2) $\int (2^x + 3^x)^2 \mathrm{d}x = \int (4^x + 2 \cdot 6^x + 9^x) \mathrm{d}x = \dfrac{4^x}{2\ln 2} + \dfrac{2 \cdot 6^x}{\ln 6} + \dfrac{9^x}{2\ln 3} + C.$

(3) $\int \dfrac{\mathrm{d}x}{x^2(1+x^2)} = \int \dfrac{\mathrm{d}x}{x^2} - \int \dfrac{\mathrm{d}x}{1+x^2} = -\dfrac{1}{x} - \arctan x + C.$

(4) $\int \left(\dfrac{1}{\sqrt{1-x^2}} + \cot^2 x \right) \mathrm{d}x = \int \dfrac{\mathrm{d}x}{\sqrt{1-x^2}} + \int (\csc^2 x - 1)\mathrm{d}x = \arcsin x - \cot x - x + C.$

(5) $\int \dfrac{(1-x)^2}{\sqrt{x}} \mathrm{d}x = \int \left(\dfrac{1}{\sqrt{x}} - \dfrac{2x}{\sqrt{x}} + \dfrac{x^2}{\sqrt{x}} \right) \mathrm{d}x = \int (x^{-\frac{1}{2}} - 2x^{\frac{1}{2}} + x^{\frac{3}{2}}) \mathrm{d}x$

$\qquad = 2x^{\frac{1}{2}} - \dfrac{4}{3}x^{\frac{3}{2}} + \dfrac{2}{5}x^{\frac{5}{2}} + C.$

(6) $\int \left(1 - \dfrac{1}{x^2} \right) \sqrt{x\sqrt{x}}\, \mathrm{d}x = \int (1-x^{-2})x^{\frac{3}{4}} \mathrm{d}x = \int (x^{\frac{3}{4}} - x^{-\frac{5}{4}}) \mathrm{d}x = \dfrac{4}{7}x^{\frac{7}{4}} + 4x^{-\frac{1}{4}} + C.$

(7) $\int \dfrac{\mathrm{d}x}{1+\cos 2x} = \int \dfrac{\mathrm{d}x}{2\cos^2 x} = \dfrac{1}{2}\tan x + C.$

(8) $\int \dfrac{\cos 2x}{\cos^2 x \sin^2 x} \mathrm{d}x = \int \dfrac{\cos^2 x - \sin^2 x}{\cos^2 x \sin^2 x} \mathrm{d}x = \int \left(\dfrac{1}{\sin^2 x} - \dfrac{1}{\cos^2 x} \right) \mathrm{d}x = -\cot x - \tan x + C.$

(9) $\int \dfrac{\mathrm{d}x}{\sin^2 x \cos^2 x} = \int \dfrac{\sin^2 x + \cos^2 x}{\sin^2 x \cos^2 x} \mathrm{d}x = \int \dfrac{\mathrm{d}x}{\cos^2 x} + \int \dfrac{\mathrm{d}x}{\sin^2 x}$

$\qquad = \int \sec^2 x \mathrm{d}x + \int \csc^2 x \mathrm{d}x = \tan x - \cot x + C.$

(10) 设函数 $f(x) = \max\{|x|,1\}$,则 $f(x) = \begin{cases} -x, & x < -1, \\ 1, & -1 \leqslant x \leqslant 1, \\ x, & x > 1. \end{cases}$

因为 $f(x)$ 在区间 $(-\infty, +\infty)$ 上连续,则必存在原函数

$$F(x) = \begin{cases} -\dfrac{1}{2}x^2 + C_1, & x < -1, \\ x + C_2, & -1 \leqslant x \leqslant 1, \\ \dfrac{1}{2}x^2 + C_3, & x > 1. \end{cases}$$

又因为 $F(x)$ 需处处连续,所以有

$$\lim_{x \to -1^+} (x + C_2) = \lim_{x \to -1^-} \left(-\dfrac{1}{2}x^2 + C_1 \right), \quad 即 \quad -1 + C_2 = -\dfrac{1}{2} + C_1,$$

$$\lim_{x \to 1^+} \left(\dfrac{1}{2}x^2 + C_3 \right) = \lim_{x \to 1^-} (x + C_2), \quad 即 \quad \dfrac{1}{2} + C_3 = 1 + C_2.$$

联立以上两式,并令 $C_1 = C$,可得 $C_2 = \dfrac{1}{2} + C, C_3 = 1 + C.$ 故

$$\int \max\{|x|,1\} \mathrm{d}x = \begin{cases} -\dfrac{1}{2}x^2 + C, & x < -1, \\ x + \dfrac{1}{2} + C, & -1 \leqslant x \leqslant 1, \\ \dfrac{1}{2}x^2 + 1 + C, & x > 1. \end{cases}$$

2. 解 设所求曲线方程为 $y = f(x)$,其上任意点 (x,y) 处切线的斜率为 $\dfrac{\mathrm{d}y}{\mathrm{d}x} = x^3$,从而

$$y = \int x^3 \mathrm{d}x = \dfrac{1}{4}x^4 + C.$$

又由 $y\Big|_{x=0} = 0$ 得 $C = 0$,故所求曲线方程为 $y = \dfrac{1}{4}x^4.$

3. 证 因为

$$\left(\frac{1}{2}\sin^2 x\right)' = \sin x\cos x, \quad \left(-\frac{1}{2}\cos^2 x\right)' = \cos x\sin x, \quad \left(-\frac{1}{4}\cos 2x\right)' = \frac{1}{2}\sin 2x = \sin x\cos x,$$

所以 $\dfrac{1}{2}\sin^2 x,\ -\dfrac{1}{2}\cos^2 x,\ -\dfrac{1}{4}\cos 2x$ 都是同一函数 $\sin x\cos x$ 的原函数.

简答 4.2

1. 解 (1) $\displaystyle\int \frac{\mathrm{d}x}{1-2x} = -\frac{1}{2}\int \frac{\mathrm{d}(1-2x)}{1-2x} = -\frac{1}{2}\ln|1-2x| + C.$

(2) $\displaystyle\int (2-3x)^{100}\mathrm{d}x = -\frac{1}{3}\int (2-3x)^{100}\mathrm{d}(2-3x) = -\frac{1}{303}(2-3x)^{101} + C.$

(3) $\displaystyle\int \frac{\mathrm{e}^{\frac{1}{x}}}{x^2}\mathrm{d}x = \int \mathrm{e}^{\frac{1}{x}}\mathrm{d}\left(-\frac{1}{x}\right) = -\mathrm{e}^{\frac{1}{x}} + C.$

(4) $\displaystyle\int \frac{1}{x^2}\sin\frac{1}{x}\mathrm{d}x = -\int \sin\frac{1}{x}\mathrm{d}\left(\frac{1}{x}\right) = \cos\frac{1}{x} + C.$

(5) $\displaystyle\int \frac{\mathrm{d}x}{4-9x^2} = \frac{1}{4}\int \left(\frac{1}{2+3x} + \frac{1}{2-3x}\right)\mathrm{d}x = \frac{1}{12}\ln\left|\frac{2+3x}{2-3x}\right| + C.$

(6) $\displaystyle\int \frac{1+\ln x}{(x\ln x)^2}\mathrm{d}x = \int \frac{\mathrm{d}(x\ln x)}{(x\ln x)^2} = -\frac{1}{x\ln x} + C.$

(7) $\displaystyle\int \frac{\mathrm{d}x}{x\ln x\ln(\ln x)} = \int \frac{\mathrm{d}(\ln x)}{\ln x\ln(\ln x)} = \int \frac{\mathrm{d}[\ln(\ln x)]}{\ln(\ln x)} = \ln|\ln(\ln x)| + C.$

(8) $\displaystyle\int \frac{\mathrm{d}x}{1+\mathrm{e}^x} = \int \frac{1+\mathrm{e}^x-\mathrm{e}^x}{1+\mathrm{e}^x}\mathrm{d}x = \int \left(1-\frac{\mathrm{e}^x}{1+\mathrm{e}^x}\right)\mathrm{d}x = x - \ln(1+\mathrm{e}^x) + C.$

(9) 令 $x = t^6\ (t>0), \mathrm{d}x = 6t^5\mathrm{d}t$, 则

$$\int \frac{\mathrm{d}x}{\sqrt{x}+\sqrt[3]{x}} = \int \frac{6t^5\mathrm{d}t}{t^3+t^2} = 6\int \left(t^2-t+1-\frac{1}{1+t}\right)\mathrm{d}t$$

$$= 6\left[\frac{t^3}{3} - \frac{t^2}{2} + t - \ln(1+t)\right] + C$$

$$= 2\sqrt{x} - 3\sqrt[3]{x} + 6\sqrt[6]{x} - 6\ln(1+\sqrt[6]{x}) + C.$$

(10) $\displaystyle\int \frac{\cos x - 2\sin x}{(\sin x + 2\cos x)^2}\mathrm{d}x = \int \frac{\mathrm{d}(\sin x + 2\cos x)}{(\sin x + 2\cos x)^2} = -\frac{1}{\sin x + 2\cos x} + C.$

(11) $\displaystyle\int \cos^3 x\mathrm{d}x = \int \cos^2 x\cos x\mathrm{d}x = \int (1-\sin^2 x)\mathrm{d}(\sin x) = \sin x - \frac{\sin^3 x}{3} + C.$

(12) $\displaystyle\int \frac{\mathrm{d}x}{4+x^2} = \frac{1}{2}\int \frac{\mathrm{d}\left(\frac{x}{2}\right)}{1+\left(\frac{x}{2}\right)^2} = \frac{1}{2}\arctan\frac{x}{2} + C.$

(13) $\displaystyle\int \frac{\arcsin^2 x}{\sqrt{1-x^2}}\mathrm{d}x = \int \arcsin^2 x\mathrm{d}(\arcsin x) = \frac{1}{3}\arcsin^3 x + C.$

(14) $\displaystyle\int \frac{\sin x}{\cos^2 x - 6\cos x + 12}\mathrm{d}x = -\int \frac{\mathrm{d}(\cos x - 3)}{(\cos x - 3)^2 + 3} = -\frac{1}{\sqrt{3}}\arctan\frac{\cos x - 3}{\sqrt{3}} + C.$

(15) $\displaystyle\int \frac{\arctan\sqrt{x}}{\sqrt{x}\,(1+x)}\mathrm{d}x = 2\int \frac{\arctan\sqrt{x}}{1+x}\mathrm{d}(\sqrt{x}) = 2\int \frac{\arctan\sqrt{x}}{1+(\sqrt{x})^2}\mathrm{d}(\sqrt{x})$

$$= 2\int \arctan\sqrt{x}\mathrm{d}(\arctan\sqrt{x}) = \arctan^2\sqrt{x} + C.$$

(16) $\displaystyle\int \cos^5 x\mathrm{d}x = \int \cos^4 x\mathrm{d}(\sin x) = \int (1-\sin^2 x)^2\mathrm{d}(\sin x)$

$$= \sin x - \frac{2}{3}\sin^3 x + \frac{1}{5}\sin^5 x + C.$$

(17) $\displaystyle\int \sin^2 x \cos^5 x \mathrm{d}x = \int \sin^2 x (1-\sin^2 x)^2 \mathrm{d}(\sin x) = \int (\sin^2 x - 2\sin^4 x + \sin^6 x)\mathrm{d}(\sin x)$

$$= \frac{1}{3}\sin^3 x - \frac{2}{5}\sin^5 x + \frac{1}{7}\sin^7 x + C.$$

(18) $\displaystyle\int \cos 5x \sin 4x \mathrm{d}x = \int \frac{\sin 9x - \sin x}{2}\mathrm{d}x = -\frac{1}{18}\cos 9x + \frac{1}{2}\cos x + C.$

(19) $\displaystyle\int \frac{\sin x}{1+\sin x}\mathrm{d}x = \int \frac{\sin x(1-\sin x)}{1-\sin^2 x}\mathrm{d}x = \int (\tan x \sec x - \tan^2 x)\mathrm{d}x$

$$= \int (\tan x \sec x - \sec^2 x + 1)\mathrm{d}x = x + \sec x - \tan x + C.$$

(20) 令 $\sqrt{1+\mathrm{e}^{2x}} = t$, 则 $x = \frac{1}{2}\ln(t^2-1), \mathrm{d}x = \frac{t}{t^2-1}\mathrm{d}t.$ 于是

$$\int \frac{\mathrm{d}x}{\sqrt{1+\mathrm{e}^{2x}}} = \int \frac{1}{t}\cdot\frac{t}{t^2-1}\mathrm{d}t = \int \frac{\mathrm{d}t}{t^2-1} = \frac{1}{2}\ln\left|\frac{t-1}{t+1}\right| + C$$

$$= \frac{1}{2}\ln(\mathrm{e}^{2x} - 2\sqrt{1+\mathrm{e}^{2x}} + 2) - x + C.$$

(21) 令 $x = a\sin t \left(0 < t < \frac{\pi}{2}\right), \mathrm{d}x = a\cos t\mathrm{d}t,$ 则

$$\int x^2 \sqrt{a^2-x^2}\mathrm{d}x = \int a^2\sin^2 t \cdot a\cos t \cdot a\cos t\mathrm{d}t = \frac{1}{4}a^4\int \sin^2 2t\mathrm{d}t$$

$$= \frac{1}{8}a^4\int (1-\cos 4t)\mathrm{d}t = \frac{1}{8}a^4 t - \frac{1}{32}a^4\sin 4t + C$$

$$= \frac{1}{8}a^4 t - \frac{1}{8}a^4\sin t\cos t(1-2\sin^2 t) + C$$

$$= \frac{1}{8}a^4\arcsin\frac{x}{a} - \frac{1}{8}x\sqrt{a^2-x^2}(a^2-2x^2) + C.$$

(22) 令 $x = a\sec t \left(0 < t < \frac{\pi}{2}\right), \mathrm{d}x = a\sec t\tan t\mathrm{d}t,$ 则

$$\int \frac{\sqrt{x^2-a^2}}{x}\mathrm{d}x = \int \frac{a\tan t}{a\sec t}\cdot a\sec t\cdot\tan t\mathrm{d}t = a\int \tan^2 t\mathrm{d}t = a\int (\sec^2 t - 1)\mathrm{d}t$$

$$= a(\tan t - t) + C = a\left(\frac{\sqrt{x^2-a^2}}{a} - \arccos\frac{a}{x}\right) + C.$$

2. 解 由已知得 $f'(x) = \frac{x}{1-x},$ 因此

$$f(x) = \int \frac{x}{1-x}\mathrm{d}x = \int \frac{\mathrm{d}x}{1-x} - \int \mathrm{d}x = -x - \ln|x-1| + C.$$

3. 解 $\displaystyle\int \frac{f'(\ln x)}{x}\mathrm{d}x = \int f'(\ln x)\mathrm{d}(\ln x) = f(\ln x) + C = \mathrm{e}^{-\ln x} + C = \frac{1}{x} + C.$

简答 4.3

1. 解 (1) $\displaystyle\int x\sin 2x\mathrm{d}x = -\frac{1}{2}\int x\mathrm{d}(\cos 2x) = -\frac{x}{2}\cos 2x + \frac{1}{2}\int \cos 2x\mathrm{d}x$

$$= -\frac{x}{2}\cos 2x + \frac{1}{4}\sin 2x + C.$$

(2) $\displaystyle\int x^2\mathrm{e}^{-x}\mathrm{d}x = -\int x^2\mathrm{d}(\mathrm{e}^{-x}) = -x^2\mathrm{e}^{-x} + 2\int x\mathrm{e}^{-x}\mathrm{d}x = -x^2\mathrm{e}^{-x} - 2\int x\mathrm{d}(\mathrm{e}^{-x})$

$$= -x^2\mathrm{e}^{-x} - 2x\mathrm{e}^{-x} + 2\int \mathrm{e}^{-x}\mathrm{d}x = -x^2\mathrm{e}^{-x} - 2x\mathrm{e}^{-x} - 2\mathrm{e}^{-x} + C.$$

(3) $\displaystyle\int x\ln(x-1)\mathrm{d}x = \frac{1}{2}\int \ln(x-1)\mathrm{d}(x^2) = \frac{x^2}{2}\ln(x-1) - \frac{1}{2}\int x^2\cdot\frac{1}{x-1}\mathrm{d}x$

$$= \frac{x^2}{2}\ln(x-1) - \frac{1}{2}\int\left(x+1+\frac{1}{x-1}\right)\mathrm{d}x$$

$$= \frac{x^2}{2}\ln(x-1) - \frac{1}{4}x^2 - \frac{1}{2}x - \frac{1}{2}\ln(x-1) + C.$$

(4) $\displaystyle\int(3x+1)\sin 3x\mathrm{d}x = -\frac{1}{3}\int(3x+1)\mathrm{d}(\cos 3x) = -\frac{1}{3}(3x+1)\cos 3x + \int\cos 3x\mathrm{d}x$

$$= -\frac{1}{3}(3x+1)\cos 3x + \frac{1}{3}\sin 3x + C.$$

(5) 令 $\sqrt[3]{x} = t$, 则 $x = t^3$, $\mathrm{d}x = 3t^2\mathrm{d}t$. 于是

$$原式 = \int\sin t \cdot 3t^2\mathrm{d}t = -3\int t^2\mathrm{d}(\cos t) = -3t^2\cos t + 3\int\cos t \cdot 2t\mathrm{d}t$$

$$= -3t^2\cos t + 6\int t\mathrm{d}(\sin t) = -3t^2\cos t + 6t\sin t - 6\int\sin t\mathrm{d}t$$

$$= -3t^2\cos t + 6t\sin t + 6\cos t + C$$

$$= -3\sqrt[3]{x^2}\cos\sqrt[3]{x} + 6\sqrt[3]{x}\sin\sqrt[3]{x} + 6\cos\sqrt[3]{x} + C.$$

(6) 因为

$$\int\mathrm{e}^{-x}\sin 2x\mathrm{d}x = -\int\sin 2x\mathrm{d}(\mathrm{e}^{-x}) = -\mathrm{e}^{-x}\sin 2x + \int\mathrm{e}^{-x}\mathrm{d}(\sin 2x)$$

$$= -\mathrm{e}^{-x}\sin 2x - 2\int\cos 2x\mathrm{d}(\mathrm{e}^{-x})$$

$$= -\mathrm{e}^{-x}\sin 2x - 2\mathrm{e}^{-x}\cos 2x + 2\int\mathrm{e}^{-x}\mathrm{d}(\cos 2x)$$

$$= -\mathrm{e}^{-x}\sin 2x - 2\mathrm{e}^{-x}\cos 2x - 4\int\mathrm{e}^{-x}\sin 2x\mathrm{d}x,$$

所以

$$\int\mathrm{e}^{-x}\sin 2x\mathrm{d}x = \frac{-\mathrm{e}^{-x}\sin 2x - 2\mathrm{e}^{-x}\cos 2x}{5} + C.$$

(7) $\displaystyle\int x^2\arctan x\mathrm{d}x = \int\arctan x\mathrm{d}\left(\frac{x^3}{3}\right) = \frac{x^3}{3}\arctan x - \int\frac{x^3}{3}\mathrm{d}(\arctan x)$

$$= \frac{x^3}{3}\arctan x - \frac{1}{3}\int\frac{x^3}{1+x^2}\mathrm{d}x = \frac{x^3}{3}\arctan x - \frac{1}{3}\int\frac{x^3+x-x}{1+x^2}\mathrm{d}x$$

$$= \frac{x^3}{3}\arctan x - \frac{1}{6}x^2 + \frac{1}{6}\ln(1+x^2) + C.$$

(8) $\displaystyle\int x\cos^2 x\mathrm{d}x = \int x\frac{1+\cos 2x}{2}\mathrm{d}x = \frac{1}{2}\int(x+x\cos 2x)\mathrm{d}x = \frac{x^2}{4} + \frac{1}{2}\int x\cos 2x\mathrm{d}x$

$$= \frac{x^2}{4} + \frac{1}{4}\int x\mathrm{d}(\sin 2x) = \frac{x^2}{4} + \frac{1}{4}x\sin 2x - \frac{1}{4}\int\sin 2x\mathrm{d}x$$

$$= \frac{x^2}{4} + \frac{1}{4}x\sin 2x + \frac{1}{8}\cos 2x + C.$$

(9) $\displaystyle\int\frac{1}{\sqrt{x}}\arcsin\sqrt{x}\mathrm{d}x = 2\int\arcsin\sqrt{x}\mathrm{d}(\sqrt{x}) = 2\sqrt{x}\arcsin\sqrt{x} - 2\int\sqrt{x}\mathrm{d}(\arcsin\sqrt{x})$

$$= 2\sqrt{x}\arcsin\sqrt{x} - \int\frac{\mathrm{d}x}{\sqrt{1-x}} = 2\sqrt{x}\arcsin\sqrt{x} + 2\sqrt{1-x} + C.$$

(10) 因为

$$\int\mathrm{e}^x\sin x\mathrm{d}x = \int\sin x\mathrm{d}(\mathrm{e}^x) = \mathrm{e}^x\sin x - \int\mathrm{e}^x\mathrm{d}(\sin x) = \mathrm{e}^x\sin x - \int\mathrm{e}^x\cos x\mathrm{d}x$$

$$= \mathrm{e}^x\sin x - \int\cos x\mathrm{d}(\mathrm{e}^x) = \mathrm{e}^x\sin x - \mathrm{e}^x\cos x + \int\mathrm{e}^x\mathrm{d}(\cos x)$$

$$= \mathrm{e}^x\sin x - \mathrm{e}^x\cos x - \int\mathrm{e}^x\sin x\mathrm{d}x,$$

所以

$$\int e^x \sin x \, dx = \frac{1}{2} e^x (\sin x - \cos x) + C.$$

(11) $\int x f''(x) \, dx = \int x \, df'(x) = x f'(x) - \int f'(x) \, dx = x f'(x) - f(x) + C.$

2. 解 $\int e^{2x} f''(e^x) \, dx = \int e^x f''(e^x) \, d(e^x) = \int e^x \, df'(e^x)$

$$= e^x f'(e^x) - \int f'(e^x) \, d(e^x) = e^x f'(e^x) - f(e^x) + C.$$

简答 4.4

解 (1) 设 $\dfrac{x+3}{x^2-5x+6} = \dfrac{x+3}{(x-2)(x-3)} = \dfrac{A}{x-2} + \dfrac{B}{x-3} = \dfrac{A(x-3)+B(x-2)}{(x-2)(x-3)}$，通分整理后得

$$x + 3 = A(x-3) + B(x-2) = (A+B)x - 3A - 2B.$$

比较两端同类项系数，得 $\begin{cases} A+B=1, \\ -3A-2B=3 \end{cases}$（或者用赋值法，分别在 $x+3 = A(x-3)+B(x-2)$ 中，令

$x=3$ 与 $x=2$，也可以解出 A 与 B），解得 $\begin{cases} A=-5, \\ B=6. \end{cases}$ 故

$$原式 = \int \left(\frac{-5}{x-2} + \frac{6}{x-3} \right) dx = \ln(x-3)^6 - 5\ln|x-2| + C = \ln \frac{(x-3)^6}{|x-2|^5} + C.$$

(2) 令 $\dfrac{1}{x(x-1)^2} = \dfrac{A}{x} + \dfrac{B}{x-1} + \dfrac{C}{(x-1)^2}$，用比较系数法或者赋值法可求出 $A=1, B=-1, C=1$. 故

$$原式 = \int \left[\frac{1}{x} - \frac{1}{x-1} + \frac{1}{(x-1)^2} \right] dx = \ln|x| - \ln|x-1| - \frac{1}{x-1} + C.$$

(3) 因为 $\dfrac{1}{(x^2+1)(x^2+x+1)} = \dfrac{-x}{x^2+1} + \dfrac{x+1}{x^2+x+1}$，所以

$$原式 = \int \left(\frac{-x}{x^2+1} + \frac{x+1}{x^2+x+1} \right) dx$$

$$= -\frac{1}{2} \int \frac{d(x^2+1)}{x^2+1} + \frac{1}{2} \int \frac{d(x^2+x+1)}{x^2+x+1} + \frac{1}{2} \int \frac{dx}{x^2+x+1}$$

$$= -\frac{1}{2} \ln(x^2+1) + \frac{1}{2} \ln(x^2+x+1) + \frac{1}{2} \int \frac{d\left(x+\frac{1}{2}\right)}{\left(x+\frac{1}{2}\right)^2 + \frac{3}{4}}$$

$$= -\frac{1}{2} \ln \frac{x^2+1}{x^2+x+1} + \frac{\sqrt{3}}{3} \arctan \frac{2x+1}{\sqrt{3}} + C.$$

(4) 因为 $\dfrac{x^3+4x^2}{x^2+5x+6} = x - 1 - \dfrac{x-6}{x^2+5x+6} = x - 1 - \dfrac{9}{x+3} + \dfrac{8}{x+2}$，所以

$$原式 = \int \left(x - 1 - \frac{9}{x+3} + \frac{8}{x+2} \right) dx$$

$$= \frac{1}{2} x^2 - x - 9\ln|x+3| + 8\ln|x+2| + C.$$

(5) $\displaystyle \int \frac{dx}{x(1+x^8)^2} = \int \frac{x^7}{x^8(1+x^8)^2} dx = \frac{1}{8} \int \frac{d(x^8)}{x^8(1+x^8)^2} = \frac{1}{8} \int \left[\frac{1}{x^8} - \frac{1}{1+x^8} - \frac{1}{(1+x^8)^2} \right] d(x^8)$

$$= \frac{1}{8} \left[\frac{1}{1+x^8} - \ln\left(1 + \frac{1}{x^8}\right) \right] + C.$$

(6) $\displaystyle \int \frac{dx}{3+\sin^2 x} = \int \frac{2dx}{7-\cos 2x} \xlongequal{u=\tan x} \int \frac{du}{3+4u^2} = \frac{1}{3} \int \frac{du}{1+\left(\frac{2}{\sqrt{3}}u\right)^2}$

$$= \frac{1}{2\sqrt{3}}\arctan\frac{2\tan x}{\sqrt{3}} + C.$$

(7) $\displaystyle\int \frac{\mathrm{d}x}{1+\sqrt[3]{1+x}} \xrightarrow{t=\sqrt[3]{1+x}} \int \frac{3t^2}{1+t}\mathrm{d}t = 3\int\left(t-1+\frac{1}{1+t}\right)\mathrm{d}t$

$$= \frac{3}{2}t^2 - 3t + 3\ln|1+t| + C$$

$$= \frac{3}{2}\sqrt[3]{(1+x)^2} - 3\sqrt[3]{1+x} + 3\ln|1+\sqrt[3]{1+x}| + C.$$

(8) 注意到 $\dfrac{1}{1+\cos x}\mathrm{d}x = \dfrac{1}{2\cos^2\frac{x}{2}}\mathrm{d}x = \mathrm{d}\left(\tan\frac{x}{2}\right)$ 及 $\sin x\,\mathrm{d}x = -\mathrm{d}(1+\cos x)$，于是

$$\text{原式} = \int \frac{x}{1+\cos x}\mathrm{d}x + \int \frac{\sin x}{1+\cos x}\mathrm{d}x = \int x\,\mathrm{d}\left(\tan\frac{x}{2}\right) - \int \frac{\mathrm{d}(1+\cos x)}{1+\cos x}$$

$$= x\tan\frac{x}{2} - \int \tan\frac{x}{2}\mathrm{d}x - \ln(1+\cos x)$$

$$= x\tan\frac{x}{2} + 2\ln\left|\cos\frac{x}{2}\right| - \ln(1+\cos x) + C_1$$

$$= x\tan\frac{x}{2} + 2\ln\left|\cos\frac{x}{2}\right| - \ln\left(2\cos^2\frac{x}{2}\right) + C_1$$

$$= x\tan\frac{x}{2} + C \quad (C = C_1 - \ln 2).$$

复习题 A

一、选择题

1. 设 $F(x)$ 是函数 $f(x)$ 的一个原函数,则等式(　　)成立.

A. $\left[\displaystyle\int f(x)\mathrm{d}x\right]' = f(x)$ 　　　　　　　　B. $\mathrm{d}\left[\displaystyle\int f(x)\mathrm{d}x\right] = f(x)$

C. $\displaystyle\int F'(x)\mathrm{d}x = F(x)$ 　　　　　　　　D. $\displaystyle\int \mathrm{d}F(x) = F(x)$

2. 若函数 $f(x)$ 的一个原函数为 $F(x)$,则 $\displaystyle\int \mathrm{e}^{-x}f(\mathrm{e}^{-x})\mathrm{d}x = (\quad)$.

A. $F(\mathrm{e}^x) + C$ 　　　　　　　　B. $-F(\mathrm{e}^{-x}) + C$

C. $F(\mathrm{e}^{-x}) + C$ 　　　　　　　　D. $\dfrac{F(\mathrm{e}^{-x})}{x} + C$

3. 若 $f'(x^2) = \dfrac{1}{x}(x>0)$,则函数 $f(x) = (\quad)$.

A. $\dfrac{1}{\sqrt{x}} + C$ 　　　　　　　　B. $2\sqrt{x} + C$

C. $\sqrt{x} + C$ 　　　　　　　　D. $\ln|x| + C$

4. $\displaystyle\int f'(\sqrt{x})\mathrm{d}(\sqrt{x}) = (\quad)$.

A. $f(\sqrt{x})$ 　　　　　　　　B. $f(\sqrt{x}) + C$

C. $f(x)$ 　　　　　　　　D. $f(x) + C$

5. 设 $F(x)$ 是函数 $f(x)$ 的一个原函数,则 $\displaystyle\int xf(1-x^2)\mathrm{d}x = (\quad)$.

A. $F(1-x^2) + C$ 　　　　　　　　B. $\dfrac{1}{2}F(1-x^2) + C$

C. $-\dfrac{1}{2}F(1-x^2)+C$　　　　　　　　D. $F(x)+C$

二、填空题

1. 设某曲线在任意点处的切线斜率为 $2x$，且该曲线过点 $(2,5)$，则该曲线方程为 $y=$ _____.

2. 已知函数 $f(x)$ 的一个原函数是 $\arctan x^2$，则 $f'(x)=$ _____.

3. $\displaystyle\int \mathrm{d}(\sin x)=$ _____.

4. 设 $f'(2x)=\varphi(x)$，则 $\displaystyle\int \varphi(x)\mathrm{d}x=$ _____.

三、解答题

1. 求 $\displaystyle\int(\mathrm{e}^{-x}-\mathrm{e}^{2\sqrt{x}})\mathrm{d}x$.

2. 求 $\displaystyle\int f'\left(\dfrac{x}{5}\right)\mathrm{d}x$.

3. 求 $\displaystyle\int \dfrac{\arctan(\mathrm{e}^x)}{\mathrm{e}^{2x}}\mathrm{d}x$.

4. 设 $\dfrac{\cos x}{x}$ 为函数 $f(x)$ 的一个原函数，求 $\displaystyle\int xf'(x)\mathrm{d}x$.

复习题 B

1. 设 $F(x)$ 是函数 $f(x)$ 的一个原函数. 当 $x\geqslant 0$ 时，有 $f(x)\cdot F(x)=\sin^2 2x$，且 $F(0)=1$，$F(x)\geqslant 0$，求 $f(x)$.

2. 某商品的需求量 Q 是价格 P 的函数，该商品的最大需求量为 $1\,000$（$P=0$ 时，$Q=1\,000$）. 已知需求量 Q 的变化率为

$$Q'(P)=-1\,000\ln 3\cdot\left(\dfrac{1}{3}\right)^P,$$

求该商品的需求函数 $Q(P)$.

3. 求 $\displaystyle\int \mathrm{e}^{-|x|}\mathrm{d}x$.

4. 已知函数 $f(x)$ 的一个原函数为 $\dfrac{\sin x}{1+x\sin x}$，求：

(1) $\displaystyle\int f(x)f'(x)\mathrm{d}x$;　　　　　　　　(2) $\displaystyle\int x^2 f(x^3)f'(x^3)\mathrm{d}x$.

5. 设 $f(x^2-1)=\ln\dfrac{x^2}{x^2-2}$，且 $f[\varphi(x)]=\ln x$，求 $\displaystyle\int \varphi(x)\mathrm{d}x$.

6. 求 $\displaystyle\int \mathrm{e}^{\sin x}\dfrac{x\cos^3 x-\sin x}{\cos^2 x}\mathrm{d}x$.

7. 求 $\displaystyle\int \dfrac{x\sin x}{\cos^5 x}\mathrm{d}x$.

8. 若 $f'(\sin^2 x)=\cos^2 x$，且 $f(0)=-\dfrac{1}{2}$，求方程 $f(x)=0$ 的根.

9. 设 $f(\sin^2 x)=\dfrac{x}{\sin x}$，求 $\displaystyle\int \dfrac{\sqrt{x}}{\sqrt{1-x}}f(x)\mathrm{d}x$.

10. 求 $\displaystyle\int \max\{x^3,x^2,1\}\mathrm{d}x$.

第5章　定积分及其应用

一、知 识 梳 理

（一）知识结构

定积分及其应用 ｛
定积分的概念与性质
定积分与不定积分的关系 ｛原函数存在定理 / 牛顿-莱布尼茨公式｝
定积分的计算 ｛换元积分法 / 分部积分法｝
广义积分 ｛无穷限的广义积分 / 无界函数的广义积分｝
定积分的应用 ｛
元素法
几何学上的应用 ｛平面图形的面积 / 空间立体的体积 / 平面曲线的弧长｝
物理学上的应用 ｛变力沿直线所做的功 / 液体压力 / 引力｝
｝

（二）教学内容

（1）定积分的概念与性质.

（2）牛顿-莱布尼茨公式.

（3）定积分的换元积分法和分部积分法.

（4）广义积分.

（5）定积分的应用.

（三）教学要求

（1）掌握定积分的概念和性质.

（2）理解积分上限的函数及其求导定理；掌握牛顿-莱布尼茨公式.

（3）熟练掌握定积分的换元积分法和分部积分法.

（4）理解无穷限的广义积分和无界函数的广义积分的概念.

（5）熟练掌握利用元素法计算平面图形的面积、空间立体的体积和平面曲线的弧长；会利用定积分解决一些物理学上的问题.

（四）重点与难点

重点：定积分的概念；积分上限的函数及其求导定理；牛顿-莱布尼茨公式；定积分的换元积分法和分部积分法；定积分的元素法及其在几何学上的应用.

难点：定积分的概念；积分上限的函数及其求导定理；定积分在物理学上的应用.

二、学 习 指 导

本章从实际问题引入定积分概念，然后创设一整套理论和微积分基本公式，从而完成各种计算方法的建立. 定积分的理论基础是极限，其概念是微积分重要而又基础的内容. 定积分中"和式的极限"的思想，在高等数学、物理学、工程技术、其他知识领域以及生产实践活动中具有普遍的意义，很多问题的数学结构与定积分中求"和式的极限"的数学结构是一样的. 通过对曲边梯形的面积、变速直线运动的路程等实际问题的研究，运用极限思想（分割、近似代替、求和、取极限、以直代曲、化有限为无限、变连续为离散等过程），使定积分的概念逐步发展建立起来. 定积分与不定积分在最初是完全独立发展的，直到 17 世纪，牛顿与莱布尼茨发现了微积分基本定理后，才将这两个重要概念紧密地联系到一起. 定积分的计算可转化为求不定积分，反之，不定积分的存在性问题又可通过定积分而得到解决，这才推动了积分学向前发展，使积分学成为解决实际问题的有力工具.

（一）定积分的思想

定积分是一种概念，也是一种思想. 定积分的思想即"分割、近似代替、求和、取极限"，为我们研究某些问题提供了一种思维模式. 旋转体的体积公式、变力做功的公式、极坐标系中平面图形的面积公式的推导等，尽管在形式上不尽相同，但都是采用"分割、近似代替、求和、取极限"的思想方法. 虽然在教学中主要是让学生会用上述的公式直接计算定积分，但学生在掌握这一思想方法后，高屋建瓴，对上述公式会有更深刻的理解.

定积分最重要的作用是为我们研究某些问题提供一种思想方法，即用无限的过程处理有限的问题，用离散的过程逼近连续，以直代曲等. 定积分的概念及微积分基本公式，不仅是数学史上，而且是科学思想史上的重要里程碑.

定积分是特定和式的极限，表示一个数. 它只取决于被积函数与积分下限、积分上限，而与积分变量采用什么字母无关.

（二）定积分的几何意义

如果在区间 $[a,b]$ 上函数 $f(x)$ 连续且恒有 $f(x) \geqslant 0$，那么定积分 $\int_a^b f(x)\mathrm{d}x$ 表示由曲线 $y = f(x)$、直线 $x = a, x = b$ 及 x 轴所围成的平面图形的面积.

一般情况下，定积分 $\int_a^b f(x)\mathrm{d}x$ 的几何意义是：介于由曲线 $y = f(x)$、直线 $x = a, x = b$ 及 x 轴所围成的各部分面积的代数和，在 x 轴上方的面积取正，在 x 轴下方的面积取负.

题 1 判断下述命题是否正确:定积分 $\int_a^b f(x)\mathrm{d}x$ 的几何意义是,介于由曲线 $y = f(x)$、直线 $x = a, x = b$ 及 x 轴所围成的平面图形的面积.

解 不正确.应为所围成的曲边梯形在 x 轴上方和下方部分面积的代数和.

(三) 牛顿-莱布尼茨公式

牛顿-莱布尼茨公式又称为微积分基本公式,是连接微分与积分的桥梁.有了这个公式,便能将微分公式与积分公式联系起来,并得到计算定积分的简易方法.牛顿-莱布尼茨公式是定积分理论的核心,它揭示了积分与微分之间的联系,反映了定积分的值与被积函数的原函数在积分区间端点处的函数值之间的关系.在学习中,要重点注意"$F(x)$ 是函数 $f(x)$ 在区间 $[a,b]$ 上的一个原函数"及"$f(x)$ 在区间 $[a,b]$ 上连续"的条件.

计算定积分的着眼点是算出数值,因此除应用牛顿-莱布尼茨公式及积分方法(换元积分法、分部积分法)计算定积分外,还要尽量利用定积分的几何意义、被积函数的奇偶性(对称区间上的定积分)以及递推公式 $\left(\int_0^{\frac{\pi}{2}} \sin^n x\,\mathrm{d}x = \int_0^{\frac{\pi}{2}} \cos^n x\,\mathrm{d}x\right)$ 的已有结果来算出数值.

应用牛顿-莱布尼茨公式计算有限区间上的定积分时,应注意不要忽略了被积函数在积分区间上连续或有有限个第一类间断点的条件,否则会出现错误的结果.

题 2 判断下述运算是否正确:

$$\int_{-1}^1 \frac{\mathrm{d}x}{x} = \ln|x|\ \Big|_{-1}^1 = 0.$$

解 不正确.因为函数 $\frac{1}{x}$ 在区间 $[-1,1]$ 上的点 $x = 0$ 处无界,即该函数在区间 $[-1,1]$ 上不连续,不满足使用牛顿-莱布尼茨公式的条件,所以不能用牛顿-莱布尼茨公式.

(四) 积分上限的函数

由公式 $\Phi'(x) = \dfrac{\mathrm{d}}{\mathrm{d}x}\int_a^x f(t)\mathrm{d}t = f(x)$ 可清楚地看到,求导运算恰好是求变上限定积分运算的逆运算.该公式显示了导数与定积分之间的内在联系,是沟通微分与积分之间的桥梁.

积分上限的函数(或变上限定积分)$\Phi(x) = \int_a^x f(t)\mathrm{d}t$ 的自变量是上限变量 x. 在求导数时,是关于 x 的导数,但在求积分时,则把 x 看作常量,积分变量 t 在积分区间 $[a,x]$ 上变动.弄清上限变量和积分变量的区别是对积分上限的函数进行正确运算的前提.积分上限的函数是关于上限变量 x 的函数,是一类重要的函数形式,是牛顿-莱布尼茨公式证明的基础.这类函数具有良好的性质(连续性、可导性)和应用背景(表示变动面积、变动弧长等),常见于一些习题中,是学习中的一个重点和难点,应着重理解.

在解题过程中,若遇积分上限的函数,则可以优先考虑用导数来处理.同时,要注意对这类问题的解决方法进行概括和总结,如求极限问题、求导数问题、求积分问题、求表达式问题等.

一般地,

$$\frac{\mathrm{d}}{\mathrm{d}x}\int_a^{\varphi(x)} f(t)\mathrm{d}t = f[\varphi(x)]\varphi'(x),$$

$$\frac{\mathrm{d}}{\mathrm{d}x}\int_{\varphi(x)}^a f(t)\mathrm{d}t = -f[\varphi(x)]\varphi'(x),$$

$$\frac{\mathrm{d}}{\mathrm{d}x}\int_{\psi(x)}^{\varphi(x)} f(t)\mathrm{d}t = f[\varphi(x)]\varphi'(x) - f[\psi(x)]\psi'(x).$$

积分限的函数的几种变式:

(1) $F(x) = \int_0^x (x-t)f(t)\mathrm{d}t$. 这里被积函数中含 x,但 x 可提到积分号外面来. 在求 $F'(x)$ 时,应先将上式右端化为 $\int_0^x xf(t)\mathrm{d}t - \int_0^x tf(t)\mathrm{d}t = x\int_0^x f(t)\mathrm{d}t - \int_0^x tf(t)\mathrm{d}t$ 的形式,再对 x 求导数.

(2) $F(x) = \int_0^x tf(t-x)\mathrm{d}t$. 这里 f 的自变量中含 x,可通过变量代换将 x 置换到 f 的外面来. 在求 $F'(x)$ 时,应先对上式右端的定积分做变量代换 $u = t-x$(把 x 看作常量),此时 $\mathrm{d}t = \mathrm{d}u$,且当 $t = 0$ 时,$u = -x$;当 $t = x$ 时,$u = 0$. 于是,$F(x)$ 就化成了以 u 为积分变量的积分下限的函数

$$F(x) = \int_{-x}^0 (x+u)f(u)\mathrm{d}u = x\int_{-x}^0 f(u)\mathrm{d}u + \int_{-x}^0 uf(u)\mathrm{d}u,$$

再对 x 求导数.

(3) $F(x) = \int_0^1 f(xt)\mathrm{d}t$. 这是含参数 x 的定积分,可通过变量代换将 x 变换到积分限的位置上去. 在求 $F'(x)$ 时,应先对上式右端的定积分做变量代换 $u = xt$(把 x 看作常量),此时 $\mathrm{d}t = \dfrac{\mathrm{d}u}{x}$,且当 $t = 0$ 时,$u = 0$;当 $t = 1$ 时,$u = x$. 于是,$F(x)$ 就化成了以 u 为积分变量的积分上限的函数 $F(x) = \dfrac{1}{x}\int_0^x f(u)\mathrm{d}u$,再对 x 求导数.

题 3 判断下述运算是否正确:

$$\frac{\mathrm{d}}{\mathrm{d}x}\int_0^{x^2} \frac{\sin t}{1+\cos^2 t}\mathrm{d}t = \frac{\sin x^2}{1+\cos^2 x^2}.$$

解 不正确. 因为 $\int_0^{x^2} \dfrac{\sin t}{1+\cos^2 t}\mathrm{d}t$ 是上限 x^2 的函数,所以它是 x 的复合函数. 因此,应该用复合函数的求导法则,即

$$\frac{\mathrm{d}}{\mathrm{d}x}\int_0^{x^2} \frac{\sin t}{1+\cos^2 t}\mathrm{d}t = \frac{\sin x^2}{1+\cos^2 x^2}(x^2)' = \frac{2x\sin x^2}{1+\cos^2 x^2}.$$

(五) 定积分的换元积分法和分部积分法

定积分的换元积分法和分部积分法是计算定积分的基本方法. 定积分的换元积分法强调换元后积分限的相应改变,并找出定积分的换元积分法与不定积分的换元积分法之间的联系和区别. 定积分的分部积分法与不定积分的分部积分法类似,只需在最后应用牛顿-莱布尼茨公式即可.

定积分的换元与不定积分的换元原则是类似的,但在做定积分换元 $x = \varphi(t)$ 时还应注意以下几点:

（1）$x = \varphi(t)$ 应为区间 $[\alpha, \beta]$ 上的单值且有连续导数的函数.

（2）把原来的积分变量 x 换为新变量 t 时, 原积分限也要相应换成新变量 t 的积分限, 即换元的同时也要换限. 原上限对应新上限, 原下限对应新下限.

（3）求出新的被积函数的原函数后, 无须再回代成原来的变量, 只要把相应的新积分限代入计算即可.

▌题 4　下列运算是否正确? 若不正确, 请指出原因:

（1）设 $x = \dfrac{1}{t}$, 则 $\displaystyle\int_{-1}^{1} \dfrac{\mathrm{d}x}{1+x^2} = \int_{-1}^{1} \dfrac{\mathrm{d}\left(\dfrac{1}{t}\right)}{1+\dfrac{1}{t^2}} = \int_{-1}^{1} \dfrac{-\mathrm{d}t}{1+t^2}$, 从而 $\displaystyle\int_{-1}^{1} \dfrac{\mathrm{d}x}{1+x^2} = 0$.

（2）$\displaystyle\int_0^{2\pi} \sqrt{1+\cos x}\,\mathrm{d}x = \int_0^{2\pi} \sqrt{2\cos^2 \dfrac{x}{2}}\,\mathrm{d}x = \int_0^{2\pi} \sqrt{2}\cos \dfrac{x}{2}\,\mathrm{d}x = 2\sqrt{2}\sin\dfrac{x}{2}\,\Big|_0^{2\pi} = 0$.

（3）设 $u = \ln x$, 则 $\displaystyle\int_2^3 \dfrac{\mathrm{d}x}{x\ln x} = \int_2^3 \dfrac{\mathrm{d}u}{u} = \ln|u|\ \Big|_2^3 = \ln\dfrac{3}{2}$.

解　（1）不正确. 注意到被积函数大于零, 可知定积分也应大于零, 故运算是错误的. 原因在于引进的变换 $x = \dfrac{1}{t}$ 在区间 $[-1,1]$ 上不连续, 故不满足换元积分法的条件.

（2）不正确. 在区间 $[0, 2\pi]$ 上, $\sqrt{2\cos^2 \dfrac{x}{2}} = \sqrt{2}\left|\cos \dfrac{x}{2}\right| \neq \sqrt{2}\cos \dfrac{x}{2}$.

正确的解法如下:

$$\text{原式} = \int_0^{2\pi} \sqrt{2}\left|\cos \dfrac{x}{2}\right|\mathrm{d}x = \sqrt{2}\int_0^{\pi}\cos \dfrac{x}{2}\,\mathrm{d}x + \sqrt{2}\int_{\pi}^{2\pi}\left(-\cos\dfrac{x}{2}\right)\mathrm{d}x = 4\sqrt{2}.$$

（3）不正确. 错在换元后没有改变积分限.

正确的解法如下:

$$\text{原式} = \int_{\ln 2}^{\ln 3} \dfrac{\mathrm{d}u}{u} = \ln|u|\ \Big|_{\ln 2}^{\ln 3} = \ln(\ln 3) - \ln(\ln 2).$$

（六）偶函数与奇函数在对称区间上的定积分

设函数 $f(x)$ 在区间 $[-a, a]$ 上连续, 则

（1）当 $f(x)$ 为偶函数时, $\displaystyle\int_{-a}^{a} f(x)\,\mathrm{d}x = 2\int_0^a f(x)\,\mathrm{d}x$;

（2）当 $f(x)$ 为奇函数时, $\displaystyle\int_{-a}^{a} f(x)\,\mathrm{d}x = 0$.

利用上述结论, 可便于奇、偶函数在关于坐标原点对称的区间上定积分的计算.

（七）广义积分

研究函数在某区间上的定积分时, 总是假定区间为有限区间, 并且函数为该区间上的有界函数. 若去掉这两个限制, 则得到无限区间上有界函数的广义积分与有限区间上无界函数的广义积分. 广义积分作为定积分的扩充, 应强调它实际上是普通定积分的极限, 应重点把握其定义以及与定积分的联系. 无穷积分和瑕积分统称为广义积分. 有时一个广义积分中包含两种积分, 例如 $\displaystyle\int_0^{+\infty} \dfrac{\mathrm{d}x}{x^2}$, 可先用定积分对积分区间的可加性将其化为两个广义积分, 然后分别求出. 若

其中之一发散,则原广义积分发散.

题 5　下述运算是否正确?若不正确,请指出原因:因为 $\dfrac{x}{1+x^2}$ 是奇函数,所以

$$\int_{-\infty}^{+\infty} \frac{x}{1+x^2} \mathrm{d}x = 0.$$

解　不正确. 原因是滥用定积分的对称性. 对于广义积分 $\displaystyle\int_{-\infty}^{+\infty} f(x)\mathrm{d}x$,当 $\displaystyle\int_{-\infty}^{c} f(x)\mathrm{d}x$ 和 $\displaystyle\int_{c}^{+\infty} f(x)\mathrm{d}x$($c$ 为任意常数) 都收敛时才称 $\displaystyle\int_{-\infty}^{+\infty} f(x)\mathrm{d}x$ 收敛.

正确的解法如下:

$$\int_{-\infty}^{+\infty} \frac{x}{1+x^2} \mathrm{d}x = \int_{-\infty}^{c} \frac{x}{1+x^2} \mathrm{d}x + \int_{c}^{+\infty} \frac{x}{1+x^2} \mathrm{d}x,$$

因为

$$\int_{-\infty}^{c} \frac{x}{1+x^2} \mathrm{d}x = \lim_{a \to -\infty} \int_{a}^{c} \frac{x}{1+x^2} \mathrm{d}x = \lim_{a \to -\infty} \frac{1}{2}\ln(1+x^2)\Big|_{a}^{c}$$

$$= \frac{1}{2}\ln(1+c^2) - \lim_{a \to -\infty} \frac{1}{2}\ln(1+a^2) = -\infty,$$

所以 $\displaystyle\int_{-\infty}^{c} \frac{x}{1+x^2} \mathrm{d}x$ 发散. 故原广义积分发散.

(八) 定积分的元素法

元素法的基本思想是先求整体量的元素,再求整体量. 换言之,在局部范围内,以"常代变",写出元素表达式,然后将整体量用定积分表示出来. 具体步骤如下:

第一步(无限细分求元素):求局部量的近似值 $\mathrm{d}V = f(x)\mathrm{d}x$;

第二步(无限累加求积分):求出整体量的精确值 $V = \displaystyle\int_{a}^{b} f(x)\mathrm{d}x$.

1. 应用元素法的注意事项

如果 ΔV 能近似地表示为区间 $[a,b]$ 上的一个连续函数在点 x 处的函数值 $f(x)$ 与 $\mathrm{d}x$ 的乘积,且 ΔV 与 $f(x)\mathrm{d}x$ 相差一个比 $\mathrm{d}x$ 高阶的无穷小,那么称 $f(x)\mathrm{d}x$ 为所求量 V 的元素,记作 $\mathrm{d}V$,即 $\mathrm{d}V = f(x)\mathrm{d}x$.

关于元素 $\mathrm{d}V = f(x)\mathrm{d}x$ 有以下两点要说明:

(1) $f(x)\mathrm{d}x$ 作为 ΔV 的近似表达式,应该足够准确. 确切地说,就是要求二者之差是比 $\mathrm{d}x$ 高阶的无穷小,即 $\Delta V - f(x)\mathrm{d}x = o(\mathrm{d}x)$. 元素 $f(x)\mathrm{d}x$,实际上就是所求量的微分 $\mathrm{d}V$.

(2) 具体怎样求元素呢?这是问题的关键,需要分析问题的实际意义及数量关系. 一般按在局部 $[x, x+\mathrm{d}x]$ 上以"常代变""直代曲"的思路(局部线性化),写出局部上所求量的近似值,即为元素 $\mathrm{d}V = f(x)\mathrm{d}x$.

2. 应用元素法解决实际问题的关键

应用元素法解决实际问题的关键在于建立恰当的坐标系. 为使曲线方程简单,应注意合理选择直角坐标系或极坐标系. 对于对称图形,可以考虑利用对称性,往往将对称轴取作坐标轴,对称中心取作坐标原点. 对于物理问题,注意利用物理定理(公式),建立元素. 求物理量,合理选择坐标系很重要. 选得好,计算过程简单;选得不好,计算就复杂. 例如,弹簧做功坐标系的建

立,一般是以力的方向为坐标轴正方向,平衡点为坐标原点;而计算液体压力时,通常把液面作为 y 轴,向右方向作为正方向,把向下方向作为 x 轴的正方向,这样可使计算较为简单.

（九）常见的几何量元素

1. 面积元素

(1) 直角坐标系下平面图形的面积元素可用矩形代替.

① 由曲线 $y = f(x)(f(x) \geqslant 0)$、直线 $x = a, x = b$ 及 x 轴所围成的平面图形,其面积元素为 $\mathrm{d}A = f(x)\mathrm{d}x$,面积为 $A = \int_a^b f(x)\mathrm{d}x$;

② 由上、下两条曲线 $y = f_1(x), y = f_2(x)(f_2(x) \geqslant f_1(x))$ 及直线 $x = a, x = b$ 所围成的平面图形,其面积元素为 $\mathrm{d}A = [f_2(x) - f_1(x)]\mathrm{d}x$,面积为 $A = \int_a^b [f_2(x) - f_1(x)]\mathrm{d}x$;

③ 由左、右两条曲线 $x = g_1(y), x = g_2(y)(g_2(y) \geqslant g_1(y))$ 及直线 $y = c, y = d$ 所围成的平面图形,其面积元素为 $\mathrm{d}A = [g_2(y) - g_1(y)]\mathrm{d}y$,面积为 $A = \int_c^d [g_2(y) - g_1(y)]\mathrm{d}y$.

(2) 极坐标系下平面图形的面积元素可用圆扇形代替.由曲线 $r = r(\theta)$ 与两条射线 $\theta = \alpha$, $\theta = \beta$ 所围成的平面图形为曲边扇形,其面积元素为 $\mathrm{d}A = \dfrac{1}{2}r^2(\theta)\mathrm{d}\theta$,面积为 $A = \dfrac{1}{2}\int_\alpha^\beta r^2(\theta)\mathrm{d}\theta$.

2. 体积元素

(1) 已知平行截面面积的立体的体积元素可用柱体代替.介于两平行平面 $x = a$ 和 $x = b(a < b)$ 之间的立体,在点 $x(a \leqslant x \leqslant b)$ 处垂直于 x 轴的截面面积 $A(x)$ 是关于 x 的已知连续函数,其体积元素为 $\mathrm{d}V = A(x)\mathrm{d}x$,体积为 $V = \int_a^b A(x)\mathrm{d}x$.

(2) 旋转体的体积元素可用柱体代替.由曲线 $y = f(x)$、直线 $x = a, y = b$ 及 x 轴所围成的曲边梯形绕 x 轴旋转一周而成的旋转体,其体积元素为 $\mathrm{d}V = \pi f^2(x)\mathrm{d}x$,体积为

$$V = \int_a^b \pi f^2(x)\mathrm{d}x.$$

特别地,由连续曲线 $y = f(x), y = g(x)(f(x) \geqslant g(x) \geqslant 0)$ 及直线 $x = a, x = b$ 所围成的平面图形绕 x 轴旋转一周而成的旋转体,其体积元素为 $\mathrm{d}V_x = \pi[f^2(x) - g^2(x)]\mathrm{d}x$,体积为

$$V_x = \pi \int_a^b f^2(x)\mathrm{d}x - \pi \int_a^b g^2(x)\mathrm{d}x = \pi \int_a^b [f^2(x) - g^2(x)]\mathrm{d}x.$$

这里容易出现错误

$$V_x = \pi \int_a^b [f(x) - g(x)]^2 \mathrm{d}x.$$

3. 弧长元素

平面曲线弧的弧长元素可用切线上相应小区间的直线段代替.平面曲线弧方程为 $y = f(x)(x \in [a, b])$,其弧长元素(也称弧微分) 为 $\mathrm{d}s = \sqrt{1 + (y')^2}\,\mathrm{d}x$,弧长为

$$s = \int_a^b \sqrt{1 + (y')^2}\,\mathrm{d}x.$$

三、常见题型

例 1 求下列定积分：

(1) $\displaystyle\int_0^5 |x^2-3x+2|\,\mathrm{d}x$；

(2) $\displaystyle\int_{-\sqrt{2}}^{\sqrt{2}} (x-x^2)\sqrt{2-x^2}\,\mathrm{d}x$.

解 (1) 由 $x^2-3x+2=(x-1)(x-2)=0$ 得 $x=1,x=2$. 因为

$$|x^2-3x+2|=\begin{cases} x^2-3x+2, & 0\leqslant x\leqslant 1 \text{ 或 } 2\leqslant x\leqslant 5, \\ -(x^2-3x+2), & 1<x<2, \end{cases}$$

所以

$$\int_0^5 |x^2-3x+2|\,\mathrm{d}x$$

$$=\int_0^1 (x^2-3x+2)\mathrm{d}x-\int_1^2 (x^2-3x+2)\mathrm{d}x+\int_2^5 (x^2-3x+2)\mathrm{d}x$$

$$=\left(\frac{1}{3}x^3-\frac{3}{2}x^2+2x\right)\Big|_0^1-\left(\frac{1}{3}x^3-\frac{3}{2}x^2+2x\right)\Big|_1^2+\left(\frac{1}{3}x^3-\frac{3}{2}x^2+2x\right)\Big|_2^5$$

$$=\frac{29}{2}.$$

注 当被积函数中出现 $|f(x)|$ 时，要根据积分区间中 $f(x)$ 的符号去掉绝对值：先令 $f(x)=0$，求出积分区间内的根，以此把积分区间分成几个子区间，再由定积分对积分区间的可加性进行计算.

(2) $\displaystyle\int_{-\sqrt{2}}^{\sqrt{2}} (x-x^2)\sqrt{2-x^2}\,\mathrm{d}x=\int_{-\sqrt{2}}^{\sqrt{2}} x\sqrt{2-x^2}\,\mathrm{d}x-\int_{-\sqrt{2}}^{\sqrt{2}} x^2\sqrt{2-x^2}\,\mathrm{d}x$.

由于 $x\sqrt{2-x^2}$ 在区间 $[-\sqrt{2},\sqrt{2}]$ 上是奇函数，$x^2\sqrt{2-x^2}$ 在 $[-\sqrt{2},\sqrt{2}]$ 上是偶函数，因此

$$\text{原式}=-2\int_0^{\sqrt{2}} x^2\sqrt{2-x^2}\,\mathrm{d}x.$$

设 $x=\sqrt{2}\sin t$，则 $\mathrm{d}x=\sqrt{2}\cos t\,\mathrm{d}t$，且当 $x=0$ 时，$t=0$；当 $x=\sqrt{2}$ 时，$t=\frac{\pi}{2}$. 于是

$$\int_0^{\sqrt{2}} x^2\sqrt{2-x^2}\,\mathrm{d}x=\int_0^{\frac{\pi}{2}} 2\sin^2 t\cdot\sqrt{2}\cos t\cdot\sqrt{2}\cos t\,\mathrm{d}t=\int_0^{\frac{\pi}{2}} \sin^2 2t\,\mathrm{d}t$$

$$=\frac{1}{2}\int_0^{\frac{\pi}{2}} (1-\cos 4t)\mathrm{d}t=\frac{1}{2}\left(t-\frac{1}{4}\sin 4t\right)\Big|_0^{\frac{\pi}{2}}=\frac{\pi}{4}.$$

故

$$\text{原式}=-2\int_0^{\sqrt{2}} x^2\sqrt{2-x^2}\,\mathrm{d}x=-2\cdot\frac{\pi}{4}=-\frac{\pi}{2}.$$

注 当积分区间是对称区间时，先考虑利用奇、偶函数在对称区间上的积分性质，再进行求解.

例 2 设函数 $f(x)$ 连续，且 $f(x)=x+2\displaystyle\int_0^1 f(t)\mathrm{d}t$，求 $f(x)$.

解 记 $a=\displaystyle\int_0^1 f(t)\mathrm{d}t$，则 $f(x)=x+2a$. 上式两端同时积分，得

$$\int_0^1 f(x)\mathrm{d}x=\int_0^1 (x+2a)\mathrm{d}x=\frac{1}{2}+2a,$$

于是
$$a = \frac{1}{2} + 2a, \quad 即 \quad a = -\frac{1}{2}.$$

故
$$f(x) = x - 1.$$

例3 已知 xe^x 为函数 $f(x)$ 的一个原函数,求 $\int_0^1 x f'(x) \mathrm{d}x$.

解 由题意可知,$f(x) = (xe^x)' = e^x + xe^x = e^x(1+x)$. 于是由定积分的分部积分公式,得

$$\int_0^1 x f'(x) \mathrm{d}x = \int_0^1 x \mathrm{d}f(x) = x f(x) \Big|_0^1 - \int_0^1 f(x) \mathrm{d}x$$

$$= x e^x (1+x) \Big|_0^1 - x e^x \Big|_0^1 = e.$$

注 当被积函数中含有 $f'(x)$ 时,一般可考虑利用分部积分法,并将 $f'(x)$ 看作定积分的分部积分公式中的 $v'(x)$,即 $f'(x)\mathrm{d}x = \mathrm{d}f(x)$.

例4 设函数 $f(x)$ 在区间 $[0,\pi]$ 上具有二阶连续导数,$f'(\pi) = 3$,且
$$\int_0^\pi [f(x) + f''(x)] \cos x \mathrm{d}x = 2,$$
求 $f'(0)$.

解 因
$$\int_0^\pi [f(x) + f''(x)] \cos x \mathrm{d}x$$

$$= \int_0^\pi f(x) \mathrm{d}(\sin x) + \int_0^\pi \cos x \mathrm{d}f'(x)$$

$$= \sin x f(x) \Big|_0^\pi - \int_0^\pi \sin x f'(x) \mathrm{d}x + \cos x f'(x) \Big|_0^\pi + \int_0^\pi \sin x f'(x) \mathrm{d}x$$

$$= -f'(\pi) - f'(0) = 2,$$

故
$$f'(0) = -2 - f'(\pi) = -2 - 3 = -5.$$

例5 比较 $\int_1^2 \ln x \mathrm{d}x$ 与 $\int_1^2 (1+x) \mathrm{d}x$ 的大小.

解法一 令函数 $f(x) = 1 + x - \ln x$,则
$$f'(x) = 1 - \frac{1}{x} = \frac{x-1}{x}.$$

显然,当 $1 < x < 2$ 时,$f'(x) > 0$. 又因为 $f(x)$ 在区间 $[1,2]$ 上连续,所以 $f(x)$ 在区间 $[1,2]$ 上单调增加. 于是,当 $x > 1$ 时,$f(x) > f(1) = 2 > 0$,即 $1 + x > \ln x$,所以
$$\int_1^2 \ln x \mathrm{d}x < \int_1^2 (1+x) \mathrm{d}x.$$

解法二 因为
$$\int_1^2 \ln x \mathrm{d}x = x \ln x \Big|_1^2 - \int_1^2 x \mathrm{d}(\ln x) = 2\ln 2 - \int_1^2 \mathrm{d}x$$

$$= 2\ln 2 - x \Big|_1^2 = 2\ln 2 - 1,$$

$$\int_1^2 (1+x) \mathrm{d}x = \frac{(1+x)^2}{2} \Big|_1^2 = \frac{9}{2} - 2 = \frac{5}{2},$$

所以

$$\int_1^2 \ln x \, dx < \int_1^2 (1+x) \, dx.$$

例 6 证明：$\int_0^a x^3 f(x^2) \, dx = \dfrac{1}{2} \int_0^{a^2} x f(x) \, dx.$

证 令 $x^2 = t(x > 0)$，则 $x = \sqrt{t}$，$dx = \dfrac{1}{2} t^{-\frac{1}{2}} \, dt$，且当 $x = 0$ 时，$t = 0$；当 $x = a$ 时，$t = a^2$.
于是

$$\int_0^a x^3 f(x^2) \, dx = \int_0^{a^2} t^{\frac{3}{2}} f(t) \cdot \frac{1}{2} t^{-\frac{1}{2}} \, dt = \frac{1}{2} \int_0^{a^2} t f(t) \, dt = \frac{1}{2} \int_0^{a^2} x f(x) \, dx.$$

例 7 已知函数 $F(x) = \displaystyle\int_{x^2}^{\sin x} \sqrt{1+t} \, dt$，求 $F'(x)$.

解 $\begin{aligned}[t] F'(x) &= \sqrt{1+\sin x} \cdot \cos x - \sqrt{1+x^2} \cdot 2x \\ &= \sqrt{1+\sin x} \cos x - 2x \sqrt{1+x^2}. \end{aligned}$

例 8 求 $\dfrac{d}{dx} \displaystyle\int_{\ln x}^{e^x} \sin t^2 \, dt.$

解 $\begin{aligned}[t] \frac{d}{dx} \int_{\ln x}^{e^x} \sin t^2 \, dt &= \sin(e^{2x}) \cdot e^x - \sin(\ln^2 x) \cdot \frac{1}{x} \\ &= e^x \sin(e^{2x}) - \frac{1}{x} \sin(\ln^2 x). \end{aligned}$

例 9 求 $\displaystyle\lim_{x \to 0} \dfrac{\displaystyle\int_0^x \sin(xt)^2 \, dt}{x^3 \sin^2 2x}.$

分析 当极限中有积分上限的函数时，一般情况下可考虑运用洛必达法则. 但在此题中，定积分的被积函数中含有变量 x，因此应先将 x 从被积函数中分离出来. 另外，在求极限的过程中如能恰当地应用等价无穷小替换，可简化求极限的过程.

解 对定积分做变量代换 $u = xt$，则 $t = \dfrac{u}{x}$，$dt = \dfrac{1}{x} \, du$，且当 $t = 0$ 时，$u = 0$；当 $t = x$ 时，$u = x^2$. 又由于 $\sin^2 2x \sim (2x)^2$，$\sin x^4 \sim x^4 (x \to 0)$，因此利用洛必达法则，有

$$\begin{aligned} 原式 &= \lim_{x \to 0} \frac{\displaystyle\int_0^{x^2} \frac{1}{x} \sin u^2 \, du}{x^3 \cdot (2x)^2} = \lim_{x \to 0} \frac{\displaystyle\int_0^{x^2} \sin u^2 \, du}{4x^6} \\ &= \lim_{x \to 0} \frac{2x \sin x^4}{24x^5} = \lim_{x \to 0} \frac{x^4}{12x^4} = \frac{1}{12}. \end{aligned}$$

例 10 求下列极限：

(1) $\displaystyle\lim_{x \to 0} \dfrac{\displaystyle\int_0^x \cos t^2 \, dt}{x}$；

(2) $\displaystyle\lim_{x \to 0} \dfrac{x - \displaystyle\int_0^x e^{t^2} \, dt}{x^2 \sin 2x}.$

解 (1) **解法一** 由微分中值定理可知，$\displaystyle\int_0^x \cos t^2 \, dt = x \cos \xi^2$，其中 ξ 在 0 与 x 之间. 当 $x \to 0$ 时，$\xi \to 0$，则

$$\lim_{x \to 0} \frac{\displaystyle\int_0^x \cos t^2 \, dt}{x} = \lim_{x \to 0} \frac{x \cos \xi^2}{x} = 1.$$

解法二 由洛必达法则,得

$$\lim_{x \to 0} \frac{\int_0^x \cos t^2 \mathrm{d}t}{x} = \lim_{x \to 0} \frac{\cos x^2}{1} = 1.$$

（2）由洛必达法则及等价无穷小替换,得

$$原式 = \lim_{x \to 0} \frac{x - \int_0^x \mathrm{e}^{t^2} \mathrm{d}t}{2x^3} = \lim_{x \to 0} \frac{1 - \mathrm{e}^{x^2}}{6x^2} = \lim_{x \to 0} \frac{-2x\mathrm{e}^{x^2}}{12x} = -\frac{1}{6}.$$

例 11 求下列定积分:

（1）$\displaystyle\int_0^4 \frac{1 - \sqrt{x}}{1 + \sqrt{x}} \mathrm{d}x$;   （2）$\displaystyle\int_0^{\frac{\pi}{4}} \sec^4 x \tan x \mathrm{d}x$.

解 （1）利用换元积分法,注意在换元时必须同时换限. 令 $t = \sqrt{x}$,则 $x = t^2$,$\mathrm{d}x = 2t\mathrm{d}t$,且当 $x = 0$ 时,$t = 0$;当 $x = 4$ 时,$t = 2$. 于是

$$\int_0^4 \frac{1 - \sqrt{x}}{1 + \sqrt{x}} \mathrm{d}x = \int_0^2 \frac{1 - t}{1 + t} \cdot 2t\mathrm{d}t = \int_0^2 \left(4 - 2t - \frac{4}{1 + t}\right) \mathrm{d}t$$

$$= \left[4t - t^2 - 4\ln(1 + t)\right]\Big|_0^2 = 4 - 4\ln 3.$$

（2）$\displaystyle\int_0^{\frac{\pi}{4}} \sec^4 x \tan x \mathrm{d}x = \int_0^{\frac{\pi}{4}} \sec^3 x \mathrm{d}(\sec x) = \frac{1}{4} \sec^4 x \Big|_0^{\frac{\pi}{4}} = 1 - \frac{1}{4} = \frac{3}{4}.$

注 当用换元积分法计算定积分时,如果引入新的变量,那么求得关于新变量的原函数后,不必回代,直接将新的积分上、下限代入计算就可以了. 如果不引入新的变量,那么也就不需要换积分限,直接计算就可以得出结果.

例 12 设函数 $f(x)$ 在区间 $[a, b]$ 上有连续导数,且 $f(a) = f(b) = 0$,$\displaystyle\int_a^b f^2(x)\mathrm{d}x = 1$,求证:$\displaystyle\int_a^b xf(x)f'(x)\mathrm{d}x = -\frac{1}{2}$.

证法一 $\displaystyle\int_a^b xf(x)f'(x)\mathrm{d}x = \int_a^b xf(x)\mathrm{d}f(x)$

$$= xf(x)f(x)\Big|_a^b - \int_a^b f(x)\mathrm{d}[xf(x)]$$

$$= xf^2(x)\Big|_a^b - \int_a^b f(x) \cdot \left[f(x) + xf'(x)\right]\mathrm{d}x$$

$$= 0 - \int_a^b f^2(x)\mathrm{d}x - \int_a^b xf(x)f'(x)\mathrm{d}x,$$

移项,得

$$2\int_a^b xf(x)f'(x)\mathrm{d}x = -\int_a^b f^2(x)\mathrm{d}x = -1,$$

即

$$\int_a^b xf(x)f'(x)\mathrm{d}x = -\frac{1}{2}.$$

证法二 $\displaystyle\int_a^b xf(x)f'(x)\mathrm{d}x = \int_a^b xf(x)\mathrm{d}f(x) = \frac{1}{2}\int_a^b x\mathrm{d}f^2(x)$

$$= \frac{1}{2}\left[xf^2(x)\Big|_a^b - \int_a^b f^2(x)\mathrm{d}x\right] = 0 - \frac{1}{2}\int_a^b f^2(x)\mathrm{d}x$$

$$= 0 - \frac{1}{2} \cdot 1 = -\frac{1}{2}.$$

例 13 求 $\lim\limits_{x \to 0} \dfrac{\displaystyle\int_{\cos x}^{1} \mathrm{e}^{-t^2}\,\mathrm{d}t}{x^2}$.

解 这是 $\dfrac{0}{0}$ 型未定式,应用洛必达法则求解. 将原式分子、分母分别求导数,需将分子由积分下限的函数换为积分上限的函数:

$$原式 = \lim_{x \to 0} \frac{\dfrac{\mathrm{d}}{\mathrm{d}x}\left(-\displaystyle\int_{1}^{\cos x} \mathrm{e}^{-t^2}\,\mathrm{d}t\right)}{(x^2)'} = \lim_{x \to 0} \frac{-\mathrm{e}^{-\cos^2 x} \cdot (\cos x)'}{2x}$$

$$= \lim_{x \to 0} \frac{\sin x \cdot \mathrm{e}^{-\cos^2 x}}{2x} = \lim_{x \to 0} \frac{\mathrm{e}^{-\cos^2 x}}{2} = \frac{1}{2\mathrm{e}}.$$

例 14 证明:$\displaystyle\int_{0}^{\frac{\pi}{2}} \sin^n x\,\mathrm{d}x = \int_{0}^{\frac{\pi}{2}} \cos^n x\,\mathrm{d}x$,其中 n 为非负整数.

证 令 $x = \dfrac{\pi}{2} - t$,则 $\sin x = \sin\left(\dfrac{\pi}{2} - t\right) = \cos t$,$\mathrm{d}x = -\mathrm{d}t$,且当 $x = 0$ 时,$t = \dfrac{\pi}{2}$;当 $x = \dfrac{\pi}{2}$ 时,$t = 0$. 于是

$$\int_{0}^{\frac{\pi}{2}} \sin^n x\,\mathrm{d}x = \int_{\frac{\pi}{2}}^{0} -\cos^n t\,\mathrm{d}t = \int_{0}^{\frac{\pi}{2}} \cos^n t\,\mathrm{d}t = \int_{0}^{\frac{\pi}{2}} \cos^n x\,\mathrm{d}x.$$

例 15 设连续函数 $f(x)$ 满足 $f(x) = \ln x - \displaystyle\int_{1}^{\mathrm{e}} f(x)\,\mathrm{d}x$,求 $\displaystyle\int_{1}^{\mathrm{e}} f(x)\,\mathrm{d}x$.

解 令 $\displaystyle\int_{1}^{\mathrm{e}} f(x)\,\mathrm{d}x = A$,则 $f(x) = \ln x - A$. 上式两端同时积分,得

$$\int_{1}^{\mathrm{e}} f(x)\,\mathrm{d}x = \int_{1}^{\mathrm{e}} \ln x\,\mathrm{d}x - \int_{1}^{\mathrm{e}} A\,\mathrm{d}x = (x\ln x - x)\Big|_{1}^{\mathrm{e}} - Ax\Big|_{1}^{\mathrm{e}},$$

于是

$$A = (\mathrm{e} - \mathrm{e}) - (0 - 1) - A(\mathrm{e} - 1), \quad 即 \quad A = \frac{1}{\mathrm{e}}.$$

故

$$\int_{1}^{\mathrm{e}} f(x)\,\mathrm{d}x = \frac{1}{\mathrm{e}}.$$

例 16 求 $\displaystyle\int_{\frac{1}{2}}^{1} \dfrac{\arcsin\sqrt{x}}{\sqrt{x(1-x)}}\,\mathrm{d}x$.

解 $原式 = 2\displaystyle\int_{\frac{1}{2}}^{1} \dfrac{\arcsin\sqrt{x}}{\sqrt{1-(\sqrt{x})^2}}\,\mathrm{d}(\sqrt{x}) = 2\int_{\frac{1}{2}}^{1} \arcsin\sqrt{x}\,\mathrm{d}(\arcsin\sqrt{x})$

$$= (\arcsin\sqrt{x})^2\Big|_{\frac{1}{2}}^{1} = \left(\frac{\pi}{2}\right)^2 - \left(\frac{\pi}{4}\right)^2 = \frac{3\pi^2}{16}.$$

例 17 设函数 $f(x) = \begin{cases} x\mathrm{e}^{-x^2}, & x \geqslant 0, \\ \dfrac{1}{1+\cos x}, & -1 < x < 0, \end{cases}$ 求 $\displaystyle\int_{1}^{4} f(x-2)\,\mathrm{d}x$.

解 $\displaystyle\int_{1}^{4} f(x-2)\,\mathrm{d}x \xlongequal{x-2=t} \int_{-1}^{2} f(t)\,\mathrm{d}t = \int_{-1}^{0} \dfrac{\mathrm{d}t}{1+\cos t} + \int_{0}^{2} t\mathrm{e}^{-t^2}\,\mathrm{d}t$

$$= \int_{-1}^{0} \frac{\mathrm{d}t}{2\cos^2 \frac{t}{2}} + \int_{0}^{2} t\mathrm{e}^{-t^2} \mathrm{d}t = \int_{-1}^{0} \sec^2 \frac{t}{2} \mathrm{d}\left(\frac{t}{2}\right) - \frac{1}{2} \int_{0}^{2} \mathrm{e}^{-t^2} \mathrm{d}(-t^2)$$

$$= \tan \frac{t}{2} \Big|_{-1}^{0} - \frac{1}{2} \mathrm{e}^{-t^2} \Big|_{0}^{2} = \tan \frac{1}{2} - \frac{1}{2} \mathrm{e}^{-4} + \frac{1}{2}.$$

例 18 求 $\lim\limits_{n\to\infty} \frac{1}{n} \sqrt[n]{(n+1)(n+2)\cdots(2n)}$.

分析 利用定积分的定义求极限,难点在于如何将 x_n 变成和式 $\sum\limits_{i=1}^{n} f(\xi_i)\Delta x_i$.

解 令 $x_n = \frac{1}{n} \sqrt[n]{(n+1)(n+2)\cdots(2n)}$,则

$$\ln x_n = \frac{1}{n}\big[\ln(n+1) + \ln(n+2) + \cdots + \ln(2n)\big] - \ln n$$

$$= \frac{1}{n}\big[\ln(n+1) + \ln(n+2) + \cdots + \ln(2n) - n\ln n\big]$$

$$= \frac{1}{n}\left[\ln\left(1+\frac{1}{n}\right) + \ln\left(1+\frac{2}{n}\right) + \cdots + \ln\left(1+\frac{n}{n}\right)\right]$$

$$= \frac{1}{n}\sum_{i=1}^{n} \ln\left(1+\frac{i}{n}\right).$$

于是

$$\lim_{n\to\infty}\ln x_n = \int_{0}^{1} \ln(1+x)\mathrm{d}x = 2\ln 2 - 1,$$

故

$$原式 = \lim_{n\to\infty} x_n = \mathrm{e}^{\ln(\lim\limits_{n\to\infty} x_n)} = \mathrm{e}^{2\ln 2 - 1} = \frac{4}{\mathrm{e}}.$$

例 19 求 $\displaystyle\int_{0}^{+\infty} \frac{\mathrm{d}x}{\sqrt{x} + x\sqrt{x}}$.

解法一 令 $\sqrt{x} = t$,则 $x = t^2$,$\mathrm{d}x = 2t\mathrm{d}t$,且当 $x=0$ 时,$t=0$;当 $x=+\infty$ 时,$t=+\infty$. 于是

$$原式 = \int_{0}^{+\infty} \frac{2t}{t+t^2 \cdot t}\mathrm{d}t = \int_{0}^{+\infty} \frac{2}{1+t^2}\mathrm{d}t = 2\arctan t \Big|_{0}^{+\infty} = 2\left(\frac{\pi}{2}-0\right) = \pi.$$

解法二 $\displaystyle 原式 = 2\int_{0}^{+\infty} \frac{\mathrm{d}x}{2\sqrt{x}(1+x)} = 2\int_{0}^{+\infty} \frac{\mathrm{d}(\sqrt{x})}{1+(\sqrt{x})^2}$

$$= 2\arctan \sqrt{x} \Big|_{0}^{+\infty} = 2\left(\frac{\pi}{2}-0\right) = \pi.$$

例 20 判断下列广义积分的敛散性. 若收敛,则求其值:

(1) $\displaystyle\int_{0}^{+\infty} \frac{x}{(1+x^2)^2}\mathrm{d}x$;

(2) $\displaystyle\int_{0}^{3} \frac{\mathrm{d}x}{(x-2)^2}$.

解 (1) 因为积分区间为无限区间,所以

$$原式 = \lim_{b\to+\infty}\int_{0}^{b} \frac{x}{(1+x^2)^2}\mathrm{d}x = \lim_{b\to+\infty} \frac{1}{2}\int_{0}^{b} \frac{\mathrm{d}(1+x^2)}{(1+x^2)^2}$$

$$= \lim_{b\to+\infty}\left[\frac{-1}{2(1+x^2)} \Big|_{0}^{b}\right] = \lim_{b\to+\infty}\left[\frac{-1}{2(1+b^2)} + \frac{1}{2}\right] = \frac{1}{2}.$$

故所给广义积分收敛,且其值为 $\frac{1}{2}$.

(2) 因为当 $x \to 2$ 时，$\dfrac{1}{(x-2)^2} \to \infty$，所以 $x = 2$ 为无穷间断点.

$$
\begin{aligned}
原式 &= \lim_{\varepsilon_1 \to 0^+} \int_0^{2-\varepsilon_1} \frac{\mathrm{d}x}{(x-2)^2} + \lim_{\varepsilon_2 \to 0^+} \int_{2+\varepsilon_2}^3 \frac{\mathrm{d}x}{(x-2)^2} \\
&= \lim_{\varepsilon_1 \to 0^+} \left(\frac{-1}{x-2} \right) \Big|_0^{2-\varepsilon_1} + \lim_{\varepsilon_2 \to 0^+} \left(\frac{-1}{x-2} \right) \Big|_{2+\varepsilon_2}^3 \\
&= \lim_{\varepsilon_1 \to 0^+} \left(\frac{1}{\varepsilon_1} - \frac{1}{2} \right) + \lim_{\varepsilon_2 \to 0^+} \left(-1 + \frac{1}{\varepsilon_2} \right) = +\infty,
\end{aligned}
$$

故所给广义积分发散.

注 对于积分区间是有限的积分，首先要判断它是定积分(称为常义积分)还是被积函数有无穷间断点的广义积分；否则，会出现错误的结果. 例如，若按照 $\int_0^3 \dfrac{\mathrm{d}x}{(x-2)^2} = -\dfrac{1}{x-2} \Big|_0^3 = -1 - \dfrac{1}{2} = -\dfrac{3}{2}$ 来计算，则得到错误的结果.

例 21 设函数 $f(x)$ 在区间 $[a,b]$ 上连续，且 $f(x) > 0$，又 $F(x) = \displaystyle\int_a^x f(t)\mathrm{d}t + \displaystyle\int_b^x \frac{\mathrm{d}t}{f(t)}$，证明：

(1) $F'(x) \geqslant 2$；

(2) 方程 $F(x) = 0$ 在区间 (a,b) 内有且仅有一个根.

证 (1) $F'(x) = f(x) + \dfrac{1}{f(x)} \geqslant 2\sqrt{f(x) \cdot \dfrac{1}{f(x)}} = 2$.

(2) $F(a) = \displaystyle\int_a^a f(t)\mathrm{d}t + \displaystyle\int_b^a \frac{\mathrm{d}t}{f(t)} = -\displaystyle\int_a^b \frac{\mathrm{d}t}{f(t)} < 0$，

$\qquad F(b) = \displaystyle\int_a^b f(t)\mathrm{d}t + \displaystyle\int_b^b \frac{\mathrm{d}t}{f(t)} = \displaystyle\int_a^b f(t)\mathrm{d}t > 0$.

因 $F(x)$ 在区间 $[a,b]$ 上可导，故 $F(x)$ 在区间 $[a,b]$ 上连续. 因此，由零点定理可知，在区间 (a,b) 内 $F(x) = 0$ 至少有一个根. 但由于 $F'(x) \geqslant 2 > 0$，因此 $F(x)$ 在区间 $[a,b]$ 上单调增加. 故方程 $F(x) = 0$ 在区间 (a,b) 内有仅有一个根.

例 22 设函数 $f(x)$ 连续，且 $\displaystyle\int_0^x tf(2x-t)\mathrm{d}t = \dfrac{1}{2}\arctan x^2$，$f(1) = 1$，求 $\displaystyle\int_1^2 f(x)\mathrm{d}x$.

解 当变上限定积分的被积函数中出现上限变量时，必须先做变量代换. 令 $u = 2x - t$，则 $t = 2x - u$，$\mathrm{d}t = -\mathrm{d}u$，且当 $t = x$ 时，$u = x$；当 $t = 0$ 时，$u = 2x$. 于是

$$
\int_0^x tf(2x-t)\mathrm{d}t = -\int_{2x}^x (2x-u)f(u)\mathrm{d}u = 2x\int_x^{2x} f(u)\mathrm{d}u - \int_x^{2x} uf(u)\mathrm{d}u.
$$

将上式代入条件方程后，两端同时对 x 求导数，得

$$
2\int_x^{2x} f(u)\mathrm{d}u + 2x[2f(2x) - f(x)] - [2xf(2x) \cdot 2 - xf(x)] = \frac{x}{1+x^4},
$$

即

$$
2\int_x^{2x} f(u)\mathrm{d}u = \frac{x}{1+x^4} + xf(x).
$$

令 $x = 1$，代入化简，得 $\displaystyle\int_1^2 f(x)\mathrm{d}x = \dfrac{3}{4}$.

例 23 求 $\displaystyle\int_0^1 \dfrac{x\mathrm{e}^x}{(1+x)^2}\mathrm{d}x$.

解法一　原式 $=-\int_0^1 x\mathrm{e}^x\mathrm{d}\left(\dfrac{1}{1+x}\right)=-\dfrac{x\mathrm{e}^x}{1+x}\Big|_0^1+\int_0^1\dfrac{\mathrm{e}^x+x\mathrm{e}^x}{1+x}\mathrm{d}x$

$\qquad\qquad =-\dfrac{\mathrm{e}}{2}+\int_0^1\mathrm{e}^x\mathrm{d}x=\dfrac{\mathrm{e}}{2}-1.$

解法二　原式 $=\int_0^1\dfrac{(x+1-1)\mathrm{e}^x}{(1+x)^2}\mathrm{d}x=\int_0^1\dfrac{\mathrm{e}^x}{1+x}\mathrm{d}x-\int_0^1\dfrac{\mathrm{e}^x}{(1+x)^2}\mathrm{d}x$

$\qquad\qquad =\int_0^1\dfrac{\mathrm{d}(\mathrm{e}^x)}{1+x}-\int_0^1\dfrac{\mathrm{e}^x}{(1+x)^2}\mathrm{d}x$

$\qquad\qquad =\dfrac{\mathrm{e}^x}{1+x}\Big|_0^1+\int_0^1\dfrac{\mathrm{e}^x}{(1+x)^2}\mathrm{d}x-\int_0^1\dfrac{\mathrm{e}^x}{(1+x)^2}\mathrm{d}x=\dfrac{\mathrm{e}}{2}-1.$

例 24　设函数 $f(x)$ 在区间 $[0,1]$ 上连续且单调减少,证明:对于任何 $a\in(0,1)$,有
$$\int_0^a f(x)\mathrm{d}x\geqslant a\int_0^1 f(x)\mathrm{d}x.$$

证法一　由定积分中值定理得

$$\int_0^a f(x)\mathrm{d}x-a\int_0^1 f(x)\mathrm{d}x=(1-a)\int_0^a f(x)\mathrm{d}x-a\int_a^1 f(x)\mathrm{d}x$$
$$=(1-a)af(\alpha)-(1-a)af(\beta)$$
$$=(1-a)a[f(\alpha)-f(\beta)],$$

其中 $0\leqslant\alpha\leqslant a\leqslant\beta\leqslant1$. 又 $f(x)$ 单调减少,则 $f(\alpha)\geqslant f(\beta)$. 故原不等式得证.

证法二　由定积分的性质及 $f(x)$ 在区间 $[0,1]$ 上单调减少可知,

$$\int_0^a f(x)\mathrm{d}x\geqslant af(a),\qquad\int_a^1 f(x)\mathrm{d}x\leqslant(1-a)f(a).$$

于是　　　　　$\displaystyle\int_0^a f(x)\mathrm{d}x-a\int_0^1 f(x)\mathrm{d}x=(1-a)\int_0^a f(x)\mathrm{d}x-a\int_a^1 f(x)\mathrm{d}x$

$$\geqslant(1-a)af(a)-(1-a)af(a)=0.$$

故原不等式得证.

证法三　设函数 $F(a)=\displaystyle\int_0^a f(x)\mathrm{d}x-a\int_0^1 f(x)\mathrm{d}x$,则

$$F'(a)=f(a)-\int_0^1 f(x)\mathrm{d}x=f(a)-f(\xi),\quad\xi\in(0,1).$$

于是,当 $0\leqslant a\leqslant\xi$ 时,$F'(a)\geqslant0$,$F(a)$ 单调增加,$F(a)\geqslant F(0)=0$;当 $\xi<a\leqslant1$ 时,$F'(a)\leqslant0$,$F(a)$ 单调减少,$F(a)\geqslant F(1)=0$. 故原不等式得证.

例 25　求 $I=\displaystyle\int_0^{+\infty}\dfrac{x\mathrm{e}^{-x}}{(1+\mathrm{e}^{-x})^2}\mathrm{d}x.$

解　$I=\displaystyle\int_0^{+\infty}\dfrac{x\mathrm{e}^x}{(\mathrm{e}^x+1)^2}\mathrm{d}x=\int_0^{+\infty}\dfrac{x}{(\mathrm{e}^x+1)^2}\mathrm{d}(\mathrm{e}^x+1)$

$\qquad =-\displaystyle\int_0^{+\infty}x\mathrm{d}\left(\dfrac{1}{\mathrm{e}^x+1}\right)=-\dfrac{x}{\mathrm{e}^x+1}\Big|_0^{+\infty}+\int_0^{+\infty}\dfrac{\mathrm{d}x}{\mathrm{e}^x+1}=I_1+I_2,$

$\qquad I_1=\displaystyle\lim_{x\to+\infty}\left(-\dfrac{x}{\mathrm{e}^x+1}\right)\xlongequal{\text{洛必达法则}}\lim_{x\to+\infty}\left(-\dfrac{1}{\mathrm{e}^x}\right)=0,$

$\qquad I_2=\displaystyle\int_0^{+\infty}\dfrac{\mathrm{e}^x}{\mathrm{e}^x(\mathrm{e}^x+1)}\mathrm{d}x\xlongequal{\text{令}\,\mathrm{e}^x=u}\int_1^{+\infty}\dfrac{\mathrm{d}u}{u(u+1)}$

$\qquad =\displaystyle\int_1^{+\infty}\left(\dfrac{1}{u}-\dfrac{1}{u+1}\right)\mathrm{d}u=\ln\dfrac{u}{u+1}\Big|_1^{+\infty}=\ln1-\ln\dfrac{1}{2}=\ln2.$

故原积分 $I = \ln 2$.

例 26 求 $I = \int_{-1}^{1} x[x^5 + (\mathrm{e}^x - \mathrm{e}^{-x})\ln(x + \sqrt{x^2 + 1})]\mathrm{d}x$.

解 设函数 $f_1(x) = x(\mathrm{e}^x - \mathrm{e}^{-x})$，$f_2(x) = \ln(x + \sqrt{x^2 + 1})$. 由于

$$f_1(-x) = -x(\mathrm{e}^{-x} - \mathrm{e}^x) = f_1(x),$$

$$f_2(-x) = \ln(-x + \sqrt{x^2 + 1}) = \ln\frac{x^2 + 1 - x^2}{x + \sqrt{x^2 + 1}}$$

$$= -\ln(x + \sqrt{x^2 + 1}) = -f_2(x),$$

因此 $f_1(x) \cdot f_2(x) = x(\mathrm{e}^x - \mathrm{e}^{-x})\ln(x + \sqrt{x^2 + 1})$ 为奇函数. 于是

$$I = \int_{-1}^{1} x^6 \mathrm{d}x + 0 = 2\int_0^1 x^6 \mathrm{d}x = \frac{2}{7}.$$

例 27 求 $\displaystyle\lim_{n \to \infty} \sum_{k=1}^{n} \frac{n}{n^2 + k^2}$.

解 $\displaystyle\lim_{n \to \infty} \sum_{k=1}^{n} \frac{n}{n^2 + k^2} = \lim_{n \to \infty} \frac{1}{n} \sum_{k=1}^{n} \frac{1}{1 + \left(\dfrac{k}{n}\right)^2} = \int_0^1 \frac{\mathrm{d}x}{1 + x^2} = \arctan x \Big|_0^1 = \frac{\pi}{4}.$

例 28 证明柯西积分不等式:若函数 $f(x)$ 和 $g(x)$ 都在区间 $[a,b]$ 上可积,则有

$$\left[\int_a^b f(x)g(x)\mathrm{d}x\right]^2 \leqslant \left[\int_a^b f^2(x)\mathrm{d}x\right]\left[\int_a^b g^2(x)\mathrm{d}x\right].$$

证 对于任意的实数 λ,有

$$\int_a^b [f(x) + \lambda g(x)]^2 \mathrm{d}x = \lambda^2 \int_a^b g^2(x)\mathrm{d}x + 2\lambda \int_a^b f(x)g(x)\mathrm{d}x + \int_a^b f^2(x)\mathrm{d}x \geqslant 0.$$

上式右端是 λ 的非负二次三项式,则其判别式非正,即

$$\left[\int_a^b f(x)g(x)\mathrm{d}x\right]^2 - \left[\int_a^b f^2(x)\mathrm{d}x\right]\left[\int_a^b g^2(x)\mathrm{d}x\right] \leqslant 0.$$

故原不等式得证.

例 29 设函数 $f(x)$ 在区间 $(0, +\infty)$ 上可导,$f(0) = 0$,其反函数为 $g(x)$,且 $\displaystyle\int_0^{f(x)} g(t)\mathrm{d}t = x^2 \mathrm{e}^x$,求 $f(x)$.

解 方程两端同时对 x 求导数,得

$$g[f(x)]f'(x) = 2x\mathrm{e}^x + x^2 \mathrm{e}^x,$$

于是

$$xf'(x) = x(2 + x)\mathrm{e}^x,$$

即 $\qquad\qquad\qquad f'(x) = (x + 2)\mathrm{e}^x, \quad f(x) = (x + 1)\mathrm{e}^x + C.$

又由 $f(0) = 0$,得 $C = -1$,故

$$f(x) = (x + 1)\mathrm{e}^x - 1.$$

例 30 设函数 $f(x), g(x)$ 都在区间 $[a,b]$ 上连续,且 $g(x) \neq 0$，$x \in [a,b]$. 证明:存在 $\xi \in (a,b)$,使得

$$g(\xi)\int_a^b f(x)\mathrm{d}x = f(\xi)\int_a^b g(x)\mathrm{d}x.$$

证法一 令函数 $F(x) = \int_a^x f(t)\mathrm{d}t, G(x) = \int_a^x g(t)\mathrm{d}t$. 因为 $F(x), G(x)$ 都在区间 $[a,b]$ 上满足柯西中值定理的条件,所以存在 $\xi \in (a,b)$,使得

$$\frac{F(b) - F(a)}{G(b) - G(a)} = \frac{F'(\xi)}{G'(\xi)}, \quad \text{即} \quad \frac{\int_a^b f(x)\mathrm{d}x}{\int_a^b g(x)\mathrm{d}x} = \frac{f(\xi)}{g(\xi)}.$$

故

$$g(\xi)\int_a^b f(x)\mathrm{d}x = f(\xi)\int_a^b g(x)\mathrm{d}x.$$

证法二 令函数 $F(x) = \int_a^x f(t)\mathrm{d}t, G(x) = \int_a^x g(t)\mathrm{d}t,$

$$W(x) = F(b)\int_a^x g(t)\mathrm{d}t - G(b)\int_a^x f(t)\mathrm{d}t,$$

则 $W(x)$ 在闭区间 $[a,b]$ 上连续,在开区间 (a,b) 内可导,且 $W(a) = W(b) = 0$. 根据罗尔中值定理,存在 $\xi \in (a,b)$,使得 $W'(\xi) = 0$,即

$$F(b)g(\xi) - G(b)f(\xi) = 0.$$

故

$$g(\xi)\int_a^b f(x)\mathrm{d}x = f(\xi)\int_a^b g(x)\mathrm{d}x.$$

例 31 设 $K_n = \int_0^{\frac{\pi}{4}} \tan^{2n}x\,\mathrm{d}x (n = 1,2,\cdots)$,求证:$K_n = \dfrac{1}{2n-1} - K_{n-1}$.

证 $K_n = \int_0^{\frac{\pi}{4}} \tan^{2(n-1)}x(\sec^2 x - 1)\mathrm{d}x$

$$= \int_0^{\frac{\pi}{4}} \tan^{2(n-1)}x\,\mathrm{d}(\tan x) - K_{n-1} = \frac{1}{2n-1} - K_{n-1}.$$

例 32 设函数 $f(x), g(x)$ 在区间 $[0,1]$ 上都有连续导数,且 $f(0) = 0, f'(x) \geqslant 0$, $g'(x) \geqslant 0$. 证明:对于任何 $a \in [0,1]$,有

$$\int_0^a g(x)f'(x)\mathrm{d}x + \int_0^1 f(x)g'(x)\mathrm{d}x \geqslant f(a)g(1).$$

证 设函数 $F(x) = \int_0^x g(t)f'(t)\mathrm{d}t + \int_0^1 f(t)g'(t)\mathrm{d}t - f(x)g(1), x \in [0,1]$,则 $F(x)$ 在区间 $[0,1]$ 上有连续导数,且

$$F'(x) = g(x)f'(x) - f'(x)g(1) = f'(x)[g(x) - g(1)].$$

由于当 $x \in [0,1]$ 时,$f'(x) \geqslant 0, g'(x) \geqslant 0$,因此 $F'(x) \leqslant 0$,即 $F(x)$ 在区间 $[0,1]$ 上单调减少. 又 $F(1) = \int_0^1 g(t)f'(t)\mathrm{d}t + \int_0^1 f(t)g'(t)\mathrm{d}t - f(1)g(1)$,而

$$\int_0^1 g(t)f'(t)\mathrm{d}t = \int_0^1 g(t)\mathrm{d}f(t) = g(t)f(t)\Big|_0^1 - \int_0^1 f(t)g'(t)\mathrm{d}t$$

$$= f(1)g(1) - \int_0^1 f(t)g'(t)\mathrm{d}t,$$

所以 $F(1) = 0$. 因此,当 $x \in [0,1]$ 时,$F(x) \geqslant 0$ 恒成立. 由此可得,对于任何 $a \in [0,1]$,有

$$\int_0^a g(x)f'(x)\mathrm{d}x + \int_0^1 f(x)g'(x)\mathrm{d}x \geqslant f(a)g(1).$$

例 33 设函数 $f(x) = x^2 - x\int_0^2 f(x)\mathrm{d}x + 2\int_0^1 f(x)\mathrm{d}x$,求 $f(x)$.

解 将 $f(x)$ 分别在区间 $[0,1]$ 和 $[0,2]$ 上做定积分,得

$$\int_0^1 f(x)\mathrm{d}x = \int_0^1 x^2 \mathrm{d}x - \int_0^1 x \mathrm{d}x \cdot \int_0^2 f(x)\mathrm{d}x + 2\int_0^1 f(x)\mathrm{d}x,$$

$$\int_0^2 f(x)\mathrm{d}x = \int_0^2 x^2 \mathrm{d}x - \int_0^2 x \mathrm{d}x \cdot \int_0^2 f(x)\mathrm{d}x + 4\int_0^1 f(x)\mathrm{d}x,$$

即 $\qquad -\int_0^1 f(x)\mathrm{d}x = \dfrac{1}{3} - \dfrac{1}{2}\int_0^2 f(x)\mathrm{d}x, \quad 3\int_0^2 f(x)\mathrm{d}x = \dfrac{8}{3} + 4\int_0^1 f(x)\mathrm{d}x.$

联立以上两式解得 $\displaystyle\int_0^1 f(x)\mathrm{d}x = \dfrac{1}{3}, \int_0^2 f(x)\mathrm{d}x = \dfrac{4}{3}$,故

$$f(x) = x^2 - \frac{4}{3}x + \frac{2}{3}.$$

▌ 例 34 利用定积分求半径为 R 的圆的面积.

解法一 选取如图 5-1 所示的平面直角坐标系,取 x 为积分变量,其变化区间为 $[-R,R]$. 分割区间 $[-R,R]$ 成若干个小区间,其代表性小区间 $[x,x+\mathrm{d}x]$ 所对应的面积元素为

$$\mathrm{d}A = \left[\sqrt{R^2-x^2} - (-\sqrt{R^2-x^2})\right]\mathrm{d}x = 2\sqrt{R^2-x^2}\,\mathrm{d}x.$$

于是,该圆的面积为

$$A = \int_{-R}^R \mathrm{d}A = 2\int_{-R}^R \sqrt{R^2-x^2}\,\mathrm{d}x = \pi R^2.$$

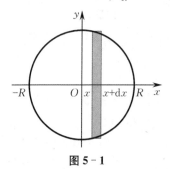

图 5-1

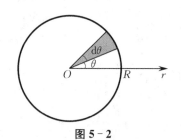

图 5-2

解法二 选取如图 5-2 所示的极坐标系,取 θ 为积分变量,其变化区间为 $[0,2\pi]$. 分割区间 $[0,2\pi]$ 成若干个小区间,其代表性小区间 $[\theta,\theta+\mathrm{d}\theta]$ 所对应的面积元素为 $\mathrm{d}A = \dfrac{1}{2}R^2\mathrm{d}\theta$. 于是,该圆的面积为

$$A = \int_0^{2\pi} \mathrm{d}A = \int_0^{2\pi} \frac{1}{2}R^2\mathrm{d}\theta = \frac{1}{2}R^2 \cdot 2\pi = \pi R^2.$$

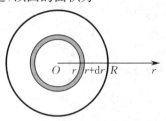

图 5-3

解法三 取 r 为积分变量,其变化区间为 $[0,R]$,如图 5-3 所示. 分割区间 $[0,R]$ 成若干个小区间,其代表性小区间 $[r,r+\mathrm{d}r]$ 所对应的面积元素为 $\mathrm{d}A = 2\pi r\mathrm{d}r$. 于是,该圆的面积为

$$A = \int_0^R 2\pi r\mathrm{d}r = 2\pi \cdot \left.\frac{r^2}{2}\right|_0^R = \pi R^2.$$

▌ 例 35 抛物线 $y^2 = 2x$ 把圆 $x^2+y^2 = 8$ 分成两部分,求这两部分面积之比.

解 联立方程组 $\begin{cases} y^2 = 2x, \\ x^2 + y^2 = 8, \end{cases}$ 解得 $\begin{cases} x = 2, \\ y = 2 \end{cases}$ 或 $\begin{cases} x = 2, \\ y = -2, \end{cases}$ 即题设两条曲线的交点为

$(2,2),(2,-2)$. 于是

$$S_2 = 2\int_0^2 \left(\sqrt{8-y^2} - \frac{y^2}{2} \right) \mathrm{d}y = 2\left(\int_0^2 \sqrt{8-y^2}\, \mathrm{d}y - \int_0^2 \frac{y^2}{2}\, \mathrm{d}y \right),$$

其中

$$\int_0^2 \sqrt{8-y^2}\, \mathrm{d}y \xLeftarrow{y = 2\sqrt{2}\sin t} \int_0^{\frac{\pi}{4}} 2\sqrt{2}\cos t\, \mathrm{d}(2\sqrt{2}\sin t) = \int_0^{\frac{\pi}{4}} 8\cos^2 t\, \mathrm{d}t$$

$$= 4\int_0^{\frac{\pi}{4}} (1+\cos 2t)\, \mathrm{d}t = \pi + 2\sin 2t \Big|_0^{\frac{\pi}{4}} = 2 + \pi,$$

$$\int_0^2 \frac{y^2}{2}\, \mathrm{d}y = \frac{1}{6} y^3 \Big|_0^2 = \frac{4}{3},$$

从而

$$S_2 = 2\left(2 + \pi - \frac{4}{3} \right) = 2\pi + \frac{4}{3}.$$

而 $S_1 + S_2 = (2\sqrt{2})^2 \pi = 8\pi$,所以

$$S_1 = 8\pi - \left(2\pi + \frac{4}{3} \right) = 6\pi - \frac{4}{3}.$$

于是,两部分面积比为

$$S_1 : S_2 = (9\pi - 2) : (3\pi + 2).$$

例 36 求曲线 $y = \sqrt{x}$ 的一条切线 l,使得由该曲线与切线 l 及直线 $x = 0, x = 2$ 所围成的平面图形面积最小.

解 设切点为 $(t, \sqrt{t})$,则切线 l 的方程为

$$y - \sqrt{t} = \frac{1}{2\sqrt{t}}(x-t), \quad 即 \quad y = \frac{1}{2\sqrt{t}}x + \frac{\sqrt{t}}{2}.$$

于是,所围成的平面图形面积为

$$S(t) = \int_0^2 \left[\left(\frac{1}{2\sqrt{t}}x + \frac{\sqrt{t}}{2} \right) - \sqrt{x} \right] \mathrm{d}x = \frac{1}{\sqrt{t}} + \sqrt{t} - \frac{4\sqrt{2}}{3}.$$

令 $S'(t) = -\frac{1}{2}t^{-\frac{3}{2}} + \frac{1}{2}t^{-\frac{1}{2}} = 0$,得驻点 $t = 1$. 又因 $S''(1) > 0$,故当 $t = 1$ 时,S 取得最小

值. 此时,l 的方程为 $y = \frac{x}{2} + \frac{1}{2}$.

例 37 求心形线 $\rho = 1 + \cos \theta$ 与圆 $\rho = 3\cos \theta$ 所围公共部分的面积.

解 建立平面直角坐标系,心形线 $\rho = 1 + \cos \theta$ 与圆 $\rho = 3\cos \theta$ 如图 5-4 所示.

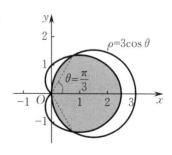

联立两方程,求得心形线与圆的交点为 $(\rho, \theta) = \left(\frac{3}{2}, \pm\frac{\pi}{3} \right)$.

于是由图形的对称性可知,心形线与圆所围公共部分的面积为

$$A = 2\left[\int_0^{\frac{\pi}{3}} \frac{1}{2}(1+\cos\theta)^2\, \mathrm{d}\theta + \int_{\frac{\pi}{3}}^{\frac{\pi}{2}} \frac{1}{2}(3\cos\theta)^2\, \mathrm{d}\theta \right] = \frac{5}{4}\pi.$$

图 5-4

例38 求曲线 $y = \mathrm{e}^{-x}$ 与直线 $y = 0$ 之间位于第一象限内的平面图形绕 x 轴旋转一周而成的旋转体的体积.

解 当 $x \to +\infty$ 时, $y = \mathrm{e}^{-x} \to 0$, 可以把未封闭的区域看作当 $x \to +\infty$ 时的闭区域, 则其绕 x 轴旋转一周而成的旋转体的体积为

$$V = \int_0^{+\infty} \pi f^2(x) \mathrm{d}x = \int_0^{+\infty} \pi \mathrm{e}^{-2x} \mathrm{d}x = -\frac{\pi}{2} \mathrm{e}^{-2x} \Big|_0^{+\infty} = \frac{\pi}{2}.$$

注 求旋转体体积时, 第一, 要明确进行旋转的平面图形是由哪些曲线所围成, 这些曲线的方程是什么; 第二, 要明确平面图形绕哪一条坐标轴或平行于哪一条坐标轴的直线旋转, 正确选择积分变量, 写出定积分的表达式及积分上、下限.

例39 设函数 $f(x)$ 在闭区间 $[0,1]$ 上连续, 在开区间 $(0,1)$ 内大于零, 且满足

$$xf'(x) = f(x) + \frac{3a}{2}x^2 \quad (a \text{ 为常数}).$$

又曲线 $y = f(x)$ 与直线 $x = 1, y = 0$ 所围成的平面图形的面积为 2. 求 $f(x)$, 并问: a 为何值时, 平面图形绕 x 轴旋转一周而成的旋转体的体积最小?

解 由题设和求导法则可知, 当 $x \neq 0$ 时, 有

$$\left[\frac{f(x)}{x}\right]' = \frac{xf'(x) - f(x)}{x^2} = \frac{3a}{2}.$$

于是

$$\frac{f(x)}{x} = \frac{3a}{2}x + C, \quad \text{即} \quad f(x) = \frac{3a}{2}x^2 + Cx.$$

又由 $f(x)$ 的连续性知 $f(0) = 0$, 且曲线 $y = f(x)$ 与直线 $x = 1, y = 0$ 所围成的平面图形的面积为 2, 故有

$$2 = \int_0^1 \left(\frac{3a}{2}x^2 + Cx\right) \mathrm{d}x = \left(\frac{1}{2}ax^3 + \frac{1}{2}Cx^2\right)\Big|_0^1 = \frac{a}{2} + \frac{C}{2},$$

即

$$C = 4 - a.$$

因此, 所求函数

$$f(x) = \frac{3a}{2}x^2 + (4-a)x.$$

上述平面图形绕 x 轴旋转一周而成的旋转体的体积为

$$V(a) = \pi \int_0^1 [f(x)]^2 \mathrm{d}x = \pi \int_0^1 \left[\frac{9}{4}a^2 x^4 + (12a - 3a^2)x^3 + (16 + a^2 - 8a)x^2\right] \mathrm{d}x$$

$$= \left(\frac{1}{30}a^2 + \frac{1}{3}a + \frac{16}{3}\right)\pi.$$

令 $V'(a) = \left(\frac{1}{15}a + \frac{1}{3}\right)\pi = 0$, 得驻点 $a = -5$. 又 $V''(-5) = \frac{1}{15}\pi > 0$, 故当 $a = -5$ 时, 旋转体的体积最小.

例40 求星形线 $\begin{cases} x = a\cos^3 t, \\ y = a\sin^3 t \end{cases}$ 的全长.

解 由星形线图形的对称性及弧长的参数方程公式可知, 星形线的全长为

$$s = 4\int_0^{\frac{\pi}{2}} \sqrt{[x'(t)]^2 + [y'(t)]^2}\,\mathrm{d}t = 4\int_0^{\frac{\pi}{2}} \sqrt{9a^2\cos^4 t\sin^2 t + 9a^2\cos^2 t\sin^4 t}\,\mathrm{d}t = 6a.$$

例 41 半径为 r m 的半球形水池灌满了水,要将池内的水全部抽出需做多少功?

解 如图 5-5 所示,设水池的上边缘为 y 轴,坐标原点在半球形水池的圆心位置,x 轴竖直向下. 球面方程为 $y = \pm\sqrt{r^2 - x^2}$,则水深 x 处所对应的截面半径为 $\sqrt{r^2 - x^2}$ m,截面面积 $S(x) = \pi(r^2 - x^2)$ m^2. 将 x 到 $x + \mathrm{d}x$ 这层水抽出需克服的重力(单位:N)为

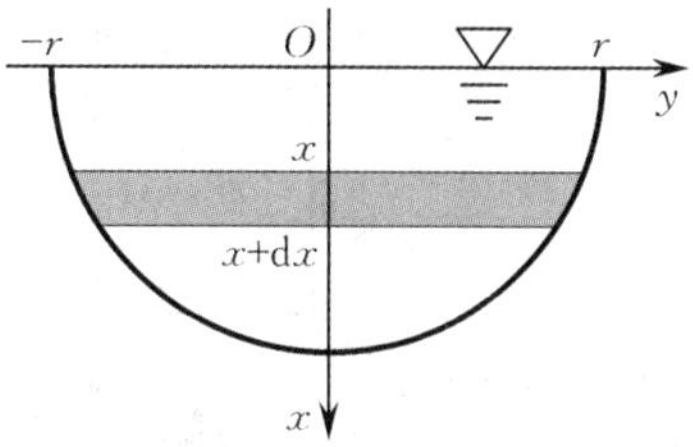

$$\mathrm{d}G = \rho g\,\mathrm{d}V = \rho g S(x)\,\mathrm{d}x = \rho g \pi(r^2 - x^2)\,\mathrm{d}x,$$

从而将这层水抽出所做功(单位:J)为

$$\mathrm{d}W = x\,\mathrm{d}G = \rho g \pi(r^2 - x^2)x\,\mathrm{d}x.$$

因此,将池内水全部抽出所做功为

$$W = \int_0^r \rho g \pi(r^2 - x^2)x\,\mathrm{d}x = -\frac{1}{2}\rho g \pi \int_0^r (r^2 - x^2)\,\mathrm{d}(r^2 - x^2)$$

$$= -\frac{1}{4}\rho g \pi(r^2 - x^2)^2\Big|_0^r = \frac{1}{4}\rho g \pi r^4.$$

图 5-5

例 42 半径为 2 m 的圆柱形水桶中充满了水,现从桶中把水吸出,使水面降低 5 m,需做多少功?

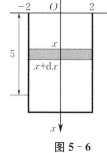

图 5-6

解 如图 5-6 所示建立平面直角坐标系,取 x 为积分变量,则 x 的变化范围为 $[0,5]$. 在区间 $[0,5]$ 上任取一小区间 $[x, x+\mathrm{d}x]$,这一薄层水的体积为 $4\pi\,\mathrm{d}x$,重量近似为 $4\rho g\pi\,\mathrm{d}x$(水密度 $\rho = 10^3$ kg/m^3,$g = 9.8$ m/s^2).

因此,从桶中把水吸出,使水面降低 5 m,需做的功为

$$W = \int_0^5 4\rho g \pi x\,\mathrm{d}x = 2\rho g \pi x^2\Big|_0^5 = 1.54\times 10^6 \text{ J}.$$

例 43 水坝中有一直立的矩形闸门,宽为 20 m,高为 16 m,试求下列情况中闸门一侧所受的压力(水的密度 $\rho = 10^3$ kg/m^3,$g = 9.8$ m/s^2):

(1)闸门的上边与水面齐平时;

(2)水面在闸门的顶上 8 m 时.

解 (1)闸门的上边与水面齐平时,如图 5-7 所示建立平面直角坐标系,则位于小区间 $[x, x+\mathrm{d}x]$ 的一段闸门条上,其一侧所受到的水的压力元素为

$$\mathrm{d}F = \rho g x \cdot 20\,\mathrm{d}x = 20\,000 g x\,\mathrm{d}x.$$

因此,闸门一侧所受总压力为

$$F = \int_0^{16} \mathrm{d}F = \int_0^{16} 20\,000 g x\,\mathrm{d}x = 10\,000 g x^2\Big|_0^{16}$$

$$= 10\,000\times 9.8\times 256 = 2.508\,8\times 10^7 \text{ N}.$$

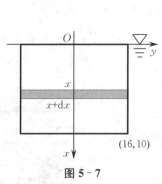

图 5-7

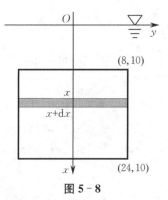

图 5-8

（2）水面在闸门的顶上 8 m 时，如图 5-8 所示建立平面直角坐标系，则位于小区间 $[x, x+\mathrm{d}x]$ 的一段闸门条上，其一侧所受到的水的压力元素为

$$\mathrm{d}F = \rho g x \cdot 20 \mathrm{d}x = 20\,000 g x \mathrm{d}x,$$

从而闸门一侧所受总压力为

$$F = \int_8^{24} 20\,000 g x \mathrm{d}x = 10\,000 g x^2 \Big|_8^{24} = 10\,000 \times 9.8 \times 512$$
$$= 5.017\,6 \times 10^7 \text{ N}.$$

例 44 由力学知识知道，位于平面上点 (x_i, y_i) 处的质量为 $m_i(i = 1, 2, \cdots, n)$ 的 n 个质点所构成的质点系的质心坐标 $(\bar{x}, \bar{y})$ 的计算公式为

$$\bar{x} = \frac{M_y}{m}, \quad \bar{y} = \frac{M_x}{m},$$

其中 $m = \sum_{i=1}^n m_i$（质点系中全部质点的质量之和），$M_y = \sum_{i=1}^n m_i x_i$（质点系中各质点关于 y 轴的静

力矩 $m_i x_i$ 之和，称为质点系对 y 轴的静力矩），$M_x = \sum_{i=1}^n m_i y_i$（质点系对 x 轴的静力矩）.

由此可见，质点系 $m_i(i = 1, 2, \cdots, n)$ 的质心坐标 $(\bar{x}, \bar{y})$ 满足：质量为 $m = \sum_{i=1}^n m_i$、坐标为

$(\bar{x}, \bar{y})$ 的质点 M 关于 y 轴和 x 轴的静力矩分别与该质点系关于 y 轴和 x 轴的静力矩相等.

按上述关于质点系质心的概念，用定积分的元素法讨论均匀薄片的质心.

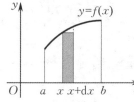

图 5-9

解 设均匀薄片由曲线 $y = f(x)(f(x) \geqslant 0)$、直线 $x = a, x = b$ 及 x 轴所围成（见图 5-9），其面密度 μ 为常数，其质心坐标为 $(\bar{x}, \bar{y})$.

为研究该薄片的质心，首先要将该薄片分成若干个小部分，每一小部分近似看成一个质点，于是该薄片就可近似看成质点系. 具体做法如下：

将区间 $[a, b]$ 分成若干个小区间，代表性小区间 $[x, x+\mathrm{d}x]$ 所对应的窄长条薄片的质量元素为

$$\mathrm{d}m = \mu y \mathrm{d}x = \mu f(x) \mathrm{d}x.$$

由于 $\mathrm{d}x$ 很小，这小窄条的质量可近似看作均匀分布在窄条的左面一条边上，且质量是均匀分布的，因此该窄条薄片又可看作质量集中在点 $\left(x, \frac{1}{2} f(x)\right)$ 处，且质量为 $\mathrm{d}m$ 的质点. 故这窄条薄片关于 x 轴及 y 轴的静力矩元素 $\mathrm{d}M_x$ 与 $\mathrm{d}M_y$ 分别为

$$dM_x = \frac{1}{2}f(x)\mu f(x)dx = \frac{1}{2}\mu f^2(x)dx, \quad dM_y = \mu x f(x)dx.$$

把它们分别在区间 $[a,b]$ 上做定积分,便得到静力矩

$$M_x = \frac{\mu}{2}\int_a^b f^2(x)dx, \quad M_y = \mu\int_a^b x f(x)dx.$$

又因为均匀薄片的总质量

$$m = \int_a^b dm = \int_a^b \mu f(x)dx,$$

所以该薄片的质心坐标为

$$\overline{x} = \frac{M_y}{m} = \frac{\int_a^b x f(x)dx}{\int_a^b f(x)dx}, \quad \overline{y} = \frac{M_x}{m} = \frac{\int_a^b f^2(x)dx}{2\int_a^b f(x)dx}.$$

上面关于质心坐标 $(\overline{x},\overline{y})$ 的计算公式适用于求均匀薄片的质心坐标,有关非均匀薄片质心坐标的计算将在二重积分应用中予以介绍.

四、同 步 练 习

练习 5.1

1. 证明定积分性质:$\int_a^b kf(x)dx = k\int_a^b f(x)dx$($k$ 是常数).

2. 估计下列积分值:

(1) $\int_{\frac{\pi}{4}}^{\frac{5\pi}{4}}(1+\sin^2 x)dx$;

(2) $\int_{\frac{\sqrt{3}}{3}}^{\sqrt{3}} x\arctan x dx$.

3. 比较下列积分值的大小:

(1) $\int_0^1 x^2 dx$ 与 $\int_0^1 x^3 dx$;

(2) $\int_0^{\frac{\pi}{6}} x dx$ 与 $\int_0^{\frac{\pi}{6}} \sin x dx$;

(3) $\int_0^1 x dx$ 与 $\int_0^1 \ln(1+x)dx$;

(4) $\int_0^1 (1+x)dx$ 与 $\int_0^1 e^x dx$.

4. 利用定积分的性质说明 $\int_0^1 e^x dx$ 与 $\int_0^1 e^{x^2} dx$ 中哪个积分值较大.

5. 证明不等式:$\sqrt{2}e^{-\frac{1}{2}} < \int_{-\frac{1}{\sqrt{2}}}^{\frac{1}{\sqrt{2}}} e^{-x^2} dx < \sqrt{2}$.

6. 求函数 $f(x) = \sqrt{1-x^2}$ 在区间 $[-1,1]$ 上的平均值.

练习 5.2

1. 求下列定积分:

(1) $\int_0^{\frac{\pi}{2}} \sin x dx$;

(2) $\int_0^1 x e^{x^2} dx$;

(3) $\int_0^{\frac{\pi}{2}} \sin(2x+\pi)dx$;

(4) $\int_1^e \frac{\ln x}{2x}dx$;

(5) $\int_0^1 \frac{dx}{100+x^2}$;

(6) $\int_0^{\frac{\pi}{4}} \frac{\tan x}{\cos^2 x}dx$.

2. 求 $\lim\limits_{x\to 0} \dfrac{\left(\int_0^x e^{t^2} dt\right)^2}{\int_0^x t e^{2t^2} dt}$.

3. 设函数 $y = \int_0^x (t-1)\mathrm{d}t$，求该函数的极小值．

4. 设函数 $f(x) = \begin{cases} \dfrac{1}{2}\sin x, & 0 \leqslant x \leqslant \pi, \\ 0, & \text{其他}, \end{cases}$ 求 $\varphi(x) = \int_0^x f(t)\mathrm{d}t$．

5. 问：a, b, c 取何实数值时，$\lim\limits_{x \to 0} \dfrac{1}{\sin x - ax} \displaystyle\int_b^x \dfrac{t^2}{\sqrt{1+t^2}}\mathrm{d}t = c$？

6. 求 $\lim\limits_{n \to \infty} \displaystyle\sum_{k=1}^n \dfrac{\mathrm{e}^{\frac{k}{n}}}{n + n\mathrm{e}^{\frac{2k}{n}}}$．

7. 求由参数方程 $\begin{cases} x = \displaystyle\int_0^t \sin u\,\mathrm{d}u, \\ y = \displaystyle\int_0^t \cos u\,\mathrm{d}u \end{cases}$ 所确定的函数 y 对 x 的导数．

练习 5.3

1. 求下列定积分：

(1) $\displaystyle\int_{\frac{\pi}{3}}^{\pi} \sin\left(x + \dfrac{\pi}{3}\right)\mathrm{d}x$；

(2) $\displaystyle\int_0^{\frac{\pi}{2}} \sin\varphi\cos^3\varphi\,\mathrm{d}\varphi$；

(3) $\displaystyle\int_{\frac{\pi}{6}}^{\frac{\pi}{2}} \cos^2 u\,\mathrm{d}u$；

(4) $\displaystyle\int_0^a x^2\sqrt{a^2 - x^2}\,\mathrm{d}x$；

(5) $\displaystyle\int_{-1}^1 \dfrac{x}{\sqrt{5 - 4x}}\mathrm{d}x$；

(6) $\displaystyle\int_0^1 t\mathrm{e}^{-\frac{t^2}{2}}\mathrm{d}t$；

(7) $\displaystyle\int_{-2}^0 \dfrac{\mathrm{d}x}{x^2 + 2x + 2}$；

(8) $\displaystyle\int_{-\frac{\pi}{2}}^{\frac{\pi}{2}} \sqrt{\cos x - \cos^3 x}\,\mathrm{d}x$；

(9) $\displaystyle\int_0^1 x\mathrm{e}^{-x}\mathrm{d}x$；

(10) $\displaystyle\int_0^{\frac{2\pi}{\omega}} t\sin\omega t\,\mathrm{d}t$；

(11) $\displaystyle\int_1^4 \dfrac{\ln x}{\sqrt{x}}\mathrm{d}x$；

(12) $\displaystyle\int_0^{\frac{\pi}{2}} \mathrm{e}^{2x}\cos x\,\mathrm{d}x$；

(13) $\displaystyle\int_0^{\pi} (x\sin x)^2\mathrm{d}x$．

2. 利用函数的奇偶性计算下列定积分：

(1) $\displaystyle\int_{-5}^5 \dfrac{x^3\sin^2 x}{x^4 + 2x^2 + 1}\mathrm{d}x$；

(2) $\displaystyle\int_{-a}^a (x\cos x - 5\sin x + 2)\mathrm{d}x$．

3. 设函数 $f(x)$ 在区间 $[-b, b]$ 上连续，证明：$\displaystyle\int_{-b}^b f(x)\mathrm{d}x = \int_{-b}^b f(-x)\mathrm{d}x$．

4. 证明：$\displaystyle\int_x^1 \dfrac{\mathrm{d}x}{1 + x^2} = \int_1^{\frac{1}{x}} \dfrac{\mathrm{d}x}{1 + x^2}$．

5. 设 $f(x)$ 是以 l 为周期的周期函数，证明：$\displaystyle\int_a^{a+l} f(x)\mathrm{d}x$ 的值与 a 无关．

6. 若 $f(t)$ 是连续函数且为奇函数，证明：$\displaystyle\int_0^x f(t)\mathrm{d}t$ 是偶函数．

7. 证明：$\displaystyle\int_0^a x\{f[\varphi(x)] + f[\varphi(a-x)]\}\mathrm{d}x = a\int_0^a f[\varphi(a-x)]\mathrm{d}x$．

练习 5.4

1. 下述运算是否正确？为什么？

$$\int_0^2 \dfrac{\mathrm{d}x}{(1-x)^2} = \dfrac{1}{1-x}\bigg|_0^2 = -1 - 1 = -2.$$

2. 判断下列广义积分的敛散性. 若收敛, 则求其值:

(1) $\int_1^{+\infty} \dfrac{\mathrm{d}x}{x^4}$;

(2) $\int_1^{+\infty} \dfrac{\mathrm{d}x}{\sqrt{x}}$;

(3) $\int_0^{+\infty} \mathrm{e}^{-ax}\,\mathrm{d}x \quad (a>0)$;

(4) $\int_1^{+\infty} \dfrac{\mathrm{d}x}{x\sqrt{x-1}}$;

(5) $\int_1^{+\infty} \dfrac{\mathrm{d}x}{(x+1)^3}$;

(6) $\int_0^{+\infty} \mathrm{e}^{-3x}\,\mathrm{d}x$;

(7) $\int_e^{+\infty} \dfrac{\mathrm{d}x}{x\ln x}$;

(8) $\int_0^{+\infty} \dfrac{\mathrm{d}x}{(1+x^2)(1+x^a)} \quad (a \geqslant 0)$.

3. 判断下列广义积分的敛散性. 若收敛, 则求其值:

(1) $\int_0^6 (x-4)^{-\frac{2}{3}}\,\mathrm{d}x$;

(2) $\int_0^1 \dfrac{\arcsin\sqrt{x}}{\sqrt{x(1-x)}}\,\mathrm{d}x$.

4. 已知 $\lim\limits_{x \to +\infty} \left(\dfrac{x-a}{x+a}\right)^x = \int_a^{+\infty} 4x^2\mathrm{e}^{-2x}\,\mathrm{d}x$, 求常数 a.

练习 5.5

1. 求下列由曲线所围成的平面图形的面积:

(1) $y = 2x^2 + 3x - 5$ 与 $y = 1 - x^2$;

(2) $y = \dfrac{1}{x}$ 与直线 $y = x, x = 2$;

(3) $y = \mathrm{e}^x, y = \mathrm{e}^{-x}$ 与直线 $x = 1$;

(4) $y = \ln x, y$ 轴与直线 $y = \ln a, y = \ln b \ (b > a > 0)$.

2. 求两曲线 $r = \sin\theta$ 与 $r = \sqrt{3}\cos\theta$ 所围公共部分的面积.

3. 求下列由曲线所围成的平面图形绕指定轴旋转一周而成的旋转体的体积:

(1) $y^2 = 2px, x = a, y = 0 (p > 0, a > 0)$, 绕 x 轴;

(2) $y = \dfrac{1}{x}\ln x, y = 0, 1 \leqslant x \leqslant \mathrm{e}$, 绕 x 轴;

(3) $y = x^2, x = y^2$, 绕 y 轴;

(4) $y = x^3, x = 2, y = 0$, 绕 x 轴和绕 y 轴.

4. 有一立体, 以长半轴 $a = 10$, 短半轴 $b = 5$ 的椭圆为底, 而垂直于长轴的截面都是等边三角形, 求该立体的体积.

5. 计算曲线 $y = \ln x$ 相应于 $x = \sqrt{3}$ 到 $x = \sqrt{8}$ 的一段弧长.

6. 计算曲线 $\rho\theta = 1$ 相应于 $\theta = \dfrac{3}{4}$ 到 $\theta = \dfrac{4}{3}$ 的一段弧长.

7. 设把一金属杆从长度 a 拉到长度 $a+x$ 时, 所需的力为 $\dfrac{kx}{a}$, 其中 k 为常数, 试求将该金属杆由长度 a 拉到长度 b 时所做的功.

8. 一个底半径为 R (单位:m)、高为 H (单位:m) 的圆柱形水桶装满了水, 要把桶内的水全部吸出, 需要做多少功 (水的密度为 $10^3 \ \mathrm{kg/m^3}, g$ 取 $10 \ \mathrm{m/s^2}$)?

9. 一矩形闸门垂直立于水中, 宽为 $10 \ \mathrm{m}$, 高为 $6 \ \mathrm{m}$, 问:闸门上边界在水面下多少时, 它一侧所受的压力等于其上边界与水面相齐时所受压力的两倍?

简答 5.1

1. 证 根据定积分的定义, 在区间 $[a,b]$ 内任意插入 $n-1$ 个分点
$$a = x_0 < x_1 < x_2 < \cdots < x_{n-1} < x_n = b.$$

记 $\Delta x_i = x_i - x_{i-1}(i=1,2,\cdots,n)$，任取 $\xi_i \in [x_{i-1}, x_i]$，则

$$\int_a^b kf(x)\mathrm{d}x = \lim_{\lambda \to 0}\sum_{i=1}^n kf(\xi_i)\Delta x_i = k\lim_{\lambda \to 0}\sum_{i=1}^n f(\xi_i)\Delta x_i = k\int_a^b f(x)\mathrm{d}x.$$

2. 解 (1) 令函数 $f(x)=1+\sin^2 x$，则 $f'(x)=2\sin x\cos x=\sin 2x$．令 $f'(x)=0$，得驻点 $x_1=\dfrac{\pi}{2}$，

$x_2=\pi$，于是

$$f\left(\frac{\pi}{2}\right)=2,\quad f(\pi)=1,\quad f\left(\frac{\pi}{4}\right)=\frac{3}{2},\quad f\left(\frac{5\pi}{4}\right)=\frac{3}{2}.$$

可见，$\min\limits_{x\in\left[\frac{\pi}{4},\frac{5\pi}{4}\right]}f(x)=1$，$\max\limits_{x\in\left[\frac{\pi}{4},\frac{5\pi}{4}\right]}f(x)=2$．由定积分的性质得

$$\pi \leqslant \int_{\frac{\pi}{4}}^{\frac{5\pi}{4}} f(x)\mathrm{d}x \leqslant 2\pi.$$

(2) 令函数 $f(x)=x\arctan x$，则 $f'(x)=\arctan x+\dfrac{x}{1+x^2}>0$，所以 $f(x)$ 在区间 $\left[\dfrac{\sqrt{3}}{3},\sqrt{3}\right]$ 上单调增加.

于是，$\min\limits_{x\in\left[\frac{\sqrt{3}}{3},\sqrt{3}\right]}f(x)=\dfrac{\pi}{6\sqrt{3}}$，$\max\limits_{x\in\left[\frac{\sqrt{3}}{3},\sqrt{3}\right]}f(x)=\dfrac{\sqrt{3}}{3}\pi$，从而

$$\frac{\pi}{6\sqrt{3}}\left(\sqrt{3}-\frac{\sqrt{3}}{3}\right) \leqslant \int_{\frac{\sqrt{3}}{3}}^{\sqrt{3}} x\arctan x\,\mathrm{d}x \leqslant \frac{\sqrt{3}}{3}\pi\left(\sqrt{3}-\frac{\sqrt{3}}{3}\right),$$

即

$$\frac{\pi}{9} \leqslant \int_{\frac{\sqrt{3}}{3}}^{\sqrt{3}} x\arctan x\,\mathrm{d}x \leqslant \frac{2}{3}\pi.$$

3. 解 (1) 当 $0\leqslant x\leqslant 1$ 时，$x^3\leqslant x^2$，且 x^3-x^2 不恒等于 0，所以 $\int_0^1 (x^2-x^3)\mathrm{d}x>0$，即

$$\int_0^1 x^2\mathrm{d}x > \int_0^1 x^3\mathrm{d}x.$$

(2) 当 $0\leqslant x\leqslant \dfrac{\pi}{6}$ 时，$\sin x\leqslant x$，且 $x-\sin x$ 不恒等于 0，所以 $\int_0^1 (x-\sin x)\mathrm{d}x>0$，即

$$\int_0^1 x\mathrm{d}x > \int_0^1 \sin x\mathrm{d}x.$$

(3) 令函数 $f(x)=x-\ln(1+x)$，则 $f'(x)=1-\dfrac{1}{1+x}=\dfrac{x}{1+x}\geqslant 0(0\leqslant x\leqslant 1)$，所以 $f(x)$ 在区间 $[0,1]$

上单调增加. 又因为 $f(x)=x-\ln(1+x)>f(0)=0$，且 $x-\ln x$ 不恒等于 $0(0\leqslant x\leqslant 1)$，所以

$$\int_0^1 x\mathrm{d}x > \int_0^1 \ln(1+x)\mathrm{d}x.$$

(4) 令函数 $f(x)=\mathrm{e}^x-(1+x)$，则 $f'(x)=\mathrm{e}^x-1\geqslant 0(0\leqslant x\leqslant 1)$，所以 $f(x)$ 在区间 $[0,1]$ 上单调增

加. 又因为 $f(x)=\mathrm{e}^x-(1+x)>f(0)=0$，且 $\mathrm{e}^x-(1+x)$ 不恒等于 $0(0\leqslant x\leqslant 1)$，所以

$$\int_0^1 \mathrm{e}^x\mathrm{d}x > \int_0^1 (1+x)\mathrm{d}x.$$

4. 解 在区间 $[0,1]$ 上，$x\geqslant x^2$，则 $\mathrm{e}^x\geqslant \mathrm{e}^{x^2}$．由定积分的性质得 $\int_0^1 \mathrm{e}^x\mathrm{d}x \geqslant \int_0^1 \mathrm{e}^{x^2}\mathrm{d}x.$

5. 证 考虑区间 $\left[-\dfrac{1}{\sqrt{2}},\dfrac{1}{\sqrt{2}}\right]$ 上的函数 $y=\mathrm{e}^{-x^2}$，有 $y'=-2x\mathrm{e}^{-x^2}$．令 $y'=0$，得驻点 $x=0$. 当 $x\in$

$\left(-\dfrac{1}{\sqrt{2}},0\right)$ 时，$y'>0$；当 $x\in\left(0,\dfrac{1}{\sqrt{2}}\right)$ 时，$y'<0$. 因此，$y=\mathrm{e}^{-x^2}$ 在点 $x=0$ 处取得最大值 $y=1$，且 $y=\mathrm{e}^{-x^2}$

在点 $x=\pm\dfrac{1}{\sqrt{2}}$ 处取得最小值 $y=\mathrm{e}^{-\frac{1}{2}}$，故

$$\int_{\frac{1}{\sqrt{2}}}^{\frac{1}{\sqrt{2}}} \mathrm{e}^{-\frac{1}{2}}\mathrm{d}x < \int_{\frac{1}{\sqrt{2}}}^{\frac{1}{\sqrt{2}}} \mathrm{e}^{-x^2}\mathrm{d}x < \int_{\frac{1}{\sqrt{2}}}^{\frac{1}{\sqrt{2}}} 1\mathrm{d}x, \quad \text{即} \quad \sqrt{2}\mathrm{e}^{-\frac{1}{2}} < \int_{\frac{1}{\sqrt{2}}}^{\frac{1}{\sqrt{2}}} \mathrm{e}^{-x^2}\mathrm{d}x < \sqrt{2}.$$

6. 解 $f(x)$ 在区间 $[-1,1]$ 上连续，则由定积分中值定理得平均值

$$\mu = \frac{1}{1-(-1)}\int_{-1}^{1}\sqrt{1-x^2}\,\mathrm{d}x \xrightarrow{\text{换元积分}} \frac{1}{2} \cdot \frac{\pi \cdot 1^2}{2} = \frac{\pi}{4}.$$

简答 5.2

1. 解 (1) $\displaystyle\int_{0}^{\frac{\pi}{2}} \sin x\,\mathrm{d}x = -\cos x\Big|_{0}^{\frac{\pi}{2}} = 1.$

(2) $\displaystyle\int_{0}^{1} x\mathrm{e}^{x^2}\,\mathrm{d}x = \frac{1}{2}\int_{0}^{1}\mathrm{e}^{x^2}\,\mathrm{d}(x^2) = \frac{\mathrm{e}^{x^2}}{2}\Big|_{0}^{1} = \frac{\mathrm{e}-1}{2}.$

(3) $\displaystyle\int_{0}^{\frac{\pi}{2}} \sin(2x+\pi)\,\mathrm{d}x = \frac{1}{2}\int_{0}^{\frac{\pi}{2}}\sin(2x+\pi)\,\mathrm{d}(2x+\pi) = -\frac{1}{2}\cos(2x+\pi)\Big|_{0}^{\frac{\pi}{2}} = -1.$

(4) $\displaystyle\int_{1}^{\mathrm{e}} \frac{\ln x}{2x}\,\mathrm{d}x = \frac{1}{2}\int_{1}^{\mathrm{e}} \ln x\,\mathrm{d}(\ln x) = \frac{1}{4}\ln^2 x\Big|_{1}^{\mathrm{e}} = \frac{1}{4}.$

(5) $\displaystyle\int_{0}^{1} \frac{\mathrm{d}x}{100+x^2} = \int_{0}^{1}\frac{\mathrm{d}x}{10^2+x^2} = \frac{1}{10}\arctan\frac{x}{10}\Big|_{0}^{1} = \frac{1}{10}\arctan\frac{1}{10}.$

(6) $\displaystyle\int_{0}^{\frac{\pi}{4}} \frac{\tan x}{\cos^2 x}\,\mathrm{d}x = \int_{0}^{\frac{\pi}{4}}\tan x\,\mathrm{d}(\tan x) = \frac{\tan^2 x}{2}\Big|_{0}^{\frac{\pi}{4}} = \frac{1}{2}.$

2. 解 原式 $= \displaystyle\lim_{x\to 0}\frac{2\mathrm{e}^{x^2}\int_{0}^{x}\mathrm{e}^{t^2}\,\mathrm{d}t}{x\mathrm{e}^{2x^2}} = \lim_{x\to 0}\frac{2\int_{0}^{x}\mathrm{e}^{t^2}\,\mathrm{d}t}{x\mathrm{e}^{x^2}} = \lim_{x\to 0}\frac{2\mathrm{e}^{x^2}}{\mathrm{e}^{x^2}+2x^2\mathrm{e}^{x^2}} = \lim_{x\to 0}\frac{2}{1+2x^2} = 2.$

3. 解 令 $y' = x-1 = 0$，得驻点 $x=1$．又因 $y'' = 1 > 0$，故点 $x=1$ 为极小值点，且极小值为
$$y\Big|_{x=1} = \int_{0}^{1}(x-1)\,\mathrm{d}x = -\frac{1}{2}.$$

4. 解 当 $x<0$ 时，$\varphi(x) = \displaystyle\int_{0}^{x} f(t)\,\mathrm{d}t = \int_{0}^{x} 0\,\mathrm{d}t = 0;$

当 $0\leqslant x\leqslant\pi$ 时，$\varphi(x) = \displaystyle\int_{0}^{x}\frac{1}{2}\sin t\,\mathrm{d}t = \frac{1-\cos x}{2};$

当 $x>\pi$ 时，$\varphi(x) = \displaystyle\int_{0}^{x} f(t)\,\mathrm{d}t = \int_{0}^{\pi} f(t)\,\mathrm{d}t + \int_{\pi}^{x} f(t)\,\mathrm{d}t = \int_{0}^{\pi}\frac{1}{2}\sin t\,\mathrm{d}t + \int_{\pi}^{x} 0\,\mathrm{d}t = 1.$

故
$$\varphi(x) = \begin{cases} 0, & x<0, \\ \dfrac{1}{2}(1-\cos x), & 0\leqslant x\leqslant\pi, \\ 1, & x>\pi. \end{cases}$$

5. 解 因为 $x\to 0$ 时，$\sin x - ax \to 0$，而该极限又存在，所以 $b=0$．利用洛必达法则，有
$$\text{原式} = \lim_{x\to 0}\left(\frac{x^2}{\cos x - a}\cdot\frac{1}{\sqrt{1+x^2}}\right) = \lim_{x\to 0}\frac{x^2}{\cos x - a} = \begin{cases} 0, & a\neq 1, \\ \displaystyle\lim_{x\to 0}\frac{2x}{-\sin x} = -2, & a=1. \end{cases}$$

故当 $a=1, b=0, c=-2$ 或 $a\neq 1, b=0, c=0$ 时，等式成立．

6. 解 原式 $= \displaystyle\frac{1}{n}\lim_{n\to\infty}\sum_{k=1}^{n}\frac{\mathrm{e}^{\frac{k}{n}}}{1+\mathrm{e}^{\frac{2k}{n}}} = \int_{0}^{1}\frac{\mathrm{e}^x}{1+\mathrm{e}^{2x}}\,\mathrm{d}x = \int_{0}^{1}\frac{\mathrm{d}(\mathrm{e}^x)}{1+\mathrm{e}^{2x}}$

$= \arctan(\mathrm{e}^x)\Big|_{0}^{1} = \arctan\mathrm{e} - \frac{\pi}{4}.$

7. 解 $\displaystyle\frac{\mathrm{d}y}{\mathrm{d}x} = \frac{\dfrac{\mathrm{d}y}{\mathrm{d}t}}{\dfrac{\mathrm{d}x}{\mathrm{d}t}} = \frac{\cos t}{\sin t} = \cot t.$

简答 5.3

1. 解 (1) $\displaystyle\int_{\frac{\pi}{3}}^{\pi} \sin\left(x+\frac{\pi}{3}\right)\mathrm{d}x = -\cos\left(x+\frac{\pi}{3}\right)\Big|_{\frac{\pi}{3}}^{\pi} = 0.$

(2) $\displaystyle\int_0^{\frac{\pi}{2}}\sin\varphi\cos^3\varphi\mathrm{d}\varphi=-\int_0^{\frac{\pi}{2}}\cos^3\varphi\mathrm{d}(\cos\varphi)=-\left.\frac{1}{4}\cos^4\varphi\right|_0^{\frac{\pi}{2}}=\frac{1}{4}.$

(3) $\displaystyle\int_{\frac{\pi}{6}}^{\frac{\pi}{2}}\cos^2 u\mathrm{d}u=\int_{\frac{\pi}{6}}^{\frac{\pi}{2}}\frac{1+\cos 2u}{2}\mathrm{d}u=\frac{1}{2}\left(\left.u\right|_{\frac{\pi}{6}}^{\frac{\pi}{2}}+\int_{\frac{\pi}{6}}^{\frac{\pi}{2}}\cos 2u\mathrm{d}u\right)$

$\displaystyle\qquad\qquad=\frac{1}{2}\left(\frac{\pi}{3}+\left.\frac{1}{2}\sin 2u\right|_{\frac{\pi}{6}}^{\frac{\pi}{2}}\right)=\frac{\pi}{6}-\frac{\sqrt{3}}{8}.$

(4) $\displaystyle\int_0^a x^2\sqrt{a^2-x^2}\mathrm{d}x\xlongequal{\diamondsuit\, x=a\sin t}\int_0^{\frac{\pi}{2}}a^4\sin^2 t\cos^2 t\mathrm{d}t=\frac{a^4}{8}\int_0^{\frac{\pi}{2}}\sin^2 2t\mathrm{d}(2t)$

$\displaystyle\qquad\qquad\xlongequal{\diamondsuit\, 2t=u}\frac{a^4}{8}\int_0^\pi\frac{1-\cos 2u}{2}\mathrm{d}u=\frac{a^4}{16}\left(\left.u\right|_0^\pi-\left.\frac{1}{2}\sin 2u\right|_0^\pi\right)=\frac{\pi a^4}{16}.$

(5) $\displaystyle\int_{-1}^1\frac{x}{\sqrt{5-4x}}\mathrm{d}x\xlongequal{\diamondsuit\,\sqrt{5-4x}=u}-\int_3^1\frac{5-u^2}{4u}\cdot\frac{u}{2}\mathrm{d}u=\frac{1}{8}\int_1^3(5-u^2)\mathrm{d}u$

$\displaystyle\qquad\qquad=\left.\frac{1}{8}\left(5u-\frac{1}{3}u^3\right)\right|_1^3=\frac{1}{6}.$

(6) $\displaystyle\int_0^1 t\mathrm{e}^{\frac{t^2}{2}}\mathrm{d}t=-\int_0^1\mathrm{e}^{\frac{t^2}{2}}\mathrm{d}\left(-\frac{t^2}{2}\right)=-\left.\mathrm{e}^{\frac{t^2}{2}}\right|_0^1=1-\mathrm{e}^{\frac{1}{2}}.$

(7) $\displaystyle\int_{-2}^0\frac{\mathrm{d}x}{x^2+2x+2}=\int_{-2}^0\frac{\mathrm{d}(x+1)}{(x+1)^2+1}=\left.\arctan(x+1)\right|_{-2}^0=\frac{\pi}{2}.$

(8) $\displaystyle\int_{-\frac{\pi}{2}}^{\frac{\pi}{2}}\sqrt{\cos x-\cos^3 x}\mathrm{d}x=2\int_0^{\frac{\pi}{2}}\sqrt{\cos x\sin^2 x}\mathrm{d}x=2\int_0^{\frac{\pi}{2}}\sqrt{\cos x}\sin x\mathrm{d}x$

$\displaystyle\qquad\qquad=-2\int_0^{\frac{\pi}{2}}\sqrt{\cos x}\mathrm{d}(\cos x)=-\left.\frac{4}{3}(\cos x)^{\frac{3}{2}}\right|_0^{\frac{\pi}{2}}=\frac{4}{3}.$

(9) $\displaystyle\int_0^1 x\mathrm{e}^{-x}\mathrm{d}x=-\int_0^1 x\mathrm{d}(\mathrm{e}^{-x})=-\left.(x\mathrm{e}^{-x})\right|_0^1+\int_0^1\mathrm{e}^{-x}\mathrm{d}x=-\mathrm{e}^{-1}-\left.\mathrm{e}^{-x}\right|_0^1=1-\frac{2}{\mathrm{e}}.$

(10) $\displaystyle\int_0^{\frac{2\pi}{\omega}}t\sin\omega t\mathrm{d}t=-\frac{1}{\omega}\int_0^{\frac{2\pi}{\omega}}t\mathrm{d}(\cos\omega t)=-\frac{1}{\omega}\left(\left.t\cos\omega t\right|_0^{\frac{2\pi}{\omega}}-\int_0^{\frac{2\pi}{\omega}}\cos\omega t\mathrm{d}t\right)$

$\displaystyle\qquad\qquad=-\frac{2\pi}{\omega^2}+\left.\frac{1}{\omega^2}\sin\omega t\right|_0^{\frac{2\pi}{\omega}}=-\frac{2\pi}{\omega^2}.$

(11) $\displaystyle\int_1^4\frac{\ln x}{\sqrt{x}}\mathrm{d}x=2\int_1^4\ln x\mathrm{d}(\sqrt{x})=\left.2\sqrt{x}\ln x\right|_1^4-2\int_1^4\frac{\sqrt{x}}{x}\mathrm{d}x$

$\displaystyle\qquad\qquad=8\ln 2-\left.4\sqrt{x}\right|_1^4=8\ln 2-4.$

(12) 因为

$$\int_0^{\frac{\pi}{2}}\mathrm{e}^{2x}\cos x\mathrm{d}x=\frac{1}{2}\int_0^{\frac{\pi}{2}}\cos x\mathrm{d}(\mathrm{e}^{2x})=\frac{1}{2}\left(\left.\mathrm{e}^{2x}\cos x\right|_0^{\frac{\pi}{2}}+\int_0^{\frac{\pi}{2}}\mathrm{e}^{2x}\sin x\mathrm{d}x\right)$$

$$=\frac{1}{2}\left[-1+\frac{1}{2}\int_0^{\frac{\pi}{2}}\sin x\mathrm{d}(\mathrm{e}^{2x})\right]$$

$$=-\frac{1}{2}+\left.\frac{1}{4}\mathrm{e}^{2x}\sin x\right|_0^{\frac{\pi}{2}}-\frac{1}{4}\int_0^{\frac{\pi}{2}}\mathrm{e}^{2x}\cos x\mathrm{d}x,$$

所以
$$\int_0^{\frac{\pi}{2}}\mathrm{e}^{2x}\cos x\mathrm{d}x=\frac{1}{5}(\mathrm{e}^\pi-2).$$

(13) $\displaystyle\int_0^\pi(x\sin x)^2\mathrm{d}x=\int_0^\pi x^2\frac{1-\cos 2x}{2}\mathrm{d}x=\frac{1}{2}\left[\left.\frac{1}{3}x^3\right|_0^\pi-\frac{1}{2}\int_0^\pi x^2\mathrm{d}(\sin 2x)\right]$

$\displaystyle\qquad\qquad=\frac{\pi^3}{6}-\left.\frac{1}{4}x^2\sin 2x\right|_0^\pi+\frac{1}{4}\int_0^\pi 2x\sin 2x\mathrm{d}x=\frac{\pi^3}{6}-\frac{1}{4}\int_0^\pi x\mathrm{d}(\cos 2x)$

$$= \frac{\pi^3}{6} - \frac{1}{4}\left(x\cos 2x\Big|_0^\pi - \int_0^\pi \cos 2x \mathrm{d}x\right)$$

$$= \frac{\pi^3}{6} - \frac{\pi}{4} + \frac{1}{8}\sin 2x\Big|_0^\pi = \frac{\pi^3}{6} - \frac{\pi}{4}.$$

2. 解 （1）因为 $\dfrac{x^3\sin^2 x}{x^4 + 2x^2 + 1}$ 为奇函数，所以 $\displaystyle\int_{-5}^5 \dfrac{x^3\sin^2 x}{x^4 + 2x^2 + 1}\mathrm{d}x = 0.$

（2）由定积分的性质可知，

$$原式 = \int_{-a}^a x\cos x\mathrm{d}x - \int_{-a}^a 5\sin x\mathrm{d}x + \int_{-a}^a 2\mathrm{d}x.$$

而上式右端前两个定积分的被积函数都是奇函数，故这两个定积分的值均为 0，则

$$原式 = \int_{-a}^a 2\mathrm{d}x = 4a.$$

3. 证 令 $x = -t$，则 $\mathrm{d}x = -\mathrm{d}t$，且当 $x = b$ 时，$t = -b$；当 $x = -b$ 时，$t = b$. 于是

$$左端 = -\int_b^{-b} f(-t)\mathrm{d}t = \int_{-b}^b f(-t)\mathrm{d}t = \int_{-b}^b f(-x)\mathrm{d}x = 右端.$$

4. 证 令 $x = \dfrac{1}{t}$，则 $\mathrm{d}x = -\dfrac{1}{t^2}\mathrm{d}t$，且当 $x = 1$ 时，$t = 1$；当 $x = x$ 时，$t = \dfrac{1}{x}$. 于是

$$左端 = -\int_{\frac{1}{x}}^1 \frac{\mathrm{d}t}{t^2\left(1 + \frac{1}{t^2}\right)} = \int_1^{\frac{1}{x}} \frac{\mathrm{d}t}{t^2 + 1} = \int_1^{\frac{1}{x}} \frac{\mathrm{d}x}{x^2 + 1} = 右端.$$

5. 证法一 $\displaystyle\int_a^{a+l} f(x)\mathrm{d}x = \int_a^l f(x)\mathrm{d}x + \int_l^{a+l} f(x)\mathrm{d}x.$ 因为

$$\int_l^{a+l} f(x)\mathrm{d}x \xrightarrow{令 x = t + l} \int_0^a f(t+l)\mathrm{d}t = \int_0^a f(t)\mathrm{d}t = \int_0^a f(x)\mathrm{d}x,$$

所以

$$\int_a^{a+l} f(x)\mathrm{d}x = \int_a^l f(x)\mathrm{d}x + \int_0^a f(x)\mathrm{d}x = \int_0^l f(x)\mathrm{d}x,$$

即 $\displaystyle\int_a^{a+l} f(x)\mathrm{d}x$ 的值与 a 无关.

证法二 令函数 $F(a) = \displaystyle\int_a^{a+l} f(x)\mathrm{d}x$，则

$$F'(a) = f(a+l) - f(a) = 0,$$

所以 $F(a) = \displaystyle\int_a^{a+l} f(x)\mathrm{d}x$ 是与 a 无关的常数.

6. 证 令函数 $F(x) = \displaystyle\int_0^x f(t)\mathrm{d}t$，则

$$F(-x) = \int_0^{-x} f(t)\mathrm{d}t \xrightarrow{令 t = -u} \int_0^x f(-u)\mathrm{d}(-u) = \int_0^x f(u)\mathrm{d}u = F(x),$$

所以 $\displaystyle\int_0^x f(t)\mathrm{d}t$ 是偶函数.

7. 证 因为

$$\int_0^a xf[\varphi(x)]\mathrm{d}x \xrightarrow{令 a - x = t} \int_a^0 (a-t)f[\varphi(a-t)](-\mathrm{d}t)$$

$$= \int_0^a (a-t)f[\varphi(a-t)]\mathrm{d}t = a\int_0^a f[\varphi(a-t)]\mathrm{d}t - \int_0^a tf[\varphi(a-t)]\mathrm{d}t$$

$$= a\int_0^a f[\varphi(a-x)]\mathrm{d}x - \int_0^a xf[\varphi(a-x)]\mathrm{d}x,$$

所以

$$\int_0^a xf[\varphi(x)]\mathrm{d}x + \int_0^a xf[\varphi(a-x)]\mathrm{d}x = a\int_0^a f[\varphi(a-x)]\mathrm{d}x,$$

即
$$\int_0^a x\{f[\varphi(x)] + f[\varphi(a-x)]\}\mathrm{d}x = a\int_0^a f[\varphi(a-x)]\mathrm{d}x.$$

简答 5.4

1. 解 不正确. 因为 $\int_0^2 \dfrac{\mathrm{d}x}{(1-x)^2}$ 在区间 $[0,2]$ 上存在无穷间断点 $x=1$, 所以广义积分 $\int_0^2 \dfrac{\mathrm{d}x}{(1-x)^2}$ 不能直接应用牛顿-莱布尼茨公式计算. 事实上,

$$\int_0^2 \frac{\mathrm{d}x}{(1-x)^2} = \int_0^1 \frac{\mathrm{d}x}{(1-x)^2} + \int_1^2 \frac{\mathrm{d}x}{(1-x)^2}$$

$$= \lim_{\varepsilon_1 \to 0^+}\int_0^{1-\varepsilon_1} \frac{\mathrm{d}x}{(1-x)^2} + \lim_{\varepsilon_2 \to 0^+}\int_{1+\varepsilon_2}^2 \frac{\mathrm{d}x}{(1-x)^2} = \lim_{\varepsilon_1 \to 0^+}\frac{1}{1-x}\Big|_0^{1-\varepsilon_1} + \lim_{\varepsilon_2 \to 0^+}\frac{1}{1-x}\Big|_{1+\varepsilon_2}^2$$

$$= \lim_{\varepsilon_1 \to 0^+}\left(\frac{1}{\varepsilon_1} - 1\right) + \lim_{\varepsilon_2 \to 0^+}\left(-1 + \frac{1}{\varepsilon_2}\right) = +\infty,$$

所以该广义积分发散.

2. 解 (1) $\int_1^{+\infty} \dfrac{\mathrm{d}x}{x^4} = -\dfrac{1}{3}x^{-3}\Big|_1^{+\infty} = -\dfrac{1}{3}\lim_{x \to +\infty}x^{-3} + \dfrac{1}{3} = \dfrac{1}{3}$, 即该广义积分收敛于 $\dfrac{1}{3}$.

(2) 因为 $\int_1^{+\infty} \dfrac{\mathrm{d}x}{\sqrt{x}} = 2\sqrt{x}\Big|_1^{+\infty} = 2(\lim_{x \to +\infty}\sqrt{x} - 1) = +\infty$, 所以该广义积分发散.

(3) $\int_0^{+\infty} \mathrm{e}^{-ax}\mathrm{d}x = -\dfrac{1}{a}\mathrm{e}^{-ax}\Big|_0^{+\infty} = -\dfrac{1}{a}(\lim_{x \to +\infty}\mathrm{e}^{-ax} - 1) = \dfrac{1}{a}$, 即该广义积分收敛于 $\dfrac{1}{a}$.

(4) 因为 $\int_1^{+\infty} \dfrac{\mathrm{d}x}{x\sqrt{x-1}} = \int_1^2 \dfrac{\mathrm{d}x}{x\sqrt{x-1}} + \int_2^{+\infty} \dfrac{\mathrm{d}x}{x\sqrt{x-1}}$, 而

$$\int_1^2 \frac{\mathrm{d}x}{x\sqrt{x-1}} = \lim_{\varepsilon \to 0^+}\int_{1+\varepsilon}^2 \frac{\mathrm{d}x}{x\sqrt{x-1}} \xrightarrow{\diamondsuit\sqrt{x-1}=t} \lim_{\varepsilon \to 0^+}\int_{\sqrt{\varepsilon}}^1 \frac{2t\mathrm{d}t}{t(t^2+1)}$$

$$= 2\lim_{\varepsilon \to 0^+}\arctan t\Big|_{\sqrt{\varepsilon}}^1 = \frac{\pi}{2},$$

$$\int_2^{+\infty} \frac{\mathrm{d}x}{x\sqrt{x-1}} \xrightarrow{\diamondsuit\sqrt{x-1}=t} 2\int_1^{+\infty} \frac{\mathrm{d}t}{t^2+1} = 2\arctan t\Big|_1^{+\infty} = \frac{\pi}{2},$$

所以 $\int_1^{+\infty} \dfrac{\mathrm{d}x}{x\sqrt{x-1}} = \pi$, 即该广义积分收敛于 π.

(5) $\int_1^{+\infty} \dfrac{\mathrm{d}x}{(x+1)^3} = -\dfrac{1}{2}(x+1)^{-2}\Big|_1^{+\infty} = \dfrac{1}{8}$, 即该广义积分收敛于 $\dfrac{1}{8}$.

(6) $\int_0^{+\infty} \mathrm{e}^{-3x}\mathrm{d}x = -\dfrac{1}{3}\mathrm{e}^{-3x}\Big|_0^{+\infty} = \dfrac{1}{3}$, 即该广义积分收敛于 $\dfrac{1}{3}$.

(7) $\int_{\mathrm{e}}^{+\infty} \dfrac{\mathrm{d}x}{x\ln x} = \int_{\mathrm{e}}^{+\infty} \dfrac{\mathrm{d}(\ln x)}{\ln x} = \ln(\ln x)\Big|_{\mathrm{e}}^{+\infty} = +\infty$, 即该广义积分发散.

(8) 令 $x = \dfrac{1}{t}$, 则 $\mathrm{d}x = -\dfrac{1}{t^2}\mathrm{d}t$, 且当 $x \to +\infty$ 时, $t \to 0$; 当 $x \to 0$ 时, $t \to +\infty$. 于是

$$\int_0^{+\infty} \frac{\mathrm{d}x}{(1+x^2)(1+x^a)} = \int_{+\infty}^0 \frac{-\dfrac{1}{t^2}}{\dfrac{1+t^2}{t^2} \cdot \dfrac{1+t^a}{t^a}}\mathrm{d}t = \int_0^{+\infty} \frac{t^a}{(1+t^2)(1+t^a)}\mathrm{d}t,$$

所以

$$2\int_0^{+\infty} \frac{\mathrm{d}x}{(1+x^2)(1+x^a)} = \int_0^{+\infty} \frac{\mathrm{d}x}{(1+x^2)(1+x^a)} + \int_0^{+\infty} \frac{x^a}{(1+x^2)(1+x^a)}\mathrm{d}x$$

$$= \int_0^{+\infty} \frac{\mathrm{d}x}{1+x^2} = \arctan x\Big|_0^{+\infty} = \frac{\pi}{2}.$$

故 $\int_0^{+\infty} \dfrac{\mathrm{d}x}{(1+x^2)(1+x^a)} = \dfrac{\pi}{4}$，即该广义积分收敛于 $\dfrac{\pi}{4}$.

3. 解 （1）$\int_0^6 (x-4)^{-\frac{2}{3}}\mathrm{d}x = \int_4^6 (x-4)^{-\frac{2}{3}}\mathrm{d}x + \int_0^4 (x-4)^{-\frac{2}{3}}\mathrm{d}x$

$$= 3(x-4)^{\frac{1}{3}}\Big|_4^6 + 3(x-4)^{\frac{1}{3}}\Big|_0^4 = 3(\sqrt[3]{2}+\sqrt[3]{4}),$$

即该广义积分收敛于 $3(\sqrt[3]{2}+\sqrt[3]{4})$.

（2）令 $\arcsin\sqrt{x} = t$，则 $\mathrm{d}t = \dfrac{1}{2\sqrt{x}\sqrt{1-x}}\mathrm{d}x$，且当 $x=0$ 时，$t=0$；当 $x=1$ 时，$t=\dfrac{\pi}{2}$. 于是

$$\int_0^1 \dfrac{\arcsin\sqrt{x}}{\sqrt{x(1-x)}}\mathrm{d}x = 2\int_0^{\frac{\pi}{2}} t\,\mathrm{d}t = t^2\Big|_0^{\frac{\pi}{2}} = \dfrac{\pi^2}{4},$$

即该广义积分收敛于 $\dfrac{\pi^2}{4}$.

4. 解 左端 $= \lim\limits_{x\to+\infty}\left(1-\dfrac{2a}{x+a}\right)^x = \lim\limits_{x\to+\infty}\left(1+\dfrac{1}{\frac{x+a}{-2a}}\right)^{\frac{x+a}{-2a}\cdot\frac{-2a}{x+a}\cdot x} = \mathrm{e}^{-2a}$，

$$右端 = \int_a^{+\infty}(-2x^2\mathrm{e}^{-2x})\mathrm{d}(-2x) = -2\int_a^{+\infty}x^2\mathrm{d}(\mathrm{e}^{-2x}) = -2\left(x^2\mathrm{e}^{-2x}\Big|_a^{+\infty} - \int_a^{+\infty}2x\mathrm{e}^{-2x}\mathrm{d}x\right)$$

$$= 2a^2\mathrm{e}^{-2a} - 2\int_a^{+\infty}x\mathrm{d}(\mathrm{e}^{-2x}) = 2a^2\mathrm{e}^{-2a} - 2\left(x\mathrm{e}^{-2x}\Big|_a^{+\infty} - \int_a^{+\infty}\mathrm{e}^{-2x}\mathrm{d}x\right)$$

$$= (2a^2+2a+1)\mathrm{e}^{-2a}.$$

于是，有 $(2a^2+2a+1)\mathrm{e}^{-2a} = \mathrm{e}^{-2a}$，解得 $a=0$ 或 $a=-1$.

简答 5.5

1. 解 （1）两曲线的交点为 $(-2,-3)$ 和 $(1,0)$. 取 x 为积分变量，故所求面积为

$$S = \int_{-2}^1 \left[(1-x^2)-(2x^2+3x-5)\right]\mathrm{d}x = \int_{-2}^1 \left(6-3x-3x^2\right)\mathrm{d}x$$

$$= \left(6x-\dfrac{3}{2}x^2-x^3\right)\Big|_{-2}^1 = \dfrac{27}{2}.$$

（2）如图 5-10 所示，解方程组 $\begin{cases} y=\dfrac{1}{x} \\ y=x, \end{cases}$ 得交点 $(1,1)$. 取 x 为积分变量，故所求面积为

$$S = \int_1^2 \left(x-\dfrac{1}{x}\right)\mathrm{d}x = \left(\dfrac{x^2}{2}-\ln x\right)\Big|_1^2 = \dfrac{3}{2}-\ln 2.$$

（3）取 x 为积分变量，故所求面积为

$$S = \int_0^1 (\mathrm{e}^x-\mathrm{e}^{-x})\mathrm{d}x = (\mathrm{e}^x+\mathrm{e}^{-x})\Big|_0^1 = \mathrm{e}+\dfrac{1}{\mathrm{e}}-2.$$

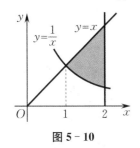

图 5-10

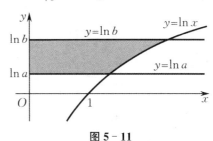

图 5-11

（4）如图 5-11 所示，取 y 为积分变量，故所求面积为

$$S = \int_{\ln a}^{\ln b} e^y \mathrm{d}y = e^y \Big|_{\ln a}^{\ln b} = b - a.$$

2. 解 如图 5-12 所示,当 θ 等于 0 和 $\frac{\pi}{3}$ 时,两曲线相交,于是所围公共部分的面积为

$$A = \frac{1}{2} \int_0^{\frac{\pi}{3}} \sin^2\theta \mathrm{d}\theta + \frac{1}{2} \int_{\frac{\pi}{3}}^{\frac{\pi}{2}} 3\cos^2\theta \mathrm{d}\theta = \frac{5\pi}{24} - \frac{\sqrt{3}}{4}.$$

3. 解 (1) $V_x = \pi \int_0^a 2px \mathrm{d}x = \pi px^2 \Big|_0^a = \pi pa^2.$

(2) $V_x = \pi \int_1^e \frac{1}{x^2} \ln^2 x \mathrm{d}x = -\pi \int_1^e \ln^2 x \mathrm{d}\left(\frac{1}{x}\right) = -\pi \left(\frac{1}{x} \ln^2 x \Big|_1^e - 2 \int_1^e \frac{1}{x^2} \ln x \mathrm{d}x\right)$

$= -\pi \left(\frac{1}{e} + \frac{2}{x} \ln x \Big|_1^e - 2 \int_1^e \frac{1}{x^2} \mathrm{d}x\right) = -\pi \left(\frac{3}{e} + \frac{2}{x} \Big|_1^e\right) = (2e - 5) \frac{\pi}{e}.$

(3) 两曲线的交点为 $(0,0)$ 和 $(1,1)$,故所求旋转体体积为

$$V_y = \pi \int_0^1 y \mathrm{d}y - \pi \int_0^1 y^4 \mathrm{d}y = \pi \left(\frac{1}{2} y^2 - \frac{1}{5} y^5\right) \Big|_0^1 = \frac{3}{10}\pi.$$

(4) 如图 5-13 所示,绕 x 轴旋转一周而成的旋转体的体积为

$$V_x = \int_0^2 \pi y^2 \mathrm{d}x = \int_0^2 \pi x^6 \mathrm{d}x = \frac{1}{7} \pi x^7 \Big|_0^2 = \frac{128}{7}\pi,$$

绕 y 轴旋转一周而成的旋转体的体积为

$$V_y = 2^2 \cdot \pi \cdot 8 - \int_0^8 \pi x^2 \mathrm{d}y = 32\pi - \pi \int_0^8 y^{\frac{2}{3}} \mathrm{d}y = 32\pi - \frac{3}{5} \pi x^{\frac{5}{3}} \Big|_0^8 = \frac{64}{5}\pi.$$

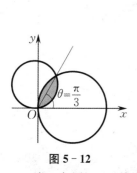

图 5-12

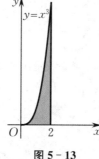

图 5-13

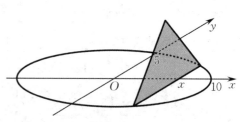

图 5-14

4. 解 如图 5-14 所示,设底面椭圆方程为

$$\frac{x^2}{10^2} + \frac{y^2}{5^2} = 1,$$

且垂直于 x 轴的截面为等边三角形,其边长为 $\sqrt{10^2 - x^2}$,则对应于 x 的截面面积为

$$A(x) = \frac{\sqrt{3}}{4} (10^2 - x^2).$$

于是,所求立体体积为

$$V = \int_{-10}^{10} \frac{\sqrt{3}}{4} (10^2 - x^2) \mathrm{d}x = \frac{\sqrt{3}}{4} \left(100x - \frac{x^3}{3}\right) \Big|_{-10}^{10} = \frac{1\,000}{\sqrt{3}}.$$

5. 解 由弧长公式可知,所求弧长为

$$s = \int_{\sqrt{3}}^{\sqrt{8}} \sqrt{1 + (y')^2} \mathrm{d}x = \int_{\sqrt{3}}^{\sqrt{8}} \sqrt{1 + \frac{1}{x^2}} \mathrm{d}x = \int_{\sqrt{3}}^{\sqrt{8}} \frac{\sqrt{1 + x^2}}{x} \mathrm{d}x = 1 + \frac{1}{2} \ln \frac{3}{2}.$$

6. 解 由弧长的极坐标公式得

$$s = \int_{\frac{3}{4}}^{\frac{4}{3}} \sqrt{\rho^2(\theta) + \left[\rho'(\theta)\right]^2} \mathrm{d}\theta = \int_{\frac{3}{4}}^{\frac{4}{3}} \sqrt{\left(\frac{1}{\theta}\right)^2 + \left(-\frac{1}{\theta^2}\right)^2} \mathrm{d}\theta = \int_{\frac{3}{4}}^{\frac{4}{3}} \frac{1}{\theta^2} \sqrt{1 + \theta^2} \mathrm{d}\theta = \frac{5}{12} + \ln \frac{3}{2}.$$

7. 解 由于拉长该金属杆所需的力 f 与拉长的长度 x 成正比,且 $f = \dfrac{kx}{a}$(k 为常数),于是取金属杆被拉长的长度 x 为积分变量,其取值范围为 $[0, b-a]$,则对于任意 $x \in [0, b-a]$,在拉长的长度小区间 $[x, x+\mathrm{d}x]$ 上,做功元素为

$$\mathrm{d}W = f\mathrm{d}x = \frac{kx}{a}\mathrm{d}x.$$

于是,将该金属杆由长度 a 拉到长度 b 时所做功为

$$W = \int_0^{b-a} \frac{kx}{a}\mathrm{d}x = \frac{k}{a}\int_0^{b-a} x\mathrm{d}x = \frac{k}{a} \cdot \frac{x^2}{2}\Big|_0^{b-a} = \frac{k(b-a)^2}{2a}.$$

8. 解 如图 5-15 所示,取 x 为积分变量,$x \in [0, H]$,任取一小区间 $[x, x+\mathrm{d}x] \subset [0, H]$,相应一薄层水被抽到桶外需做的功(单位:J)为

$$\mathrm{d}W = \pi R^2 \mathrm{d}x \cdot \rho_{\text{水}}g \cdot x = \rho_{\text{水}}g\pi R^2 x\mathrm{d}x.$$

于是,把桶内的水全部吸出,需做功

$$W = \int_0^H \rho_{\text{水}}g\pi R^2 x\mathrm{d}x = \rho_{\text{水}}g\pi R^2 \frac{x^2}{2}\Big|_0^H = \frac{1}{2}\rho_{\text{水}}g\pi R^2 H^2 = 5\,000\pi R^2 H^2.$$

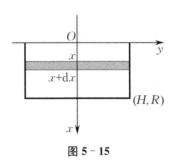

图 5-15   图 5-16

9. 解 建立平面直角坐标系,如图 5-16 所示.设闸门上边界在水面下距离为 h,任取一小区间 $[x, x+\mathrm{d}x]$,相应一段闸门条上一侧所受到的水的压力元素为

$$\mathrm{d}F = \rho g x \cdot 10\mathrm{d}x = 10\rho g x\mathrm{d}x.$$

于是,由题意得

$$2\int_0^6 10\rho g x\mathrm{d}x = \int_h^{h+6} 10\rho g x\mathrm{d}x, \quad 即 \quad x^2\Big|_0^6 = \frac{x^2}{2}\Big|_h^{h+6},$$

从而 $h = 3$(m).

复习题 A

1. 如何表述定积分的几何意义?根据定积分的几何意义推出下列定积分的值:

(1) $\displaystyle\int_{-1}^1 x\mathrm{d}x$;

(2) $\displaystyle\int_{-R}^R \sqrt{R^2 - x^2}\,\mathrm{d}x$;

(3) $\displaystyle\int_0^{2\pi} \cos x\mathrm{d}x$;

(4) $\displaystyle\int_{-1}^1 |x|\,\mathrm{d}x$.

2. 设某物体以速度 $v = 2t+1$(v 的单位为 m/s,t 的单位为 s)做变速直线运动,用定积分表示时间 t 从 0 s 到 5 s 内该物体移动的路程 s.

3. 用定积分的定义计算定积分 $\displaystyle\int_a^b c\mathrm{d}x$,其中 c 为常数.

4. 利用定积分的定义计算 $\displaystyle\int_0^1 x^2\mathrm{d}x$.

5. 利用定积分的性质,估计 $\displaystyle\int_{-1}^1 (4x^4 - 2x^3 + 5)\mathrm{d}x$ 的值.

6. 求下列定积分：

(1) $\int_0^4 |2-x|\,\mathrm{d}x$；

(2) $\int_{-2}^1 x^2 |x|\,\mathrm{d}x$；

(3) $\int_0^1 \max\{x, 1-x\}\,\mathrm{d}x$.

7. 求下列定积分：

(1) $\int_0^1 x^{100}\,\mathrm{d}x$；

(2) $\int_1^4 \sqrt{x}\,\mathrm{d}x$；

(3) $\int_0^1 \mathrm{e}^x\,\mathrm{d}x$；

(4) $\int_0^1 100^x\,\mathrm{d}x$.

8. 求下列极限：

(1) $\lim\limits_{x\to 1}\dfrac{\int_1^x \sin \pi t\,\mathrm{d}t}{1+\cos \pi x}$；

(2) $\lim\limits_{x\to +\infty}\dfrac{\int_0^x \arctan^2 t\,\mathrm{d}t}{\sqrt{x^2+1}}$.

9. 设函数 $f(x)=\begin{cases} x+1, & x\leqslant 1, \\ \dfrac{1}{2}x^2, & x>1, \end{cases}$ 求 $\int_0^2 f(x)\,\mathrm{d}x$.

10. 求 $\lim\limits_{n\to\infty}\dfrac{1}{n^2}(\sqrt{n}+\sqrt{2n}+\cdots+\sqrt{n^2})$.

11. 求由方程 $\int_0^y \mathrm{e}^t\,\mathrm{d}t+\int_0^x \cos t\,\mathrm{d}t=0$ 所确定的隐函数 y 关于 x 的导数 $\dfrac{\mathrm{d}y}{\mathrm{d}x}$.

12. 下列运算是否正确？若不正确，请对所给定积分写出正确计算过程：

(1) $\int_{-\frac{\pi}{2}}^{\frac{\pi}{2}} \sqrt{\cos x-\cos^3 x}\,\mathrm{d}x=\int_{-\frac{\pi}{2}}^{\frac{\pi}{2}} \cos^{\frac{1}{2}}x\sin x\,\mathrm{d}x=-\int_{-\frac{\pi}{2}}^{\frac{\pi}{2}} \cos^{\frac{1}{2}}x\,\mathrm{d}(\cos x)$

$$=-\frac{2}{3}\cos^{\frac{3}{2}}x\,\Big|_{-\frac{\pi}{2}}^{\frac{\pi}{2}}=0.$$

(2) $\int_{-1}^1 \sqrt{1-x^2}\,\mathrm{d}x=\int_{-1}^1 \sqrt{1-\sin^2 t}\,\mathrm{d}(\sin t)=\int_{-1}^1 \cos t \cdot \cos t\,\mathrm{d}t$

$$=\int_{-1}^1 \cos^2 t\,\mathrm{d}t=2\int_0^1 \cos^2 t\,\mathrm{d}t=2\int_0^1 \frac{1+\cos 2t}{2}\,\mathrm{d}t$$

$$=\left(t+\frac{1}{2}\sin 2t\right)\Big|_0^1=1+\frac{1}{2}\sin 2.$$

13. 求下列定积分：

(1) $\int_0^4 \sqrt{16-x^2}\,\mathrm{d}x$；

(2) $\int_0^1 \dfrac{\mathrm{d}x}{4+x^2}$；

(3) $\int_1^{\mathrm{e}} \dfrac{\ln^2 x}{x}\,\mathrm{d}x$；

(4) $\int_0^{\ln 2} \sqrt{\mathrm{e}^x-1}\,\mathrm{d}x$.

14. 求下列定积分：

(1) $\int_0^1 (5x+1)\mathrm{e}^{5x}\,\mathrm{d}x$；

(2) $\int_0^{\mathrm{e}-1} \ln(x+1)\,\mathrm{d}x$；

(3) $\int_0^1 \mathrm{e}^{\pi x}\cos \pi x\,\mathrm{d}x$；

(4) $\int_0^1 (x^3+3^x+\mathrm{e}^{3x})x\,\mathrm{d}x$；

(5) $\int_{\frac{\pi}{4}}^{\frac{\pi}{3}} \dfrac{x}{\sin^2 x}\,\mathrm{d}x$.

15. 利用函数的奇偶性计算下列定积分：

(1) $\int_{-1}^1 (x+\sqrt{1-x^2})^2\,\mathrm{d}x$；

(2) $\int_{-\frac{\pi}{2}}^{\frac{\pi}{2}} 4\cos^4 x\,\mathrm{d}x$.

16. 设 $b>0$，且 $\int_1^b \ln x\,\mathrm{d}x=1$，求常数 b.

17. 若函数 $f(x)$ 在区间 $[0,1]$ 上连续，证明：

(1) $\int_0^{\frac{\pi}{2}} f(\sin x)\mathrm{d}x = \int_0^{\frac{\pi}{2}} f(\cos x)\mathrm{d}x$;

(2) $\int_0^\pi x f(\sin x)\mathrm{d}x = \dfrac{\pi}{2}\int_0^\pi f(\sin x)\mathrm{d}x$,并求$\int_0^\pi \dfrac{x\sin x}{1+\cos^2 x}\mathrm{d}x$.

18. 设 $f''(x)$ 在区间 $[a,b]$ 上连续,证明:$\int_a^b x f''(x)\mathrm{d}x = \left[b f'(b) - f(b)\right] - \left[a f'(a) - f(a)\right]$.

19. 判断下列广义积分的敛散性.若收敛,则求其值:

(1) $\int_0^{+\infty} \dfrac{\mathrm{d}x}{x^2}$;

(2) $\int_1^{+\infty} \mathrm{e}^{-100x}\mathrm{d}x$;

(3) $\int_{-\infty}^{+\infty} \dfrac{1+x^2}{1+x^4}\mathrm{d}x$;

(4) $\int_0^{+\infty} \dfrac{\mathrm{d}x}{100+x^2}$.

20. 判断下列广义积分的敛散性.若收敛,则求其值:

(1) $\int_0^1 \dfrac{\arcsin x}{\sqrt{1-x^2}}\mathrm{d}x$;

(2) $\int_a^b \dfrac{\mathrm{d}x}{\sqrt{(x-a)(b-x)}}$ $(b>a)$.

21. 证明:广义积分 $\int_a^b \dfrac{\mathrm{d}x}{(x-a)^q}$ 当 $q<1$ 时收敛,当 $q\geqslant 1$ 时发散.

22. 设函数 $y=\sin x, 0\leqslant x\leqslant \dfrac{\pi}{2}$,问:$t$ 取何值时,如图 5-17 所示阴影部分的面积 S_1 与 S_2 之和 S 最小或最大?

23. 过曲线 $y=x^2\ (x\geqslant 0)$ 上某点 A 作一切线,使之与曲线及 x 轴所围成的平面图形的面积为 $\dfrac{1}{12}$,求:(1) 切点 A 的坐标;(2) 过切点 A 的切线方程;(3) 所围成的平面图形绕 x 轴旋转一周而成的旋转体的体积 V.

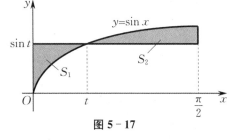

图 5-17

24. 已知一抛物线通过 x 轴上的两点 $A(1,0), B(3,0)$.

(1) 求证:两坐标轴与该抛物线所围成的平面图形的面积 S_1 等于 x 轴与该抛物线所围成的平面图形的面积 S_2;

(2) 求(1)中两个平面图形绕 x 轴旋转一周而成的两个旋转体的体积之比.

复习题 B

一、选择题

1. 设函数 $F(x) = \dfrac{x^2}{x-a}\int_a^x f(t)\mathrm{d}t$,其中 $f(x)$ 为连续函数,则 $\lim\limits_{x\to a} F(x)$ 等于( ).

A. a^2 B. $a^2 f(a)$ C. 0   D. 不存在

2. 设 $f(x)$ 为连续函数,且 $F(x) = \int_{\frac{1}{x}}^{\ln x} f(t)\mathrm{d}t$,则 $F'(x)$ 等于( ).

A. $\dfrac{1}{x}f(\ln x) + \dfrac{1}{x^2}f\left(\dfrac{1}{x}\right)$ B. $f(\ln x) + f\left(\dfrac{1}{x}\right)$

C. $\dfrac{1}{x}f(\ln x) - \dfrac{1}{x^2}f\left(\dfrac{1}{x}\right)$ D. $f(\ln x) - f\left(\dfrac{1}{x}\right)$

3. 设函数 $f(x)$ 在闭区间 $[a,b]$ 上连续,且 $f(x)>0$,则方程
$$\int_a^x f(t)\mathrm{d}t + \int_b^x \dfrac{\mathrm{d}t}{f(t)} = 0$$
在开区间 (a,b) 内的根有( ).

A. 零个   B. 一个   C. 两个   D. 无穷多个

4. 下列广义积分收敛的是( ).

A. $\displaystyle\int_e^{+\infty}\frac{\ln x}{x}\mathrm{d}x$
B. $\displaystyle\int_e^{+\infty}\frac{\mathrm{d}x}{x\ln x}$

C. $\displaystyle\int_e^{+\infty}\frac{\mathrm{d}x}{x\ln^2 x}$
D. $\displaystyle\int_e^{+\infty}\frac{\mathrm{d}x}{x\sqrt{\ln x}}$

二、填空题

1. $\displaystyle\int_{-2}^2\frac{x+|x|}{2+x^2}\mathrm{d}x=$ _____.

2. 若函数 $f(x)=\dfrac{1}{1+x^2}+\sqrt{1-x^2}\displaystyle\int_0^1 f(x)\mathrm{d}x$，则 $\displaystyle\int_0^1 f(x)\mathrm{d}x=$ _____.

3. 设函数 $f(x)$ 有一个原函数 $\dfrac{\sin x}{x}$，则 $\displaystyle\int_{\frac{\pi}{2}}^{\pi}xf'(x)\mathrm{d}x=$ _____.

4. $\displaystyle\int_1^{+\infty}\frac{\mathrm{d}x}{e^x+e^{2-x}}=$ _____.

5. 设 $\displaystyle\lim_{x\to\infty}\left(\frac{1+x}{x}\right)^{ax}=\int_{-\infty}^a te^t\mathrm{d}t$，则常数 $a=$ _____.

三、解答题

1. 设函数 $f(x)$ 可导，且 $f(0)=0$，$F(x)=\displaystyle\int_0^x t^{n-1}f(x^n-t^n)\mathrm{d}t$，求 $\displaystyle\lim_{x\to 0}\frac{F(x)}{x^{2n}}$.

2. 设函数 $f(x)$ 连续，且满足 $\displaystyle\int_0^x(x-t)f(t)\mathrm{d}t=x(x-2)e^x+2x$，求：

(1) $f(x)$ 的表达式；

(2) $f(x)$ 的单调区间与极值.

3. 求 $\displaystyle\lim_{x\to\infty}\frac{1}{x}\int_0^x(1+t^2)e^{t^2-x^2}\mathrm{d}t$.

4. 求连续函数 $f(x)$，使得它满足 $\displaystyle\int_0^1 f(tx)\mathrm{d}t=f(x)+x\sin x$.

5. 求 $\displaystyle\int_0^3\frac{\mathrm{d}x}{(1+x)\sqrt{x}}$.

6. 求函数 $I(x)=\displaystyle\int_e^x\frac{\ln t}{t^2-2t+1}\mathrm{d}t$ 在区间 $[e,e^2]$ 上的最大值.

7. 求 $I=\displaystyle\int_{-1}^1(2x+|x|+1)^2\mathrm{d}x$.

8. 设函数 $f(x)$ 在区间 $[0,\pi]$ 上连续，且
$$\int_0^{\pi}f(x)\mathrm{d}x=0,\quad \int_0^{\pi}f(x)\cos x\mathrm{d}x=0.$$
证明：在区间 $(0,\pi)$ 内至少存在两个不同的点 ξ_1,ξ_2，使得 $f(\xi_1)=f(\xi_2)=0$.

9. 求 $I=\displaystyle\int_1^{+\infty}\frac{\mathrm{d}x}{e^{1+x}+e^{3-x}}$.

四、证明题

1. 设函数 $f(x)$ 在闭区间 $[a,b]$ 上连续，在开区间 (a,b) 内可导，且 $f'(x)\leqslant 0$. 记 $F(x)=\dfrac{1}{x-a}\displaystyle\int_a^x f(t)\mathrm{d}t$，证明：在区间 (a,b) 内 $F'(x)\leqslant 0$.

2. 设函数 $f(x)$ 在闭区间 $[0,1]$ 上可微，且满足 $f(1)=2\displaystyle\int_0^{\frac{1}{2}}xf(x)\mathrm{d}x$. 证明：存在 $\xi\in(0,1)$，使得
$$f(\xi)+\xi f'(\xi)=0.$$

3. 设函数 $f(x)$ 在闭区间 $[0,1]$ 上连续，在开区间 $(0,1)$ 内可导，且满足 $f(1)=k\displaystyle\int_0^{\frac{1}{k}}xe^{1-x}f(x)\mathrm{d}x$ $(k>1)$. 证明：存在 $\xi\in(0,1)$，使得 $f'(\xi)=(1-\xi^{-1})f(\xi)$.

4. 设函数 $f(x)$ 在闭区间 $[0,1]$ 上连续,在开区间 $(0,1)$ 内可导,且满足 $f(1) = 3\int_0^{\frac{1}{3}} e^{1-x^2} f(x)dx$. 证明:存在 $\xi \in (0,1)$,使得 $f'(\xi) = 2\xi f(\xi)$.

5. 设函数 $f(x)$ 在闭区间 $[a,b]$ 上连续,在开区间 (a,b) 内可导,且 $\frac{1}{b-a}\int_a^b f(x)dx = f(b)$. 证明:存在 $\xi \in (a,b)$,使得 $f'(\xi) = 0$.

6. 设函数 $f(x),g(x)$ 都在闭区间 $[a,b]$ 上连续,且 $g(x) > 0$. 利用闭区间上连续函数的性质,证明:存在 $\xi \in [a,b]$,使得

$$\int_a^b f(x)g(x)dx = f(\xi)\int_a^b g(x)dx.$$

7. 设函数 $f(x)$ 在区间 $[0,+\infty)$ 上连续单调不减且非负. 证明:函数

$$F(x) = \begin{cases} \dfrac{1}{x}\int_0^x t^n f(t)dt, & x > 0, \\ 0, & x = 0 \end{cases}$$

在区间 $[0,+\infty)$ 上连续单调不减(其中 $n > 0$).

8. 设函数 $f(x)$ 在区间 $(-\infty,+\infty)$ 上连续,且 $F(x) = \int_0^x (x-2t)f(t)dt$,证明:

(1) 若 $f(x)$ 为偶函数,则 $F(x)$ 也是偶函数;

(2) 若 $f(x)$ 为单调不增,则 $F(x)$ 单调不减.

9. 设函数 $f(x),g(x)$ 在闭区间 $[-a,a](a > 0)$ 上连续,$g(x)$ 为偶函数,且 $f(x)$ 满足 $f(-x) + f(x) = A$ (A 为常数).

(1) 证明:$\int_{-a}^a f(x)g(x)dx = A\int_0^a g(x)dx$;

(2) 利用(1)的结论计算定积分 $\int_{-\frac{\pi}{2}}^{\frac{\pi}{2}} |\sin x| \arctan(e^x)dx$.

五、应用题

1. 假设由曲线 $L_1: y = 1-x^2 (0 \leqslant x \leqslant 1)$,$x$ 轴和 y 轴所围成区域被曲线 $L_2: y = ax^2$ 分为面积相等的两部分,其中 a 是大于零的常数,试确定 a 的值.

2. 设曲线方程为 $y = e^{-x} (x \geqslant 0)$.

(1) 将由该曲线、x 轴、y 轴和直线 $x = \xi (\xi > 0)$ 所围成的平面图形绕 x 轴旋转一周,得一旋转体,求此旋转体的体积 $V(\xi)$,以及满足 $V(a) = \frac{1}{2} \lim_{\xi \to +\infty} V(\xi)$ 的常数 a;

(2) 在该曲线上找一点,使得过该点的切线与两个坐标轴所围成的平面图形的面积最大,并求出该面积.

3. 已知曲线 $y = a\sqrt{x} (a > 0)$ 与曲线 $y = \ln\sqrt{x}$ 在点 (x_0,y_0) 处有公共切线,求:

(1) 常数 a 及切点 (x_0,y_0);

(2) 两曲线与 x 轴所围成的平面图形绕 x 轴旋转一周而成的旋转体的体积 V_x.

4. 已知抛物线 $y = px^2 + qx$(其中 $p < 0,q > 0$)在第一象限内与直线 $x + y = 5$ 相切,且此抛物线与 x 轴所围成的平面图形的面积为 S. 问:p 和 q 为何值时,S 达到最大值?并求出此最大值.

5. 设 D_1 是由抛物线 $y = 2x^2$ 和直线 $x = a,x = 2$ 及 $y = 0$ 所围成的平面区域,D_2 是由抛物线 $y = 2x^2$ 和直线 $y = 0,x = a$ 所围成的平面区域,其中 $0 < a < 2$(见图 5-18).

(1) 试求 D_1 绕 x 轴旋转一周而成的旋转体的体积 V_1,D_2 绕 y 轴旋转一周而成的旋转体的体积 V_2;

(2) 问:当 a 为何值时,$V_1 + V_2$ 取得最大值?并求出此最大值.

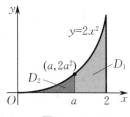

图 5-18

第 6 章　常微分方程

一、知 识 梳 理

（一）知识结构

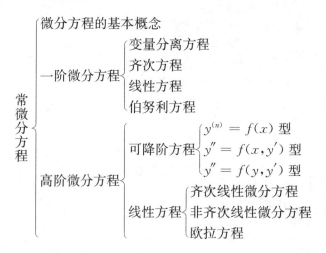

（二）教学内容

(1) 微分方程的基本概念.

(2) 变量分离方程与齐次方程.

(3) 一阶线性微分方程与伯努利方程.

(4) 可降阶的高阶微分方程.

(5) 二阶线性微分方程解的结构.

(6) 二阶常系数齐次线性微分方程.

(7) 二阶常系数非齐次线性微分方程与欧拉方程.

（三）教学要求

(1) 理解微分方程的解、通解、初值条件和特解等基本概念.

(2) 熟练掌握变量分离方程和齐次方程的解法.

(3) 掌握一阶线性微分方程和伯努利方程的解法；会用简单的变量代换解某些微分方程.

(4) 掌握用降阶法求解 $y^{(n)} = f(x), y'' = f(x, y'), y'' = f(y, y')$ 型的微分方程.

(5) 理解二阶线性微分方程解的结构定理.

(6) 熟练掌握二阶常系数齐次及非齐次线性微分方程（其中自由项 $f(x)$ 为某些特殊函数类型）的解法；了解高阶常系数齐次线性方程的解法.

(7) 了解用常数变易法解二阶常系数线性微分方程的思想.

（四）重点与难点

重点：变量分离方程和一阶线性微分方程的解法；二阶常系数齐次及非齐次线性微分方程的解法.

难点：二阶常系数非齐次线性微分方程的解法；欧拉方程及其解法；用微分方程解决一些简单的实际问题.

二、学 习 指 导

函数是客观事物的内部联系在数量方面的反映，利用函数关系可以对客观事物的规律性进行研究. 如何寻求函数关系，在实践中具有重要意义. 在许多问题中，往往不能直接找出所需要的函数关系，但是根据问题的具体情况，有时可以列出含有要找的函数与其导数的关系式. 这样的关系式就是微分方程. 微分方程建立后，对它进行研究，找出未知函数，这就是解微分方程.

本章所讲的一些微分方程，它们的求解方法和步骤都已规范化. 要掌握这些求解法，首先要正确地识别微分方程的类型，必须熟悉教材中所讲的微分方程的标准形式以及每种标准形式的特征，以便"对号入座"，并且要熟记每种标准形式的解法. 有些微分方程需要适当地做变量代换，才能化为已知类型，对于这类微分方程的求解，只要会求一些简单微分方程，了解变换的思路即可，不必花费太多精力.

利用微分方程解决实际问题，不仅需要数学技巧，还需要一定的专业知识，如切线与法线的斜率、平面图形的面积、曲线的弧长、牛顿第二定律、牛顿冷却定律等.

（一）微分方程的基本概念

1. 微分方程的定义

（1）含有自变量、未知函数及未知函数的导数或微分的方程，称为微分方程，简称方程.

（2）未知函数是一元函数的微分方程称为常微分方程；未知函数是多元函数的微分方程称为偏微分方程. 本章只讨论常微分方程（简称微分方程）.

2. 微分方程的阶、解与通解

微分方程中出现未知函数的最高阶导数的阶数，称为微分方程的阶. 若把函数 $y = f(x)$ 代入微分方程后，能使微分方程成为恒等式，则称该函数为微分方程的解. 若微分方程的解中含有任意常数，且独立的任意常数的个数与微分方程的阶数相同，则称这样的解为微分方程的通解.

3. 初值条件与特解

用未知函数及其各阶导数在某个特定点处的值来确定通解中任意常数的条件，称为初值条件. 满足初值条件的微分方程的解称为微分方程的特解. 在解 n 阶微分方程时，通解中有 n 个任意常数，为确定这 n 个参数，初值条件包含：当 $x = x_0$ 时，函数 $y = \varphi(x)$ 的值及该函数的直到 $n-1$ 阶的导数在点 $x = x_0$ 处的值. 例如，当 $n = 2$ 时，初值条件为

$$y\Big|_{x=x_0} = \varphi(x_0) = y_0 \quad \text{及} \quad y'\Big|_{x=x_0} = \varphi'(x_0) = y'_0.$$

微分方程的解的图形是一条曲线,叫作微分方程的积分曲线.以上满足初值条件 $y\Big|_{x=x_0} = y_0$ 的初值问题的几何意义就是求微分方程通过定点(x_0, y_0)的积分曲线.

注 (1) 有些初值问题的解可能不止一个,即解不是唯一的.

(2) 许多实际问题中的微分方程模型,一般不能够求出精确解(解析解),即微分方程不一定有通解.

(3) 包含任意常数的个数少于微分方程阶数的微分方程的解,既不是通解也不是特解,对应着微分方程的一组解.

(4) 通解不一定包含微分方程的所有解.例如,$y = \dfrac{1}{x+C}$ 是一阶微分方程 $y' + y^2 = 0$ 的通解,但该微分方程还有一解,即 $y = 0$.

4. 线性相关与线性无关

设 $y_1(x), y_2(x)$ 都是定义在区间(a,b)内的函数.若存在两个不全为零的数 k_1, k_2,使得对于区间(a,b)内的任意一点 x,恒有

$$k_1 y_1(x) + k_2 y_2(x) = 0$$

成立,则称函数 $y_1(x), y_2(x)$ 在区间(a,b)内线性相关;否则,称为线性无关.

显然,函数 $y_1(x), y_2(x)$ 线性相关的充要条件是 $\dfrac{y_1(x)}{y_2(x)}$ 在区间(a,b)内恒为常数.如果 $\dfrac{y_1(x)}{y_2(x)}$ 不恒为常数,那么函数 $y_1(x), y_2(x)$ 在区间(a,b)内线性无关.

在表达式 $y = C_1 y_1(x) + C_2 y_2(x)$ 中,C_1, C_2 为独立的任意常数的充要条件是函数 $y_1(x), y_2(x)$ 线性无关.

题 1 已知某一阶微分方程有特解 $y = f(x)$,则该微分方程的通解为 $y = f(x) + C$ 或 $y = Cf(x)$.这一说法是否正确?

解 不正确.根据通解的定义,一阶微分方程的通解应该含有一个任意常数,但该任意常数与其他变量结合的方式由方程的性质决定.

题 2 如何正确理解微分方程的阶的概念?

解 微分方程的阶是微分方程中出现未知函数的最高阶导数的阶数.例如,方程

$$x(y'')^2 + y^3 y' - 2xy = 0$$

为二阶微分方程.这个问题的常见错误是误解成未知函数 y 的幂或 y 的导数的幂.

题 3 n 阶微分方程的通解含有 n 个相互独立的任意常数,如何判断通解所含的任意常数相互独立?

解 设 $y = \varphi(x, C_1, C_2, \cdots, C_n)$ 为 n 阶微分方程的解.若雅可比行列式 $\dfrac{\partial(\varphi, \varphi', \cdots, \varphi^{(n-1)})}{\partial(C_1, C_2, \cdots, C_n)} \neq 0$,则 $C_1, C_2, \cdots, C_n$ 相互独立.一般理解为这些任意常数不能合并而使得任意常数的个数减少.例如,设 $y_1(x)$ 是微分方程 $y''(x) + P(x)y' + Q(x)y = 0$ 的解,则 $y_2(x) = ay_1(x)$ 也是该微分方程的解.这时,$y = C_1 y_1(x) + aC_2 y_1(x)$ 可写成 $y = Cy_1(x)$,其中 $C = C_1 + aC_2$,显然不是该微分方程的通解.

题 4   微分方程的通解是否包含微分方程的所有解?

解   不一定.对于线性微分方程来说,通解包含所有解,但对于非线性微分方程来说,某些非线性微分方程存在不包含于通解的特解.

(二) 一阶微分方程

1. 变量分离方程

一般地,如果一个一阶微分方程能写成 $g(y)\mathrm{d}y = f(x)\mathrm{d}x$ 的形式,那么原微分方程就称为变量分离方程.这类微分方程只需要在 $g(y)\mathrm{d}y = f(x)\mathrm{d}x$ 两端同时积分即可求解.这是微分方程中最基本的类型.

题 5   变量分离方程是否一定可以得到方程的显式解 $y = y(x)$?

解   不一定.有些不定积分是无法得到由初等函数表示的原函数的,即使可积,大部分情况下也只能得到隐式解.除非有特别要求,一般情况下得到隐式解即可,无须显化出 $y = y(x)$.

题 6   如何求出微分方程满足初值条件的特解?

解   先求出微分方程的通解,再将初值条件代入通解,求出对应于初值条件的任意常数的值,最后将所得常数代入通解即得所求的特解.

题 7   当求解变量分离方程时会产生漏解,如何防止产生漏解?

解   一般按照微分方程的原始形式来判断.若微分方程的原始形式为 $\dfrac{\mathrm{d}y}{g(y)} = f(x)\mathrm{d}x$,则方程已经默认 $g(y) \neq 0$,无须讨论 $g(y) = 0$ 的情况;若微分方程的原始形式为 $\dfrac{\mathrm{d}y}{\mathrm{d}x} = f(x)g(y)$,则分离变量时必须限制 $g(y) \neq 0$,先化为 $\dfrac{\mathrm{d}y}{g(y)} = f(x)\mathrm{d}x$ 再两端积分,此时就必须补上使得 $g(y) = 0$ 的那些常数解 $y = y_0$,这些常数解也是微分方程的解.

2. 齐次方程

若一阶微分方程 $\dfrac{\mathrm{d}y}{\mathrm{d}x} = f(x,y)$ 中的函数 $f(x,y)$ 可写成 $\dfrac{y}{x}$ 的函数,即 $f(x,y) = \varphi\left(\dfrac{y}{x}\right)$,则称该微分方程为齐次方程.

求解齐次方程时,通常做变换 $u = \dfrac{y}{x}$,即 $y = ux$,并在其两端对 x 求导数,得

$$\frac{\mathrm{d}y}{\mathrm{d}x} = u + x\frac{\mathrm{d}u}{\mathrm{d}x}.$$

代入原微分方程,原微分方程即化为变量分离方程,此时求出此变量分离方程的通解后,以 $\dfrac{y}{x}$ 回代 u,即可得到原微分方程的通解.

题 8   齐次方程的"齐次"的具体意义是什么?

解   齐次方程的"齐次"是指函数 $f(x,y)$ 可化为 $\varphi\left(\dfrac{y}{x}\right)$ 的形式.通常称此类函数为关于变元 x,y 的零次齐次函数,即对于任意的 $k \neq 0$,有 $f(kx,ky) \equiv f(x,y)$ 成立.因此,令 $k = \dfrac{1}{x}$,得

$$f(x,y) = f\left(1, \frac{y}{x}\right) = \varphi\left(\frac{y}{x}\right).$$

3. 一阶线性微分方程

形如 $\dfrac{\mathrm{d}y}{\mathrm{d}x} + p(x)y = q(x)$ 的微分方程叫作一阶线性微分方程.

（1）如果 $q(x) \equiv 0$，那么该微分方程称为齐次线性微分方程. 此时，微分方程属于变量分离方程，其解为 $y = C\mathrm{e}^{-\int p(x)\mathrm{d}x}\left(\displaystyle\int p(x)\mathrm{d}x\ \text{表示}\ p(x)\ \text{的某个确定的原函数}\right)$；

（2）如果 $q(x)$ 不恒等于零，那么该微分方程称为非齐次线性微分方程.

利用常数变易法，可求该非齐次线性微分方程的通解. 具体步骤如下：

① 求出 $\dfrac{\mathrm{d}y}{\mathrm{d}x} + p(x)y = 0$ 的通解 $y = C\mathrm{e}^{-\int p(x)\mathrm{d}x}$；

② 变易常数，用 $u(x)$ 代替常数 C，即令 $y = u(x)\mathrm{e}^{-\int p(x)\mathrm{d}x}$ 是 $\dfrac{\mathrm{d}y}{\mathrm{d}x} + p(x)y = q(x)$ 的解；

③ 将 $y = u(x)\mathrm{e}^{-\int p(x)\mathrm{d}x}$ 代入微分方程 $\dfrac{\mathrm{d}y}{\mathrm{d}x} + p(x)y = q(x)$，解得

$$u(x) = \int q(x)\mathrm{e}^{\int p(x)\mathrm{d}x}\mathrm{d}x + C;$$

④ 将 $u(x) = \displaystyle\int q(x)\mathrm{e}^{\int p(x)\mathrm{d}x}\mathrm{d}x + C$ 代入 $y = u(x)\mathrm{e}^{-\int p(x)\mathrm{d}x}$，得到非齐次线性微分方程 $\dfrac{\mathrm{d}y}{\mathrm{d}x} + p(x)y = q(x)$ 的通解为

$$y = \mathrm{e}^{-\int p(x)\mathrm{d}x}\left(\int q(x)\mathrm{e}^{\int p(x)\mathrm{d}x}\mathrm{d}x + C\right).$$

注 （1）本章中出现的 C，在未加说明的情况下，均指任意常数.

（2）一阶非齐次线性微分方程的通解可直接用公式 $y = \mathrm{e}^{-\int p(x)\mathrm{d}x}\left(\displaystyle\int q(x)\mathrm{e}^{\int p(x)\mathrm{d}x}\mathrm{d}x + C\right)$ 求得.

4. 伯努利方程

形如 $\dfrac{\mathrm{d}y}{\mathrm{d}x} + p(x)y = q(x)y^n \,(n \neq 0, 1\ \text{为常数})$ 的微分方程称为伯努利方程. 当 $n = 0$ 或 1 时，该微分方程是线性微分方程.

伯努利方程的求解过程如下：

（1）令 $z = y^{1-n}$，得 $\dfrac{\mathrm{d}z}{\mathrm{d}x} = (1-n)y^{-n}\dfrac{\mathrm{d}y}{\mathrm{d}x}$，原微分方程即可化为一阶线性微分方程

$$\frac{\mathrm{d}z}{\mathrm{d}x} + (1-n)p(x)z = (1-n)q(x),$$

求出该微分方程的通解.

（2）将 $z = y^{1-n}$ 代入，即得到原伯努利方程的通解.

题 9 用公式法求一阶非齐次线性微分方程的通解要注意什么？

解 用公式法求一阶非齐次线性微分方程的通解时，必须注意，先将微分方程化为标准形式，再套用公式.

题 10 "一阶非齐次线性微分方程的通解等于其对应的齐次线性微分方程的通解加上自身的一个特解"，这个结论是否正确？

解 正确. 从通解公式 $y = \mathrm{e}^{-\int p(x)\mathrm{d}x} \left(\int q(x)\mathrm{e}^{\int p(x)\mathrm{d}x} \mathrm{d}x + C \right)$ 得

$$y = \mathrm{e}^{-\int p(x)\mathrm{d}x} \int q(x)\mathrm{e}^{\int p(x)\mathrm{d}x} \mathrm{d}x + C\mathrm{e}^{-\int p(x)\mathrm{d}x},$$

其中 $y = \mathrm{e}^{-\int p(x)\mathrm{d}x} \int q(x)\mathrm{e}^{\int p(x)\mathrm{d}x} \mathrm{d}x$ 恰为原微分方程的特解, 而 $y = C\mathrm{e}^{-\int p(x)\mathrm{d}x}$ 恰为其对应的齐次线性微分方程的通解.

(三) 可降阶的高阶微分方程

下面介绍三种可降阶的高阶微分方程的求解方法.

(1) $y^{(n)} = f(x)$ 型的微分方程. 对微分方程两端 n 次积分可求得微分方程的通解.

(2) $y'' = f(x, y')$ 型的微分方程. 这种微分方程的特点是不显含 y, 令 $y' = p(x)$, 则 $y'' = \dfrac{\mathrm{d}p}{\mathrm{d}x}$, 得到一阶微分方程

$$\frac{\mathrm{d}p}{\mathrm{d}x} = f(x, p).$$

设上述微分方程的通解为 $p = \varphi(x, C_1)$, 对它进行积分, 即可得到原微分方程的通解为

$$y = \int \varphi(x, C_1)\mathrm{d}x + C_2.$$

(3) $y'' = f(y, y')$ 型的微分方程. 这种微分方程的特点是不显含 x, 令 $y' = p(y)$, 则 $y'' = \dfrac{\mathrm{d}p}{\mathrm{d}y} \cdot \dfrac{\mathrm{d}y}{\mathrm{d}x} = p\dfrac{\mathrm{d}p}{\mathrm{d}y}$, 得到一阶微分方程

$$p\frac{\mathrm{d}p}{\mathrm{d}y} = f(y, p).$$

设上述微分方程的通解为 $y' = p = \varphi(y, C_1)$, 这是变量分离方程, 对其分离变量并两端积分, 即可得到原微分方程的通解为 $\displaystyle\int \frac{\mathrm{d}y}{\varphi(y, C_1)} = x + C_2$.

▎**题 11** 求解 $y^{(n)} = f(x)$ 型的微分方程时应注意什么?

解 求解 $y^{(n)} = f(x)$ 型的微分方程时应注意: 每积分一次增加一个任意常数, 不能遗漏; 不同次的积分, 其任意常数用不同符号表示.

▎**题 12** 如何求解 $y^{(n)} = f(x, y^{n-1})$ 型的微分方程?

解 题设微分方程与 $y'' = f(x, y')$ 型的微分方程类似. 先令 $y^{(n-1)} = p(x)$, 得 $p' = f(x, p)$, 求得通解 $p = \varphi(x, C_1)$, 再根据关系式 $y^{(n-1)} = p(x)$, 得到一个 $n-1$ 阶微分方程 $y^{(n-1)} = \varphi(x, C_1)$, 积分 $n-1$ 次, 即可得原微分方程的通解.

▎**题 13** 如何求解 $y'' = f(y')$ 型的微分方程?

解 此类型微分方程的特点是不显含 x, 也不显含 y, 因而既可按 $y'' = f(x, y')$ 型的微分方程求解, 也可按 $y'' = f(y, y')$ 型的微分方程求解. 令 $y' = p(x)$ 或 $y' = p(y)$, 则有

$$y'' = \frac{\mathrm{d}p}{\mathrm{d}x} \quad \text{或} \quad y'' = \frac{\mathrm{d}p}{\mathrm{d}y} \cdot \frac{\mathrm{d}y}{\mathrm{d}x} = p\frac{\mathrm{d}p}{\mathrm{d}y}.$$

原微分方程转化为 $\dfrac{\mathrm{d}p}{\mathrm{d}x} = f(x, p)$ 或 $p\dfrac{\mathrm{d}p}{\mathrm{d}y} = f(y, p)$, 得到一阶微分方程, 再按前面介绍的方法求解即可.

（四）二阶线性微分方程解的结构

1. 二阶齐次线性微分方程

对于二阶齐次线性微分方程 $y'' + P(x)y' + Q(x)y = 0$，有如下结论：

(1) 如果 $y_1(x)$ 与 $y_2(x)$ 是该齐次线性微分方程的两个解，那么 $y = C_1 y_1(x) + C_2 y_2(x)$ 也是该齐次线性微分方程的解，其中 C_1, C_2 是任意常数. 齐次线性微分方程的这个性质称为解的叠加原理.

(2) 如果 $y_1(x)$ 与 $y_2(x)$ 是该齐次线性微分方程的两个线性无关的特解，那么

$$y = C_1 y_1(x) + C_2 y_2(x) \quad (C_1, C_2 \text{ 是任意常数})$$

是该齐次线性微分方程的通解.

注　如果 $y_1(x), y_2(x), \cdots, y_n(x)$ 是 n 阶齐次线性微分方程

$$y^{(n)} + a_1(x)y^{(n-1)} + \cdots + a_{n-1}(x)y' + a_n(x)y = 0$$

的 n 个线性无关的解，那么此微分方程的通解为 $y = C_1 y_1(x) + C_2 y_2(x) + \cdots + C_n y_n(x)$，其中 $C_1, C_2, \cdots, C_n$ 为任意常数.

2. 二阶非齐次线性微分方程

对于二阶非齐次线性微分方程 $y'' + P(x)y' + Q(x)y = f(x)$（其中 $f(x) \neq 0$），有如下结论：

(1) 设 $y_1(x)$ 与 $y_2(x)$ 是该二阶非齐次线性微分方程的两个特解，则 $y_1(x) - y_2(x)$ 是其对应的齐次线性微分方程 $y'' + P(x)y' + Q(x)y = 0$ 的一个特解.

(2) 设 $y_1(x)$ 是二阶齐次线性微分方程 $y'' + P(x)y' + Q(x)y = 0$ 的一个特解，而 $y_2(x)$ 是二阶非齐次线性微分方程 $y'' + P(x)y' + Q(x)y = f(x)$ 的一个特解，则 $y_1(x) + y_2(x)$ 是二阶非齐次线性微分方程 $y'' + P(x)y' + Q(x)y = f(x)$ 的一个特解.

(3) 设 $y^*(x)$ 是二阶非齐次线性微分方程 $y'' + P(x)y' + Q(x)y = f(x)$ 的一个特解，$Y(x)$ 是其对应的齐次线性微分方程的通解，则 $y(x) = Y(x) + y^*(x)$ 是该二阶非齐次线性微分方程的通解.

(4) 设二阶非齐次线性微分方程的右端 $f(x)$ 是几个函数之和，如

$$y'' + P(x)y' + Q(x)y = f_1(x) + f_2(x),$$

而 $y_1(x)$ 与 $y_2(x)$ 分别是微分方程

$$y'' + P(x)y' + Q(x)y = f_1(x), \quad y'' + P(x)y' + Q(x)y = f_2(x)$$

的特解，则 $y_1(x) + y_2(x)$ 是微分方程 $y'' + P(x)y' + Q(x)y = f_1(x) + f_2(x)$ 的特解.

该结论通常称为非齐次线性微分方程解的叠加原理.

题 14　取定二阶齐次线性微分方程的两个特解 $y_1(x)$ 和 $y_2(x)$，做线性组合 $C_1 y_1(x) + C_2 y_2(x)$，其中 C_1, C_2 为任意常数，问：$C_1 y_1(x) + C_2 y_2(x)$ 是否为该微分方程的通解？

解　不一定. 例如，设 $y_1(x)$ 是齐次线性微分方程 $y'' + P(x)y' + Q(x)y = 0$ 的解，则 $y_2(x) = 2y_1(x)$ 也是微分方程 $y'' + P(x)y' + Q(x)y = 0$ 的解. 这时，$y = C_1 y_1(x) + C_2 y_2(x) = (C_1 + 2C_2)y_1(x)$ 可以改写成 $y = C y_1(x)$，其中 $C = C_1 + 2C_2$. 显然，$C y_1(x)$ 不是微分方程 $y'' + P(x)y' + Q(x)y = 0$ 的通解. 只有当 $y_1(x)$ 和 $y_2(x)$ 线性无关时，$C_1 y_1(x) + C_2 y_2(x)$ 才为微分方程 $y'' + P(x)y' + Q(x)y = 0$ 的通解.

题 15　取定二阶非齐次线性微分方程 $y'' + P(x)y' + Q(x)y = f(x)$ 的两个特解

$y_1(x)$ 和 $y_2(x)$，且 $\dfrac{y_2(x)}{y_1(x)} \neq$ 常数，做线性组合 $C_1 y_1(x) + C_2 y_2(x)$，其中 C_1, C_2 为任意常数，问：$C_1 y_1(x) + C_2 y_2(x)$ 是否为微分方程 $y'' + P(x)y' + Q(x)y = f(x)$ 的通解？

解 这是一个容易使初学者混淆的问题. 二阶非齐次线性微分方程 $y'' + P(x)y' + Q(x)y = f(x)$ 的解的线性组合不是微分方程 $y'' + P(x)y' + Q(x)y = f(x)$ 的解，更不可能是通解.

题 16 如何判定两个函数线性无关？三个以上的函数的线性无关性如何判别？

解 设有函数 $y_1(x)$ 和 $y_2(x)$. 若 $\dfrac{y_2(x)}{y_1(x)} \neq$ 常数，则函数 $y_1(x)$ 和 $y_2(x)$ 线性无关. 对于三个以上的函数，如函数 $y_1(x), y_2(x), y_3(x)$ 的线性无关性的判定，按定义需证明不存在一组不全为零的常数 C_1, C_2, C_3，使得 $C_1 y_1(x) + C_2 y_2(x) + C_3 y_3(x) = 0$ 对于所有 $x \in I$ 成立.

题 17 已知二阶齐次线性微分方程 $y'' + P(x)y' + Q(x)y = 0$ 的一个非零解 $y_1(x)$，如何求该齐次线性微分方程的另一个线性无关解 $y_2(x)$？

解 根据两个函数线性无关的条件 $\dfrac{y_2(x)}{y_1(x)} \neq$ 常数，令 $\dfrac{y_2(x)}{y_1(x)} = u(x)$，即 $y_2(x) = u(x)y_1(x)$，代入 $y'' + P(x)y' + Q(x)y = 0$ 得

$$y_1(x)u''(x) + [P(x)y_1(x) + 2y_1'(x)]u'(x) + [y_1''(x) + P(x)y_1'(x) + Q(x)y_1(x)]u(x) = 0.$$

而 $y_1(x)$ 为 $y'' + P(x)y' + Q(x)y = 0$ 的解，所以有

$$y_1(x)u''(x) + [P(x)y_1(x) + 2y_1'(x)]u'(x) = 0,$$

解得 $u(x) = \displaystyle\int \dfrac{1}{y_1^2(x)} \mathrm{e}^{-\int P(x)\mathrm{d}x} \mathrm{d}x$. 于是，$y_2(x) = y_1(x) \displaystyle\int \dfrac{1}{y_1^2(x)} \mathrm{e}^{-\int P(x)\mathrm{d}x} \mathrm{d}x$ 为该齐次线性微分方程的另一个线性无关解.

（五）二阶常系数线性微分方程

1. 二阶常系数齐次线性微分方程

微分方程 $y'' + py' + qy = 0$（其中 p, q 是常数）称为二阶常系数齐次线性微分方程. 方程 $r^2 + pr + q = 0$ 称为微分方程 $y'' + py' + qy = 0$ 的特征方程，其中 r^2, r 的系数及常数项依次是该齐次线性微分方程中 y'', y' 及 y 的系数.

求二阶常系数齐次线性微分方程 $y'' + py' + qy = 0$ 的通解的步骤如下：

(1) 写出该齐次线性微分方程的特征方程 $r^2 + pr + q = 0$；

(2) 求出以上特征方程的两个根 r_1 与 r_2；

(3) 根据特征方程的两个根的不同情形，按照表 6-1 写出该齐次线性微分方程的通解.

表 6-1

特征方程 $r^2 + pr + q = 0$ 的根 r_1, r_2	微分方程 $y'' + py' + qy = 0$ 的通解
两个不相等的实根 r_1, r_2	$y = C_1 \mathrm{e}^{r_1 x} + C_2 \mathrm{e}^{r_2 x}$
两个相等的实根 $r_1 = r_2$	$y = (C_1 + C_2 x)\mathrm{e}^{r_1 x}$
一对共轭复根 $r_{1,2} = \alpha \pm \mathrm{i}\beta$	$y = \mathrm{e}^{\alpha x}(C_1 \cos \beta x + C_2 \sin \beta x)$

2. n 阶常系数齐次线性微分方程

n 阶常系数齐次线性微分方程的一般形式为

$$y^{(n)} + p_1 y^{(n-1)} + p_2 y^{(n-2)} + \cdots + p_{n-1} y' + p_n y = 0,$$

其中 $p_1, p_2, \cdots, p_{n-1}, p_n$ 都是常数,其特征方程为

$$r^n + p_1 r^{n-1} + p_2 r^{n-2} + \cdots + p_{n-1} r + p_n = 0.$$

如表 6-2 所示,依据特征方程的根的不同情形,可以写出该齐次线性微分方程通解中的项.

表 6-2

特征方程的根	微分方程通解中的对应项
单实根 r	给出一项 Ce^{rx}
一对单共轭复根 $\alpha \pm i\beta$	给出两项 $e^{\alpha x}(C_1 \cos \beta x + C_2 \sin \beta x)$
k 重实根 r	给出 k 项 $e^{rx}(C_1 + C_2 x + \cdots + C_k x^{k-1})$
一对 k 重共轭复根 $\alpha \pm i\beta$	给出 $2k$ 项 $e^{\alpha x}\big[(C_1 + C_2 x + \cdots + C_k x^{k-1})\cos \beta x + (D_1 + D_2 x + \cdots + D_k x^{k-1})\sin \beta x\big]$

特征方程的每一个根都对应着通解中的一项,且每项各含一个任意常数,这样就得到 n 阶常系数齐次线性微分方程的通解.

题 18 解二阶常系数齐次线性微分方程时,是否需要将微分方程先化为标准形式 $y'' + py' + qy = 0$?

解 不需要. 只需正确写出对应的特征方程,并求出对应的特征根,就可根据特征根的不同情形写出原微分方程的通解.

题 19 对于 n 阶常系数齐次线性微分方程,特征方程的根与齐次线性微分方程特解的对应关系如何?

解 n 阶常系数齐次线性微分方程的一般形式为 $y^{(n)} + p_1 y^{(n-1)} + \cdots + p_{n-1} y' + p_n y = 0$,其特征方程为

$$r^n + p_1 r^{n-1} + \cdots + p_{n-1} r + p_n = 0.$$

根据特征方程的根,可按表 6-3 直接写出齐次线性微分方程的特解.

表 6-3

特征方程的根	齐次线性微分方程的特解
单实根 r	一个特解 $y = e^{rx}$
一对单共轭复根 $\alpha \pm i\beta$	两个特解 $y_1 = e^{\alpha x}\cos \beta x, y_2 = e^{\alpha x}\sin \beta x$
l 重实根 r	l 个特解 $y_1 = e^{rx}, y_2 = xe^{rx}, \cdots, y_l = x^{l-1}e^{rx}$
一对 m 重共轭复根 $\alpha \pm i\beta$	$2m$ 个特解 $y_{2k-1} = x^{k-1}e^{\alpha x}\cos \beta x, y_{2k} = x^{k-1}e^{\alpha x}\sin \beta x$ $(k = 1, 2, \cdots, m)$

3. 二阶常系数非齐次线性微分方程

微分方程 $y'' + py' + qy = f(x)$ 称为二阶常系数非齐次线性微分方程. 求该非齐次线性微分方程的通解,关键是求出它的一个特解. 以下根据 $f(x)$ 的不同形式加以讨论:

(1) 若 $f(x) = e^{\lambda x} P_m(x)$,其中 λ 为常数,$P_m(x)$ 为 x 的 m 次多项式,则可令 $y^* = x^k e^{\lambda x} Q_m(x)$,其中 $Q_m(x)$ 为 x 的 m 次多项式,$k = \begin{cases} 0, & \lambda \text{ 不是特征根,} \\ 1, & \lambda \text{ 是特征单根,} \\ 2, & \lambda \text{ 是特征重根.} \end{cases}$

(2) 若 $f(x) = \mathrm{e}^{\lambda x}[P_l(x)\cos \omega x + P_n(x)\sin \omega x]$，其中 λ, ω 为实常数，$P_l(x), P_n(x)$ 分别是 x 的 l, n 次实系数多项式，则可令

$$y^* = x^k \mathrm{e}^{\lambda x}[R_m^{(1)}(x)\cos \omega x + R_m^{(2)}(x)\sin \omega x],$$

其中 $R_m^{(1)}(x)$ 和 $R_m^{(2)}(x)$ 是两个不同的 x 的 $m(m = \max\{l, n\})$ 次多项式，

$$k = \begin{cases} 0, & \lambda \pm \mathrm{i}\omega \text{ 不是特征方程的根}, \\ 1, & \lambda \pm \mathrm{i}\omega \text{ 是特征方程的根}. \end{cases}$$

题 20 求二阶常系数非齐次线性微分方程通解的一般步骤是什么？

解 二阶常系数非齐次线性微分方程 $y'' + py' + qy = f(x)$ 的解题步骤如下：

(1) 求出特征方程 $r^2 + pr + q = 0$ 的根；

(2) 写出微分方程 $y'' + py' + qy = 0$ 的通解 Y；

(3) 求出微分方程 $y'' + py' + qy = f(x)$ 的一个特解 y^*；

(4) 写出所求微分方程的通解 $y = Y + y^*$.

题 21 二阶常系数非齐次线性微分方程 $y'' + py' + qy = f(x)$ 的自由项 $f(x)$ 由两个不同类型的函数叠加而成，即 $f(x) = f_1(x) + f_2(x)$，如何求该微分方程的通解？

解 (1) 求出特征方程 $r^2 + pr + q = 0$ 的根；

(2) 写出微分方程 $y'' + py' + qy = 0$ 的通解 Y；

(3) 求出微分方程 $y'' + py' + qy = f_1(x)$ 的一个特解 y_1^*；

(4) 求出微分方程 $y'' + py' + qy = f_2(x)$ 的一个特解 y_2^*；

(5) 写出所求微分方程的通解 $y = Y + y_1^* + y_2^*$.

4. 欧拉方程

形如 $x^n y^{(n)} + p_1 x^{n-1} y^{(n-1)} + \cdots + p_{n-1} xy' + p_n y = Q(x)(p_1, p_2, \cdots, p_n$ 均为常数$)$ 的微分方程叫作欧拉方程. 做变换 $x = \mathrm{e}^t$，用记号 D 表示对 t 的求导运算 $\dfrac{\mathrm{d}}{\mathrm{d}t}$，则 $x^k y^{(k)} = \mathrm{D}(\mathrm{D}-1)\cdots(\mathrm{D}-k+1)y$. 将其代入上述欧拉方程，得到以 t 为自变量的常系数线性微分方程

$$\sum_{k=0}^{n} p_k \mathrm{D}(\mathrm{D}-1)\cdots(\mathrm{D}-k+1)y = Q(\mathrm{e}^t) \quad (p_0 = 1).$$

求得该方程的解后，将 $t = \ln x$ 代入，即得原微分方程的解.

（六）微分方程的应用

应用微分方程解决实际问题的关键是根据实际问题建立微分方程并确定初值条件. 但这没有现成的模式可套，只能根据已知条件以及几何学、物理学、化学等学科中的一些基本概念和定律来建立微分方程. 这就要求读者熟悉几何学、物理学、化学等学科中的一些常见的基本概念和定律.

三、常见题型

例 1 指出下列微分方程的阶数：

(1) $x(y''')^2 + 4y'' + 2xy^2 = 0$；　　　　　　　　(2) $(5x - 3y)\mathrm{d}x - (x+y)\mathrm{d}y = 0$.

解 (1) 微分方程中出现的未知函数 y 的最高阶导数的阶数为 3，故该微分方程的阶数为 3.

（2）化简方程（2）得 $\dfrac{\mathrm{d}y}{\mathrm{d}x}=\dfrac{5x-3y}{x+y}$. 此微分方程中出现的未知函数 y 的最高阶导数的阶数为 1，故该微分方程的阶数为 1.

例 2 验证下列小题中的函数是否为所给微分方程的解：

（1）$y''+\omega^2 y=0,\ y=C_1\cos\omega x+C_2\sin\omega x$；

（2）$y''-(\lambda_1+\lambda_2)y'+\lambda_1\lambda_2 y=0,\ y=C_1\mathrm{e}^{\lambda_1 x}+C_2\mathrm{e}^{\lambda_2 x}$.

分析 按微分方程的解的定义，将所给函数及其相应阶导数代入微分方程，验证微分方程是否成立即可.

证 （1）$y'=-\omega C_1\sin\omega x+\omega C_2\cos\omega x,\quad y''=-\omega^2 C_1\cos\omega x-\omega^2 C_2\sin\omega x$.

代入原微分方程，得

$$左端=-\omega^2 C_1\cos\omega x-\omega^2 C_2\sin\omega x+\omega^2(C_1\cos\omega x+C_2\sin\omega x)=0=右端,$$

所以 $y=C_1\cos\omega x+C_2\sin\omega x$ 是所给微分方程的解.

（2）$y'=C_1\lambda_1\mathrm{e}^{\lambda_1 x}+C_2\lambda_2\mathrm{e}^{\lambda_2 x},\quad y''=C_1\lambda_1^2\mathrm{e}^{\lambda_1 x}+C_2\lambda_2^2\mathrm{e}^{\lambda_2 x}$.

代入原微分方程，得

$$左端=C_1\lambda_1^2\mathrm{e}^{\lambda_1 x}+C_2\lambda_2^2\mathrm{e}^{\lambda_2 x}-(\lambda_1+\lambda_2)(C_1\lambda_1\mathrm{e}^{\lambda_1 x}+C_2\lambda_2\mathrm{e}^{\lambda_2 x})+\lambda_1\lambda_2(C_1\mathrm{e}^{\lambda_1 x}+C_2\mathrm{e}^{\lambda_2 x})$$
$$=0=右端,$$

所以 $y=C_1\mathrm{e}^{\lambda_1 x}+C_2\mathrm{e}^{\lambda_2 x}$ 是所给微分方程的解.

例 3 验证：由方程 $y-\ln(xy)=0$ 所确定的函数为微分方程 $(xy-x)y''+x(y')^2+yy'+2y'=0$ 的解.

证 将方程 $y=\ln(xy)$ 的两端同时对 x 求导数，得 $y'=\dfrac{1}{x}+\dfrac{1}{y}y'$，即 $y'=\dfrac{y}{xy-x}$.

再次求导数，得

$$y''=\dfrac{y'(xy-x)-y(y+xy'-1)}{(xy-x)^2}=\dfrac{-xy'-y^2+y}{(xy-x)^2}$$
$$=\dfrac{1}{xy-x}\left[-\dfrac{x}{y}(y')^2-yy'+y'\right].$$

注意到，由 $y'=\dfrac{1}{x}+\dfrac{1}{y}y'$ 可得 $\dfrac{x}{y}y'=xy'-1$，所以

$$y''=\dfrac{1}{xy-x}[-(xy'-1)y'-yy'+y']$$
$$=\dfrac{1}{xy-x}[-x(y')^2-yy'+2y'],$$

从而

$$(xy-x)y''+x(y')^2+yy'-2y'=0,$$

即由 $y=\ln(xy)$ 所确定的函数是所给微分方程的解.

注 验证等式的过程要依据题目灵活化简，不一定要将函数及其各项导数依次代入验证.

例 4 已知 $y=(C_1+C_2 x)\mathrm{e}^{-x}$（$C_1,C_2$ 为任意常数）是微分方程 $y''+2y'+y=0$ 的通解，求它满足初值条件 $y(0)=4,y'(0)=-2$ 的特解.

解 将 $y(0)=4$ 代入通解，得 $C_1=4$，所以

$$y'=C_2\mathrm{e}^{-x}-(4+C_2 x)\mathrm{e}^{-x}.$$

将 $y'(0) = -2$ 代入上式,得 $-2 = C_2 - 4$,所以 $C_2 = 2$.故所求特解为
$$y = (4 + 2x)\mathrm{e}^{-x}.$$

例 5　已知某曲线上点 $P(x, y)$ 处的法线与 x 轴的交点为 Q,且线段 PQ 被 y 轴平分,试写出该曲线满足的微分方程.

解　设曲线为 $y = y(x)$,则曲线上点 $P(x, y)$ 处的法线斜率为 $-\dfrac{1}{y'}$.

由题目条件知线段 PQ 中点的横坐标为 0,所以点 Q 的坐标为 $(-x, 0)$,从而有
$$\frac{y - 0}{x + x} = -\frac{1}{y'},$$
即 $yy' + 2x = 0$ 为该曲线满足的微分方程.

例 6　求满足 $\displaystyle\int_0^1 f(tx)\mathrm{d}t = f(x) + x\sin x$ 的连续函数 $f(x)$.

分析　利用积分上限的函数的求导公式,逐次消去积分符号,并根据相应的积分值定出微分方程的初值条件.

解　令 $u = tx$,则 $\mathrm{d}u = x\mathrm{d}t$,且当 $t = 0$ 时,$u = 0$;当 $t = 1$ 时,$u = x$.于是,将原方程化简为
$$\int_0^x f(u)\cdot\frac{1}{x}\mathrm{d}u = f(x) + x\sin x, \quad 即 \quad \int_0^x f(u)\mathrm{d}u = xf(x) + x^2\sin x.$$
上式两端同时对 x 求导数,得
$$f(x) = f(x) + xf'(x) + 2x\sin x + x^2\cos x,$$
即
$$f'(x) = -2\sin x - x\cos x.$$
上式两端同时积分,得
$$f(x) = \int(-2\sin x - x\cos x)\mathrm{d}x = \cos x - x\sin x + C.$$

例 7　求下列微分方程的通解:

(1) $\dfrac{\mathrm{d}y}{\mathrm{d}x} - \dfrac{1}{x}y = 2x^2$;

(2) $(x - 2)\dfrac{\mathrm{d}y}{\mathrm{d}x} = y + 2(x - 2)^3$;

(3) $(y^2 - 6x)\dfrac{\mathrm{d}y}{\mathrm{d}x} + 2y = 0$.

解　(1) **解法一**　先解齐次方程 $\dfrac{\mathrm{d}y}{\mathrm{d}x} - \dfrac{y}{x} = 0$,分离变量得 $\dfrac{\mathrm{d}y}{y} = \dfrac{\mathrm{d}x}{x}$,两端积分得齐次方程的通解为 $y = Cx$.再利用常数变易法,令 $y = u(x)x$,代入原微分方程,得 $u'(x) = 2x$.两端积分得 $u = x^2 + C$,从而原微分方程的通解为 $y = x(x^2 + C)$.

解法二　令 $p(x) = -\dfrac{1}{x}$,$q(x) = 2x^2$,代入通解公式,得
$$y = \mathrm{e}^{\int\frac{\mathrm{d}x}{x}}\left(\int 2x^2\cdot\mathrm{e}^{-\int\frac{\mathrm{d}x}{x}}\mathrm{d}x + C\right)$$
$$= x\left(\int 2x^2\cdot\frac{1}{x}\mathrm{d}x + C\right) = x(x^2 + C).$$

(2) 本题应先将原微分方程化为一阶线性微分方程的标准形式,再代入通解公式求解.

原微分方程变形为

$$\frac{dy}{dx} - \frac{1}{x-2}y = 2(x-2)^2.$$

令 $p(x) = -\dfrac{1}{x-2}, q(x) = 2(x-2)^2$，代入通解公式，得

$$y = e^{\int \frac{dx}{x-2}} \left(\int 2(x-2)^2 \cdot e^{-\int \frac{dx}{x-2}} dx + C \right)$$

$$= (x-2) \left(\int 2(x-2)^2 \cdot \frac{1}{x-2} dx + C \right)$$

$$= (x-2) [(x-2)^2 + C] = (x-2)^3 + C(x-2).$$

（3）微分方程中的函数关系可以依解题方便来定. 本题中，若将 y 看作 x 的函数，不方便解题；若将 x 看作 y 的函数，则可将原微分方程改写成一阶线性微分方程 $\dfrac{dx}{dy} + p(y)x = q(y)$，其通解公式为 $x = e^{-\int p(y)dy} \left(\int q(y) e^{\int p(y)dy} dy + C \right)$.

原微分方程变形为

$$\frac{dx}{dy} - \frac{3}{y}x = -\frac{1}{2}y.$$

令 $p(y) = -\dfrac{3}{y}, q(y) = -\dfrac{y}{2}$，代入上述通解公式，得

$$x = e^{\int \frac{3}{y}dy} \left[\int \left(-\frac{1}{2}y \right) \cdot e^{-\int \frac{3}{y}dy} dy + C \right] = y^3 \left(-\frac{1}{2} \int y \cdot \frac{1}{y^3} dy + C \right)$$

$$= y^3 \left(\frac{1}{2y} + C \right) = \frac{1}{2}y^2 + Cy^3.$$

例 8 求下列微分方程满足所给初值条件的特解：

（1）$\dfrac{dy}{dx} - y\tan x = \sec x, y(0) = 0$；

（2）$x\ln x dy + (y - \ln x)dx = 0, y(e) = 1.$

解 （1）令 $p(x) = -\tan x, q(x) = \sec x$，代入通解公式，得

$$y = e^{\int \tan x dx} \left(\int \sec x \cdot e^{-\int \tan x dx} dx + C \right) = \frac{1}{\cos x} \left(\int \sec x \cdot \cos x dx + C \right)$$

$$= \frac{1}{\cos x}(x + C) = (x + C)\sec x.$$

将 $y(0) = 0$ 代入，得 $C = 0$，故所求特解为

$$y = x\sec x.$$

（2）原微分方程变形为 $\dfrac{dy}{dx} + \dfrac{1}{x\ln x}y = \dfrac{1}{x}$. 令 $p(x) = \dfrac{1}{x\ln x}, q(x) = \dfrac{1}{x}$，代入通解公式，得

$$y = e^{-\int \frac{dx}{x\ln x}} \left(\int \frac{1}{x} \cdot e^{\int \frac{dx}{x\ln x}} dx + C \right) = \frac{1}{2}\ln x + \frac{C}{\ln x}.$$

将 $y(e) = 1$ 代入，得 $C = \dfrac{1}{2}$，故所求特解为

$$y = \frac{1}{2}\ln x + \frac{1}{2\ln x}.$$

例 9 设连续函数 $y(x)$ 满足方程 $y(x) = \int_0^x y(t)dt + e^x$，求 $y(x)$.

解 方程两端同时对 x 求导数,得
$$y'(x) = y(x) + \mathrm{e}^x.$$
此为一阶非齐次线性微分方程. 令 $p(x) = -1, q(x) = \mathrm{e}^x$,代入通解公式,得
$$y = \mathrm{e}^{\int \mathrm{d}x}\left(\int \mathrm{e}^x \cdot \mathrm{e}^{-\int \mathrm{d}x}\mathrm{d}x + C\right) = \mathrm{e}^x\left(\int \mathrm{d}x + C\right) = \mathrm{e}^x(x + C).$$

例 10 求下列伯努利方程的通解:

(1) $y' - 3xy = xy^2$; (2) $3xy' - y - 3xy^4\ln x = 0$;

(3) $\dfrac{\mathrm{d}y}{\mathrm{d}x} + x(y - x) + x^3(y - x)^2 = 1.$

解 (1) 原微分方程变形为
$$\frac{1}{y^2} \cdot \frac{\mathrm{d}y}{\mathrm{d}x} - 3x\frac{1}{y} = x.$$
令 $z = y^{-1}$,则 $\dfrac{\mathrm{d}z}{\mathrm{d}x} = -y^{-2}\dfrac{\mathrm{d}y}{\mathrm{d}x}$. 代入上式,得
$$\frac{\mathrm{d}z}{\mathrm{d}x} + 3xz = -x.$$
由通解公式得
$$z = \mathrm{e}^{-\int 3x\mathrm{d}x}\left(\int(-x) \cdot \mathrm{e}^{\int 3x\mathrm{d}x}\mathrm{d}x + C\right) = \mathrm{e}^{-\frac{3}{2}x^2}\left(-\int x\mathrm{e}^{\frac{3}{2}x^2}\mathrm{d}x + C\right)$$
$$= \mathrm{e}^{-\frac{3}{2}x^2}\left(-\frac{1}{3}\mathrm{e}^{\frac{3}{2}x^2} + C\right) = C\mathrm{e}^{-\frac{3}{2}x^2} - \frac{1}{3},$$
故原微分方程的通解为
$$\frac{1}{y} = C\mathrm{e}^{-\frac{3}{2}x^2} - \frac{1}{3}.$$

(2) 原微分方程变形为
$$\frac{1}{y^4} \cdot \frac{\mathrm{d}y}{\mathrm{d}x} - \frac{1}{3x} \cdot \frac{1}{y^3} = \ln x.$$
令 $z = y^{-3}$,则 $\dfrac{\mathrm{d}z}{\mathrm{d}x} = -3y^{-4}\dfrac{\mathrm{d}y}{\mathrm{d}x}$. 代入上式,得
$$\frac{\mathrm{d}z}{\mathrm{d}x} + \frac{1}{x}z = -3\ln x.$$
此为一阶非齐次线性微分方程,其通解为
$$z = \mathrm{e}^{-\int \frac{\mathrm{d}x}{x}}\left(\int -3\ln x \cdot \mathrm{e}^{\int \frac{\mathrm{d}x}{x}}\mathrm{d}x + C\right),$$
即
$$y^{-3} = \frac{1}{x}\left(\int -3x\ln x\mathrm{d}x + C\right) = \frac{1}{x}\left(-\frac{3}{2}x^2\ln x + \frac{3}{4}x^2 + C\right).$$
故原微分方程的通解为
$$\frac{1}{y^3} = -\frac{3}{2}x\ln x + \frac{3}{4}x + \frac{C}{x}.$$

(3) 令 $u = y - x$,则 $\dfrac{\mathrm{d}u}{\mathrm{d}x} = \dfrac{\mathrm{d}y}{\mathrm{d}x} - 1$. 于是,原微分方程变形为
$$\frac{\mathrm{d}u}{\mathrm{d}x} + xu = -x^3u^2, \quad \text{即} \quad u^{-2}\frac{\mathrm{d}u}{\mathrm{d}x} + xu^{-1} = -x^3.$$

令 $z = u^{-1}$，则 $\dfrac{\mathrm{d}z}{\mathrm{d}x} = -u^{-2}\dfrac{\mathrm{d}u}{\mathrm{d}x}$．代入上式化简，得

$$\frac{\mathrm{d}z}{\mathrm{d}x} - xz = x^3.$$

由通解公式得

$$z = \mathrm{e}^{\int x\mathrm{d}x}\left(\int x^3 \cdot \mathrm{e}^{-\int x\mathrm{d}x}\mathrm{d}x + C\right),$$

即

$$u^{-1} = \mathrm{e}^{\frac{x^2}{2}}\left(\int x^3 \mathrm{e}^{-\frac{x^2}{2}}\mathrm{d}x + C\right) = \mathrm{e}^{\frac{x^2}{2}}\left(-x^2\mathrm{e}^{-\frac{x^2}{2}} - 2\mathrm{e}^{-\frac{x^2}{2}} + C\right).$$

故原微分方程的通解为

$$(y - x)^{-1} = -x^2 - 2 + C\mathrm{e}^{\frac{x^2}{2}}, \quad 即 \quad y = x + \left(-x^2 - 2 + C\mathrm{e}^{\frac{x^2}{2}}\right)^{-1}.$$

注
$$\int x^3 \mathrm{e}^{-\frac{x^2}{2}}\mathrm{d}x = \int -x^2 \mathrm{d}\left(\mathrm{e}^{-\frac{x^2}{2}}\right) = -x^2\mathrm{e}^{-\frac{x^2}{2}} - 2\int \mathrm{e}^{-\frac{x^2}{2}}\mathrm{d}\left(-\frac{x^2}{2}\right)$$
$$= -x^2\mathrm{e}^{-\frac{x^2}{2}} - 2\mathrm{e}^{-\frac{x^2}{2}} + C.$$

┃ 例 11 做适当的变量代换，求下列微分方程的通解：

(1) $x\dfrac{\mathrm{d}y}{\mathrm{d}x} + x + \sin(x + y) = 0$；　　　　　　(2) $\dfrac{\mathrm{d}y}{\mathrm{d}x} = \dfrac{1}{x - y} + 1$；

(3) $(y + xy^2)\mathrm{d}x + (x - x^2 y)\mathrm{d}y = 0$；　　　(4) $\cos y\dfrac{\mathrm{d}y}{\mathrm{d}x} - \cos x\sin^2 y = \sin y$.

分析 经过变量代换，某些微分方程可以化为变量分离方程，或已知其求解方法的微分方程．通常用到的变量代换有 $u = xy, u = x \pm y, u = y^2$ 等．

解 (1) 令 $u = x + y$，则原微分方程化为

$$x\left(\frac{\mathrm{d}u}{\mathrm{d}x} - 1\right) + x + \sin u = 0, \quad 即 \quad x\frac{\mathrm{d}u}{\mathrm{d}x} = -\sin u.$$

此为变量分离方程，求通解得

$$\csc u - \cot u = \frac{C}{x}.$$

将 $u = x + y$ 代入上式，则原微分方程的通解为

$$\csc(x + y) - \cot(x + y) = \frac{C}{x}.$$

(2) 令 $u = x - y$，则原微分方程化为

$$1 - \frac{\mathrm{d}u}{\mathrm{d}x} = \frac{1}{u} + 1, \quad 即 \quad \mathrm{d}x = -u\mathrm{d}u.$$

两端同时积分，得

$$x = -\frac{1}{2}u^2 + C_1.$$

将 $u = x - y$ 代入上式，则原微分方程的通解为

$$x = -\frac{1}{2}(x - y)^2 + C_1, \quad 即 \quad (x - y)^2 = -2x + C \quad (C = 2C_1).$$

(3) 原微分方程变形为

$$\frac{\mathrm{d}y}{\mathrm{d}x} = \frac{y(xy+1)}{x(xy-1)}.$$

令 $u = xy$，则 $y = \dfrac{u}{x}$，$\dfrac{\mathrm{d}y}{\mathrm{d}x} = \dfrac{x\dfrac{\mathrm{d}u}{\mathrm{d}x} - u}{x^2}$. 代入原微分方程化简，得

$$x\frac{\mathrm{d}u}{\mathrm{d}x} - u = \frac{u(u+1)}{u-1}, \quad 即 \quad x\frac{\mathrm{d}u}{\mathrm{d}x} = \frac{2u^2}{u-1}.$$

此为变量分离方程，求通解得

$$\frac{Cu}{x^2} = \mathrm{e}^{-\frac{1}{u}}.$$

将 $u = xy$ 代入上式，则原微分方程的通解为

$$Cy = x\mathrm{e}^{-\frac{1}{xy}}.$$

(4) 令 $u = \sin y$，则 $\dfrac{\mathrm{d}u}{\mathrm{d}x} = \cos y \dfrac{\mathrm{d}y}{\mathrm{d}x}$. 代入原微分方程化简，得

$$\frac{\mathrm{d}u}{\mathrm{d}x} - u^2\cos x = u, \quad 即 \quad \frac{\mathrm{d}u}{\mathrm{d}x} - u = u^2\cos x.$$

令 $z = u^{-1}$，则 $\dfrac{\mathrm{d}z}{\mathrm{d}x} = -u^{-2}\dfrac{\mathrm{d}u}{\mathrm{d}x}$. 代入原微分方程，得

$$\frac{\mathrm{d}z}{\mathrm{d}x} + z = -\cos x.$$

此为一阶线性微分方程. 利用通解公式，得

$$z = \mathrm{e}^{-\int \mathrm{d}x}\left(\int -\cos x \cdot \mathrm{e}^{\int \mathrm{d}x}\mathrm{d}x + C\right) = \mathrm{e}^{-x}\left[\frac{-\mathrm{e}^x(\sin x + \cos x)}{2} + C\right],$$

化简得

$$z = -\frac{\sin x + \cos x}{2} + C\mathrm{e}^{-x}, \quad 即 \quad u^{-1} = -\frac{\sin x + \cos x}{2} + C\mathrm{e}^{-x}.$$

故原微分方程的通解为

$$(\sin y)^{-1} = -\frac{\sin x + \cos x}{2} + C\mathrm{e}^{-x}.$$

例 12 判断下列各组函数是否线性相关：

(1) $\cos 3x, \sin 3x$；　　(2) $\ln x, x\ln x$；　　　(3) $\mathrm{e}^{ax}, \mathrm{e}^{bx} \quad (a \neq b)$.

解 (1) 因为 $\dfrac{\sin 3x}{\cos 3x} = \tan 3x$，不恒为常数，所以函数 $\cos 3x, \sin 3x$ 是线性无关的.

(2) 因为 $\dfrac{x\ln x}{\ln x} = x$，不恒为常数，所以函数 $\ln x, x\ln x$ 是线性无关的.

(3) 因为 $\dfrac{\mathrm{e}^{ax}}{\mathrm{e}^{bx}} = \mathrm{e}^{(a-b)x}$，不恒为常数，所以函数 $\mathrm{e}^{ax}, \mathrm{e}^{bx} (a \neq b)$ 是线性无关的.

例 13 验证：$y_1 = \cos \omega x$ 及 $y_2 = \sin \omega x$ 都是微分方程 $y'' + \omega^2 y = 0$ 的解，并写出该微分方程的通解.

证 因为

$$y_1' = -\omega\sin \omega x, \quad y_1'' = -\omega^2\cos \omega x,$$
$$y_2' = \omega\cos \omega x, \quad y_2'' = -\omega^2\sin \omega x,$$

所以
$$y''_1 + \omega^2 y_1 = -\omega^2 \cos \omega x + \omega^2 \cos \omega x = 0,$$
$$y''_2 + \omega^2 y_2 = -\omega^2 \sin \omega x + \omega^2 \sin \omega x = 0.$$

又因 $\dfrac{y_1}{y_2} = \cot \omega x$，不恒为常数，故 $y_1 = \cos \omega x$ 及 $y_2 = \sin \omega x$ 是微分方程 $y'' + \omega^2 y = 0$ 的两个线性无关解. 于是，该微分方程的通解为
$$y = C_1 \cos \omega x + C_2 \sin \omega x.$$

例 14　验证：$y_1 = e^{x^2}$ 及 $y_2 = xe^{x^2}$ 都是微分方程 $y'' - 4xy' + (4x^2 - 2)y = 0$ 的解，并写出该微分方程的通解.

证　因为
$$y'_1 = 2xe^{x^2}, \quad y''_1 = 2e^{x^2} + 4x^2 e^{x^2},$$
$$y'_2 = e^{x^2} + 2x^2 e^{x^2}, \quad y''_2 = 6xe^{x^2} + 4x^3 e^{x^2},$$

所以
$$y''_1 - 4xy'_1 + (4x^2 - 2)y_1 = 2e^{x^2} + 4x^2 e^{x^2} - 4x \cdot 2xe^{x^2} + (4x^2 - 2) \cdot e^{x^2} = 0,$$
$$y''_2 - 4xy'_2 + (4x^2 - 2)y_2 = 6xe^{x^2} + 4x^3 e^{x^2} - 4x \cdot (e^{x^2} + 2x^2 e^{x^2}) + (4x^2 - 2) \cdot xe^{x^2} = 0.$$

又因 $\dfrac{y_2}{y_1} = x$，不恒为常数，故 $y_1 = e^{x^2}$ 与 $y_2 = xe^{x^2}$ 是原微分方程的两个线性无关解. 于是，该微分方程的通解为
$$y = C_1 e^{x^2} + C_2 xe^{x^2}.$$

例 15　已知 $y_1 = 3, y_2 = 3 + x^2, y_3 = 3 + x^2 + e^x$ 都是微分方程
$$(x^2 - 2x)y'' - (x^2 - 2)y' + (2x - 2)y = 6x - 6$$
的特解，求此微分方程的通解.

解　令 $y_1^* = y_2 - y_1 = x^2, y_2^* = y_3 - y_2 = e^x$，代入原微分方程对应的齐次线性微分方程得
$$(x^2 - 2x)(y_1^*)'' - (x^2 - 2)(y_1^*)' + (2x - 2)y_1^*$$
$$= (x^2 - 2x) \cdot 2 - (x^2 - 2) \cdot 2x + (2x - 2) \cdot x^2$$
$$= 2x^2 - 4x - 2x^3 + 4x + 2x^3 - 2x^2 = 0,$$

所以 y_1^* 为原微分方程对应的齐次线性微分方程的解. 同理，可验证 y_2^* 也为其解.

又因为 $\dfrac{y_2^*}{y_1^*} = \dfrac{e^x}{x^2}$，不恒为常数，所以 y_1^* 与 y_2^* 是其两个线性无关解. 而 $y_1 = 3$ 为原微分方程的特解，故 $y = C_1 x^2 + C_2 e^x + 3$ 即为原微分方程的通解.

注　非齐次线性微分方程的两个特解之差是其对应的齐次线性微分方程的特解.

例 16　验证：$y = C_1 e^{C_2 - 3x} - 1$（C_1, C_2 是两个任意常数）是微分方程 $y'' - 9y = 9$ 的解，并说明它不是通解.

证　因为
$$y' = -3C_1 e^{C_2 - 3x}, \quad y'' = 9C_1 e^{C_2 - 3x},$$

代入原微分方程，得
$$左端 = 9C_1 e^{C_2 - 3x} - 9(C_1 e^{C_2 - 3x} - 1) = 9 = 右端,$$

所以 $y = C_1 e^{C_2 - 3x} - 1$ 为原微分方程的解.

由于 C_1, C_2 都是任意常数,令 $C_1 e^{C_2} = C$ 为任意常数,则 $y = C e^{-3x} - 1$,仅含有一个独立的常数. 而原微分方程为二阶微分方程,由通解的定义可知,它不是原微分方程的通解.

例 17 已知 $y_1 = \dfrac{\sin x}{x}$ 是微分方程 $\dfrac{d^2 y}{dx^2} + \dfrac{2}{x} \cdot \dfrac{dy}{dx} + y = 0$ 的一个解,试求该微分方程的通解.

解 做变换 $y = y_1 \displaystyle\int z \, dx$,则有

$$\frac{dy}{dx} = y_1 z + \frac{dy_1}{dx} \int z \, dx, \qquad \frac{d^2 y}{dx^2} = y_1 \frac{dz}{dx} + 2 \frac{dy_1}{dx} z + \frac{d^2 y_1}{dx^2} \int z \, dx.$$

代入原微分方程,并注意到 y_1 是该微分方程的解,故有

$$y_1 \frac{dz}{dx} + \left(2 \frac{dy_1}{dx} + \frac{2 y_1}{x} \right) z = 0.$$

将 $y_1 = \dfrac{\sin x}{x}$ 代入上式,并整理,得

$$\frac{dz}{dx} = -2z \cot x, \qquad 即 \qquad z = \frac{C_1}{\sin^2 x}.$$

故所求通解为

$$y = y_1 \int z \, dx = \frac{\sin x}{x} \int \frac{C_1}{\sin^2 x} \, dx$$

$$= \frac{\sin x}{x} (-C_1 \cot x + C_2) = \frac{1}{x} (C_2 \sin x - C_1 \cos x).$$

例 18 求下列微分方程的通解:

(1) $y'' = e^{3x} + \sin x$； (2) $y'' = 1 + (y')^2$；

(3) $xy'' = y' + x \sin \dfrac{y'}{x}$； (4) $y'' - (y')^3 - y' = 0$.

解 (1) 微分方程两端同时积分,得

$$y' = \int (e^{3x} + \sin x) \, dx = \frac{1}{3} e^{3x} - \cos x + C_1,$$

$$y = \int \left(\frac{1}{3} e^{3x} - \cos x + C_1 \right) dx = \frac{1}{9} e^{3x} - \sin x + C_1 x + C_2.$$

故原微分方程的通解为

$$y = \frac{1}{9} e^{3x} - \sin x + C_1 x + C_2.$$

(2) 令 $p(x) = y'$,则原微分方程化为

$$p' = 1 + p^2, \qquad 即 \qquad \frac{1}{1 + p^2} dp = dx.$$

上式两端同时积分,得

$$\arctan p = x + C_1, \qquad 即 \qquad y' = p = \tan(x + C_1).$$

故原微分方程的通解为

$$y = \int \tan(x + C_1) \, dx = -\ln |\cos(x + C_1)| + C_2.$$

(3) 令 $p(x) = y'$,则 $y'' = p'$. 代入原微分方程化简,得

$$xp' = p + x\sin\frac{p}{x}, \quad 即 \quad p' = \frac{p}{x} + \sin\frac{p}{x},$$

此为齐次方程. 令 $\frac{p}{x} = u(x)$, 则 $p' = xu' + u$, 代入上式, 得

$$xu' + u = u + \sin u,$$

此为变量分离方程. 上式两端同时积分, 得

$$\int\frac{\mathrm{d}u}{\sin u} = \int\frac{\mathrm{d}x}{x},$$

解得

$$\ln\left|\tan\frac{u}{2}\right| = \ln|x| + \ln|C_1|,$$

化简得

$$u = 2\arctan C_1 x, \quad 即 \quad y' = 2x\arctan C_1 x.$$

上式两端同时积分, 得原微分方程的通解为

$$y = \int 2x\arctan C_1 x\mathrm{d}x = \int\arctan C_1 x\mathrm{d}(x)^2 = x^2\arctan C_1 x - \int\frac{C_1 x^2}{1 + C_1^2 x^2}\mathrm{d}x$$

$$= x^2\arctan C_1 x - \int\frac{C_1 x^2 + \frac{1}{C_1} - \frac{1}{C_1}}{1 + C_1^2 x^2}\mathrm{d}x = x^2\arctan C_1 x - \int\frac{\mathrm{d}x}{C_1} + \frac{1}{C_1}\int\frac{\mathrm{d}x}{1 + C_1^2 x^2}$$

$$= x^2\arctan C_1 x - \frac{x}{C_1} + \frac{1}{C_1^2}\arctan C_1 x + C_2 \quad (C_1 \neq 0).$$

若 $C_1 = 0$, 则 $y' = 0$, 即 $y = C_2$ 也为原微分方程的解(非通解).

(4) 令 $p(y) = y'$, 则 $y'' = p\dfrac{\mathrm{d}p}{\mathrm{d}y}$, 原微分方程化为

$$p\frac{\mathrm{d}p}{\mathrm{d}y} = p^3 + p, \quad 即 \quad p\left[\frac{\mathrm{d}p}{\mathrm{d}y} - (1 + p^2)\right] = 0.$$

由 $p = 0$ 得 $y = C$, 这是原微分方程的一个解(非通解).

由 $\dfrac{\mathrm{d}p}{\mathrm{d}y} - (1 + p^2) = 0$, 得

$$\arctan p = y - C_1, \quad 即 \quad y' = p = \tan(y - C_1),$$

从而

$$x + \ln C_2 = \int\frac{\mathrm{d}y}{\tan(y - C_1)} = \ln|\sin(y - C_1)|.$$

故原微分方程的通解为

$$y = \arcsin(C_2\mathrm{e}^x) + C_1.$$

▍例 19 求下列微分方程满足所给初值条件的特解:

(1) $y'' = \mathrm{e}^{2x} - \cos x, y(0) = 0, y'(0) = 1$;

(2) $yy'' = 2[(y')^2 - y'], y(0) = 1, y'(0) = 2$.

解 (1) 微分方程两端同时积分, 得

$$y' = \frac{1}{2}\mathrm{e}^{2x} - \sin x + C_1,$$

对上式再两端积分, 得

$$y = \frac{1}{4}\mathrm{e}^{2x} + \cos x + C_1 x + C_2.$$

将 $y(0) = 0, y'(0) = 1$ 代入上两式,得 $C_1 = \frac{1}{2}, C_2 = -\frac{5}{4}$. 故原微分方程满足所给初值条件的特解为

$$y = \frac{1}{4}\mathrm{e}^{2x} + \cos x + \frac{1}{2}x - \frac{5}{4}.$$

(2) 令 $p(x) = y'$,则 $y'' = p\dfrac{\mathrm{d}p}{\mathrm{d}y}$,原微分方程化为

$$y\frac{\mathrm{d}p}{\mathrm{d}y} = 2(p - 1),$$

解得

$$p = C_1 y^2 + 1, \quad 即 \quad y' = C_1 y^2 + 1.$$

将 $y(0) = 1, y'(0) = 2$ 代入上式,得 $C_1 = 1$. 于是,有

$$y' = y^2 + 1, \quad 即 \quad \frac{\mathrm{d}y}{\mathrm{d}x} = y^2 + 1,$$

解得

$$\arctan y = x + C_2.$$

将 $y(0) = 1$ 代入,得 $C_2 = \dfrac{\pi}{4}$,故原微分方程满足所给初值条件的特解为

$$y = \tan\left(x + \frac{\pi}{4}\right).$$

例 20 试求 $y'' = x$ 的经过点 $M(0,1)$,且在此点与直线 $y = \dfrac{1}{2}x + 1$ 相切的积分曲线.

解 原题可转化成求微分方程 $y'' = x$ 满足初值条件 $y(0) = 1, y'(0) = \dfrac{1}{2}$ 的特解.

该微分方程两端同时积分,得

$$y' = \frac{1}{2}x^2 + C_1,$$

再两端同时积分,得

$$y = \frac{1}{6}x^3 + C_1 x + C_2.$$

代入初值条件 $y'(0) = \dfrac{1}{2}, y(0) = 1$,得 $C_1 = \dfrac{1}{2}, C_2 = 1$. 因此,所求积分曲线方程为

$$y = \frac{1}{6}x^3 + \frac{1}{2}x + 1.$$

例 21 设有一粗细均匀、柔软的而无伸缩性的绳索,两端固定,绳索仅受重力的作用而下垂,求绳索曲线在平衡状态时的方程.

解 设绳索的最低点为 A,取 y 轴通过点 A 垂直向上,并取 x 轴水平向右,且 $|OA|$ 等于某个定值(这个定值将在以后说明),绳索曲线的方程为 $y = y(x)$. 考察绳索上点 A 到另一点 $M(x, y)$ 间的一段弧 $\overset{\frown}{AM}$,设其长为 s. 假定绳索的线密度为 ρ,则弧 $\overset{\frown}{AM}$ 的重量为 ρs. 由于绳索是柔软的,因而在点 A 处的张力沿水平的切线方向,其大小设为 H;在点 M 处的张力沿该点处的切线方向,设其倾角为 θ,其大小为 T(见图 6 - 1).

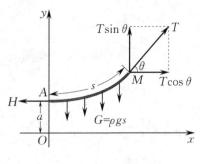

图 6-1

因作用于弧段 $\overarc{AM}$ 的外力相互平衡,把作用于弧段 $\overarc{AM}$ 上的力沿垂直及水平两方向分解,得

$$T\sin\theta = \rho g s \quad (g \text{ 为重力加速度}), \quad T\cos\theta = H.$$

两式相除,得

$$\tan\theta = \frac{1}{a}s \quad \left(a = \frac{H}{\rho g}\right).$$

由于 $\tan\theta = y', s = \int_0^x \sqrt{1+(y')^2}\,\mathrm{d}x$,代入上式,得

$$y' = \frac{1}{a}\int_0^x \sqrt{1+(y')^2}\,\mathrm{d}x.$$

上式两端同时对 x 求导数,便得 $y = y(x)$ 满足的微分方程

$$y'' = \frac{1}{a}\sqrt{1+(y')^2}. \tag{6-1}$$

取坐标原点 O 到点 A 的距离为定值 a,即 $|OA| = a$,则初值条件为 $y(0) = a, y'(0) = 0$.

设 $y' = p$,则 $y'' = \dfrac{\mathrm{d}p}{\mathrm{d}x}$.代入方程(6-1)并分离变量,得

$$\frac{\mathrm{d}p}{\sqrt{1+p^2}} = \frac{\mathrm{d}x}{a},$$

上式两端同时积分,得

$$\operatorname{arsh} p = \frac{x}{a} + C_1.$$

由 $y'(0) = 0$ 得 $C_1 = 0$,从而

$$\operatorname{arsh} p = \frac{x}{a}, \quad 即 \quad y' = \operatorname{sh}\frac{x}{a},$$

解得

$$y = a\operatorname{ch}\frac{x}{a} + C_2.$$

将条件 $y(0) = a$ 代入上式,得 $C_2 = 0$.于是,该绳索的曲线方程为

$$y = a\operatorname{ch}\frac{x}{a} = \frac{a}{2}(\mathrm{e}^{\frac{x}{a}} + \mathrm{e}^{-\frac{x}{a}}).$$

这曲线叫作**悬链线**.

例 22 设函数 $f(x)$ 在区间 $(0, +\infty)$ 上连续,$f(1) = \dfrac{5}{2}$,且对于任意 $x, t \in (0, +\infty)$ 有

$$\int_1^{xt} f(u)\,\mathrm{d}u = t\int_1^x f(u)\,\mathrm{d}u + x\int_1^t f(u)\,\mathrm{d}u,$$

求 $f(x)$.

分析 已知条件中给出了一个含有积分上限的函数的积分方程,通常的解法是对该积分方程两端同时求导数,将积分方程转化为微分方程,解此微分方程,并利用已知条件求出函数 $f(x)$.

解 原积分方程两端同时对 t 求导数,得

$$xf(xt) = \int_1^x f(u)\,\mathrm{d}u + xf(t),$$

令 $t = 1$，得

$$xf(x) = \int_1^x f(u)\,\mathrm{d}u + \frac{5}{2}x.$$

上式两端同时对 x 求导数，得

$$f(x) + xf'(x) = f(x) + \frac{5}{2}, \quad 即 \quad f'(x) = \frac{5}{2x},$$

从而

$$f(x) = \frac{5}{2}\ln x + C.$$

将 $f(1) = \frac{5}{2}$ 代入上式，得 $C = \frac{5}{2}$. 故

$$f(x) = \frac{5}{2}(\ln x + 1).$$

例 23 设连续函数 $f(x) = \sin x - \int_0^x (x - t)f(t)\,\mathrm{d}t$，求 $f(x)$.

解 因为 $f(x)$ 为连续函数，所以 $\sin x - \int_0^x (x - t)f(t)\,\mathrm{d}t$ 为可导函数. 原积分方程两端同时对 x 求导数，得

$$f'(x) = \cos x - \left[x\int_0^x f(t)\,\mathrm{d}t - \int_0^x tf(t)\,\mathrm{d}t \right]'$$

$$= \cos x - \int_0^x f(t)\,\mathrm{d}t - xf(x) + xf(x) = \cos x - \int_0^x f(t)\,\mathrm{d}t.$$

上式两端同时对 x 求导数，得

$$f''(x) + f(x) = -\sin x.$$

此微分方程的特征方程为 $r^2 + 1 = 0$，得 $r = \pm \mathrm{i}$，则上述微分方程对应的齐次线性微分方程的通解为

$$Y = C_1\cos x + C_2\sin x.$$

下面求非齐次线性微分方程

$$f''(x) + f(x) = -\sin x$$

的一个特解. 由于 $r = \pm \mathrm{i}$ 是特征方程的单根，因此所求非齐次线性微分方程的特解形如

$$y^* = x(a\cos x + b\sin x).$$

于是，将 y^* 代入该非齐次线性微分方程，比较系数，可得 $b = 0, a = \frac{1}{2}$，则该非齐次线性微分方程的通解为

$$f(x) = C_1\cos x + C_2\sin x + \frac{1}{2}x\cos x. \tag{6-2}$$

由题设等式 $f(x) = \sin x - \int_0^x (x - t)f(t)\,\mathrm{d}t$ 可知，存在隐含初值条件 $f(0) = 0$，且由 $f'(x) = \cos x - \int_0^x f(t)\,\mathrm{d}t$ 知 $f'(0) = 1$. 将 $f(0) = 0$ 与 $f'(0) = 1$ 代入通解 $(6-2)$，解得 $C_1 = 0, C_2 = \frac{1}{2}$. 故所求函数为

$$f(x) = \frac{1}{2}(\sin x + x\cos x).$$

例 24 求下列微分方程的通解：

(1) $y'' + 5y' + 6y = 0$；　　　　　　　　(2) $16y'' - 24y' + 9y = 0$；

(3) $y'' + y' = 0$；　　　　　　　　　　(4) $y'' + 8y' + 25y = 0$；

(5) $y^{(4)} + 5y'' - 36y = 0$；　　　　　　(6) $y''' - 4y'' + y' + 6y = 0$.

解　(1) 该微分方程的特征方程为 $r^2 + 5r + 6 = 0$，其根为 $r_1 = -2, r_2 = -3$，故该微分方程的通解为

$$y = C_1 e^{-2x} + C_2 e^{-3x}.$$

(2) 该微分方程的特征方程为 $16r^2 - 24r + 9 = 0$，即 $(4r-3)^2 = 0$，其根为 $r_1 = r_2 = \dfrac{3}{4}$，故该微分方程的通解为

$$y = e^{\frac{3}{4}x}(C_1 + C_2 x).$$

(3) 该微分方程的特征方程为 $r^2 + r = 0$，其根为 $r_1 = 0, r_2 = -1$，故该微分方程的通解为
$$y = C_1 + C_2 e^{-x}.$$

(4) 该微分方程的特征方程为 $r^2 + 8r + 25 = 0$，其根为 $r_1 = -4 + 3i, r_2 = -4 - 3i$，故该微分方程的通解为

$$y = e^{-4x}(C_1 \cos 3x + C_2 \sin 3x).$$

(5) 该微分方程的特征方程为 $r^4 + 5r^2 - 36 = 0$，其根为 $r_1 = 2, r_2 = -2, r_3 = 3i, r_4 = -3i$，故该微分方程的通解为

$$y = C_1 e^{2x} + C_2 e^{-2x} + C_3 \cos 3x + C_4 \sin 3x.$$

(6) 该微分方程的特征方程为 $r^3 - 4r^2 + r + 6 = 0$，其根为 $r_1 = 2, r_2 = 3, r_3 = -1$，故该微分方程的通解为

$$y = C_1 e^{2x} + C_2 e^{3x} + C_3 e^{-x}.$$

例 25 求下列微分方程满足所给初值条件的特解：

(1) $4y'' + 4y' + y = 0, y(0) = 2, y'(0) = 0$；

(2) $y'' + 4y' + 29y = 0, y(0) = 0, y'(0) = 15$.

解　(1) 该微分方程的特征方程为 $4r^2 + 4r + 1 = 0$，即 $(2r+1)^2 = 0$，其根为 $r_1 = r_2 = -\dfrac{1}{2}$，故该微分方程的通解为

$$y = e^{-\frac{1}{2}x}(C_1 + C_2 x).$$

将 $y(0) = 2, y'(0) = 0$ 代入，得

$$\begin{cases} C_1 = 2, \\ -\dfrac{1}{2}C_1 + C_2 = 0, \end{cases}$$

解得 $C_1 = 2, C_2 = 1$. 因此，所求特解为

$$y = e^{-\frac{1}{2}x}(2 + x).$$

(2) 该微分方程的特征方程为 $r^2 + 4r + 29 = 0$，其根为 $r_{1,2} = -2 \pm 5i$，故该微分方程的通解为

$$y = e^{-2x}(C_1 \cos 5x + C_2 \sin 5x).$$

将 $y(0) = 0$ 代入，得 $C_1 = 0$；将 $y'(0) = 15$ 代入，得 $C_2 = 3$. 因此，所求特解为

$$y = 3\mathrm{e}^{-2x} \sin 5x.$$

例 26 求微分方程 $yy'' - (y')^2 = y^2 \ln y$ 的通解.

解 原微分方程可化为

$$\frac{yy'' - (y')^2}{y^2} = \ln y, \quad \text{即} \quad \left(\frac{y'}{y}\right)' = \ln y.$$

又因 $\dfrac{y'}{y} = (\ln y)'$,故上式可化为

$$(\ln y)'' = \ln y.$$

令 $z = \ln y$,则原微分方程可化为

$$z'' - z = 0,$$

其特征方程的根 $r_{1,2} = \pm 1$,从而其通解为

$$z = C_1 \mathrm{e}^x + C_2 \mathrm{e}^{-x}.$$

故原微分方程的通解为

$$\ln y = C_1 \mathrm{e}^x + C_2 \mathrm{e}^{-x}.$$

例 27 下列微分方程具有什么形式的特解?

(1) $y'' + 4y' - 5y = x$;　　　　　　　　(2) $y'' + 4y' = x$;

(3) $y'' + y = 2\mathrm{e}^x$;　　　　　　　　　(4) $y'' + y = x^2 \mathrm{e}^x$;

(5) $y'' + y = \sin 2x$;　　　　　　　　　(6) $y'' + y = 3\sin x$.

解 (1) 因为其特征方程的根为 $r_1 = -5, r_2 = 1$,而该微分方程的自由项 $f(x) = x$,则 $\lambda = 0$ 不是特征方程的根,所以设特解为 $y^* = b_0 x + b_1$.

(2) 因为其特征方程的根为 $r_1 = 0, r_2 = -4$,而该微分方程的自由项 $f(x) = x$,则 $\lambda = 0$ 是特征方程的单根,所以设特解为 $y^* = x(b_0 x + b_1) = b_0 x^2 + b_1 x$.

(3) 因为其特征方程的根为 $r_{1,2} = \pm \mathrm{i}$,而该微分方程的自由项 $f(x) = 2\mathrm{e}^x$,则 $\lambda = 1$ 不是特征方程的根,所以设特解为 $y^* = b_1 \mathrm{e}^x$.

(4) 因为其特征方程的根为 $r_{1,2} = \pm \mathrm{i}$,而该微分方程的自由项 $f(x) = x^2 \mathrm{e}^x$,则 $\lambda = 1$ 不是特征方程的根,所以设特解为 $y^* = (b_0 x^2 + b_1 x + b_2)\mathrm{e}^x$.

(5) 因为其特征方程的根为 $r_{1,2} = \pm \mathrm{i}$,而该微分方程的自由项 $f(x) = \sin 2x$,则 $\lambda = 0$, $\omega = 2, \lambda + \mathrm{i}\omega = 2\mathrm{i}$ 不是特征方程的根,所以设特解为 $y^* = b_0 \cos 2x + b_1 \sin 2x$.

(6) 因为其特征方程的根为 $r_{1,2} = \pm \mathrm{i}$,而该微分方程的自由项 $f(x) = 3\sin x$,则 $\lambda = 0$, $\omega = 1, \lambda + \mathrm{i}\omega = \mathrm{i}$ 是特征方程的单根,所以设特解为 $y^* = x(b_0 \cos x + b_1 \sin x)$.

例 28 求下列微分方程的通解:

(1) $y'' + y' + 2y = x^2 - 3$;　　　　　　(2) $y'' + y' = 2x^2 \mathrm{e}^x$;

(3) $y'' - 6y' + 9y = \mathrm{e}^x \cos x$;　　　　(4) $y'' + y' = \mathrm{e}^x + \cos x$.

解 (1) 原微分方程的特征方程为 $r^2 + r + 2 = 0$,解得 $r_{1,2} = \dfrac{-1 \pm \mathrm{i}\sqrt{7}}{2}$,故其对应的齐次线性微分方程的通解为

$$Y = \mathrm{e}^{-\frac{1}{2}x}\left(C_1 \cos \frac{\sqrt{7}}{2}x + C_2 \sin \frac{\sqrt{7}}{2}x\right).$$

因为自由项 $f(x) = x^2 - 3, \lambda = 0$ 不是特征方程的根,所以设原微分方程的特解为 $y^* =$

$ax^2 + bx + c$. 代入原微分方程,得 $a = \dfrac{1}{2}, b = -\dfrac{1}{2}, c = -\dfrac{7}{4}$,从而

$$y^* = \dfrac{1}{2}x^2 - \dfrac{1}{2}x - \dfrac{7}{4}.$$

综上所述,原微分方程的通解为

$$y = \mathrm{e}^{-\frac{1}{2}x}\left(C_1\cos\dfrac{\sqrt{7}}{2}x + C_2\sin\dfrac{\sqrt{7}}{2}x\right) + \dfrac{1}{2}x^2 - \dfrac{1}{2}x - \dfrac{7}{4}.$$

(2) 原微分方程的特征方程为 $r^2 + r = 0$,解得 $r_1 = 0, r_2 = -1$,故其对应的齐次线性微分方程的通解为

$$Y = C_1 + C_2\mathrm{e}^{-x}.$$

因为自由项 $f(x) = 2x^2\mathrm{e}^x, \lambda = 1$ 不是特征方程的根,所以设原微分方程的特解为 $y^* = (ax^2 + bx + c)\mathrm{e}^x$. 代入原微分方程,得 $a = 1, b = -3, c = \dfrac{7}{2}$,从而

$$y^* = \left(x^2 - 3x + \dfrac{7}{2}\right)\mathrm{e}^x.$$

综上所述,原微分方程的通解为

$$y = C_1 + C_2\mathrm{e}^{-x} + \left(x^2 - 3x + \dfrac{7}{2}\right)\mathrm{e}^x.$$

(3) 原微分方程的特征方程为 $r^2 - 6r + 9 = 0$,解得 $r_{1,2} = 3$,故其对应的齐次线性微分方程的通解为

$$Y = C_1\mathrm{e}^{3x} + C_2x\mathrm{e}^{3x}.$$

因为自由项 $f(x) = \mathrm{e}^x\cos x, \lambda \pm \mathrm{i}\omega = 1 \pm \mathrm{i}$ 不是特征方程的根,所以设原微分方程的特解为 $y^* = \mathrm{e}^x(a\cos x + b\sin x)$. 代入原微分方程,得 $a = \dfrac{3}{25}, b = -\dfrac{4}{25}$,从而

$$y^* = \left(\dfrac{3}{25}\cos x - \dfrac{4}{25}\sin x\right)\mathrm{e}^x.$$

综上所述,原微分方程的通解为

$$y = C_1\mathrm{e}^{3x} + C_2x\mathrm{e}^{3x} + \left(\dfrac{3}{25}\cos x - \dfrac{4}{25}\sin x\right)\mathrm{e}^x.$$

(4) 原微分方程的特征方程为 $r^2 + r = 0$,解得 $r_1 = 0, r_2 = -1$,故其对应的齐次线性微分方程的通解为

$$Y = C_1 + C_2\mathrm{e}^{-x}.$$

因为自由项 $f(x) = f_1(x) + f_2(x)$,其中 $f_1(x) = \mathrm{e}^x, f_2(x) = \cos x$,则微分方程 $y'' + y' = \mathrm{e}^x$ 具有 $a\mathrm{e}^x$ 形式的特解;微分方程 $y'' + y' = \cos x$ 具有 $b\cos x + c\sin x$ 形式的特解,所以设原微分方程的特解为

$$y^* = a\mathrm{e}^x + b\cos x + c\sin x.$$

代入原微分方程,得

$$2a\mathrm{e}^x - (b+c)\sin x + (c-b)\cos x = \mathrm{e}^x + \cos x,$$

比较系数,得 $a = \dfrac{1}{2}, b = -\dfrac{1}{2}, c = \dfrac{1}{2}$,从而

$$y^* = \dfrac{1}{2}\mathrm{e}^x - \dfrac{1}{2}\cos x + \dfrac{1}{2}\sin x.$$

综上所述,原微分方程的通解为
$$y = C_1 + C_2 e^{-x} + \frac{1}{2} e^x - \frac{1}{2} \cos x + \frac{1}{2} \sin x.$$

例 29 求下述微分方程满足所给初值条件的特解:
$$y'' - y = 4x e^x, \quad y(0) = 0, \quad y'(0) = 1.$$

解 原微分方程的特征方程为 $r^2 - 1 = 0$,解得 $r_1 = 1, r_2 = -1$,故其对应的齐次线性微分方程的通解为
$$Y = C_1 e^x + C_2 e^{-x}.$$

因为自由项 $f(x) = 4x e^x, \lambda = 1$ 是特征方程的单根,所以设原微分方程的特解为 $y^* = x(ax + b) e^x$. 代入原微分方程,得
$$(4ax + 2a + 2b) e^x = 4x e^x,$$
比较系数,得 $a = 1, b = -1$,从而
$$y^* = x(x - 1) e^x.$$

因此,原微分方程的通解为
$$y = C_1 e^x + C_2 e^{-x} + x(x - 1) e^x.$$

将 $y(0) = 0, y'(0) = 1$ 代入,得 $\begin{cases} C_1 + C_2 = 0, \\ C_1 - C_2 - 1 = 1, \end{cases}$ 解得 $C_1 = 1, C_2 = -1$.

综上所述,原微分方程满足所给初值条件的特解为
$$y = e^x - e^{-x} + x(x - 1) e^x.$$

例 30 求下列欧拉方程的通解:

(1) $x^2 y'' + x y' - 4y = x^3$; (2) $x^3 y''' + x^2 y'' - 4x y' = 3x$;

(3) $x^2 y'' + 2x y' - 2y = x$.

解 (1) 令 $x = e^t$,记 $D = \dfrac{d}{dt}$,则原欧拉方程化为
$$D(D-1)y + Dy - 4y = e^{3t}, \quad 即 \quad D^2 y - 4y = e^{3t},$$
亦即
$$\frac{d^2 y}{dt^2} - 4y = e^{3t}. \tag{6-3}$$

方程(6-3)的特征方程为 $r^2 - 4 = 0$,解得 $r_1 = 2, r_2 = -2$. 设方程(6-3)的特解为 $y^* = a e^{3t}$,代入方程(6-3),得 $a = \dfrac{1}{5}$. 故方程(6-3)的通解为
$$y = C_1 e^{2t} + C_2 e^{-2t} + \frac{1}{5} e^{3t}.$$

将 $t = \ln x$ 回代,得原欧拉方程的通解为
$$y = C_1 x^2 + C_2 x^{-2} + \frac{1}{5} x^3.$$

(2) 令 $x = e^t$,记 $D = \dfrac{d}{dt}$,则原欧拉方程化为
$$D(D-1)(D-2)y + D(D-1)y - 4Dy = 3e^t,$$
即
$$D^3 y - 2D^2 y - 3Dy = 3e^t,$$

亦即
$$\frac{\mathrm{d}^3 y}{\mathrm{d}t^3} - 2\frac{\mathrm{d}^2 y}{\mathrm{d}t^2} - 3\frac{\mathrm{d}y}{\mathrm{d}t} = 3\mathrm{e}^t. \tag{6-4}$$

方程(6-4)的特征方程为 $r^3 - 2r^2 - 3r = 0$,解得 $r_1 = -1, r_2 = 3, r_3 = 0$. 设方程(6-4)的特解为 $y^* = a\mathrm{e}^t$,代入方程(6-4),得 $a = -\dfrac{3}{4}$. 故方程(6-4)的通解为

$$y = C_1 + C_2 \mathrm{e}^{-t} + C_3 \mathrm{e}^{3t} - \frac{3}{4}\mathrm{e}^t.$$

将 $t = \ln x$ 回代,得原欧拉方程的通解为

$$y = C_1 + C_2 \frac{1}{x} + C_3 x^3 - \frac{3x}{4}.$$

(3) 令 $x = \mathrm{e}^t$,记 $\mathrm{D} = \dfrac{\mathrm{d}}{\mathrm{d}t}$,则原欧拉方程化为

$$\mathrm{D}(\mathrm{D}-1)y + 2\mathrm{D}y - 2y = \mathrm{e}^t, \quad 即 \quad \mathrm{D}^2 y + \mathrm{D}y - 2y = \mathrm{e}^t,$$

亦即
$$\frac{\mathrm{d}^2 y}{\mathrm{d}t^2} + \frac{\mathrm{d}y}{\mathrm{d}t} - 2y = \mathrm{e}^t. \tag{6-5}$$

方程(6-5)的特征方程为 $r^2 + r - 2 = 0$,解得 $r_1 = 1, r_2 = -2$. 设方程(6-5)的特解为 $y^* = at\mathrm{e}^t$,代入方程(6-5)得 $a = \dfrac{1}{3}$. 故方程(6-5)的通解为

$$y = C_1 \mathrm{e}^t + C_2 \mathrm{e}^{-2t} + \frac{1}{3}t\mathrm{e}^t.$$

将 $t = \ln x$ 回代,得原欧拉方程的通解为

$$y = C_1 x + C_2 x^{-2} + \frac{1}{3}x\ln x.$$

四、同 步 练 习

练习 6.1

1. 判断下列方程是几阶微分方程:

(1) $\dfrac{\mathrm{d}y}{\mathrm{d}x} = x^2 + y$;

(2) $x\left(\dfrac{\mathrm{d}y}{\mathrm{d}x}\right)^2 - 2\dfrac{\mathrm{d}y}{\mathrm{d}x} + 4x = 0$;

(3) $x\dfrac{\mathrm{d}^2 y}{\mathrm{d}x^2} - 2\left(\dfrac{\mathrm{d}y}{\mathrm{d}x}\right)^3 + 5xy = 0$;

(4) $xy'' + 2x^2(y')^3 + x^3 y = x^4 + 1$.

2. 指出下列小题中的函数 y 是否为所给微分方程的解:

(1) $xy' = 2y, y = 5x^2$;

(2) $y'' + y = 0, y = 3\sin x - 4\cos x$;

(3) $y'' - 2y' + y = 0, y = x^2 \mathrm{e}^x$;

(4) $y'' - (\lambda_1 + \lambda_2)y' + \lambda_1\lambda_2 y = 0, y = C_1 \mathrm{e}^{\lambda_1 x} + C_2 \mathrm{e}^{\lambda_2 x}$.

3. 验证:函数 $y = (x^2 + C)\sin x$ 是微分方程

$$\frac{\mathrm{d}y}{\mathrm{d}x} - y\cot x - 2x\sin x = 0$$

的通解,并求满足初值条件 $y\left(\dfrac{\pi}{2}\right) = 0$ 的特解.

4. 一曲线过点 $M_0(2,3)$,且在两坐标轴间任意点处的切线线段均被切点所平分,求此曲线的方程.

5. 物体冷却的数学模型在多个领域有广泛的应用. 现设一物体的温度为 $100\ ^{\circ}\mathrm{C}$, 将其放置在空气温度为 $20\ ^{\circ}\mathrm{C}$ 的环境中冷却, 试求该物体的温度随时间 t 的变化规律.

练习 6.2

1. 求下列微分方程的通解:

(1) $xy' - y\ln y = 0$;

(2) $y' = \sqrt{\dfrac{1-y}{1-x}}$;

(3) $(\mathrm{e}^{x+y} - \mathrm{e}^x)\mathrm{d}x + (\mathrm{e}^{x+y} + \mathrm{e}^y)\mathrm{d}y = 0$;

(4) $\cos x\sin y\mathrm{d}x + \sin x\cos y\mathrm{d}y = 0$;

(5) $4x^3 + 2x - 3y^2 y' = 0$;

(6) $y' = \mathrm{e}^{x+y}$.

2. 求下列微分方程满足所给初值条件的特解:

(1) $yy' = 3xy^2 - x, y(0) = 1$;

(2) $2x\sin y\mathrm{d}x + (x^2 + 3)\cos y\mathrm{d}y = 0, y(1) = \dfrac{\pi}{6}$.

3. 求下列齐次方程的通解:

(1) $xy' - y - \sqrt{y^2 - x^2} = 0$;

(2) $x\dfrac{\mathrm{d}y}{\mathrm{d}x} = y\ln\dfrac{y}{x}$;

(3) $(x^2 + y^2)\mathrm{d}x - xy\mathrm{d}y = 0$;

(4) $(x^3 + y^3)\mathrm{d}x - 3xy^2\mathrm{d}y = 0$.

4. 某车间的容积为 $12\,000\ \mathrm{m}^3$, 开始时空气中含有浓度为 0.1% 的 CO_2, 为降低车间内空气中 CO_2 的含量, 用一台风量为 $2\,000\ \mathrm{m}^3/\mathrm{min}$ 的鼓风机通入含浓度为 0.03% 的 CO_2 的新鲜空气, 同时以同样的风量将混合均匀的空气排出. 问: 鼓风机开动 $6\ \mathrm{min}$ 后, 车间内空气中的 CO_2 浓度降低到多少?

练习 6.3

1. 求下列微分方程的通解:

(1) $xy' - 3y = x^2$;

(2) $\tan x\dfrac{\mathrm{d}y}{\mathrm{d}x} - y = 5$;

(3) $y' + \dfrac{y}{x\ln x} = 1$;

(4) $\dfrac{\mathrm{d}\rho}{\mathrm{d}\theta} + 3\rho = 2$.

2. 求下列微分方程满足所给初值条件的特解:

(1) $\dfrac{\mathrm{d}y}{\mathrm{d}x} + \dfrac{1}{x}y = \dfrac{1}{x}\sin x$, $y(\pi) = 1$;

(2) $y' + \dfrac{1}{x^3}(2 - 3x^2)y = 1$, $y(1) = 0$.

3. 求下列伯努利方程的通解:

(1) $y' + y = y^2(\cos x - \sin x)$;

(2) $y' + \dfrac{1}{3}y = \dfrac{1}{3}(1 - 2x)y^4$;

(3) $\dfrac{\mathrm{d}y}{\mathrm{d}x} - \dfrac{4}{x}y = x^2\sqrt{y}$;

(4) $\dfrac{\mathrm{d}y}{\mathrm{d}x} + \dfrac{y}{x} = (a\ln x)y^2$.

4. 求微分方程 $\dfrac{\mathrm{d}y}{\mathrm{d}x} + y\dfrac{\mathrm{d}\varphi}{\mathrm{d}x} = \varphi(x)\dfrac{\mathrm{d}\varphi}{\mathrm{d}x}$ 的通解, 其中 $\varphi(x)$ 是 x 的已知函数.

5. 求一曲线的方程, 这曲线通过坐标原点, 并且它在点 (x, y) 处的切线斜率等于 $2x + y$.

练习 6.4

1. 求下列微分方程的通解:

(1) $y'' = \dfrac{1}{1 + x^2}$;

(2) $y''' = x\mathrm{e}^x$;

(3) $y^{(5)} - \dfrac{1}{x}y^{(4)} = 0$.

2. 求下列微分方程的通解:

(1) $y'' = y' + x$;

(2) $xy'' + y' = 0$;

(3) $y^3 y'' - 1 = 0$.

3. 求下列微分方程满足所给初值条件的特解:

(1) $y^3 y'' + 1 = 0, y(1) = 1, y'(1) = 0$;   (2) $y'' = e^{2y}, y(0) = y'(0) = 0$;

(3) $y'' = 3\sqrt{y}, y(0) = 1, y'(0) = 2$.

练习 6.5

1. 下列函数组在其定义区间内,哪些是线性无关的?

(1) e^x, e^{-x};   (2) $3\sin^2 x, 1 - \cos^2 x$;

(3) $\cos 2x, \sin 2x$.

2. 设 $y_1 = 3, y_2 = 3 + x^2, y_2 = 3 + x^2 + e^x$ 都是微分方程

$$y'' + P(x)y' + Q(x)y = f(x) \quad (f(x) \neq 0)$$

的特解,则当 $P(x), Q(x), f(x)$ 都是连续函数时,求此微分方程的通解.

3. 已知 $y_1 = xe^x + e^{2x}, y_2 = xe^x - e^{-x}, y_3 = xe^x + e^{2x} - e^{-x}$ 是某二阶非齐次线性微分方程的三个特解,
(1) 求此微分方程的通解;(2) 写出此微分方程;(3) 求此微分方程满足初值条件 $y(0) = 7, y'(0) = 6$ 的特解.

练习 6.6

1. 求下列微分方程的通解:

(1) $y'' + y' - 2y = 0$;   (2) $4\dfrac{d^2 x}{dt^2} - 20\dfrac{dx}{dt} + 25x = 0$;

(3) $y'' - 4y' + 5y = 0$;   (4) $y'' + 4y' + 4y = 0$.

2. 设函数 $\varphi(x)$ 连续,且满足 $\varphi(x) = \int_0^x t\varphi(t)dt - x\int_0^x \varphi(t)dt$,求 $\varphi(x)$.

3. 已知一个四阶常系数齐次线性微分方程的四个线性无关的特解分别为

$$y_1 = e^x, \quad y_2 = xe^x, \quad y_3 = \cos 2x, \quad y_4 = 3\sin 2x,$$

求这个四阶微分方程及其通解.

练习 6.7

1. 下列微分方程具有什么形式的特解?

(1) $y'' + 5y' + 6y = e^{3x}$;   (2) $y'' + 5y' + 6y = 3xe^{-2x}$;

(3) $y'' + 2y' + y = -(3x^2 + 1)e^{-x}$;   (4) $y'' - 2y' + 5y = e^x \sin 2x$.

2. 求下列微分方程的一个特解:

(1) $y'' - 2y' - 3y = 3x + 1$;   (2) $y'' - 2y' + y = (6x^2 - 4)e^x + x + 1$;

(3) $y'' + 9y = \cos x + 2x + 1$.

3. 求下列微分方程的通解:

(1) $2y'' + y' - y = 2e^x$;   (2) $2y'' + 5y' = 5x^2 - 2x - 1$;

(3) $y'' - 2y' + 5y = e^x \sin 2x$.

4. 设连续函数 $y(x)$ 满足方程 $y'(x) = 1 + \int_0^x [6\sin^2 t - y(t)]dt$,求 $y(x)$.

5. 已知函数 $y = e^{2x} + (x+1)e^x$ 是二阶常系数非齐次线性微分方程 $y'' + ay' + by = ce^x$ 的一个特解,试确定常数 a, b, c 以及该微分方程的通解.

6. 求下列欧拉方程的通解:

(1) $x^2 y'' + xy' - y = 0$;   (2) $x^2 y'' + xy' - 4y = 2x^3$.

7. 设有方程

$$(1+x)y = \int_0^x [2y + (1+x)^2 y'']dx - \ln(1+x) \quad (x \geqslant 0),$$

且 $y'(0) = 0$,求由此方程所确定的函数 $y(x)$.

简答 6.1

1. 解 （1）一阶. （2）一阶. （3）二阶. （4）二阶.

2. 解 （1）由函数 $y = 5x^2$ 得 $y' = 10x$,代入微分方程,得
$$x \cdot 10x = 2 \cdot 5x^2 = 10x^2.$$
故该函数是所给微分方程的解.

（2）由函数 $y = 3\sin x - 4\cos x$ 得
$$y' = 3\cos x + 4\sin x, \quad y'' = -3\sin x + 4\cos x,$$
代入微分方程,得
$$-3\sin x + 4\cos x + 3\sin x - 4\cos x = 0.$$
故该函数是所给微分方程的解.

（3）由函数 $y = x^2 e^x$ 得
$$y' = 2xe^x + x^2 e^x = (2x + x^2)e^x, \quad y'' = (2 + 4x + x^2)e^x,$$
代入微分方程,得
$$[2 + 4x + x^2 - 2(2x + x^2) + x^2]e^x = 2e^x \neq 0.$$
故该函数不是所给微分方程的解.

（4）由函数 $y = C_1 e^{\lambda_1 x} + C_2 e^{\lambda_2 x}$ 得
$$y' = C_1 \lambda_1 e^{\lambda_1 x} + C_2 \lambda_2 e^{\lambda_2 x}, \quad y'' = C_1 \lambda_1^2 e^{\lambda_1 x} + C_2 \lambda_2^2 e^{\lambda_2 x},$$
代入微分方程,得
$$C_1 \lambda_1^2 e^{\lambda_1 x} + C_2 \lambda_2^2 e^{\lambda_2 x} - (\lambda_1 + \lambda_2)(C_1 \lambda_1 e^{\lambda_1 x} + C_2 \lambda_2 e^{\lambda_2 x}) + \lambda_1 \lambda_2 (C_1 e^{\lambda_1 x} + C_2 e^{\lambda_2 x}) = 0.$$
故该函数是所给微分方程的解.

3. 分析 要验证一个函数是否是微分方程的通解,只要将函数代入该微分方程,看是否恒等,再看函数式中所含的独立的任意常数的个数是否与微分方程的阶数相同.

解 对函数 $y = (x^2 + C)\sin x$ 求一阶导数,得
$$\frac{\mathrm{d}y}{\mathrm{d}x} = 2x\sin x + (x^2 + C)\cos x.$$

将 y 和 $\dfrac{\mathrm{d}y}{\mathrm{d}x}$ 代入所给微分方程,有
$$左端 = 2x\sin x + (x^2 + C)\cos x - (x^2 + C)\sin x \cot x - 2x\sin x = 0 = 右端.$$
因为微分方程两端恒等,且 y 中含有一个任意常数,所以 $y = (x^2 + C)\sin x$ 是题设微分方程的通解.

将初值条件 $y\left(\dfrac{\pi}{2}\right) = 0$ 代入通解 $y = (x^2 + C)\sin x$ 中,得
$$0 = \frac{\pi^2}{4} + C, \quad 即 \quad C = -\frac{\pi^2}{4}.$$
故所求特解为
$$y = \left(x^2 - \frac{\pi^2}{4}\right)\sin x.$$

4. 解 设曲线的方程为 $y = y(x)$. 由题意可知,过点 $M(x,y)$ 的切线与 x 轴和 y 轴的交点分别为 $A(2x, 0)$ 及 $B(0, 2y)$,点 $M(x,y)$ 就是该切线线段 AB 的中点. 于是,有
$$y' = -\frac{2y}{2x}, \quad 即 \quad y' = -\frac{y}{x}.$$
分离变量,得
$$\frac{1}{y}\mathrm{d}y = -\frac{1}{x}\mathrm{d}x,$$

两端积分,得

$$y = \frac{C}{x}.$$

又由已知条件 $y(2) = 3$,有 $C = 6$. 故 $y = \frac{6}{x}$ 为所求的曲线方程.

5. 解 设该物体的温度 T 与时间 t 的函数关系为 $T = T(t)$,建立该冷却问题的数学模型

$$\begin{cases} \dfrac{\mathrm{d}T}{\mathrm{d}t} = -k(T-20), \\ T(0) = 100, \end{cases}$$

其中 $k(k > 0)$ 为比例常数.

下面求上述初值问题的解. 分离变量,得

$$\frac{\mathrm{d}T}{T-20} = -k\mathrm{d}t,$$

两端积分,得

$$\ln|T-20| = -kt + C_1 \quad (C_1 \text{ 为任意常数}),$$

即

$$T - 20 = \pm \mathrm{e}^{-kt+C_1} = \pm \mathrm{e}^{C_1} \mathrm{e}^{-kt} = C\mathrm{e}^{-kt} \quad (C = \pm \mathrm{e}^{C_1}),$$

从而

$$T = 20 + C\mathrm{e}^{-kt}.$$

将 $T(0) = 100$ 代入,得 $C = 100 - 20 = 80$. 于是,所求规律为

$$T = 20 + 80\mathrm{e}^{-kt}.$$

简答 6.2

1. 解 (1) 分离变量,得

$$\frac{\mathrm{d}y}{y\ln y} = \frac{1}{x}\mathrm{d}x,$$

两端积分,得

$$\ln(\ln y) = \ln x + \ln C, \quad \text{即} \quad \ln y = Cx.$$

故该微分方程的通解为

$$y = \mathrm{e}^{Cx}.$$

(2) 分离变量,得

$$\frac{\mathrm{d}y}{\sqrt{1-y}} = \frac{\mathrm{d}x}{\sqrt{1-x}},$$

两端积分,得

$$-2\sqrt{1-y} = -2\sqrt{1-x} + C.$$

此即为该微分方程的通解.

(3) 分离变量,得

$$\frac{\mathrm{e}^y}{1-\mathrm{e}^y}\mathrm{d}y = \frac{\mathrm{e}^x}{1+\mathrm{e}^x}\mathrm{d}x,$$

两端积分,得

$$-\ln|\mathrm{e}^y - 1| = \ln(\mathrm{e}^x + 1) - \ln C_1.$$

故该微分方程的通解为

$$(\mathrm{e}^x + 1)(\mathrm{e}^y - 1) = C \quad (C = \pm C_1).$$

(4) 分离变量,得

$$\frac{\cos x}{\sin x}\mathrm{d}x + \frac{\cos y}{\sin y}\mathrm{d}y = 0,$$

两端积分,得
$$\ln|\sin y| + \ln|\sin x| = \ln C_1.$$
故该微分方程的通解为
$$\sin y \sin x = C \quad (C = \pm C_1).$$

(5) 分离变量,得
$$3y^2 dy = (4x^3 + 2x) dx,$$
两端积分,得
$$y^3 = x^4 + x^2 + C.$$
此即为该微分方程的通解.

(6) 分离变量,得
$$e^{-y} dy = e^x dx,$$
两端积分,得
$$-e^{-y} = e^x + C.$$
此即为该微分方程的通解.

2. 解 (1) 分离变量,得
$$\frac{y}{3y^2 - 1} dy = x dx,$$
两端积分,得
$$\frac{1}{6}\ln(3y^2 - 1) = \frac{1}{2}x^2 + \ln C.$$
故该微分方程的通解为
$$(3y^2 - 1)^{\frac{1}{6}} = Ce^{\frac{1}{2}x^2}.$$
代入初值条件 $y(0) = 1$,得 $(3-1)^{\frac{1}{6}} = C$,即 $C = 2^{\frac{1}{6}}$. 故所求特解为
$$(3y^2 - 1)^{\frac{1}{6}} = 2^{\frac{1}{6}}e^{\frac{1}{2}x^2}, \quad 即 \quad 3y^2 - 1 = 2e^{3x^2}.$$

(2) 将微分方程两端同除以 $(x^2 + 3)\sin y \neq 0$,得
$$\frac{2x}{x^2 + 3} dx + \frac{\cos y}{\sin y} dy = 0,$$
两端积分,得
$$\ln(x^2 + 3) + \ln(\sin y) = \ln C.$$
故该微分方程的通解为
$$(x^2 + 3)\sin y = C.$$
代入初值条件 $y(1) = \frac{\pi}{6}$,得 $C = 4\sin\frac{\pi}{6} = 2$. 因此,所求特解为
$$(x^2 + 3)\sin y = 2, \quad 即 \quad y = \arcsin\frac{2}{x^2 + 3}.$$

3. 解 (1) 当 $x > 0$ 时,原齐次方程化为 $\dfrac{dy}{dx} = \dfrac{y}{x} + \sqrt{\left(\dfrac{y}{x}\right)^2 - 1}$. 令 $u = \dfrac{y}{x}$,则 $\dfrac{dy}{dx} = u + x\dfrac{du}{dx}$,从而原齐次方程变形为
$$\frac{du}{\sqrt{u^2 - 1}} = \frac{dx}{x}.$$
上式两端积分,得
$$\ln|u + \sqrt{u^2 - 1}| = \ln|x| + \ln C_1, \quad 即 \quad u + \sqrt{u^2 - 1} = Cx \quad (C = \pm C_1).$$
将 $u = \dfrac{y}{x}$ 回代,得原齐次方程在区间 $(0, +\infty)$ 上的通解为

$$y + \sqrt{y^2 - x^2} = Cx^2.$$

当 $x < 0$ 时,原齐次方程化为 $\dfrac{\mathrm{d}y}{\mathrm{d}x} = \dfrac{y}{x} - \sqrt{\left(\dfrac{y}{x}\right)^2 - 1}$. 令 $u = \dfrac{y}{x}$,原齐次方程可变形为

$$\frac{\mathrm{d}u}{\sqrt{u^2 - 1}} = -\frac{\mathrm{d}x}{x}.$$

上式两端积分,得

$$\ln \mid u + \sqrt{u^2 - 1} \mid = \ln C_1 - \ln \mid x \mid, \quad \text{即} \quad u + \sqrt{u^2 - 1} = \frac{C}{x} \quad (C = \pm C_1).$$

将 $u = \dfrac{y}{x}$ 回代,得原齐次方程在区间 $(-\infty, 0)$ 上的通解为

$$y - \sqrt{y^2 - x^2} = C.$$

(2) 原齐次方程化为 $\dfrac{\mathrm{d}y}{\mathrm{d}x} = \dfrac{y}{x} \ln \dfrac{y}{x}$. 令 $u = \dfrac{y}{x}$,则 $\dfrac{\mathrm{d}y}{\mathrm{d}x} = u + x \dfrac{\mathrm{d}u}{\mathrm{d}x}$,从而原齐次方程变形为

$$\frac{\mathrm{d}u}{u(\ln u - 1)} = \frac{\mathrm{d}x}{x}.$$

上式两端积分,得

$$\ln \mid \ln u - 1 \mid = \ln \mid x \mid + \ln C_1, \quad \text{即} \quad \ln u - 1 = Cx \quad (C = \pm C_1).$$

将 $u = \dfrac{y}{x}$ 回代,得原齐次方程的通解为

$$\ln \frac{y}{x} - 1 = Cx, \quad \text{即} \quad y = x \mathrm{e}^{Cx+1}.$$

(3) 原齐次方程化为 $\dfrac{\mathrm{d}y}{\mathrm{d}x} = \dfrac{x^2 + y^2}{xy} = \dfrac{1 + \left(\dfrac{y}{x}\right)^2}{\dfrac{y}{x}}$. 令 $u = \dfrac{y}{x}$,则 $\dfrac{\mathrm{d}y}{\mathrm{d}x} = u + x \dfrac{\mathrm{d}u}{\mathrm{d}x}$,从而原齐次方程变形为

$$u + x \frac{\mathrm{d}u}{\mathrm{d}x} = \frac{1 + u^2}{u}, \quad \text{即} \quad u \mathrm{d}u = \frac{\mathrm{d}x}{x}.$$

上式两端积分,得

$$\frac{1}{2} u^2 = \ln \mid x \mid + \ln C_1, \quad \text{即} \quad u^2 = \ln(x^2) + \ln C \quad (C = C_1^2).$$

将 $u = \dfrac{y}{x}$ 回代,得原齐次方程的通解为

$$\frac{y^2}{x^2} = \ln(x^2) + \ln C, \quad \text{即} \quad y^2 = x^2 \ln(Cx^2).$$

(4) 原齐次方程化为 $\dfrac{\mathrm{d}y}{\mathrm{d}x} = \dfrac{x^3 + y^3}{3xy^2} = \dfrac{1 + \left(\dfrac{y}{x}\right)^3}{3\left(\dfrac{y}{x}\right)^2}$. 令 $u = \dfrac{y}{x}$,则 $\dfrac{\mathrm{d}y}{\mathrm{d}x} = u + x \dfrac{\mathrm{d}u}{\mathrm{d}x}$,从而原齐次方程变形为

$$u + \frac{\mathrm{d}u}{\mathrm{d}x} x = \frac{1 + u^3}{3u^2}, \quad \text{即} \quad \frac{3u^2}{1 - 2u^3} \mathrm{d}u = \frac{\mathrm{d}x}{x}.$$

上式两端积分,得

$$-\frac{1}{2} \ln \mid 1 - 2u^3 \mid = \ln \mid x \mid + \ln C_1.$$

将 $u = \dfrac{y}{x}$ 回代,得原齐次方程的通解为

$$x^3 - 2y^3 = Cx \quad \left(C = \frac{1}{C_1^2}\right).$$

4. 分析 用元素法建立微分方程,即从变量在一个微小区间 $[x, x + \Delta x]$ 内入手,建立变量在区间上的变

化量与区间长度之间的关系

$$\Delta y = y(x + \Delta x) - y(x) = f(x)\Delta x.$$

再令 $\Delta x \to 0$,通过取极限并利用导数的定义得微分方程 $\dfrac{\mathrm{d}y}{\mathrm{d}x} = f(x)$.

解 设时刻 t 车间内空气中 CO_2 的含量(单位:m^3)为 $x(t)$. 依题意,在车间内,从 t 到 $t + \Delta t$ 时间段内,CO_2 含量的变化为

$$\Delta x = CO_2 \text{ 的输入量} - CO_2 \text{ 的输出量} = 2\,000\Delta t \times 0.03\% - 2\,000\Delta t \times \frac{x}{12\,000},$$

故 $\dfrac{\Delta x}{\Delta t} = \dfrac{3.6 - x}{6}$. 令 $\Delta t \to 0$,可得初值问题

$$\begin{cases} \dfrac{\mathrm{d}x}{\mathrm{d}t} = \dfrac{3.6 - x}{6}, \\ x(0) = 12. \end{cases}$$

分离变量并两端积分后,得通解为 $x - 3.6 = C\mathrm{e}^{-\frac{1}{6}t}$. 代入初值条件,得 $C = 8.4$. 于是,有 $x(t) = 3.6 + 8.4\mathrm{e}^{-\frac{1}{6}t}$, 则当 $t = 6$ 时车间内空气中 CO_2 的浓度为

$$\frac{x(6)}{12\,000} = \frac{3.6 + 8.4\mathrm{e}^{-1}}{12\,000} \approx 0.056\%,$$

即 $6\ \min$ 后,车间内空气中 CO_2 的浓度降低到 0.056%.

简答 6.3

1. 解 (1) 原微分方程可化为 $y' - \dfrac{3}{x}y = x$,故其通解为

$$y = \mathrm{e}^{\int \frac{3}{x}\mathrm{d}x}\left(\int x\mathrm{e}^{-\int \frac{3}{x}\mathrm{d}x}\mathrm{d}x + C\right) = x^3\left(C - \frac{1}{x}\right) = Cx^3 - x^2.$$

(2) 原微分方程可化为 $\dfrac{\mathrm{d}y}{\mathrm{d}x} - \dfrac{\cos x}{\sin x}y = \dfrac{5\cos x}{\sin x}$,故其通解为

$$y = \mathrm{e}^{\int \frac{\cos x}{\sin x}\mathrm{d}x}\left[\int \frac{5\cos x}{\sin x}\mathrm{e}^{\int \left(-\frac{\cos x}{\sin x}\right)\mathrm{d}x}\mathrm{d}x + C\right]$$

$$= \sin x\left(5\int \frac{\cos x}{\sin^2 x}\mathrm{d}x + C\right) = C\sin x - 5.$$

(3) 原微分方程的通解为

$$y = \mathrm{e}^{-\int \frac{\mathrm{d}x}{x\ln x}}\left(\int \mathrm{e}^{\int \frac{\mathrm{d}x}{x\ln x}}\mathrm{d}x + C\right) = \frac{1}{\ln x}\left(\int \ln x\mathrm{d}x + C\right)$$

$$= \frac{1}{\ln x}(x\ln x - x + C) = x + \frac{C - x}{\ln x}.$$

(4) 原微分方程的通解为

$$\rho = \mathrm{e}^{-\int 3\mathrm{d}\theta}\left(\int 2\mathrm{e}^{\int 3\mathrm{d}\theta}\mathrm{d}\theta + C\right) = \mathrm{e}^{-3\theta}\left(2\int \mathrm{e}^{3\theta}\mathrm{d}\theta + C\right)$$

$$= \mathrm{e}^{-3\theta}\left(\frac{2}{3}\mathrm{e}^{3\theta} + C\right) = C\mathrm{e}^{-3\theta} + \frac{2}{3}.$$

2. 解 (1) 原微分方程的通解为

$$y = \mathrm{e}^{-\int \frac{\mathrm{d}x}{x}}\left(\int \frac{\sin x}{x}\mathrm{e}^{\int \frac{\mathrm{d}x}{x}}\mathrm{d}x + C\right) = \frac{1}{x}\left(\int \sin x\mathrm{d}x + C\right) = \frac{1}{x}(C - \cos x).$$

将 $x = \pi, y = 1$ 代入上式,得 $C = \pi - 1$. 故所求特解为

$$y = \frac{1}{x}(\pi - 1 - \cos x).$$

(2) 原微分方程的通解为

$$y = \mathrm{e}^{-\int \frac{2-3x^2}{x^3}\mathrm{d}x}\left(\int \mathrm{e}^{\int \frac{2-3x^2}{x^3}\mathrm{d}x}\mathrm{d}x + C\right) = \mathrm{e}^{x^{-2}+3\ln x}\left(\int \mathrm{e}^{-x^{-2}-3\ln x}\mathrm{d}x + C\right)$$

$$= x^3 \mathrm{e}^{x^{-2}}\left(\frac{1}{2}\mathrm{e}^{-x^{-2}} + C\right) = x^3\left(C\mathrm{e}^{x^{-2}} + \frac{1}{2}\right).$$

将 $x = 1, y = 0$ 代入上式,得 $C = -\dfrac{1}{2\mathrm{e}}$. 故所求特解为

$$y = x^3\left(\frac{1}{2} - \frac{1}{2\mathrm{e}}\mathrm{e}^{x^{-2}}\right).$$

3. 解 (1) 令 $z = y^{-1}$,则 $\dfrac{\mathrm{d}z}{\mathrm{d}x} = -\dfrac{1}{y^2}\cdot\dfrac{\mathrm{d}u}{\mathrm{d}x}$,从而原微分方程化为

$$\frac{\mathrm{d}z}{\mathrm{d}x} - z = \sin x - \cos x.$$

于是,上述微分方程的通解为

$$z = \mathrm{e}^{-\int(-1)\mathrm{d}x}\left[\int(\sin x - \cos x)\mathrm{e}^{\int(-1)\mathrm{d}x}\mathrm{d}x + C\right]$$

$$= \mathrm{e}^x\left[\int \mathrm{e}^{-x}(\sin x - \cos x)\mathrm{d}x + C\right] = C\mathrm{e}^x - \sin x.$$

故原微分方程的通解为

$$\frac{1}{y} = C\mathrm{e}^x - \sin x.$$

(2) 令 $z = y^{-3}$,则 $\dfrac{\mathrm{d}z}{\mathrm{d}x} = -3y^{-4}\dfrac{\mathrm{d}y}{\mathrm{d}x}$,从而原微分方程化为

$$\frac{\mathrm{d}z}{\mathrm{d}x} - z = 2x - 1.$$

于是,上述微分方程的通解为

$$z = \mathrm{e}^{\int \mathrm{d}x}\left[\int(2x-1)\mathrm{e}^{-\int \mathrm{d}x}\mathrm{d}x + C\right] = \mathrm{e}^x\left[(-2x-1)\mathrm{e}^{-x} + C\right] = -2x - 1 + C\mathrm{e}^x.$$

故原微分方程的通解为

$$y^3(C\mathrm{e}^x - 2x - 1) = 1.$$

(3) 方程两端同除以 $\sqrt{y}$,得 $\dfrac{1}{\sqrt{y}}\cdot\dfrac{\mathrm{d}y}{\mathrm{d}x} - \dfrac{4}{x}\sqrt{y} = x^2$. 令 $z = \sqrt{y}$,则 $\dfrac{\mathrm{d}z}{\mathrm{d}x} = \dfrac{1}{2\sqrt{y}}\cdot\dfrac{\mathrm{d}y}{\mathrm{d}x}$,从而原微分方程化为

$$\frac{\mathrm{d}z}{\mathrm{d}x} - \frac{2}{x}z = \frac{x^2}{2},$$

解得

$$z = \mathrm{e}^{\int \frac{2}{x}\mathrm{d}x}\left(\int \frac{x^2}{2}\mathrm{e}^{-\int \frac{2}{x}\mathrm{d}x}\mathrm{d}x + C\right) = x^2\left(\frac{x}{2} + C\right).$$

故原微分方程的通解为

$$y = x^4\left(\frac{x}{2} + C\right)^2.$$

(4) 方程两端同除以 y^2,得

$$y^{-2}\frac{\mathrm{d}y}{\mathrm{d}x} + \frac{1}{x}y^{-1} = a\ln x, \quad \text{即} \quad -\frac{\mathrm{d}(y^{-1})}{\mathrm{d}x} + \frac{1}{x}y^{-1} = a\ln x.$$

令 $z = y^{-1}$,则上述方程化为

$$\frac{\mathrm{d}z}{\mathrm{d}x} - \frac{1}{x}z = -a\ln x,$$

解得

$$z = x\left(C - \frac{a}{2}\ln^2 x\right).$$

故原微分方程的通解为

$$yx\left(C - \frac{a}{2}\ln^2 x\right) = 1.$$

4. 解 实际上，原微分方程是标准的一阶线性微分方程，令 $p(x) = \dfrac{\mathrm{d}\varphi}{\mathrm{d}x}, q(x) = \varphi(x)\dfrac{\mathrm{d}\varphi}{\mathrm{d}x}$. 直接利用通解公式，得原微分方程的通解为

$$y = \mathrm{e}^{-\int \frac{\mathrm{d}\varphi}{\mathrm{d}x}\mathrm{d}x}\left[\int \varphi(x)\frac{\mathrm{d}\varphi}{\mathrm{d}x}\mathrm{e}^{\int \frac{\mathrm{d}\varphi}{\mathrm{d}x}\mathrm{d}x}\mathrm{d}x + C\right] = \mathrm{e}^{-\varphi(x)}\left[\int \varphi(x)\mathrm{e}^{\varphi(x)}\mathrm{d}\varphi(x) + C\right] = \varphi(x) - 1 + C\mathrm{e}^{-\varphi(x)}.$$

5. 解 设曲线方程为 $y = y(x)$. 依题意有 $y' = 2x + y$，即 $y' - y = 2x$. 于是，该微分方程的通解为

$$y = \mathrm{e}^{\int \mathrm{d}x}\left(\int 2x\mathrm{e}^{-\int \mathrm{d}x}\mathrm{d}x + C\right) = \mathrm{e}^x\left(\int 2x\mathrm{e}^{-x}\mathrm{d}x + C\right)$$

$$= \mathrm{e}^x(-2x\mathrm{e}^{-x} - 2\mathrm{e}^{-x} + C) = -2x - 2 + C\mathrm{e}^x.$$

将 $x = 0, y = 0$ 代入，得 $C = 2$. 故所求曲线的方程为

$$y = 2(\mathrm{e}^x - x - 1).$$

简答 6.4

1. 解 (1) 两端积分，得

$$y' = \int \frac{\mathrm{d}x}{1 + x^2} = \arctan x + C_1,$$

再两端积分，得

$$y = \int (\arctan x + C_1)\mathrm{d}x = x\arctan x - \frac{1}{2}\ln(1 + x^2) + C_1 x + C_2.$$

(2) 两端积分，得

$$y'' = \int x\mathrm{e}^x\mathrm{d}x = x\mathrm{e}^x - \mathrm{e}^x + C_1,$$

再两端积分，得

$$y' = \int (x\mathrm{e}^x - \mathrm{e}^x + C_1)\mathrm{d}x = x\mathrm{e}^x - 2\mathrm{e}^x + C_1 x + C_2,$$

再两端积分，得

$$y = \int (x\mathrm{e}^x - 2\mathrm{e}^x + C_1 x + C_2)\mathrm{d}x = x\mathrm{e}^x - 3\mathrm{e}^x + \frac{C_1}{2}x^2 + C_2 x + C_3$$

$$= x\mathrm{e}^x - 3\mathrm{e}^x + C_1 x^2 + C_2 x + C_3 \quad \left(\text{作为最后的结果，这里}\frac{C_1}{2}\text{也可以直接写成}C_1\right).$$

(3) 令 $z = y^{(4)}$，则有 $\dfrac{\mathrm{d}z}{\mathrm{d}x} - \dfrac{1}{x}z = 0$，解得

$$z = Cx, \quad \text{即} \quad \frac{\mathrm{d}^4 y}{\mathrm{d}x^4} = Cx.$$

再逐次积分，即得原微分方程的通解为

$$y = C_1 x^5 + C_2 x^3 + C_3 x^2 + C_4 x + C_5 \quad \left(C_1 = \frac{C}{120}\right).$$

2. 解 (1) 令 $y' = p(x)$，则 $y'' = p'$，且原微分方程化为 $p' - p = x$. 利用一阶线性微分方程的通解公式，得

$$p = \mathrm{e}^{\int \mathrm{d}x}\left(\int x\mathrm{e}^{-\int \mathrm{d}x}\mathrm{d}x + C_1\right) = \mathrm{e}^x\left(\int x\mathrm{e}^{-x}\mathrm{d}x + C_1\right)$$

$$= \mathrm{e}^x(-x\mathrm{e}^{-x} - \mathrm{e}^{-x} + C_1) = -x - 1 + C_1\mathrm{e}^x.$$

两端积分，得原微分方程的通解为

$$y = \int (-x - 1 + C_1\mathrm{e}^x)\mathrm{d}x = -\frac{1}{2}x^2 - x + C_1\mathrm{e}^x + C_2.$$

(2) 令 $y' = p(x)$，则 $y'' = p'$，且原微分方程化为 $xp' + p = 0$. 分离变量，得

$$\frac{\mathrm{d}p}{p} = -\frac{\mathrm{d}x}{x},$$

两端积分,得

$$\ln|p| = \ln\left|\frac{1}{x}\right| + \ln C_1, \quad 即 \quad p = \frac{C_1}{x},$$

再两端积分,得原微分方程的通解为

$$y = \int \frac{C_1}{x} \mathrm{d}x = C_1 \ln|x| + C_2.$$

(3) 令 $y' = p(y)$,则 $y'' = p\dfrac{\mathrm{d}p}{\mathrm{d}y}$,且原微分方程化为 $y^3 p\dfrac{\mathrm{d}p}{\mathrm{d}y} - 1 = 0$. 分离变量,得

$$p\mathrm{d}p = \frac{1}{y^3}\mathrm{d}y,$$

两端积分,得

$$p^2 = -\frac{1}{y^2} + C_1,$$

故

$$y' = p = \pm\sqrt{C_1 - \frac{1}{y^2}} = \pm\frac{1}{|y|}\sqrt{C_1 y^2 - 1}.$$

再分离变量,得

$$\frac{|y|\mathrm{d}y}{\sqrt{C_1 y^2 - 1}} = \pm\mathrm{d}x.$$

因 $|y| = y\mathrm{sgn}\, y$,故上式两端积分,得

$$\mathrm{sgn}\, y\int \frac{y\mathrm{d}y}{\sqrt{C_1 y^2 - 1}} = \pm\int\mathrm{d}x, \quad 即 \quad \mathrm{sgn}\, y \cdot \sqrt{C_1 y^2 - 1} = \pm C_1 x + C_2,$$

两端平方,得

$$C_1 y^2 - 1 = (C_1 x + C_2)^2.$$

此即为原微分方程的通解.

3. 解 (1) 令 $y' = p(y)$,则 $y'' = p\dfrac{\mathrm{d}p}{\mathrm{d}y}$. 原微分方程可化为

$$y^3 \cdot p\frac{\mathrm{d}p}{\mathrm{d}y} = -1, \quad 即 \quad p\mathrm{d}p = -\frac{1}{y^3}\mathrm{d}y.$$

两端积分,得

$$p^2 = \frac{1}{y^2} + C_1.$$

将 $x = 1, y = 1, y' = 0$ 代入,得 $C_1 = -1$. 故有

$$y' = p = \pm\frac{\sqrt{1 - y^2}}{y}, \quad 即 \quad -\sqrt{1 - y^2} = \pm x + C_2.$$

将 $x = 1, y = 1$ 代入,得 $C_2 = \mp 1$. 故所求特解为

$$x^2 + y^2 = 2x \quad 或 \quad y = \sqrt{2x - x^2} \quad (在点 \ x = 1 \ 的某一邻域内 \ y > 0).$$

(2) 令 $y' = p(y)$,则 $y'' = p\dfrac{\mathrm{d}p}{\mathrm{d}y}$. 原微分方程可化为

$$p\frac{\mathrm{d}p}{\mathrm{d}y} = \mathrm{e}^{2y}, \quad 即 \quad p\mathrm{d}p = \mathrm{e}^{2y}\mathrm{d}y.$$

两端积分,得

$$p^2 = \mathrm{e}^{2y} + C_1.$$

将 $x = 0, y = y' = 0$ 代入上式,得 $C_1 = -1$. 故有

$$y' = p = \pm \sqrt{e^{2y} - 1}, \quad \text{即} \quad \arcsin(e^{-y}) = \mp x + C_2.$$

将 $x = 0, y = 0$ 代入,得 $C_2 = \dfrac{\pi}{2}$. 故所求特解为

$$e^{-y} = \sin\left(\frac{\pi}{2} \pm x\right) = \cos x, \quad \text{即} \quad y = \ln(\sec x).$$

(3) 令 $y' = p(y)$,则 $y'' = p \dfrac{\mathrm{d}p}{\mathrm{d}y}$. 原微分方程可化为

$$p \frac{\mathrm{d}p}{\mathrm{d}y} = 3y^{\frac{1}{2}}, \quad \text{即} \quad \frac{1}{2} p^2 = 2y^{\frac{3}{2}} + C_1.$$

将 $x = 0, y' = 2, y = 1$ 代入,得 $C_1 = 0$. 故有

$$y' = p = \pm 2y^{\frac{3}{4}}.$$

而因为 $y'' = 3\sqrt{y} > 0$,所以取 $y' = 2y^{\frac{3}{4}}$,即 $4y^{\frac{1}{4}} = 2x + C_2$. 将 $x = 0, y = 1$ 代入,得 $C_2 = 4$. 故所求特解为

$$y = \left(\frac{1}{2} x + 1\right)^4.$$

简答 6.5

1. 解 (1) 因为函数组 e^x, e^{-x} 满足 $\dfrac{e^x}{e^{-x}} = e^{2x} \neq$ 常数,所以该函数组是线性无关的.

(2) 因为函数组 $3\sin^2 x, 1 - \cos^2 x$ 满足 $\dfrac{3\sin^2 x}{1 - \cos^2 x} = 3$,所以该函数组是线性相关的.

(3) 因为函数组 $\cos 2x, \sin 2x$ 满足 $\dfrac{\cos 2x}{\sin 2x} = \cot 2x \neq$ 常数,所以该函数组是线性无关的.

2. 解 因为 $y_2 - y_1 = x^2, y_3 - y_2 = e^x$,所以 x^2 及 e^x 都是微分方程 $y'' + P(x)y' + Q(x)y = f(x)$ 对应的齐次线性微分方程的特解. 又因为 $\dfrac{y_3 - y_2}{y_2 - y_1} = \dfrac{e^x}{x^2} \neq$ 常数,所以 $y_2 - y_1$ 与 $y_3 - y_2$ 线性无关. 因此,所给微分方程 $y'' + P(x)y' + Q(x)y = f(x)$ 的通解为

$$y = C_1 x^2 + C_2 e^x + 3.$$

3. 解 (1) 由题设可知,$y_3 - y_2 = e^{2x}, y_1 - y_3 = e^{-x}$ 是题设微分方程对应的齐次线性微分方程的两个线性无关解,且 $y_1 = xe^x + e^{2x}$ 是该二阶非齐次线性微分方程的一个特解,故此微分方程的通解为

$$y = xe^x + e^{2x} + C_0 e^{2x} + C_2 e^{-x} = xe^x + C_1 e^{2x} + C_2 e^{-x} \quad (C_1 = 1 + C_0).$$

(2) 因为

$$y = xe^x + C_1 e^{2x} + C_2 e^{-x}, \tag{6-6}$$

所以

$$y' = e^x + xe^x + 2C_1 e^{2x} - C_2 e^{-x}, \tag{6-7}$$
$$y'' = 2e^x + xe^x + 4C_1 e^{2x} + C_2 e^{-x}.$$

消去 C_1, C_2,得所求微分方程为

$$y'' - y' - 2y = e^x - 2xe^x.$$

(3) 在式(6-6),式(6-7)中代入初值条件 $y(0) = 7, y'(0) = 6$,有 $\begin{cases} C_1 + C_2 = 7, \\ 2C_1 - C_2 + 1 = 6, \end{cases}$ 解得 $C_1 = 4, C_2 = 3$. 故所求特解为

$$y = 4e^{2x} + 3e^{-x} + xe^x.$$

简答 6.6

1. 解 (1) 该微分方程的特征方程为 $r^2 + r - 2 = 0$,解得 $r_1 = 1, r_2 = -2$. 故原微分方程的通解为

$$y = C_1 e^x + C_2 e^{-2x}.$$

(2) 该微分方程的特征方程为 $4r^2 - 20r + 25 = 0$, 解得 $r_1 = r_2 = \dfrac{5}{2}$. 故原微分方程的通解为

$$x = (C_1 + C_2 t)\mathrm{e}^{\frac{5}{2}t}.$$

(3) 该微分方程的特征方程为 $r^2 - 4r + 5 = 0$, 解得 $r_{1,2} = 2 \pm \mathrm{i}$. 故原微分方程的通解为

$$y = \mathrm{e}^{2x}(C_1 \cos x + C_2 \sin x).$$

(4) 该微分方程的特征方程为 $r^2 + 4r + 4 = 0$, 解得 $r_1 = r_2 = -2$. 故原微分方程的通解为

$$y = \mathrm{e}^{-2x}(C_1 + C_2 x).$$

2. 分析　此题未知函数 $\varphi(x)$ 出现在积分号内, 这样的方程称为积分方程. 在积分方程中, 给 x 取适当的值, 可以得出未知函数满足的初值条件; 利用积分上限的函数的导数公式, 还可以得到未知函数满足的微分方程. 于是将求未知函数的问题化为求微分方程满足初值条件的特解的问题.

解　方程

$$\varphi(x) = \int_0^x t\varphi(t)\mathrm{d}t - x\int_0^x \varphi(t)\mathrm{d}t \qquad (6-8)$$

两端同时对 x 求导数, 得

$$\varphi'(x) = x\varphi(x) - \int_0^x \varphi(t)\mathrm{d}t - x\varphi(x) = -\int_0^x \varphi(t)\mathrm{d}t, \qquad (6-9)$$

再求导数, 得

$$\varphi''(x) = -\varphi(x), \qquad 即 \qquad \varphi''(x) + \varphi(x) = 0.$$

这是二阶常系数齐次线性微分方程. 当 $x = 0$ 时, 由式 $(6-8)$ 得 $\varphi(0) = 1$; 由式 $(6-9)$ 得 $\varphi'(0) = 1$. 因此, 此题转化为求微分方程 $\varphi''(x) + \varphi(x) = 0$ 满足初值条件 $\varphi(0) = 1, \varphi'(0) = 1$ 的特解问题.

该微分方程的特征方程为 $r^2 + 1 = 0$, 解得 $r_{1,2} = \pm \mathrm{i}$. 于是, 其对应的齐次线性微分方程的通解为 $\varphi(x) = C_1 \cos x + C_2 \sin x$. 将 $\varphi(0) = 1, \varphi'(0) = 1$ 代入通解, 得 $C_1 = 1, C_2 = 1$. 故所求连续函数为

$$\varphi(x) = \cos x + \sin x.$$

3. 解　由 y_1 与 y_2 可知, 它们对应的特征根为二重根 $r_1 = r_2 = 1$; 由 y_3 与 y_4 可知, 它们对应的特征根为一对共轭复根 $r_{3,4} = \pm 2\mathrm{i}$. 于是, 特征方程为

$$(r-1)^2(r^2+4) = 0, \qquad 即 \qquad r^4 - 2r^3 + 5r^2 - 8r + 4 = 0.$$

它所对应的微分方程为

$$y^{(4)} - 2y''' + 5y'' - 8y' + 4y = 0,$$

其通解为

$$y = (C_1 + C_2 x)\mathrm{e}^x + C_3 \cos 2x + C_4 \sin 2x.$$

简答 6.7

1. 解　(1) 因其特征方程 $r^2 + 5r + 6 = 0$ 的根为 $r_1 = -3, r_2 = -2$, 而 $\lambda = 3$ 不是该特征方程的根, 故该微分方程的特解形式为

$$y^* = b_0 \mathrm{e}^{3x}.$$

(2) 因其特征方程 $r^2 + 5r + 6 = 0$ 的根为 $r_1 = -3, r_2 = -2$, 而 $\lambda = -2$ 是该特征方程的单根, 故该微分方程的特解形式为

$$y^* = x(b_0 x + b_1)\mathrm{e}^{-2x}.$$

(3) 因其特征方程 $r^2 + 2r + 1 = 0$ 的根为 $r_1 = r_2 = -1$, 而 $\lambda = -1$ 是该特征方程的二重根, 故该微分方程的特解形式为

$$y^* = x^2(b_0 x^2 + b_1 x + b_2)\mathrm{e}^{-x}.$$

(4) 因其特征方程 $r^2 - 2r + 5 = 0$ 的根为 $r_{1,2} = 1 \pm 2\mathrm{i}$, 而 $\lambda + \mathrm{i}\omega = 1 + 2\mathrm{i}$ 是特征方程的单根, 故该微分方程的特解形式为

$$y^* = x\mathrm{e}^x(b_0 \cos 2x + b_1 \sin 2x).$$

2. 解 (1) 该微分方程的自由项为 $f(x) = P_m(x)e^{\lambda x}$ 型,其中 $P_m(x) = 3x + 1, \lambda = 0$. 其特征方程为 $r^2 - 2r - 3 = 0$,得特征根为 $r_1 = -1, r_2 = 3$.

由于 $\lambda = 0$ 不是特征方程的根,因此设特解为 $y^* = b_0 x + b_1$,代入原微分方程,得

$$-3b_0 x - 2b_0 - 3b_1 = 3x + 1.$$

比较系数,得 $b_0 = -1, b_1 = \dfrac{1}{3}$. 故所求特解为

$$y^* = -x + \frac{1}{3}.$$

(2) 该微分方程的特征方程为 $r^2 - 2r + 1 = 0$,得特征根为 $r_1 = r_2 = 1$. 原微分方程的特解是下列两个微分方程的特解的和:

$$y'' - 2y' + y = (6x^2 - 4)e^x, \tag{6-10}$$

$$y'' - 2y' + y = x + 1. \tag{6-11}$$

因为特征方程有二重根 $r = 1$,所以设方程(6-10)的特解为 $y_1^* = (b_0 x^2 + b_1 x + b_2)x^2 e^x$,代入方程(6-10),得

$$12b_0 x^2 + 6b_1 x + 2b_2 = 6x^2 - 4, \quad 即 \quad b_0 = \frac{1}{2}, b_1 = 0, b_2 = -2.$$

于是,方程(6-10)的特解为 $y_1^* = \left(\dfrac{1}{2}x^2 - 2\right)x^2 e^x$.

又设方程(6-11)的特解为 $y_2^* = b_3 x + b_4$,代入方程(6-11),得 $b_3 = 1, b_4 = 3$. 于是,方程(6-11)的特解为 $y_2^* = x + 3$.

综上所述,原微分方程的特解为

$$y^* = y_1^* + y_2^* = \left(\frac{1}{2}x^2 - 2\right)x^2 e^x + x + 3.$$

(3) 该微分方程的特征方程为 $r^2 + 9 = 0$,得特征根为 $r_{1,2} = \pm 3i$. 由于原微分方程的自由项 $f(x) = \cos x + 2x + 1$ 可以看成 $f_1(x) = 2x + 1$ 与 $f_2(x) = \cos x$ 之和,因此接下来分别求微分方程 $y'' + 9y = 2x + 1$ 与 $y'' + 9y = \cos x$ 的特解.

容易求得,微分方程 $y'' + 9y = 2x + 1$ 的一个特解为 $y_1^* = \dfrac{2}{9}x + \dfrac{1}{9}$;微分方程 $y'' + 9y = \cos x$ 的一个特解为 $y_2^* = \dfrac{1}{8}\cos x$. 于是,原微分方程的一个特解为

$$y^* = y_1^* + y_2^* = \frac{2}{9}x + \frac{1}{9} + \frac{1}{8}\cos x.$$

3. 解 (1) 解特征方程 $2r^2 + r - 1 = 0$,得 $r_1 = -1, r_2 = \dfrac{1}{2}$,从而原微分方程对应的齐次线性微分方程的通解为

$$Y = C_1 e^{-x} + C_2 e^{\frac{1}{2}x}.$$

因为自由项 $f(x) = 2e^x, \lambda = 1$ 不是特征方程的根,所以令特解为 $y^* = ae^x$. 代入原微分方程并整理,得

$$2ae^x + ae^x - ae^x = 2e^x, \quad 即 \quad a = 1,$$

则 $y^* = e^x$. 故原微分方程的通解为

$$y = Y + y^* = e^x + C_1 e^{-x} + C_2 e^{\frac{x}{2}}.$$

(2) 解特征方程 $2r^2 + 5r = 0$,得 $r_1 = 0, r_2 = -\dfrac{5}{2}$,从而原微分方程对应的齐次线性微分方程的通解为

$$Y = C_1 + C_2 e^{-\frac{5}{2}x}.$$

因为自由项 $f(x) = 5x^2 - 2x - 1, \lambda = 0$ 是特征方程的单根,所以令特解为 $y^* = x(ax^2 + bx + c)$. 代入原微分方程并整理,得

$$15ax^2 + (12a+10b)x + 4b + 5c = 5x^2 - 2x - 1,$$

比较系数，得 $a = \dfrac{1}{3}, b = -\dfrac{3}{5}, c = \dfrac{7}{25}$，则 $y^* = \dfrac{1}{3}x^3 - \dfrac{3}{5}x^2 + \dfrac{7}{25}x$. 故原微分方程的通解为

$$y = Y + y^* = C_1 + C_2 e^{-\frac{5}{2}x} + \frac{1}{3}x^3 - \frac{3}{5}x^2 + \frac{7}{25}x.$$

（3）解特征方程 $r^2 - 2r + 5 = 0$，得 $r_{1,2} = 1 \pm 2i$，从而原微分方程对应的齐次线性微分方程的通解为
$$Y = e^x(C_1\cos 2x + C_2\sin 2x).$$

因为自由项 $f(x) = e^x\sin 2x, \lambda + i\omega = 1 + 2i$ 是特征方程的单根，所以令特解为 $y^* = xe^x(a\cos 2x + b\sin 2x)$. 代入原微分方程并整理，得

$$4b\cos 2x - 4a\sin 2x = \sin 2x,$$

比较系数，得 $a = -\dfrac{1}{4}, b = 0$，则 $y^* = -\dfrac{1}{4}xe^x\cos 2x$. 故原微分方程的通解为

$$y = Y + y^* = e^x(C_1\cos 2x + C_2\sin 2x) - \frac{1}{4}xe^x\cos 2x.$$

4. 解 题设方程两端同时对 x 求导数，得微分方程
$$y'' + y = 6\sin^2 x, \quad 即 \quad y'' + y = 3(1 - \cos 2x).$$
解特征方程 $r^2 + 1 = 0$，得特征根为 $r_1 = i, r_2 = -i$，从而该微分方程对应的齐次线性微分方程的通解为
$$Y = C_1\cos x + C_2\sin x.$$

注意到方程的自由项 $f(x) = 3 - 3\cos 2x = f_1(x) + f_2(x)$，且 $\lambda = 0, \lambda + i\omega = 2i$ 都不是特征根. 根据非齐次线性微分方程解的叠加原理，可设特解为
$$y^* = y_1^* + y_2^* = a + b\cos 2x + c\sin 2x,$$
代入原微分方程，解得 $a = 3, b = 1, c = 0$，则 $y^* = 3 + \cos 2x$. 故原微分方程的通解为
$$y = Y + y^* = C_1\cos x + C_2\sin x + \cos 2x + 3.$$
又令 $x = 0$，则 $y(0) = 1, y'(0) = 1$，代入通解，得 $C_1 = -3, C_2 = 1$. 故所求连续函数为
$$y(x) = \sin x - 3\cos x + \cos 2x + 3.$$

5. 解 因为
$$y' = 2e^{2x} + e^x + (x+1)e^x, \quad y'' = 4e^{2x} + 2e^x + (x+1)e^x,$$
代入原微分方程并整理，得
$$(4 + 2a + b)e^{2x} + (3 + 2a + b)e^x + x(1 + a + b)e^x = Ce^x,$$

比较系数，得 $\begin{cases} 4 + 2a + b = 0, \\ 3 + 2a + b = c, \\ 1 + a + b = 0, \end{cases}$ 解得 $a = -3, b = 2, c = -1$. 故原微分方程为

$$y'' - 3y' + 2y = -e^x.$$

解特征方程 $r^2 - 3r + 2 = 0$，得特征根为 $r_1 = 1, r_2 = 2$，从而该微分方程对应的齐次线性微分方程的通解为
$$Y = C_1 e^x + C_2 e^{2x}.$$

因为自由项 $f(x) = -e^x, \lambda = 1$ 是特征方程的单根，所以令特解为 $y^* = axe^x$. 代入原微分方程，得 $a = 1$，即 $y^* = xe^x$.

综上所述，原微分方程的通解为
$$y = C_1 e^x + C_2 e^{2x} + xe^x.$$

6. 解 （1）令 $x = e^t$，记 $D = \dfrac{d}{dt}$，则原欧拉方程化为
$$D(D-1)y + Dy - y = 0, \quad 即 \quad D^2 y - y = 0,$$
亦即

$$\frac{d^2 y}{dt^2} - y = 0. \tag{6-12}$$

方程(6-12)的特征方程为 $r^2-1=0$,解得 $r_1=-1,r_2=1$.故原欧拉方程的通解为

$$y=C_1 \mathrm{e}^{-t}+C_2 \mathrm{e}^t=C_1 \frac{1}{x}+C_2 x.$$

(2) 令 $x=\mathrm{e}^t$,记 $\mathrm{D}=\dfrac{\mathrm{d}}{\mathrm{d}t}$,则原欧拉方程化为

$$\mathrm{D}(\mathrm{D}-1)y+\mathrm{D}y-4y=2\mathrm{e}^{3t}, \quad 即 \quad \mathrm{D}^2 y-4y=2\mathrm{e}^{3t},$$

亦即

$$\frac{\mathrm{d}^2 y}{\mathrm{d}t^2}-4y=2\mathrm{e}^{3t}. \tag{6-13}$$

方程(6-13)的特征方程为 $r^2-4=0$,解得 $r_1=-2,r_2=2$.故方程(6-13)对应的齐次线性微分方程的通解为

$$Y=C_1 \mathrm{e}^{-2t}+C_2 \mathrm{e}^{2t}.$$

又设 $y^*=a\mathrm{e}^{3t}$ 为方程(6-13)的特解,代入方程(6-13)化简,得

$$9a-4a=2,$$

解得 $a=\dfrac{2}{5}$,即 $y^*=\dfrac{2}{5}\mathrm{e}^{3t}$.故原欧拉方程的通解为

$$y=C_1 \mathrm{e}^{-2t}+C_2 \mathrm{e}^{2t}+\frac{2}{5}\mathrm{e}^{3t}=C_1 x^{-2}+C_2 x^2+\frac{2}{5}x^3.$$

7. 解 题设方程两端同时对 x 求导数并整理,得

$$(1+x)^2 y''-(1+x)y'+y=\frac{1}{1+x},$$

且有 $y(0)=0,y'(0)=0$.这是欧拉方程.令 $1+x=\mathrm{e}^t$,将该欧拉方程化为常系数非齐次线性微分方程

$$\frac{\mathrm{d}^2 y}{\mathrm{d}t^2}-2\frac{\mathrm{d}y}{\mathrm{d}t}+y=\mathrm{e}^{-t},$$

其通解为 $y=(C_1+C_2 t)\mathrm{e}^t+\dfrac{1}{4}\mathrm{e}^{-t}$.将 $t=\ln(1+x)$ 回代,则原欧拉方程的通解为

$$y=[C_1+C_2 \ln(1+x)](1+x)+\frac{1}{4(1+x)}.$$

代入初值条件 $y(0)=0,y'(0)=0$,可求得 $C_1=-\dfrac{1}{4},C_2=\dfrac{1}{2}$.故所求函数为

$$y(x)=\left[-\frac{1}{4}+\frac{1}{2}\ln(1+x)\right](1+x)+\frac{1}{4(1+x)}.$$

复习题 A

一、选择题

1. 设非齐次线性微分方程 $y'+p(x)y=q(x)$ 有两个不同的解 $y_1(x),y_2(x)$,则该微分方程的通解是( ).

    A. $C[y_1(x)-y_2(x)]$ B. $y_1(x)+C[y_1(x)-y_2(x)]$

    C. $C[y_1(x)+y_2(x)]$ D. $y_1(x)+C[y_1(x)+y_2(x)]$

2. 函数 $y=C_1 \mathrm{e}^x+C_2 \mathrm{e}^{-2x}+x\mathrm{e}^x$ 满足的一个微分方程是( ).

    A. $y''-y'-2y=3x\mathrm{e}^x$ B. $y''-y'-2y=3\mathrm{e}^x$

    C. $y''+y'-2y=3x\mathrm{e}^x$ D. $y''+y'-2y=3\mathrm{e}^x$

3. 在下列微分方程中,以 $y=C_1 \mathrm{e}^x+C_2 \cos 2x+C_3 \sin 2x$ 为通解的是( ).

    A. $y'''+y''-4y'-4y=0$ B. $y'''+y''+4y'+4y=0$

    C. $y'''-y''+4y'-4y=0$ D. $y'''-y''-4y'+4y=0$

4. 微分方程 $y''-2y'+5y=\mathrm{e}^x \cos 2x$ 具有一个特解形式为( ).

A. $a\mathrm{e}^x \cos 2x$ B. $\mathrm{e}^x(a\cos 2x + b\sin 2x)$

C. $x\mathrm{e}^x(a\cos 2x + b\sin 2x)$ D. $x^2\mathrm{e}^x(a\cos 2x + b\sin 2x)$

5. 微分方程 $y'' - 4y' + 4y = 8\mathrm{e}^{2x}$ 具有一个特解形式为（   ）．

A. $a\mathrm{e}^{2x}$ B. $ax^2\mathrm{e}^{2x} + C$

C. $ax\mathrm{e}^{2x}$ D. $ax^2\mathrm{e}^{2x}$

二、填空题

1. 设 $f(x)$ 为连续函数，且满足方程 $f(x) = 1 + \int_0^x (x-1)f(t)\mathrm{d}t$，则 $f(x) = $ _____．

2. 已知 $y_1 = \mathrm{e}^{3x} - x\mathrm{e}^{2x}$，$y_2 = \mathrm{e}^x - x\mathrm{e}^{2x}$，$y_3 = -x\mathrm{e}^{2x}$ 是某二阶常系数非齐次线性微分方程的三个特解，则该微分方程的通解为 $y = $ _____．

3. 微分方程 $y'' = y' + x$ 的通解为 $y = $ _____．

4. 微分方程 $y'' - 2y' + y = 1$ 的通解为 $y = $ _____．

三、解答题

1. 求下列微分方程的通解：

(1) $y\mathrm{d}x + (x^2 - 4x)\mathrm{d}y = 0$；   (2) $x^2 y' + xy = y^2$；

(3) $y' + y = \mathrm{e}^{-x}\cos x$．

2. 求下列微分方程的通解：

(1) $y'' - 3y' + 2y = 2x\mathrm{e}^x$；   (2) $y^{(4)} + 2y'' + y = \sin 2x$；

(3) $y'' + y = \cos x + x\sin x$．

3. 设连续函数 $f(x)$ 满足方程 $f(x) = \int_0^{3x} f\left(\dfrac{t}{3}\right)\mathrm{d}t + \mathrm{e}^{2x}$，求 $f(x)$．

4. 位于坐标原点的我舰向位于 x 轴上距坐标原点 1 单位的点 A 处的敌舰发射制导鱼雷，且鱼雷永远对准敌舰．设敌舰以最大速度 V_0 沿平行于 y 轴的直线匀速行驶，且鱼雷的速度是敌舰速度的 5 倍，求鱼雷的轨迹曲线，并问：敌舰行驶多远时，将被鱼雷击中？

复习题 B

一、选择题

1. 函数 $y = C_1\mathrm{e}^{2x+C_2}$（$C_1$，$C_2$ 为任意常数）是微分方程 $y'' - y' - 2y = 0$ 的（   ）．

A. 通解   B. 特解

C. 不是解   D. 是解，但既不是通解，又不是特解

2. 微分方程 $(2x - y)\mathrm{d}y = (5x + 4y)\mathrm{d}x$ 是（   ）．

A. 一阶齐次线性微分方程   B. 一阶非齐次线性微分方程

C. 齐次方程   D. 变量分离方程

3. 下列具有特解 $y_1 = \mathrm{e}^{-x}$，$y_2 = 2x\mathrm{e}^{-x}$，$y_3 = 3\mathrm{e}^x$ 的三阶常系数齐次线性微分方程是（   ）．

A. $y''' - y'' - y' + y = 0$ B. $y''' + y'' - y' - y = 0$

C. $y''' - 6y'' + 11y' - 6y = 0$ D. $y''' - 2y'' - y' + 2y = 0$

4. 微分方程 $y' - y = \mathrm{e}^x + 1$ 具有一个特解形式为（   ）．

A. $a\mathrm{e}^x + b$ B. $ax\mathrm{e}^x + b$ C. $a\mathrm{e}^x + bx$ D. $ax\mathrm{e}^x + bx$

二、填空题

1. 微分方程 $y'' - 4y = \mathrm{e}^{2x}$ 的通解为 _____．

2. 微分方程 $xy'' + 3y' = 0$ 的通解为 _____．

3. 设 $y = \mathrm{e}^x (C_1 \sin x + C_2 \cos x)(C_1, C_2$ 为任意常数$)$ 为某二阶常系数齐次线性微分方程的通解,则该微分方程为_____.

4. 过点 $\left(\dfrac{1}{2}, 0 \right)$,且满足关系式 $y' \arcsin x + \dfrac{y}{\sqrt{1-x^2}} = 1$ 的曲线方程为_____.

三、解答题

1. 求下列微分方程满足所给初值条件的特解:

(1) $(y^2 - 3x^2)\mathrm{d}y + 2xy\mathrm{d}x = 0, y(0) = 1$;　　(2) $y' = \dfrac{x}{y} + \dfrac{y}{x}, y(1) = 2$.

2. 求下列微分方程的通解:

(1) $y' + 2xy = x\mathrm{e}^{-x^2}$;　　　　　　　　　(2) $y' = \dfrac{y^2 - x}{2y(x+1)}$.

3. 求伯努利方程 $x\mathrm{d}y - [y + xy^3(1 + \ln x)]\mathrm{d}x = 0$ 的通解.

4. 求下列微分方程的通解:

(1) $y'' - 4y' = 0$;　　　　　　　　　　(2) $y'' + y' + y = 0$;

(3) $y^{(4)} + 2y'' + y = 0$.

5. 求下列微分方程的特解形式:

(1) $y'' - 3y = 3x^2 + 1$;　　　　　　　　(2) $y'' + y = x$;

(3) $y'' - 3y' + 2y = x\mathrm{e}^x$;　　　　　　　(4) $y'' - 2y' = (x^2 + x - 3)\mathrm{e}^x$;

(5) $y'' + 7y' + 6y = \mathrm{e}^{2x} \sin x$;　　　　　　(6) $y'' - 2y' + 2y = 2x\mathrm{e}^{2x} \cos x$.

6. 设函数 $y = y(x)$ 在区间 $(-\infty, +\infty)$ 上具有二阶导数,且 $y' \neq 0, x = x(y)$ 是 $y = y(x)$ 的反函数.

(1) 试将反函数 $x = x(y)$ 所满足的微分方程 $\dfrac{\mathrm{d}^2 x}{\mathrm{d}y^2} + (y + \sin x)\left(\dfrac{\mathrm{d}x}{\mathrm{d}y} \right)^3 = 0$ 变换为 $y = y(x)$ 满足的微分方程;

(2) 求变换后的微分方程满足初值条件 $y(0) = 0, y'(0) = \dfrac{3}{2}$ 的特解.

7. 已知函数 $y = f(x)$ 所确定的曲线与 x 轴相切于坐标原点,且满足 $f(x) = 2 + \sin x - f''(x)$,试求该曲线的方程.

8. 质量为 $1\,\mathrm{g}$ 的质点受外力作用做直线运动,这外力和时间成正比,和质点运动的速度成反比. 在 $t = 10\,\mathrm{s}$ 时,速度 $v = 50\,\mathrm{cm/s}$,外力 $F = 4\,\mathrm{g \cdot cm/s^2}$,问:该质点运动 $1\,\mathrm{min}$ 后的速度是多少?

复习题参考答案

第1章 函数、极限与连续

复习题 A

一、**1.** A. **2.** D. **3.** B. **4.** C. **5.** A.

二、**1.** $(0,4]$. **2.** $y=\ln u, u=\sin v, v=\mathrm{e}^x$. **3.** $(-\infty,+\infty)$. **4.** e^{-1}. **5.** $0,4$.

三、**1. 解** $f[g(x)]=\dfrac{1}{1-\sin^2\sqrt{x+1}}$,定义域为 $\left\{x\,\middle|\,x\geqslant-1\text{ 且 }x\neq\left(k\pi+\dfrac{\pi}{2}\right)^2-1,k\in\mathbf{Z}\right\}$.

2. 解 （1）$\displaystyle\lim_{x\to\infty}\sqrt{\dfrac{3-x^3}{4-9x^3}}=\sqrt{\lim_{x\to\infty}\dfrac{\dfrac{3}{x^3}-1}{\dfrac{4}{x^3}-9}}=\dfrac{1}{3}$.

（2）$\displaystyle\lim_{x\to0^+}\left(\dfrac{\tan x}{x}+x^2\sin\dfrac{1}{\sqrt{x}}\right)=\lim_{x\to0^+}\dfrac{\tan x}{x}+\lim_{x\to0^+}x^2\sin\dfrac{1}{\sqrt{x}}=1$.

（3）$\displaystyle\lim_{n\to\infty}2^n\sin\dfrac{\pi}{2^{n+1}}=\lim_{n\to\infty}\dfrac{\pi}{2}\dfrac{\sin\dfrac{\pi}{2^{n+1}}}{\dfrac{\pi}{2^{n+1}}}=\dfrac{\pi}{2}$.

（4）$\displaystyle\lim_{x\to0}\dfrac{\arcsin x^2\cos\dfrac{1}{x}}{x}=\lim_{x\to0}\dfrac{x^2\cos\dfrac{1}{x}}{x}=\lim_{x\to0}x\cos\dfrac{1}{x}=0$.

（5）$\displaystyle\lim_{x\to0}\dfrac{1-\cos(\sin x)}{2\ln(1+x^2)}=\lim_{x\to0}\dfrac{\dfrac{\sin^2 x}{2}}{2x^2}=\lim_{x\to0}\dfrac{x^2}{4x^2}=\dfrac{1}{4}$.

（6）$\displaystyle\lim_{x\to\infty}\dfrac{1-\cos\left(\sin\dfrac{1}{x}\right)}{\ln\left(1+\dfrac{1}{x^2}\right)}=\lim_{x\to\infty}\dfrac{\dfrac{1}{2}\sin^2\dfrac{1}{x}}{\dfrac{1}{x^2}}=\dfrac{1}{2}\lim_{x\to\infty}\dfrac{\dfrac{1}{x^2}}{\dfrac{1}{x^2}}=\dfrac{1}{2}$.

3. 解 当 $x<0$ 时,$f(x)=\dfrac{\tan 4x}{2x}$ 连续;当 $x>0$ 时,$f(x)=(1+bx)^{\frac{1}{x}}$ 连续;当 $x=0$ 时,$f(x)=a$. 又 $\displaystyle\lim_{x\to0^-}f(x)=\lim_{x\to0^-}\dfrac{\tan 4x}{2x}=2$,$\displaystyle\lim_{x\to0^+}f(x)=\lim_{x\to0^+}(1+bx)^{\frac{1}{x}}=\mathrm{e}^b$,因此要使得 $f(x)$ 在点 $x=0$ 处也连续,则 $\mathrm{e}^b=2=a$,即 $a=2,b=\ln 2$.

四、**证** 令函数 $f(x)=x^3+4x^2-3x-1$,则 $f(x)$ 在区间 $(-\infty,+\infty)$ 上连续. 又 $f(-5)=-11<0$,$f(-1)=5>0, f(0)=-1<0, f(1)=1>0$,根据零点定理,$f(x)$ 分别在区间 $(-5,-1),(-1,0),(0,1)$ 内各有一点 $\xi_i(i=1,2,3)$,使得 $f(\xi_i)=0$. 故方程 $x^3+4x^2-3x=1$ 有三个实根.

复习题 B

一、**1.** C. **2.** B. **3.** C. **4.** B. **5.** A.

二、**1.** $\left[\dfrac{1+\ln 4}{\ln 2-1},2\right)$. **2.** $\dfrac{1}{2}$. **3.** $\dfrac{9}{2}$. **4.** $2,-3$. **5.** 0.

三、**解** （1）$\displaystyle\lim_{n\to\infty}\left[\sqrt{n+5}+\sqrt{n-1}-2\sqrt{n+3}\right]$

$\displaystyle=\lim_{n\to\infty}\left[\dfrac{(\sqrt{n+5})^2-(\sqrt{n+3})^2}{\sqrt{n+5}+\sqrt{n+3}}+\dfrac{(\sqrt{n-1})^2-(\sqrt{n+3})^2}{\sqrt{n-1}+\sqrt{n+3}}\right]$

$$= \lim_{n\to\infty}\left(\frac{2}{\sqrt{n+5}+\sqrt{n+3}}-\frac{4}{\sqrt{n-1}+\sqrt{n+3}}\right)=0.$$

(2) $\lim\limits_{x\to+\infty}\left[\sqrt{x(x+5)}-\sqrt{x(x+1)}\right]=\lim\limits_{x\to+\infty}\frac{4x}{\sqrt{x(x+5)}+\sqrt{x(x+1)}}=2.$

(3) $\lim\limits_{x\to\frac{\pi}{2}}(\sin x)^{\tan x}=\lim\limits_{x\to\frac{\pi}{2}}(1+\sin x-1)^{\frac{1}{\sin x-1}\cdot\frac{\sin x(\sin x-1)}{\cos x}}$

$$=\lim_{x\to\frac{\pi}{2}}(1+\sin x-1)^{\frac{1}{\sin x-1}\cdot\frac{-\sin x\left(\cos\frac{x}{2}-\sin\frac{x}{2}\right)^2}{\cos^2\frac{x}{2}-\sin^2\frac{x}{2}}}=\mathrm{e}^0=1.$$

(4) $\lim\limits_{x\to0}(1+\mathrm{e}^{2x}\sin x^2)^{\frac{1}{1-\cos x}}=\mathrm{e}^{\lim\limits_{x\to0}\frac{\mathrm{e}^{2x}\sin x^2}{1-\cos x}\cdot\ln(1+\mathrm{e}^{2x}\sin x^2)^{\frac{1}{\mathrm{e}^{2x}\sin x^2}}}=\mathrm{e}^2.$

(5) 因为

$$\lim_{x\to0^-}\left(\frac{4-\mathrm{e}^{\frac{1}{x}}}{2+\mathrm{e}^{\frac{2}{x}}}+\frac{\arctan x}{|x|}\right)=\lim_{x\to0^-}\left(\frac{4-\mathrm{e}^{\frac{1}{x}}}{2+\mathrm{e}^{\frac{2}{x}}}-\frac{\arctan x}{x}\right)=2-1=1,$$

$$\lim_{x\to0^+}\left(\frac{4-\mathrm{e}^{\frac{1}{x}}}{2+\mathrm{e}^{\frac{2}{x}}}+\frac{\arctan x}{|x|}\right)=\lim_{x\to0^+}\left(\frac{4-\mathrm{e}^{\frac{1}{x}}}{2+\mathrm{e}^{\frac{2}{x}}}+\frac{\arctan x}{x}\right)=0+1=1,$$

所以

$$\lim_{x\to0}\left(\frac{4-\mathrm{e}^{\frac{1}{x}}}{2+\mathrm{e}^{\frac{2}{x}}}+\frac{\arctan x}{|x|}\right)=1.$$

(6) $\lim\limits_{x\to0}\left(\frac{a^x+b^x+c^x}{3}\right)^{\frac{1}{x}}=\lim\limits_{x\to0}\left(1+\frac{a^x+b^x+c^x-3}{3}\right)^{\frac{1}{x}}$

$$=\lim_{x\to0}\left(1+\frac{a^x+b^x+c^x-3}{3}\right)^{\frac{3}{a^x+b^x+c^x-3}\cdot\frac{(a^x-1)+(b^x-1)+(c^x-1)}{3x}}$$

$$=\mathrm{e}^{\frac{\ln abc}{3}}=\sqrt[3]{abc}.$$

四、1. 证 因为 $x_1>0$,所以 $x_n>0(n\geqslant2)$. 又因为 $x_1<\sqrt{3}$,所以

$$x_2-x_1=\frac{3}{2x_1}-\frac{x_1}{2}=\frac{3-x_1^2}{2x_1}>0,$$

从而

$$x_{n+1}-x_n=\frac{1}{2}\left(x_n-x_{n-1}+\frac{3}{x_n}-\frac{3}{x_{n-1}}\right)\geqslant\frac{1}{2}(x_n-x_{n-1})\left(1-\frac{3}{x_nx_{n-1}}\right)$$

$$\geqslant\frac{1}{2}(x_n-x_{n-1})\geqslant\frac{1}{2^{n-1}}(x_2-x_1)>0,$$

即数列 $\{x_n\}$ 单调增加. 又因为 $x_{n+1}=\frac{1}{2}\left(x_n+\frac{3}{x_n}\right)\leqslant\sqrt{3}$,所以 $\{x_n\}$ 有上界. 因此,数列 $\{x_n\}$ 极限存在. 令 $\lim\limits_{n\to\infty}x_n=A$,则 $A=\frac{1}{2}\left(A+\frac{3}{A}\right)$,解得 $A=\sqrt{3}$ 或 $A=-\sqrt{3}$(舍去),即 $\lim\limits_{n\to\infty}x_n=\sqrt{3}$.

2. 证 因为 $f(x)$ 在区间 $[a,b]$ 上连续,所以 $f(x)$ 在 $[a,b]$ 上有最小值 m 和最大值 M,使得

$$m\leqslant f(x_1)\leqslant M,\quad m\leqslant f(x_2)\leqslant M,\quad\cdots,\quad m\leqslant f(x_n)\leqslant M.$$

于是,有

$$\alpha_1 m\leqslant\alpha_1 f(x_1)\leqslant\alpha_1 M,\quad\alpha_2 m\leqslant\alpha_2 f(x_2)\leqslant\alpha_2 M,\quad\cdots,\quad\alpha_n m\leqslant\alpha_n f(x_n)\leqslant\alpha_n M,$$

即

$$m\sum_{i=1}^n\alpha_i\leqslant\sum_{i=1}^n\alpha_i f(x_i)\leqslant M\sum_{i=1}^n\alpha_i.$$

又 $\sum\limits_{i=1}^{n}\alpha_i = 1$，故 $m \leqslant \sum\limits_{i=1}^{n}\alpha_i f(x_i) \leqslant M$. 由介值定理可知，至少存在一点 $\xi \in (a,b)$，使得
$$f(\xi) = \alpha_1 f(x_1) + \alpha_2 f(x_2) + \cdots + \alpha_n f(x_n).$$

3. 证 令函数 $F(x) = f(x) - f(x+a)$. 由 $f(x)$ 在区间 $[0,2a]$ 上连续可知，$F(x)$ 在区间 $[0,a]$ 上连续，且
$$F(0) = f(0) - f(a), \quad F(a) = f(a) - f(2a) = f(a) - f(0).$$

若 $f(0) = f(a) = f(2a)$，则 $x=0, x=a$ 都是方程 $f(x) = f(x+a)$ 的根.

若 $f(0) \neq f(a)$，则 $F(0) \cdot F(a) < 0$. 根据零点定理，至少 $\exists \xi \in (0,a)$，使得
$$F(\xi) = 0, \quad 即 \quad f(\xi) = f(\xi+a),$$

故 ξ 是方程 $f(x) = f(x+a)$ 的根.

综上所述，方程 $f(x) = f(x+a)$ 在区间 $(0,a)$ 内至少有一个根.

第 2 章　导数与微分

复习题 A

一、**1.** C.　**2.** C.　**3.** B.　**4.** B.　**5.** B.　**6.** D.　**7.** B.

提示：1. 解 因为函数 $3x^3$ 处处任意阶可导，所以只需考查函数 $x^2 |x| = \varphi(x)$ 的可导性. 因为 $\varphi(x) = \begin{cases} -x^3, & x < 0, \\ x^3, & x \geqslant 0 \end{cases}$ 是分段函数，点 $x=0$ 是其分段点，则函数
$$\varphi'(x) = \begin{cases} -3x^2, & x < 0, \\ 3x^2, & x > 0. \end{cases}$$

又 $\varphi'_+(0) = (x^3)'_+ \big|_{x=0} = 0$，$\varphi'_-(0) = (-x^3)'_- \big|_{x=0} = 0$，则 $\varphi'(0) = 0$，即
$$\varphi'(x) = \begin{cases} -3x^2, & x < 0, \\ 3x^2, & x \geqslant 0. \end{cases}$$

同理，可得 $\varphi''(x) = \begin{cases} -6x, & x < 0, \\ 6x, & x > 0, \end{cases}$ $\varphi''(0) = 0$，即
$$\varphi''(x) = \begin{cases} -6x, & x < 0, \\ 6x, & x \geqslant 0 \end{cases} = 6|x|.$$

因函数 $y = |x|$ 在点 $x=0$ 处不可导，故 $\varphi'''(0)$ 不存在.

2. 解 讨论函数 $f(x) = \lim\limits_{n\to\infty} \sqrt[n]{1 + |x|^{3n}}$ 的不可导点，应分两步走：首先由表达式 $\lim\limits_{n\to\infty} \sqrt[n]{1 + |x|^{3n}}$ 求得 $f(x)$ 的（分段）表达式；然后讨论 $f(x)$ 的不可导点.

当 $|x| < 1$ 时，$\sqrt[n]{1} \leqslant \sqrt[n]{1 + |x|^{3n}} < \sqrt[n]{2}$，令 $n\to\infty$，取极限，得
$$f(x) = \lim\limits_{n\to\infty} \sqrt[n]{1 + |x|^{3n}} = 1.$$

当 $|x| \geqslant 1$ 时，$\sqrt[n]{|x|^{3n}} < \sqrt[n]{1 + |x|^{3n}} < \sqrt[n]{2|x|^{3n}} = \sqrt[n]{2} |x|^3$，令 $n\to\infty$，取极限，得
$$f(x) = \lim\limits_{n\to\infty} \sqrt[n]{1 + |x|^{3n}} = |x|^3.$$

故
$$f(x) = \begin{cases} 1, & |x| < 1, \\ |x|^3, & |x| \geqslant 1. \end{cases}$$

讨论 $f(x)$ 的不可导点，按导数定义易知，$f(x)$ 在点 $x = \pm 1$ 处不可导.

3. 解 当函数中出现绝对值号时，就有可能出现不可导的"尖点"（因为这时的函数是分段函数）. $f(x) = (x^2 - x - 2)|x^3 - x|$，当 $x \neq 0, \pm 1$ 时可导，因而只需考察在点 $x = 0, \pm 1$ 处 $f(x)$ 是否可导. 对这些点分别考察其左、右导数. 由于

$$f(x) = \begin{cases} (x^2 - x - 2)x(1 - x^2), & x < -1, \\ (x^2 - x - 2)x(x^2 - 1), & -1 \leqslant x < 0, \\ (x^2 - x - 2)x(1 - x^2), & 0 \leqslant x < 1, \\ (x^2 - x - 2)x(x^2 - 1), & x \geqslant 1, \end{cases}$$

因此
$$f'_-(-1) = \lim_{x \to -1^-} \frac{(x^2 - x - 2)x(1 - x^2)}{x + 1} = 0,$$
$$f'_+(-1) = \lim_{x \to -1^+} \frac{(x^2 - x - 2)x(x^2 - 1)}{x + 1} = 0,$$

即 $f(x)$ 在点 $x = -1$ 处可导. 又

$$f'_-(0) = \lim_{x \to 0^-} \frac{(x^2 - x - 2)x(x^2 - 1)}{x} = 2,$$
$$f'_+(0) = \lim_{x \to 0^+} \frac{(x^2 - x - 2)x(1 - x^2)}{x} = -2,$$

即 $f(x)$ 在点 $x = 0$ 处不可导.

类似地, 函数 $f(x)$ 在点 $x = 1$ 处也不可导. 因此, $f(x)$ 只有两个不可导点.

二、**1.** $1 + 2x$. **2.** $(m+n)f'(x_0)$. **3.** -2. **4.** $y = x - 1$. **5.** $(\ln 2 - 1)\mathrm{d}x$. **6.** $\dfrac{1}{\pi}$. **7.** $\dfrac{8}{9}$.

提示:1. 解 令 $h = 0$, 得 $f(0) = 0$, 则

$$f'(x) = \lim_{h \to 0} \frac{f(x+h) - f(x)}{h} = \lim_{h \to 0} \left[\frac{f(h)}{h} + 2x \right]$$
$$= \lim_{h \to 0} \frac{f(h) - f(0)}{h} + 2x = f'(0) + 2x = 1 + 2x.$$

2. 解 $\quad \lim_{h \to 0} \dfrac{f(x_0 + mh) - f(x_0 - nh)}{h}$

$$= \lim_{h \to 0} \frac{f(x_0 + mh) - f(x_0) + f(x_0) - f(x_0 - nh)}{h}$$
$$= m \lim_{h \to 0} \frac{f(x_0 + mh) - f(x_0)}{mh} + n \lim_{h \to 0} \frac{f(x_0) - f(x_0 - nh)}{nh} = (m+n)f'(x_0).$$

3. 解 方程两端同时对 x 两次求导数, 得

$$\mathrm{e}^y y' + 6xy' + 6y + 2x = 0, \quad \mathrm{e}^y y'' + \mathrm{e}^y (y')^2 + 6xy'' + 12y' + 2 = 0.$$

以 $x = 0$ 代入原方程, 得 $y = 0$. 以 $x = y = 0$ 代入上述第一个方程, 得 $y' = 0$. 再以 $x = y = y' = 0$ 代入上述第二个方程, 得 $y''(0) = -2$.

4. 解 依题意可知, 该切线的斜率 $k = \dfrac{1}{x} = 1$, 得 $x = 1$, 从而 $y = 0$. 于是, 所求切线方程为 $y = x - 1$.

5. 解 方程两端同时对 x 求导数, 得 $2^{xy} \ln 2 \cdot (y + xy') = 1 + y'$, 则 $y' = \dfrac{y 2^{xy} \ln 2 - 1}{1 - x 2^{xy} \ln 2}$. 于是, 有

$$\mathrm{d}y = y'\mathrm{d}x = \frac{y 2^{xy} \ln 2 - 1}{1 - x 2^{xy} \ln 2}\mathrm{d}x, \quad \mathrm{d}y \Big|_{x=0} = \mathrm{d}y \Big|_{(0,1)} = (\ln 2 - 1)\mathrm{d}x.$$

6. 解 $\quad y = \dfrac{1}{2}\ln(1-x) + \dfrac{1}{2}x - \dfrac{1}{2}\ln(\arccos x)$. 上式两端同时对 x 求导数, 得

$$y' = -\frac{1}{2(1-x)} + \frac{1}{2} + \frac{\dfrac{1}{\sqrt{1-x^2}}}{2\arccos x} = \frac{1}{2\sqrt{1-x^2}\arccos x} - \frac{x}{2(1-x)},$$

从而
$$y'(0) = \frac{1}{\pi}.$$

7. 解 因为 $y^{(n-2)} = \ln(2+x) - \ln(2-x)$, 所以

$$y^{(n-1)} = \frac{1}{2+x} + \frac{1}{2-x}, \quad y^{(n)} = -\frac{1}{(2+x)^2} + \frac{1}{(2-x)^2} = \frac{8x}{(4-x^2)^2},$$

从而
$$y^{(n)}(1) = \frac{8}{9}.$$

三、1. 解 （1） $\dfrac{\mathrm{d}^2 x}{\mathrm{d}y^2} = \dfrac{\mathrm{d}}{\mathrm{d}y}\left(\dfrac{\mathrm{d}x}{\mathrm{d}y}\right) = \dfrac{\mathrm{d}}{\mathrm{d}y}\left(\dfrac{1}{y'}\right) = \dfrac{\mathrm{d}}{\mathrm{d}x}\left(\dfrac{1}{y'}\right) \cdot \dfrac{\mathrm{d}x}{\mathrm{d}y} = \dfrac{-1}{(y')^2} \cdot y'' \cdot \dfrac{1}{y'} = -\dfrac{y''}{(y')^3}.$

（2） $\dfrac{\mathrm{d}^3 x}{\mathrm{d}y^3} = \dfrac{\mathrm{d}}{\mathrm{d}y}\left(\dfrac{\mathrm{d}^2 x}{\mathrm{d}y^3}\right) = \dfrac{\mathrm{d}}{\mathrm{d}x}\left[-\dfrac{y''}{(y')^3}\right] \cdot \dfrac{\mathrm{d}x}{\mathrm{d}y}$

$$= -\frac{y'''(y')^3 - y'' \cdot 3(y')^2 y''}{(y')^6} \cdot \frac{1}{y'} = \frac{3(y'')^2 - y'y'''}{(y')^5}.$$

2. 解 （1） $y' = \mathrm{e}^x(\cos x - \sin x),$

$y'' = \mathrm{e}^x(\cos x - \sin x - \sin x - \cos x) = -2\mathrm{e}^x \sin x,$

$y''' = -2\mathrm{e}^x(\sin x + \cos x),$

$y^{(4)} = -2\mathrm{e}^x(\sin x + \cos x + \cos x - \sin x) = -4\mathrm{e}^x \cos x.$

（2） $y^{(100)} = 0 + C_{100}^{99} x'(\sin hx)^{(99)} + x(\sin hx)^{(100)} = 100h^{99}\cos hx + h^{100}x\sin hx.$

（3） $y^{(50)} = 0 + C_{50}^{48}(x^2)''(\sin 2x)^{(48)} + C_{50}^{49}(x^2)'(\sin 2x)^{(49)} + x^2(\sin 2x)^{(50)}$

$$= \frac{50 \times 49}{2} \cdot 2 \cdot 2^{48}\sin\left(2x + \frac{48\pi}{2}\right) + 50 \cdot 2x \cdot 2^{49}\sin\left(2x + \frac{49\pi}{2}\right) + x^2 \cdot 2^{50}\sin\left(2x + \frac{50\pi}{2}\right)$$

$$= 2^{50}\left(\frac{1\,225}{2}\sin 2x + 50x\cos 2x - x^2\sin 2x\right).$$

3. 解 （1）函数两端同时取对数，得 $\ln y = \ln x[\ln(\sin x) - \ln x]$. 再两端同时对 x 求导数，得

$$\frac{y'}{y} = \frac{1}{x}\left[\ln(\sin x) - \ln x\right] + \ln x\left(\frac{\cos x}{\sin x} - \frac{1}{x}\right),$$

整理得

$$y' = \left(\frac{\sin x}{x}\right)^{\ln x}\left[\frac{\ln(\sin x) - 2\ln x}{x} + \cot x\ln x\right].$$

（2）函数两端同时取对数，得 $\ln y = \dfrac{1}{2}\ln(x+2) + 4\ln(3-x) - 5\ln(x+1)$. 再两端同时对 x 求导数，得

$$\frac{y'}{y} = \frac{1}{2(x+2)} - \frac{4}{3-x} - \frac{5}{x+1},$$

整理得

$$y' = \frac{\sqrt{x+2}\,(3-x)^4}{(x+1)^5}\left[\frac{1}{2(x+2)} - \frac{4}{3-x} - \frac{5}{x+1}\right].$$

4. 解 由参数方程所确定的函数求导法则，得

$$y' = \frac{\mathrm{d}y}{\mathrm{d}x} = \frac{\mathrm{d}y}{\mathrm{d}t}\bigg/\frac{\mathrm{d}x}{\mathrm{d}t} = \frac{[tf'(t) - f(t)]'}{[f'(t)]'} = \frac{f'(t) + tf''(t) - f'(t)}{f''(t)} = t.$$

于是，有

$$y'' = \frac{\mathrm{d}^2 y}{\mathrm{d}x^2} = \frac{\mathrm{d}y'}{\mathrm{d}t}\bigg/\frac{\mathrm{d}x}{\mathrm{d}t} = \frac{(t)'}{[f'(t)]'} = \frac{1}{f''(t)},$$

$$\frac{\mathrm{d}^3 y}{\mathrm{d}x^3} = \frac{\mathrm{d}y''}{\mathrm{d}t}\bigg/\frac{\mathrm{d}x}{\mathrm{d}t} = \left[\frac{1}{f''(t)}\right]'\bigg/[f'(t)]' = \frac{-f'''(t)}{[f''(t)]^2}\bigg/f''(t) = -\frac{f'''(t)}{[f''(t)]^3}.$$

5. 解 $\varPhi(x) = f[f(x)] = \begin{cases} \dfrac{x^9}{|x|^5}, & x \neq 0, \\ 0, & x = 0. \end{cases}$

当 $x > 0$ 时，$\varPhi(x) = x^4$，故 $\varPhi'(x) = 4x^3$.

当 $x < 0$ 时，$\varPhi(x) = -x^4$，故 $\varPhi'(x) = -4x^3$.

当 $x = 0$ 时，$\varPhi'_+(0) = \lim\limits_{x \to 0^+} \dfrac{\varPhi(x) - \varPhi(0)}{x} = 0$，$\varPhi'_-(0) = \lim\limits_{x \to 0^-} \dfrac{\varPhi(x) - \varPhi(0)}{x} = 0$，故 $\varPhi(x)$ 在点 $x = 0$ 处可导，且 $\varPhi'(0) = 0$.

综上所述，有

$$\Phi'(x) = \begin{cases} 4x^3, & x > 0, \\ 0, & x = 0, \\ -4x^3, & x < 0. \end{cases}$$

显然 $\Phi'(0^+) = \lim\limits_{x \to 0^+} \Phi'(x) = 0 = \lim\limits_{x \to 0^-} \Phi'(x) = \Phi'(0^-) = \Phi'(0)$，因此 $\Phi'(x)$ 在点 $x = 0$ 处连续，进而易知 $\Phi'(x)$ 在区间 $(-\infty, +\infty)$ 上连续.

复习题 B

一、**1.** B.   **2.** C.   **3.** C.   **4.** B.   **5.** C.   **6.** D.   **7.** C.

   8. B.   **9.** D.   **10.** C.   **11.** D.   **12.** C.   **13.** D.   **14.** B.

二、**1.** $\dfrac{\mathrm{d}x}{|x|\sqrt{x^2-1}}$.   **2.** 0.   **3.** $x+y-5=0$.   **4.** $(-1)^{n-1}(n-1)!$.   **5.** 2.

   6. $y = \dfrac{1}{2}(x+1)$.   **7.** 4.   **8.** 1.   **9.** $\dfrac{3}{4}\pi$.   **10.** $(1+2t)\mathrm{e}^{2t}$.

   11. $-\sin 2x f(\cos^2 x) + 2x\sec^2 x^2$.   **12.** -2.   **13.** $\dfrac{1}{2}(-1)^n n!\left[\dfrac{1}{(x-1)^{n+1}} - \dfrac{1}{(x+1)^{n+1}}\right]$.

   14. $\dfrac{(-1)^{n-1}n!}{n-2}$.   **15.** 4.   **16.** $f(x_0) - x_0 f'(x_0)$.   **17.** $\dfrac{1}{2}\mathrm{d}x$.

三、**1. 解** $\dfrac{\mathrm{d}y}{\mathrm{d}x} = \dfrac{1}{1 + \dfrac{x^2}{(1+\sqrt{1-x^2})^2}}\left(\dfrac{x}{1+\sqrt{1-x^2}}\right)'$

$$= \dfrac{1+\sqrt{1-x^2}}{2} \cdot \dfrac{1+\sqrt{1-x^2}+\dfrac{x^2}{\sqrt{1-x^2}}}{(1+\sqrt{1-x^2})^2} = \dfrac{1}{2\sqrt{1-x^2}}.$$

2. 解 要使题设函数 $f(x)$ 处处可导，则需 $f(x)$ 在分段点 $x=0$ 处连续且可导. 于是，有

$$\lim_{x \to 0^+} f(x) = \lim_{x \to 0^-} f(x), \quad 即 \quad b + a + 2 = 0.$$

又有

$$\lim_{\Delta x \to 0^+} \dfrac{b\sin\Delta x}{\Delta x} = b, \quad \lim_{\Delta x \to 0^-} \dfrac{\mathrm{e}^{3\Delta x} - 1}{\Delta x} = 3,$$

所以 $b = 3$，从而 $a = -5$.

3. 解 因为曲线 $f(x)$ 和 $g(x)$ 都通过点 $(-1, 0)$，则 $\begin{cases} f(-1) = -1 - a = 0, \\ g(-1) = b + c = 0. \end{cases}$ 又因为两曲线在点 $(-1, 0)$ 处有公共切线，所以

$$f'(-1) = g'(-1), \quad 即 \quad (3x^2 + a)\Big|_{x=-1} = 2bx\Big|_{x=-1}.$$

于是，有 $\begin{cases} 3 + a = -2b, \\ -1 - a = 0, \\ b + c = 0, \end{cases}$ 解得 $\begin{cases} a = -1, \\ b = -1, \\ c = 1. \end{cases}$

4. 解 $\dfrac{\mathrm{d}y}{\mathrm{d}x} = \dfrac{\cos t - \sin t}{\sin t + \cos t}$,

$$\dfrac{\mathrm{d}^2 y}{\mathrm{d}x^2} = \dfrac{\mathrm{d}\left(\dfrac{\mathrm{d}y}{\mathrm{d}x}\right)}{\mathrm{d}t} \cdot \dfrac{\mathrm{d}t}{\mathrm{d}x} = -\dfrac{(\cos t - \sin t)^2 + (\cos t + \sin t)^2}{(\sin t + \cos t)^2} \cdot \dfrac{1}{\mathrm{e}^t(\sin t + \cos t)} = -\dfrac{2}{\mathrm{e}^t(\sin t + \cos t)^3}.$$

5. 解 $\lim\limits_{x \to 0^+} \dfrac{\mathrm{d}}{\mathrm{d}x} f(\cos\sqrt{x}) = \lim\limits_{x \to 0^+}\left[f'(\cos\sqrt{x}) \cdot (-\sin\sqrt{x}) \cdot \dfrac{1}{2\sqrt{x}}\right]$

$$= -\dfrac{1}{2}\lim_{x \to 0^+} f'(\cos\sqrt{x}) \cdot \lim_{x \to 0^+} \dfrac{\sin\sqrt{x}}{\sqrt{x}}$$

$$=-\frac{1}{2}\cdot f'(1)\cdot 1=-1.$$

6. 解 $y'=f'(x)=nx^{n-1}$，从而该曲线在点$(1,1)$处的切线斜率$k=f'(1)=n$，则切线方程为$y-1=n(x-1)$. 因为切线过点$(\xi_n,0)$，所以$0-1=n(\xi_n-1)$，解得$\xi_n=1-\frac{1}{n}$. 于是

$$f(\xi_n)=\left(1-\frac{1}{n}\right)^n,\quad\text{即}\quad \lim_{n\to\infty}f(\xi_n)=\lim_{n\to\infty}\left(1-\frac{1}{n}\right)^n=\frac{1}{e}.$$

7. 解 (1) $f(x)=\lim_{n\to\infty}\dfrac{\ln(e^n+x^n)}{n}=\lim_{n\to\infty}\ln(e^n+x^n)^{\frac{1}{n}}=\begin{cases}1,&0<x\leqslant e,\\ \ln x,&x>e.\end{cases}$

(2) 因为$f(e^-)=f(e^+)=f(e)=1$，所以$f(x)$在点$x=e$处连续.

又由初等函数的连续性可知，$f(x)$在区间$(0,e)$和$(e,+\infty)$上连续，所以$f(x)$在区间$(0,+\infty)$上连续. 因为

$$f'_-(e)=\lim_{x\to e^-}\frac{f(x)-f(e)}{x-e}=\lim_{x\to e^-}\frac{1-1}{x-e}=0,$$

$$f'_+(e)=\lim_{x\to e^+}\frac{f(x)-f(e)}{x-e}=\lim_{x\to e^+}\frac{\ln x-1}{x-e}=\lim_{x\to e^+}\frac{\ln x-\ln e}{x-e}$$

$$\xrightarrow{\text{令}\,t=x-e}\lim_{t\to 0^+}\frac{\ln(e+t)-\ln e}{t}=\lim_{t\to 0^+}\frac{\ln\left(1+\frac{t}{e}\right)}{t}=\frac{1}{e},$$

所以$f'(e)$不存在. 因此

$$f'(x)=\begin{cases}0,&0<x<e,\\ \dfrac{1}{x},&x>e.\end{cases}$$

8. 解 $\dfrac{\mathrm{d}y}{\mathrm{d}x}=-\dfrac{1}{2}\cdot\dfrac{1}{1+\left(\dfrac{2x}{1-x^2}\right)^2}\cdot\left(\dfrac{2x}{1-x^2}\right)'=-\dfrac{1}{2}\cdot\dfrac{(1-x^2)^2}{(1+x^2)^2}\cdot\dfrac{2(1-x^2)-2x\cdot(-2x)}{(1-x^2)^2}$

$$=-\frac{1}{2}\cdot\frac{(1-x^2)^2}{(1+x^2)^2}\cdot\frac{2(1+x^2)}{(1-x^2)^2}=-\frac{1}{1+x^2}.$$

9. 解 $y=\dfrac{1}{4}\ln(1-e^{-x})+\dfrac{1}{2}\ln x+\dfrac{1}{2}\ln(\sin x)$，则

$$y'=\frac{e^{-x}}{4(1-e^{-x})}+\frac{1}{2x}+\frac{\cos x}{2\sin x}=\frac{1}{4(e^x-1)}+\frac{1}{2x}+\frac{1}{2}\cot x,$$

于是

$$y'\left(\frac{\pi}{2}\right)=\frac{1}{4(e^{\frac{\pi}{2}}-1)}+\frac{1}{\pi}.$$

10. 解 将原函数化为$y=e^{x+y}+e^{\sin x\ln x}$，则

$$\frac{\mathrm{d}y}{\mathrm{d}x}=e^{x+y}\left(1+\frac{\mathrm{d}y}{\mathrm{d}x}\right)+e^{\sin x\ln x}\left(\cos x\ln x+\sin x\cdot\frac{1}{x}\right),$$

即

$$(1-e^{x+y})\frac{\mathrm{d}y}{\mathrm{d}x}=e^{x+y}+e^{\sin x\ln x}\left(\cos x\ln x+\sin x\cdot\frac{1}{x}\right),$$

亦即

$$\frac{\mathrm{d}y}{\mathrm{d}x}=\frac{e^{x+y}+x^{\sin x}\left(\cos x\ln x+\dfrac{\sin x}{x}\right)}{1-e^{x+y}}.$$

11. 解 记$u(x)=(x-1)^n,v(x)=x^n\cos\dfrac{\pi x^2}{4}$，则有

$$u'(x)=n(x-1)^{n-1},\quad u''(x)=n(n-1)(x-1)^{n-2},\quad\cdots,\quad u^{(n)}(x)=n!.$$

显然，$u(1)=u'(1)=\cdots=u^{(n-1)}(1)=0$，利用莱布尼茨公式，得$f^{(n)}(1)=n!\cdot\cos\dfrac{\pi\cdot 1^2}{4}=\dfrac{\sqrt{2}}{2}n!$.

12. 解 $y=\dfrac{1-\cos 6x}{2}\cos 5x=\dfrac{1}{2}\cos 5x-\dfrac{1}{2}\cos 6x\cos 5x$

$$= \frac{1}{2}\cos 5x - \frac{1}{4}\cos 11x - \frac{1}{4}\cos x,$$

$$y^{(n)} = \frac{5^n}{2}\cos\left(5x + \frac{n\pi}{2}\right) - \frac{11^n}{4}\cos\left(11x + \frac{n\pi}{2}\right) - \frac{1}{4}\cos\left(x + \frac{n\pi}{2}\right).$$

13. 解 $f'(0) = \lim\limits_{x\to 0}\dfrac{f(x)-f(0)}{x-0} = \lim\limits_{x\to 0}\dfrac{x^k\sin\frac{1}{x}}{x} = \lim\limits_{x\to 0}x^{k-1}\sin\frac{1}{x}$,要使 $f'(0)$ 存在,必须有 $k>1$,且当 $k>1$ 时,$f'(0)=0$.

当 $x\neq 0$ 时,$f'(x) = kx^{k-1}\sin\frac{1}{x} - x^{k-2}\cos\frac{1}{x}$,所以

$$f'(x) = \begin{cases} kx^{k-1}\sin\dfrac{1}{x} - x^{k-2}\cos\dfrac{1}{x}, & x\neq 0, \\ 0, & x=0 \end{cases} \quad (k>1).$$

又因为

$$f''(0) = \lim\limits_{x\to 0}\frac{f'(x)-f'(0)}{x-0} = \lim\limits_{x\to 0}\frac{kx^{k-1}\sin\dfrac{1}{x} - x^{k-2}\cos\dfrac{1}{x}}{x}$$

$$= \lim\limits_{x\to 0}\left(kx^{k-2}\sin\frac{1}{x} - x^{k-3}\cos\frac{1}{x}\right),$$

所以要使 $f''(0)$ 存在,必须有 $k>3$.

第 3 章　微分中值定理与导数的应用

复习题 A

1. 解 (1) $f(x)$ 在闭区间 $[-1,1]$ 上连续,在开区间 $(-1,1)$ 内可导,且 $f(-1)=f(1)=1$,所以 $f(x)$ 在区间 $[-1,1]$ 上满足罗尔中值定理的条件. 由罗尔中值定理可知,至少存在一点 $\xi\in(-1,1)$,使得 $f'(\xi)=0$. 又 $f'(x) = \dfrac{-4x}{(2x^2+1)^2}=0$,得 $x=0$,即 $\xi=0$.

(2) 虽然 $f(x)$ 在闭区间 $[-1,1]$ 上连续,$f(-1)=f(1)$,但 $f(x)$ 在开区间 $(-1,1)$ 内点 $x=0$ 处不可导. 可见,$f(x)$ 在区间 $[-1,1]$ 上不满足罗尔中值定理的条件,因此未必存在一点 $\xi\in(-1,1)$,使得 $f'(\xi)=0$.

2. 解 因为

$$x^2 = [(x-1)+1]^2 = (x-1)^2 + 2(x-1) + 1,$$

$$\ln x = \ln[1+(x-1)]$$

$$= (x-1) - \frac{1}{2}(x-1)^2 + \frac{1}{3}(x-1)^3 - \cdots + (-1)^{n-1}\frac{1}{n}(x-1)^n + (-1)^n\frac{(x-1)^{n+1}}{(n+1)\xi^{n+1}},$$

所以

$$f(x) = x^2\ln x$$

$$= [(x-1)^2 + 2(x-1)+1]\cdot\left[(x-1) - \frac{1}{2}(x-1)^2 + \frac{1}{3}(x-1)^3 - \cdots\right.$$

$$\left. + (-1)^{n-1}\frac{1}{n}(x-1)^n + (-1)^n\frac{(x-1)^{n+1}}{(n+1)\xi^{n+1}}\right]$$

$$= (x-1) + \frac{3}{2}(x-1)^2 + \frac{1}{3}(x-1)^3 - \frac{1}{12}(x-1)^4 + \cdots + (-1)^{n-1}\frac{2(x-1)^n}{n(n-1)(n-2)}$$

$$+ (-1)^n\frac{2(x-1)^{n+1}}{(n-1)n(n+1)\xi^{n+1}}.$$

3. 证 令函数 $y = 3\arccos x - \arccos(3x-4x^3)$,则 $y' = -\dfrac{3}{\sqrt{1-x^2}} + \dfrac{3-12x^2}{\sqrt{1-(3x-4x^3)^2}}$,化简得 $y'=0$,

所以 $y=C$(C 为常数). 又因 $y\left(\dfrac{1}{2}\right)=\pi$,故当 $-\dfrac{1}{2}\leqslant x\leqslant\dfrac{1}{2}$ 时,有 $y(x)=\pi$ 恒成立.

4. 证 显然 $f(x)$, $F(x)$ 都满足在闭区间 $\left[0,\dfrac{\pi}{2}\right]$ 上连续, 在开区间 $\left(0,\dfrac{\pi}{2}\right)$ 内可导. 由于 $f'(x)=\cos x$,

$F'(x)=1-\sin x$, 且对于任一 $x\in\left(0,\dfrac{\pi}{2}\right)$, $F'(x)\neq 0$, 因此 $f(x)$, $F(x)$ 满足柯西中值定理的条件. 又由于

$$\frac{f\left(\dfrac{\pi}{2}\right)-f(0)}{F\left(\dfrac{\pi}{2}\right)-F(0)}=\frac{\sin\dfrac{\pi}{2}-\sin 0}{\dfrac{\pi}{2}+\cos\dfrac{\pi}{2}-0-\cos 0}=\frac{1}{\dfrac{\pi}{2}-1},$$

而
$$\frac{f'(x)}{F'(x)}=\frac{\cos x}{1-\sin x}=\frac{\sin\left(\dfrac{\pi}{2}-x\right)}{1-\cos\left(\dfrac{\pi}{2}-x\right)}=\frac{\cos\left(\dfrac{\pi}{4}-\dfrac{x}{2}\right)}{\sin\left(\dfrac{\pi}{4}-\dfrac{x}{2}\right)},$$

令 $\dfrac{f'(x)}{F'(x)}=\dfrac{1}{\dfrac{\pi}{2}-1}$, 即 $\tan\left(\dfrac{\pi}{4}-\dfrac{x}{2}\right)=\dfrac{\pi}{2}-1$, 此时 $x=\dfrac{\pi}{2}-2\arctan\left(\dfrac{\pi}{2}-1\right)\in\left(0,\dfrac{\pi}{2}\right)$. 因此, $\exists\,\xi=$

$\dfrac{\pi}{2}-2\arctan\left(\dfrac{\pi}{2}-1\right)\in\left(0,\dfrac{\pi}{2}\right)$, 使得

$$\frac{f'(\xi)}{F'(\xi)}=\frac{f\left(\dfrac{\pi}{2}\right)-f(0)}{F\left(\dfrac{\pi}{2}\right)-F(0)}.$$

5. 解 因为 $f(0)=f(1)=f(2)=f(3)=0$, 且 $f(x)$ 在任一区间内都连续且可导, 所以 $f(x)$ 在任一区间 $[0,1],[1,2],[2,3]$ 上满足罗尔中值定理的条件. 由罗尔中值定理可知, $\exists\,\xi_1\in(0,1)$, $\xi_2\in(1,2)$, $\xi_3\in(2,3)$, 使得

$$f'(\xi_1)=0,\quad f'(\xi_2)=0,\quad f'(\xi_3)=0.$$

又因为 $f'(x)=0$ 只有三个根, 所以 $f'(x)=0$ 有三个根 ξ_1,ξ_2,ξ_3 分别属于 $(0,1),(1,2),(2,3)$ 这三个区间.

6. 证 设 $f(x)=0$ 的 $n+1$ 个相异实根分别为 $x_0<x_1<x_2<\cdots<x_{n-1}<x_n$, 则由罗尔中值定理可知, 存在

$$\xi_{1i}(i=1,2,\cdots,n):x_0<\xi_{11}<x_1<\xi_{12}<x_2<\cdots<x_{n-1}<\xi_{1n}<x_n,$$

使得 $f'(\xi_{1i})=0(i=1,2,\cdots,n)$. 再由罗尔中值定理可知, 存在

$$\xi_{2i}(i=1,2,\cdots,n-1):\xi_{11}<\xi_{21}<\xi_{12}<\xi_{22}<\xi_{13}<\cdots<\xi_{2,n-1}<\xi_{1n},$$

使得 $f''(\xi_{2i})=0(i=1,2,\cdots,n-1)$.

如此做到第 n 步, 则可知至少存在一点 $\xi:\xi_{n-1,1}<\xi<\xi_{n-1,2}$, 使得 $f^{(n)}(\xi)=0$.

7. 证 反证法. 若 $p(x)=0$ 有两个实根 x_1 和 x_2, 即 $p(x_1)=p(x_2)=0$, 不妨设 $x_1<x_2$. 由于多项式函数 $p(x)$ 在区间 $[x_1,x_2]$ 上连续且可导, 故由罗尔中值定理可知存在一点 $\xi\in(x_1,x_2)$, 使得 $p'(\xi)=0$, 而这与题设 $p'(x)=0$ 没有实根相矛盾, 所以命题得证.

8. 解 因为
$$f'(x)=3x^2-8x,\quad f''(x)=6x-8,\quad f'''(x)=6,\quad f^{(n)}(x)=0\ (n\geqslant 4),$$

所以
$$f(2)=-6,\quad f'(2)=-4,\quad f''(2)=4,\quad f'''(2)=6,\quad f^{(n)}(2)=0\ (n\geqslant 4).$$

将上述结果代入泰勒公式, 得

$$f(x)=f(2)+f'(2)(x-2)+\frac{f''(2)}{2!}(x-2)^2+\frac{f'''(2)}{3!}(x-2)^3$$

$$=(x-2)^3+2(x-2)^2-4(x-2)-6.$$

9. 解 因为
$$f(0)=1,\quad f^{(k)}(x)=\frac{(-1)^k k!}{(1+x)^{k+1}},\quad f^{(k)}(0)=(-1)^k k!\ (k=1,2,\cdots),$$

所以

$$f(x) = 1 - x + x^2 + \cdots + (-1)^n x^n + \frac{(-1)^{n+1}}{(1+\theta x)^{n+2}} x^{n+1} \quad (0 < \theta < 1).$$

10. 解 因为
$$f(0) = 0, \quad f'(x) = \sec^2 x, \quad f'(0) = 1,$$
$$f''(x) = 2\sec^2 x \tan x, \quad f''(0) = 0,$$
$$f'''(x) = 4\sec^2 x \tan^2 x + 2\sec^4 x, \quad f'''(0) = 2,$$
$$f^{(4)}(x) = 8\sec^2 x \tan^3 x + 16\sec^4 x \tan x, \quad f^{(4)}(0) = 0,$$
$$f^{(5)}(x) = 16\sec^2 x \tan^4 x + 88\sec^4 x \tan^2 x + 16\sec^6 x, \quad f^{(5)}(0) = 16,$$

所以
$$f(x) = x + \frac{1}{3}x^3 + \frac{2}{15}x^5 + o(x^5).$$

11. 解 由 $f(x) = \sqrt{x}$,得
$$f'(x) = \frac{1}{2}x^{-\frac{1}{2}}, \quad f''(x) = -\frac{1}{4}x^{-\frac{3}{2}}, \quad f'''(x) = \frac{3}{8}x^{-\frac{5}{2}}, \quad f^{(4)}(x) = -\frac{15}{16}x^{-\frac{7}{2}}.$$

令 $x = 4$,代入得
$$f(4) = 2, \quad f'(4) = \frac{1}{4}, \quad f''(4) = -\frac{1}{32}, \quad f'''(4) = \frac{3}{256},$$

故由泰勒公式得
$$\sqrt{x} = 2 + \frac{1}{4}(x-4) - \frac{1}{64}(x-4)^2 + \frac{1}{512}(x-4)^3 - \frac{15(x-4)^4}{384\left[4+\theta(x-4)\right]^{\frac{7}{2}}} \quad (0 < \theta < 1).$$

12. 解 (1) 由于分式的分母 $\sin^3 x \sim x^3 (x \to 0)$,因此只需将分子中的 $\sin x$ 和 $x \cos x$ 分别用带佩亚诺型余项的三阶麦克劳林公式表示,即
$$\sin x \approx x - \frac{x^3}{3!} + o(x^3), \quad x \cos x \approx x - \frac{x^3}{2!} + o(x^3).$$

于是,有
$$\sin x - x \cos x \approx x - \frac{x^3}{3!} + o(x^3) - x + \frac{x^3}{2!} - o(x^3) = \frac{1}{3}x^3 + o(x^3),$$

故
$$\lim_{x \to 0} \frac{\sin x - x \cos x}{\sin^3 x} = \lim_{x \to 0} \frac{\frac{1}{3}x^3 + o(x^3)}{x^3} = \frac{1}{3}.$$

(2) 因为在分子中关于 x 的次数为 2,又
$$\sqrt[5]{1+5x} = (1+5x)^{\frac{1}{5}} = 1 + \frac{1}{5} \cdot (5x) + \frac{1}{2!} \cdot \frac{1}{5} \cdot \left(\frac{1}{5} - 1\right) \cdot (5x)^2 + o(x^2)$$
$$= 1 + x - 2x^2 + o(x^2),$$

所以
$$原式 = \lim_{x \to 0} \frac{x^2}{[1 + x - 2x^2 + o(x^2)] - (1+x)} = -\frac{1}{2}.$$

13. 解 (1) $\lim_{x \to 0} \frac{e^x - 1}{\sin x} = \lim_{x \to 0} \frac{e^x}{\cos x} = 1.$

(2) $\lim_{x \to \frac{\pi}{6}} \frac{1 - 2\sin x}{\cos 3x} = \lim_{x \to \frac{\pi}{6}} \frac{2\cos x}{3\sin 3x} = \frac{\sqrt{3}}{3}.$

(3) $\lim_{x \to 0} \frac{\ln(1+x) - x}{\cos x - 1} = \lim_{x \to 0} \frac{\frac{1}{1+x} - 1}{-\sin x} = \lim_{x \to 0} \left(\frac{1}{1+x} \cdot \frac{x}{\sin x}\right) = 1.$

(4) $\lim_{x \to 0} \frac{\tan x - x}{x - \sin x} = \lim_{x \to 0} \frac{\sec^2 x - 1}{1 - \cos x} = \lim_{x \to 0} \frac{2\sec^2 x \tan x}{\sin x} = 2\lim_{x \to 0} \sec^3 x = 2.$

(5) $\lim_{x \to \frac{\pi}{2}} \frac{\tan x}{\tan 3x} = \lim_{x \to \frac{\pi}{2}} \frac{\sec^2 x}{3\sec^2 3x} = \frac{1}{3}\lim_{x \to \frac{\pi}{2}} \frac{\cos^2 3x}{\cos^2 x} = -\lim_{x \to \frac{\pi}{2}} \frac{\cos 3x}{\cos x} = -\lim_{x \to \frac{\pi}{2}} \frac{3\sin 3x}{\sin x} = 3.$

(6) $\lim\limits_{x\to+\infty}\dfrac{\ln\left(1+\dfrac{1}{x}\right)}{\text{arccot }x}=\lim\limits_{x\to+\infty}\dfrac{\dfrac{1}{1+\dfrac{1}{x}}\cdot\left(-\dfrac{1}{x^2}\right)}{-\dfrac{1}{1+x^2}}=\lim\limits_{x\to+\infty}\dfrac{x^2+1}{x^2+x}=1.$

14. 解 (1) $\lim\limits_{x\to\infty}\dfrac{e^x-e^{-x}}{e^x+e^{-x}}=\lim\limits_{x\to\infty}\dfrac{e^x+e^{-x}}{e^x-e^{-x}}$ 不存在,故不能利用洛必达法则求解.

(2) $\lim\limits_{x\to0}\dfrac{x^2\sin\dfrac{1}{x}}{\sin x}=\lim\limits_{x\to0}\dfrac{x}{\sin x}\cdot\lim\limits_{x\to0}x\sin\dfrac{1}{x}=1\cdot0=0.$

而若利用洛必达法则,有

$$原式=\lim\limits_{x\to0}\dfrac{\left(x^2\sin\dfrac{1}{x}\right)'}{(\sin x)'}=\lim\limits_{x\to0}\dfrac{2x\sin\dfrac{1}{x}+x^2\cos\dfrac{1}{x}\left(-\dfrac{1}{x^2}\right)}{\cos x}=\lim\limits_{x\to0}\dfrac{2x\sin\dfrac{1}{x}-\cos\dfrac{1}{x}}{\cos x},$$

则该极限不存在,但 $\lim\limits_{x\to0}\dfrac{x^2\sin\dfrac{1}{x}}{\sin x}$ 存在,故不能利用洛必达法则求解.

15. 解 $f'(x)=\dfrac{1}{1+x^2}-1=-\dfrac{x^2}{1+x^2}\leqslant0$ 且 $f'(x)=0$ 仅在 $x=0$ 时成立,因此 $f(x)$ 在区间 $(-\infty,+\infty)$ 上单调减少.

16. 解 (1) 题设函数在除点 $x=-1$ 外处处可导,且

$$y'=\dfrac{x(2+x)}{(1+x)^2}.$$

令 $y'=0$,得驻点 $x_1=0,x_2=-2$. 这两个驻点及点 $x=-1$ 将区间 $(-\infty,+\infty)$ 分成四个部分区间 $(-\infty,2)$, $(-2,1),(-1,0),(0,+\infty)$. 根据 y' 的符号可知,该函数的单调增加区间为 $(-\infty,-2],[0,+\infty)$,其单调减少区间为 $[-2,-1),(-1,0]$.

(2) 题设函数在除点 $x_1=\dfrac{a}{2},x_2=a$ 外处处可导,且

$$y'=\dfrac{-6\left(x-\dfrac{2a}{3}\right)}{3\sqrt[3]{(2x-a)^2(a-x)}}.$$

令 $y'=0$,得驻点 $x_3=\dfrac{2a}{3}$. 于是,有四个部分区间 $\left(-\infty,\dfrac{a}{2}\right),\left(\dfrac{a}{2},\dfrac{2a}{3}\right),\left(\dfrac{2a}{3},a\right),(a,+\infty)$. 根据 y' 的符号可知,该函数的单调增加区间为 $\left(-\infty,\dfrac{a}{2}\right],\left[\dfrac{a}{2},\dfrac{2a}{3}\right],[a,+\infty)$,其单调减少区间为 $\left[\dfrac{2}{3}a,a\right]$.

(3) 题设函数的定义域为 $(-\infty,+\infty)$,且

$$y=\begin{cases}x+\sin 2x, & k\pi\leqslant x\leqslant k\pi+\dfrac{\pi}{2},\\ x-\sin 2x, & k\pi+\dfrac{\pi}{2}<x\leqslant(k+1)\pi\end{cases}\qquad(k=0,\pm1,\pm2,\cdots),$$

所以

$$y'=\begin{cases}1+2\cos 2x, & k\pi<x<k\pi+\dfrac{\pi}{2},\\ 1-2\cos 2x, & k\pi+\dfrac{\pi}{2}<x<(k+1)\pi\end{cases}\qquad(k=0,\pm1,\pm2,\cdots).$$

令 $y'=0$,得驻点 $x_1=k\pi+\dfrac{\pi}{3},x_2=k\pi+\dfrac{5\pi}{6}$. 因此,该函数的单调增加区间为 $\left[\dfrac{k\pi}{2},\dfrac{k\pi}{2}+\dfrac{\pi}{3}\right]$,其单调减少区间为 $\left[\dfrac{k\pi}{2}+\dfrac{\pi}{3},\dfrac{k\pi}{2}+\dfrac{\pi}{2}\right](k=0,\pm1,\pm2,\cdots)$.

17. 证 令函数 $f(x) = 2\sqrt{x} - 3 + \dfrac{1}{x}$，则 $f'(x) = \dfrac{1}{\sqrt{x}} - \dfrac{1}{x^2} = \dfrac{x^2 - \sqrt{x}}{x^2\sqrt{x}}$. 当 $x > 1$ 时，$f'(x) > 0$，故 $f(x)$ 在区间 $[1, +\infty)$ 上单调增加，从而

$$f(x) > f(1) = 0, \quad 即 \quad 2\sqrt{x} > 3 - \dfrac{1}{x} \ (x > 1).$$

18. 解 (1) $y' = \dfrac{-2x}{(1+x^2)^2}$，$y'' = \dfrac{-2 + 6x^2}{(1+x^2)^3}$.

令 $y'' = 0$，得 $x_1 = -\dfrac{\sqrt{3}}{3}$，$x_2 = \dfrac{\sqrt{3}}{3}$. 当 $-\dfrac{\sqrt{3}}{3} < x < \dfrac{\sqrt{3}}{3}$ 时，$y'' < 0$；当 $-\infty < x < -\dfrac{\sqrt{3}}{3}$，$\dfrac{\sqrt{3}}{3} < x < +\infty$ 时，$y'' > 0$. 因此，该曲线在区间 $\left[-\dfrac{\sqrt{3}}{3}, \dfrac{\sqrt{3}}{3}\right]$ 上是凸的，在区间 $\left(-\infty, -\dfrac{\sqrt{3}}{3}\right)$，$\left[\dfrac{\sqrt{3}}{3}, +\infty\right)$ 上是凹的，点 $\left(-\dfrac{\sqrt{3}}{3}, \dfrac{3}{4}\right)$ 和 $\left(\dfrac{\sqrt{3}}{3}, \dfrac{3}{4}\right)$ 为拐点.

(2) $y' = e^{\arctan x} \dfrac{1}{1+x^2}$，$y'' = \dfrac{-2e^{\arctan x}\left(x - \dfrac{1}{2}\right)}{(1+x^2)^2}$.

令 $y'' = 0$，得 $x = \dfrac{1}{2}$. 当 $-\infty < x < \dfrac{1}{2}$ 时，$y'' > 0$；当 $\dfrac{1}{2} < x < +\infty$ 时，$y'' < 0$. 因此，该曲线在区间 $\left(-\infty, \dfrac{1}{2}\right]$ 上是凸的，在区间 $\left[\dfrac{1}{2}, +\infty\right)$ 上是凹的，点 $\left(\dfrac{1}{2}, e^{\arctan\frac{1}{2}}\right)$ 为拐点.

19. 证 设函数 $f(x) = e^x$，则 $f''(x) = e^x > 0$，$x \in (-\infty, +\infty)$. 故曲线 $f(x) = e^x$ 在区间 $(-\infty, +\infty)$ 上是凹的，从而对于 $x_1 = a, x_2 = b, \lambda = \dfrac{1}{2}$，有

$$f\left[\dfrac{1}{2}x_1 + \left(1 - \dfrac{1}{2}\right)x_2\right] \leqslant \dfrac{1}{2}f(x_1) + \left(1 - \dfrac{1}{2}\right)f(x_2), \quad 即 \quad e^{\frac{a+b}{2}} \leqslant \dfrac{1}{2}(e^a + e^b).$$

20. 解 (1) 令 $y' = 6x^2 - 4x^3 = 0$，解得 $x_1 = 0, x_2 = \dfrac{3}{2}$. 又 $y''\big|_{x=\frac{3}{2}} = -9 < 0$，所以在点 $x = \dfrac{3}{2}$ 处该函数取得极大值 $y\big|_{x=\frac{3}{2}} = \dfrac{27}{16}$. 由于当 $x \in \overset{\circ}{U}(0,1)$ 时，$y' > 0$，因此在点 $x = 0$ 的邻域内该函数单调增加，即在点 $x = 0$ 处不能取得极值.

(2) 因 $y' = -\dfrac{2}{3}\dfrac{1}{\sqrt[3]{(x+1)^2}} < 0$，$\forall x \in \mathbf{R}$，即在整个定义域上该函数单调减少，故该函数无极值.

(3) $y' = \dfrac{(6x+4)(x^2+x+1) - (3x^2+4x+4)(2x+1)}{(x^2+x+1)^2} = \dfrac{-x^2 - 2x}{(x^2+x+1)^2}$.

令 $y' = 0$，得驻点 $x_1 = 0, x_2 = -2$. 又 $y'' = \dfrac{2x^3 + 6x^2 - 2}{\left[\left(x+\dfrac{1}{2}\right)^2 + \dfrac{3}{4}\right]^3}$，而 $y''\big|_{x=0} < 0$，故 $y\big|_{x=0} = 4$ 为极大值；

$y''\big|_{x=-2} > 0$，故 $y\big|_{x=-2} = \dfrac{8}{3}$ 为极小值.

21. 解 (1) 令 $y' = 5x^4 - 20x^3 + 15x^2 = 5x^2(x-1)(x-3) = 0$，得

$$x_1 = 0, \quad x_2 = 1, \quad x_3 = 3(舍去).$$

而 $y\big|_{x=0} = 1, y\big|_{x=-1} = -10, y\big|_{x=1} = 2, y\big|_{x=2} = -7$，所以该函数在点 $x = 1$ 处取得最大值 $y\big|_{x=1} = 2$，在点 $x = -1$ 处取得最小值 $y\big|_{x=-1} = -10$.

(2) 令 $y' = 2\sec^2 x(1 - \tan x) = 0$，得 $x = \dfrac{\pi}{4} \in \left[0, \dfrac{\pi}{2}\right)$. 由于

$$y\Big|_{x=0}=0, \quad y\Big|_{x=\frac{\pi}{4}}=1, \quad \text{且} \quad \lim_{x\to\frac{\pi}{2}^-}(2\tan x-\tan^2 x)=-\infty,$$

因此该函数在点 $x=\dfrac{\pi}{4}$ 处取得最大值 $y\Big|_{x=\frac{\pi}{4}}=1$，无最小值.

22. 解 $f(x)$ 在区间 $(-\infty,0)$ 上可导. 令 $f'(x)=2x+\dfrac{54}{x^2}=0$，解得 $x=-3$. 因为 $f''(x)=2-\dfrac{108}{x^3}$，$f''(-3)=6>0$，所以 $f(x)$ 在点 $x=-3$ 处取得极小值. 又因为 $f(x)$ 在区间 $(-\infty,0)$ 上的驻点唯一，所以极值点就是最小值点，即 $f(x)$ 在点 $x=-3$ 处取得最小值 $f(-3)=27$.

23. 解 设截取的两线段长分别为 $x,l-x$，则矩形面积 $S=x(l-x),x\in(0,l)$. 令 $S'=l-2x=0$，得 $x=\dfrac{l}{2}$. 因 $S''=-2<0$，故点 $x=\dfrac{l}{2}$ 是 S 的唯一极大值点. 又在两端点处 $S=0$，从而 $x=\dfrac{l}{2}$ 就是最大值点. 因此，当这两段的长均为 $\dfrac{l}{2}$ 时，所组成的矩形面积最大.

24. 解 由 $y=\dfrac{1}{x}$，得 $y'=-\dfrac{1}{x^2},y''=\dfrac{2}{x^3}$，因此 $y'\Big|_{x=1}=-1,y''\Big|_{x=1}=2$. 将它们代入曲率公式，得双曲线 $xy=1$ 在点 $(1,1)$ 处的曲率为 $K=\dfrac{2}{[1+(-1)^2]^{\frac{3}{2}}}=\dfrac{\sqrt{2}}{2}$.

25. 解 $y'=\dfrac{1}{2}(\mathrm{e}^x-\mathrm{e}^{-x}),y''=\dfrac{1}{2}(\mathrm{e}^x+\mathrm{e}^{-x})$，因此 $y'\Big|_{x=0}=0,y''\Big|_{x=0}=1$. 将它们代入曲率公式，得该曲线在点 $(0,1)$ 处的曲率为 $K=\dfrac{1}{(1+0^2)^{\frac{3}{2}}}=1$.

26. 解 显然 $\sec x>0$，且 $y'=\dfrac{1}{\sec x}\cdot\tan x\sec x=\tan x,y''=\sec^2 x$. 因此，该曲线在点 (x,y) 处的曲率为 $K=\dfrac{\sec^2 x}{(1+\tan^2 x)^{\frac{3}{2}}}=|\cos x|$，曲率半径为 $\rho=|\sec x|$.

27. 解 因为
$$x'(t)=-3a\cos^2 t\sin t, \quad x''(t)=-3a(\cos^3 t-2\cos t\sin^2 t),$$
$$y'(t)=3a\sin^2 t\cos t, \quad y''(t)=3a(2\sin t\cos^2 t-\sin^3 t),$$
所以该曲线在 $t=t_0$ 的对应点处的曲率为
$$K=\dfrac{|x'(t_0)y''(t_0)-x''(t_0)y'(t_0)|}{\{[x'(t_0)]^2+[y'(t_0)]^2\}^{\frac{3}{2}}}=\left|\dfrac{2}{3a\sin 2t_0}\right|.$$

28. 解 $y'=2ax+b,y''=2a$，代入曲率公式，得
$$K=\dfrac{|2a|}{[1+(2ax+b)^2]^{\frac{3}{2}}}.$$

由 K 容易看出，当 $2ax+b=0$，即 $x=-\dfrac{b}{2a}$ 时，K 的分母最小，因而 K 有最大值 $|2a|$. 而 $x=-\dfrac{b}{2a}$ 对应的点为抛物线的顶点，因此该抛物线在顶点处的曲率最大，即在顶点处的曲率半径最小，曲率半径为 $\rho=\dfrac{1}{K}=\dfrac{1}{|2a|}$.

29. 解 (1) 生产 900 单位产品时的总成本为
$$C=C(900)=1\,100+\dfrac{1}{1\,200}\times 900^2=1\,775,$$
平均成本为
$$\dfrac{C(900)}{900}=\dfrac{1\,775}{900}\approx 1.97.$$

(2) 生产 $900\sim 1\,000$ 单位产品时的总成本的平均变化率为

$$\frac{\Delta C}{\Delta Q} = \frac{C(1\ 000) - C(900)}{1\ 000 - 900} = \frac{5\ 800 - 5\ 325}{300} \approx 1.58.$$

(3) 生产 900 单位产品时的边际成本为

$$C'(900) = \left(1\ 100 + \frac{1}{1\ 200}Q^2\right)'\bigg|_{Q=900} = \frac{1}{600}Q\bigg|_{Q=900} = 1.5.$$

30. 解 因为价格函数为 $P(Q) = 20 - \dfrac{Q}{5}$,则总收入函数为

$$R(Q) = 20Q - \frac{Q^2}{5},$$

所以当销售量为 15 单位时,有:

总收入 $R(15) = 20 \times 15 - \dfrac{15^2}{5} = 255$;

平均收入 $\overline{R}(15) = \dfrac{R(Q)}{Q}\bigg|_{Q=15} = 20 - \dfrac{Q}{5}\bigg|_{Q=15} = 20 - \dfrac{15}{5} = 17$;

边际收入 $R'(15) = R'(Q)\bigg|_{Q=15} = 20 - \dfrac{2}{5}Q\bigg|_{Q=15} = 20 - \dfrac{2}{5} \times 15 = 14$.

31. 解 (1) 由需求弹性的定义有

$$\eta(P) = \frac{P}{Q}Q' = \left(-\frac{1}{2}\right) \cdot \frac{P}{10 - \dfrac{P}{2}} = \frac{P}{P - 20}.$$

(2) 当 $P = 3$ 时,需求弹性为 $\eta(3) = -\dfrac{3}{17} \approx -0.18$.

(3) 由于总收入函数 $R = PQ = 10P - \dfrac{P^2}{2}$,因此总收入关于价格的弹性函数为

$$\varepsilon_{RP} = \frac{\mathrm{d}R}{\mathrm{d}P} \cdot \frac{P}{R} = (10 - P) \cdot \frac{P}{10P - \dfrac{P^2}{2}} = \frac{2(10 - P)}{20 - P}.$$

于是,当 $P = 3$ 时,总收入关于价格的弹性 $\varepsilon_{RP}\bigg|_{P=3} = \dfrac{2(10 - P)}{20 - P}\bigg|_{P=3} \approx 0.82$. 故当 $P = 3$ 时,若价格上涨 1%,则其总收入增加 0.82%.

复习题 B

一、1. C. **2.** D. **3.** B. **4.** B. **5.** A.

提示:1. 解 显然 $f(x)$ 在 $[x_1, x_2] \subset (a, b)$ 上满足拉格朗日中值定理的条件,故至少存在一点 $\xi \in (x_1, x_2)$,使得

$$f(x_2) - f(x_1) = f'(\xi)(x_2 - x_1) \quad (x_1 < \xi < x_2).$$

2. 解 例如,函数 $y = x^3$ 虽然在点 $x = 0$ 处满足已知条件,但无选项 A,B,C 的结论. 对于选项 D,由

$$0 < f'''(x_0) = \lim_{x \to x_0} \frac{f''(x) - f''(x_0)}{x - x_0} = \lim_{x \to x_0} \frac{f''(x)}{x - x_0}$$

可知,当 $x \in (x_0 - \delta, x_0)$ 时,$f''(x) < 0$;当 $x \in (x_0, x_0 + \delta)$ 时,$f''(x) > 0$(δ 充分小). 因此,点 $(x_0, f(x_0))$ 是曲线 $y = f(x)$ 的拐点.

3. 解 函数的极值点可能是驻点(导数为零的点),也可能是导数不存在的点,故说法不正确.

4. 解 因为 $\lim\limits_{x \to \pm\infty} \mathrm{e}^{\frac{1}{x^2}} \arctan \dfrac{x^2 + x - 1}{(x+1)(x-2)} = \dfrac{\pi}{4}$,所以该曲线有水平渐近线 $y = \dfrac{\pi}{4}$. 同时可知,该曲线无斜渐近线. 又因为 $y = \mathrm{e}^{\frac{1}{x^2}} \arctan \dfrac{x^2 + x - 1}{(x+1)(x-2)}$ 有三个间断点 $0, -1, 2$,可验证只有点 $x = 0$ 是无穷间断点,所以该曲线有垂直渐近线 $x = 0$. 故该曲线有两条渐近线.

5. 解 根据需求弹性的定义有

$$|\eta| = \left|\frac{P}{Q} \cdot \frac{\mathrm{d}Q}{\mathrm{d}P}\right| = \frac{5P}{|100-5P|} > 1, \quad \text{即} \quad P > 10,$$

而由 $Q = 100 - 5P = 0$ 得 $P = 20$，即 $P = 20$ 为最高价格. 故所求商品价格的取值范围为 $(10, 20]$.

二、1. $a+b$.　　2. $(ab)^{\frac{3}{2}}$.　　3. $-(n+1), -\mathrm{e}^{-(n+1)}$.　　4. $-\dfrac{\alpha}{\beta}$.　　5. b.

提示：**1. 解**　由函数连续的定义和洛必达法则，有

$$A = F(0) = \lim_{x \to 0} F(x) = \lim_{x \to 0} \frac{f(x) + a\sin x}{x} = \lim_{x \to 0} [f'(x) + a\cos x]$$
$$= f'(0) + a = a + b.$$

2. 解　$\displaystyle\lim_{x \to 0}\left(\frac{a^x+b^x}{2}\right)^{\frac{3}{x}} = \lim_{x \to 0} \mathrm{e}^{\frac{3\ln(a^x+b^x) - 3\ln 2}{x}} = \mathrm{e}^{\lim_{x \to 0}\frac{3\ln(a^x+b^x)-3\ln 2}{x}}$，而

$$\lim_{x \to 0} \frac{3\ln(a^x+b^x) - 3\ln 2}{x} = \lim_{x \to 0} \frac{3a^x\ln a + 3b^x\ln b}{a^x+b^x} = \frac{3\ln ab}{2},$$

因此

$$\lim_{x \to 0}\left(\frac{a^x+b^x}{2}\right)^{\frac{3}{x}} = \mathrm{e}^{\lim_{x \to 0}\frac{3\ln(a^x+b^x)-3\ln 2}{x}} = \mathrm{e}^{\frac{3\ln ab}{2}} = (ab)^{\frac{3}{2}}.$$

3. 解　事实上，因为 $f^{(n)}(x) = (x+n)\mathrm{e}^x$，$f^{(n+1)}(x) = (x+n+1)\mathrm{e}^x$，所以点 $x = -(n+1)$ 为 $f^{(n)}(x)$ 的驻点，且

$$f^{(n+2)}(-n-1) = (x+n+2)\mathrm{e}^x\Big|_{x=-(n+1)} = \mathrm{e}^{-(n+1)} > 0.$$

因此，点 $x = -(n+1)$ 为 $f^{(n)}(x)$ 的极小值点，相应的极小值为 $f^{(n)}(-n-1) = -\mathrm{e}^{-(n+1)}$.

4. 解　当 $Q = 1$ 时，有 $1 = AL^\alpha K^\beta$，即 $K = \left(\dfrac{1}{AL^\alpha}\right)^{\frac{1}{\beta}}$，所以 K 关于 L 的弹性为

$$\varepsilon = \frac{L}{K} \cdot \frac{\mathrm{d}K}{\mathrm{d}L} = A^{\frac{1}{\beta}} L^{\frac{\alpha+\beta}{\beta}} \cdot \left(-\frac{\alpha}{\beta}\right) A^{-\frac{1}{\beta}} L^{-\frac{\alpha+\beta}{\beta}} = -\frac{\alpha}{\beta}.$$

5. 解　$\eta = \dfrac{P}{Q} Q'(P) = \dfrac{P}{aP^b} \cdot abP^{b-1} = b.$

三、**1. 解**　利用洛必达法则有

$$\lim_{x \to 1} \frac{x^x - 1}{x\ln x} = \lim_{x \to 1} \frac{x^x\ln x + x^x}{\ln x + 1} = \frac{1}{1} = 1.$$

2. 解　原式 $= \displaystyle\lim_{x \to 0} \mathrm{e}^{\frac{1}{x}\ln\frac{\mathrm{e}^x + \mathrm{e}^{2x} + \cdots + \mathrm{e}^{nx}}{n}} = \mathrm{e}^{\lim_{x \to 0}\frac{1}{x}\ln\frac{\mathrm{e}^x + \mathrm{e}^{2x} + \cdots + \mathrm{e}^{nx}}{n}}$，而

$$\lim_{x \to 0} \frac{1}{x}\ln\frac{\mathrm{e}^x + \mathrm{e}^{2x} + \cdots + \mathrm{e}^{nx}}{n} = \lim_{x \to 0} \frac{\ln(\mathrm{e}^x + \mathrm{e}^{2x} + \cdots + \mathrm{e}^{nx}) - \ln n}{x}$$
$$= \lim_{x \to 0} \frac{\mathrm{e}^x + 2\mathrm{e}^{2x} + \cdots + n\mathrm{e}^{nx}}{\mathrm{e}^x + \mathrm{e}^{2x} + \cdots + \mathrm{e}^{nx}} = \frac{1 + 2 + \cdots + n}{n} = \frac{n+1}{2},$$

故　　　　　　　　　　原式 $= \mathrm{e}^{\lim_{x \to 0}\frac{1}{x}\ln\frac{\mathrm{e}^x + \mathrm{e}^{2x} + \cdots + \mathrm{e}^{nx}}{n}} = \mathrm{e}^{\frac{n+1}{2}}.$

3. 解　原式 $= \displaystyle\lim_{x \to 0^+} \frac{\ln(1+x)}{\arctan x} = \lim_{x \to 0^+} \frac{\frac{1}{1+x}}{\frac{1}{1+x^2}} = 1.$

4. 解　原式 $= \displaystyle\lim_{x \to 1} \frac{1-x^2}{\cot\frac{\pi x}{2}} = \lim_{x \to 1} \frac{-2x}{-\frac{\pi}{2}\csc^2\frac{\pi x}{2}} = \frac{4}{\pi}.$

5. 解　原式 $= \displaystyle\lim_{x \to +\infty} \mathrm{e}^{\frac{\ln(x+\mathrm{e}^x)}{x}} = \mathrm{e}^{\lim_{x \to +\infty}\frac{\ln(x+\mathrm{e}^x)}{x}} = \mathrm{e}^{\lim_{x \to +\infty}\frac{1+\mathrm{e}^x}{x+\mathrm{e}^x}} = \mathrm{e}^{\lim_{x \to +\infty}\frac{\mathrm{e}^x}{1+\mathrm{e}^x}} = \mathrm{e}^1 = \mathrm{e}.$

6. 解　原式 $= \displaystyle\lim_{x \to +\infty} \mathrm{e}^{\frac{\ln(x+\sqrt{1+x^2})}{x}} = \mathrm{e}^{\lim_{x \to +\infty}\frac{\ln(x+\sqrt{1+x^2})}{x}} = \mathrm{e}^{\lim_{x \to +\infty}\left(\frac{1}{x+\sqrt{1+x^2}} \cdot \frac{x+\sqrt{1+x^2}}{\sqrt{1+x^2}}\right)} = \mathrm{e}^0 = 1.$

7. 解　原式 $= \displaystyle\lim_{x \to \infty} x^2\left[\frac{1}{x} - \ln\left(1 + \frac{1}{x}\right)\right] = \lim_{x \to 0} \frac{x - \ln(1+x)}{x^2}$

$$= \lim_{x \to 0} \frac{1 - \dfrac{1}{1+x}}{2x} = \lim_{x \to 0} \frac{1}{2(1+x)} = \frac{1}{2}.$$

8. 解 原式 $= \lim\limits_{x \to 0} \dfrac{ax - (1 - a^2 x^2)\ln(1+ax)}{x^2} = \lim\limits_{x \to 0} \dfrac{a + 2a^2 x \ln(1+ax) - a(1-ax)}{2x}$

$$= \lim_{x \to 0} \frac{2a^2 \ln(1+ax) + a^2}{2} = \frac{a^2}{2}.$$

9. 解 因为函数 $\left(x \tan \dfrac{1}{x}\right)^{x^2}$ 的极限

$$\lim_{x \to +\infty} \left(x \tan \frac{1}{x}\right)^{x^2} = \lim_{x \to 0^+} \left(\frac{\tan x}{x}\right)^{x^{-2}} = \lim_{x \to 0^+} \mathrm{e}^{\frac{1}{x^2} \ln \frac{\tan x}{x}} = \mathrm{e}^{\lim\limits_{x \to 0^+} \frac{\frac{\tan x}{x} - 1}{x^2}},$$

而

$$\lim_{x \to 0^+} \frac{\dfrac{\tan x}{x} - 1}{x^2} = \lim_{x \to 0^+} \frac{\tan x - x}{x^3} = \lim_{x \to 0^+} \frac{\sec^2 x - 1}{3x^2} = \lim_{x \to 0^+} \frac{\sin^2 x}{3x^2 \cos^2 x} = \lim_{x \to 0^+} \frac{1}{3\cos^2 x} = \frac{1}{3},$$

所以原数列的极限

$$\lim_{n \to \infty} \left(n \tan \frac{1}{n}\right)^{n^2} = \lim_{x \to +\infty} \left(x \tan \frac{1}{x}\right)^{x^2} = \mathrm{e}^{\frac{1}{3}}.$$

10. 解 由条件易知 $c \neq 0$，且

$$\lim_{x \to \infty} \left(\frac{x+c}{x-c}\right)^x = \lim_{x \to \infty} \left[\left(1 + \frac{2c}{x-c}\right)^{\frac{x-c}{2c}}\right]^{\frac{2cx}{x-c}} = \mathrm{e}^{2c}.$$

由拉格朗日中值定理有

$$f(x) - f(x-1) = f'(\xi),$$

其中 ξ 介于 $x-1$ 与 x 之间. 当 $x \to \infty$ 时, $\xi \to \infty$, 所以

$$\lim_{x \to \infty} [f(x) - f(x-1)] = \lim_{\xi \to \infty} f'(\xi) = \mathrm{e},$$

从而 $\mathrm{e}^{2c} = \mathrm{e}$, 即 $c = \dfrac{1}{2}$.

11. 解 该函数的定义域为 $(-\infty, +\infty)$. 令 $y' = \dfrac{x^2+x}{1+x^2} \mathrm{e}^{\frac{\pi}{2} + \arctan x} = 0$, 得驻点 $x = 0$ 与 $x = -1$. 列表1讨论如下:

表1

x	$(-\infty, -1)$	-1	$(-1, 0)$	0	$(0, +\infty)$
y'	$+$	0	$-$	0	$+$
y	↗	$-2\mathrm{e}^{\frac{\pi}{4}}$	↘	$-\mathrm{e}^{\frac{\pi}{2}}$	↗

由此可见, 该函数的单调增加区间为 $(-\infty, -1)$ 和 $(0, +\infty)$, 单调减少区间为 $(-1, 0)$, 极小值为 $y\big|_{x=0} = -\mathrm{e}^{\frac{\pi}{2}}$, 极大值为 $y\big|_{x=-1} = -2\mathrm{e}^{\frac{\pi}{4}}$. 由于

$$a_1 = \lim_{x \to +\infty} \frac{y}{x} = \mathrm{e}^{\pi}, \quad b_1 = \lim_{x \to +\infty}(y - a_1 x) = -2\mathrm{e}^{\pi},$$

$$a_2 = \lim_{x \to -\infty} \frac{y}{x} = 1, \quad b_2 = \lim_{x \to -\infty}(y - a_2 x) = -2,$$

可见该函数图形有两条斜渐近线

$$y = a_1 x + b_1 = \mathrm{e}^{\pi}(x - 2), \quad y = a_2 x + b_2 = x - 2.$$

12. 解 (1) $y\big|_{x=x_0} = \dfrac{1}{x_0^2}$, $y'\big|_{x=x_0} = -\dfrac{2}{x^3}\big|_{x=x_0} = -\dfrac{2}{x_0^3}$, 故所求的切线方程为

$$y - \frac{1}{x_0^2} = -\frac{2}{x_0^3}(x - x_0), \quad \text{即} \quad y = -\frac{2}{x_0^3}x + \frac{3}{x_0^2}.$$

(2) 切线在 x 轴、y 轴上的截距分别为 $a = \frac{3}{2}x_0$，$b = \frac{3}{x_0^2}$，从而切线段被两坐标轴所截线段长度的平方为

$$l^2 = a^2 + b^2 = \frac{9}{4}x_0^2 + \frac{9}{x_0^4}.$$

记函数 $Y(x) = \frac{9}{4}x^2 + \frac{9}{x^4}$，则

$$Y'(x) = \frac{9}{2}x - \frac{36}{x^5}, \quad Y''(x) = \frac{9}{2} + \frac{180}{x^6} > 0.$$

令 $Y'(x) = 0$，得驻点 $x = \pm\sqrt{2}$．又因为 $Y''(\pm\sqrt{2}) = \frac{9}{2} + \frac{45}{2} = 27 > 0$，所以点 $x = \pm\sqrt{2}$ 为 $Y(x)$ 的极小值点．

由于曲线 $Y(x) = \frac{9}{4}x^2 + \frac{9}{x^4}$ 是凸的，因此此极小值点也是最小值点．于是，所求线段的最短长度为

$$l_{\min} = 3\sqrt{\frac{x^2}{4} + \frac{1}{x^4}}\,\Big|_{x=\pm\sqrt{2}} = 3\sqrt{\frac{1}{2} + \frac{1}{4}} = \frac{3}{2}\sqrt{3}.$$

四、1. 证 当 $a = 0$ 时，由 $f(a) = f(0) = 0$ 得 $f(a+b) = f(b) = f(a) + f(b)$，结论成立．

当 $a > 0$ 时，在 $[0, a] \subset [0, c]$ 上利用拉格朗日中值定理可知，存在 $\xi_1 \in (0, a)$，使得

$$f'(\xi_1) = \frac{f(a) - f(0)}{a - 0} = \frac{f(a)}{a}.$$

同理，存在 $\xi_2 \in (b, a+b)$，使得

$$f'(\xi_2) = \frac{f(a+b) - f(b)}{(a+b) - b} = \frac{f(a+b) - f(b)}{a}.$$

显然 $0 < \xi_1 < a \leqslant b < \xi_2 < a+b \leqslant c$，而 $f'(x)$ 在开区间 $(0, c)$ 内单调减少，所以

$$f'(\xi_1) \geqslant f'(\xi_2).$$

故 $$\frac{f(a)}{a} \geqslant \frac{f(a+b) - f(b)}{a}, \quad \text{即} \quad f(a+b) \leqslant f(a) + f(b).$$

综上，原结论成立．

2. 证 显然，当 $x = 1$ 时，等式成立．

当 $x > 1$ 时，令函数 $f(x) = \arctan x - \frac{1}{2}\arccos\frac{2x}{1+x^2}$，则

$$f'(x) = \frac{1}{1+x^2} + \frac{1}{2}\left[1 - \frac{4x^2}{(1+x^2)^2}\right]^{-\frac{1}{2}} \cdot \frac{2(1-x^2)}{(1+x^2)^2} \equiv 0.$$

可见 $f(x) \equiv C$（C 为常数，$x > 1$），且 $f(x)$ 在区间 $[1, +\infty)$ 上连续，从而有

$$\frac{\pi}{4} = f(1) = \lim_{x \to 1^+} f(x) = C.$$

因此，当 $x \geqslant 1$ 时，$\arctan x - \frac{1}{2}\arccos\frac{2x}{1+x^2} = \frac{\pi}{4}$．

3. 证 设 $\xi = \eta$，则只需证 $e^\xi = \frac{e^b - e^a}{b - a}$．对于函数 $g(x) = e^x$ 在区间 $[a, b]$ 上利用拉格朗日中值定理便可得证．

设 $\xi \neq \eta$，$f(x)$ 在区间 $[a, b]$ 上满足拉格朗日中值定理的条件，则至少存在一点 $\xi \in (a, b)$，使得

$$f'(\xi) = \frac{f(b) - f(a)}{b - a}.$$

显然，函数 $g(x) = e^x$ 与 $f(x)$ 在区间 $[a, b]$ 上满足柯西中值定理的条件，则至少存在一点 $\eta \in (a, b)$，使得

$$\frac{e^\eta}{f'(\eta)} = \frac{e^b - e^a}{f(b) - f(a)}.$$

因此，有

$$\frac{e^\eta}{f'(\eta)} \cdot f'(\xi) = \frac{e^b - e^a}{f(b) - f(a)} \cdot \frac{f(b) - f(a)}{b-a}, \quad \text{即} \quad \frac{f'(\xi)}{f'(\eta)} = \frac{e^b - e^a}{b-a} e^{-\eta},$$

其中 $\xi, \eta \in (a,b)$.

综上,原结论成立.

4. 证 (1) 令函数 $F(x) = f(x) - x$. 显然,$F(x)$ 在区间 $\left[\frac{1}{2}, 1\right]$ 上连续,且

$$F\left(\frac{1}{2}\right) = f\left(\frac{1}{2}\right) - \frac{1}{2} = \frac{1}{2} > 0, \quad F(1) = f(1) - 1 = -1 < 0.$$

由零点定理可知,至少存在一点 $\eta \in \left(\frac{1}{2}, 1\right)$,使得 $F(\eta) = 0$,即 $f(\eta) = \eta$.

(2) 令函数 $G(x) = e^{-\lambda x}[f(x) - x]$. 显然,$G(x)$ 在闭区间 $[0, \eta] \subset [0, 1]$ 上连续,在开区间 $(0, \eta)$ 内可导,且

$$G(0) = e^0[f(0) - 0] = 0, \quad G(\eta) = e^{-\lambda \eta}[f(\eta) - \eta] = 0.$$

由罗尔中值定理可知,至少存在一点 $\xi \in (0, \eta) \subset (0, 1)$,使得

$$G'(\xi) = 0, \quad \text{即} \quad e^{-\lambda \xi}\{f'(\xi) - 1 - \lambda[f(\xi) - \xi]\} = 0.$$

故

$$f'(\xi) - \lambda[f(\xi) - \xi] = 1.$$

5. 证

$$f'(x) = x\left(1 + \frac{1}{x}\right)^{x-1}\left(-\frac{1}{x^2}\right) + \left(1 + \frac{1}{x}\right)^x \ln\left(1 + \frac{1}{x}\right)$$

$$= \left(1 + \frac{1}{x}\right)^x\left[\ln\left(1 + \frac{1}{x}\right) - \frac{1}{x+1}\right].$$

令函数 $g(x) = \ln\left(1 + \frac{1}{x}\right) - \frac{1}{x+1}$,则

$$g'(x) = \frac{x}{x+1}\left(-\frac{1}{x^2}\right) + \frac{1}{(x+1)^2} = \frac{-1}{x(x+1)^2} < 0 \quad (x > 0),$$

且 $\lim\limits_{x \to +\infty} g(x) = 0$. 因此,当 $x > 0$ 时,

$$g(x) = \ln\left(1 + \frac{1}{x}\right) - \frac{1}{x+1} > 0, \quad \text{即} \quad f'(x) = \left(1 + \frac{1}{x}\right)^x \cdot g(x) > 0.$$

故 $f(x)$ 单调增加.

6. 证 由拉格朗日中值定理可知,

$$F'(x) = \frac{f'(x)(x-a) - [f(x) - f(a)]}{(x-a)^2}$$

$$= \frac{f'(x)(x-a) - f'(\xi)(x-a)}{(x-a)^2} = \frac{f'(x) - f'(\xi)}{x-a},$$

其中 $a < \xi < x$. 因为 $f''(x) > 0$,所以 $f'(x) > f'(\xi)$,从而 $F'(x) = \frac{f'(x) - f'(\xi)}{x-a} > 0$,即 $F(x)$ 在区间 $(a, +\infty)$ 上单调增加.

7. 证 令函数 $f(x) = \ln x (x > 0)$. 由拉格朗日中值定理可知,

$$\ln\left(1 + \frac{1}{x}\right) = \ln(1 + x) - \ln x = \frac{1}{\xi},$$

其中 $x < \xi < 1 + x$. 显然 $\frac{1}{\xi} > \frac{1}{1+x}$,即 $\ln\left(1 + \frac{1}{x}\right) > \frac{1}{1+x}$.

8. 证 令函数 $f(x) = \sin\frac{x}{2} - \frac{x}{\pi}$,则

$$f'(x) = \frac{1}{2}\cos\frac{x}{2} - \frac{1}{\pi}, \quad f''(x) = -\frac{1}{4}\sin\frac{x}{2} < 0, \quad x \in (0, \pi).$$

于是,当 $x \in (0, \pi)$ 时,$f(x)$ 的图形是凸的. 因为 $f(0) = f(\pi) = 0$,所以当 $x \in (0, \pi)$ 时,$f(x) > 0$,即

$$\sin\frac{x}{2} > \frac{x}{\pi}.$$

9. 证 令函数 $f(x) = 1 + x\ln(x + \sqrt{1 + x^2}) - \sqrt{1 + x^2}$,则

$$f'(x) = \ln(x + \sqrt{1+x^2}) + \frac{x}{x + \sqrt{1+x^2}}\left(1 + \frac{x}{\sqrt{1+x^2}}\right) - \frac{x}{\sqrt{1+x^2}}$$

$$= \ln(x + \sqrt{1+x^2}).$$

而

$$f''(x) = \frac{1}{x + \sqrt{1+x^2}}\left(1 + \frac{x}{\sqrt{1+x^2}}\right) = \frac{1}{\sqrt{1+x^2}},$$

令 $f'(x) = 0$,得点 $x = 0$ 为 $f(x)$ 的唯一驻点,且 $f''(0) = 1 > 0$.因此,点 $x = 0$ 是 $f(x)$ 唯一的极小值点,也是最小值点,则有 $f(x) \geqslant f(0) = 0$,即

$$1 + x\ln(x + \sqrt{1+x^2}) \geqslant \sqrt{1+x^2} \quad (-\infty < x < +\infty).$$

10. 证 令函数 $f(x) = \frac{1}{p}x^p + \frac{1}{q} - x$,则

$$f'(x) = x^{p-1} - 1, \quad f''(x) = (p-1)x^{p-2}.$$

令 $f'(x) = 0$,得驻点 $x_0 = 1$,而 $f''(1) = p - 1 > 0$,所以 $f(x)$ 在点 $x = 1$ 处取得极小值 $\frac{1}{p} + \frac{1}{q} - 1 = 0$.又

$$f(0) = \frac{1}{q} > 0, \quad f(+\infty) = +\infty,$$

与区间 $[0, +\infty)$ 边界处 $f(x)$ 的值比较可知,极小值 $f(1)$ 也是最小值.因此,当 $x > 0$ 时,

$$f(x) \geqslant f(1) = 0, \quad 即 \quad \frac{1}{p}x^p + \frac{1}{q} \geqslant x.$$

五、1. 解 设围成正方形的一段长为 x,则围成圆的一段长为 $a - x$,正方形与圆的面积之和为

$$S(x) = \left(\frac{x}{4}\right)^2 + \pi\left(\frac{a-x}{2\pi}\right)^2 = \frac{1}{16}x^2 + \frac{1}{4\pi}(a-x)^2.$$

令 $S'(x) = \frac{1}{8}x - \frac{1}{2\pi}(a-x) = 0$,得 $x = \frac{4a}{\pi+4}$.又 $S''(x) = \frac{1}{8} + \frac{1}{2\pi} > 0$,所以 $S(x)$ 在唯一驻点 $x = \frac{4a}{\pi+4}$ 处取得极小值.由问题的实际意义知,它也是最小值.因此,围成正方形的一段长为 $\frac{4a}{\pi+4}$,围成圆的一段长为 $a - \frac{4a}{\pi+4} = \frac{a\pi}{\pi+4}$.

2. 解 该函数的定义域为 $(-\infty, 1) \bigcup (1, +\infty)$,则有

$$y' = \frac{4x(1-x)^2 - 2x^2 \cdot (-2)(1-x)}{(1-x)^4} = \frac{4x}{(1-x)^3},$$

$$y'' = \frac{4(1-x)^3 - 4x \cdot (-3)(1-x)^2}{(1-x)^6} = \frac{4(2x+1)}{(1-x)^4}.$$

令 $y' = 0$, $y'' = 0$,得 $x_1 = 0$, $x_2 = -\frac{1}{2}$.列表 2 讨论如下:

表 2

x	$\left(-\infty, -\frac{1}{2}\right)$	$-\frac{1}{2}$	$\left(-\frac{1}{2}, 0\right)$	0	$(0, 1)$	1	$(1, +\infty)$
y'	$-$	$-$	$-$	0	$+$	不存在	$-$
y''	$-$	0	$+$	$+$	$+$	不存在	$+$
y	↘	$\left(-\frac{1}{2}, \frac{2}{9}\right)$ 拐点	↘	0 极小值	↗	间断点	↘

(1) 函数的单调增加区间为 $(0, 1)$,单调减少区间为 $(-\infty, 0)$ 和 $(1, +\infty)$;

(2) 当 $x = 0$ 时,函数取得极小值 $y(0) = 0$;

(3) 函数图形在区间 $\left(-\infty,-\dfrac{1}{2}\right)$ 上是凸的,在区间 $\left(-\dfrac{1}{2},1\right)$ 和 $(1,+\infty)$ 上是凹的,点 $\left(-\dfrac{1}{2},\dfrac{2}{9}\right)$ 是函数图形的拐点;

(4) $\lim\limits_{x\to\pm\infty}\dfrac{2x^2}{(1-x)^2}=2$,则 $y=2$ 为该函数图形的水平渐近线,无斜渐近线,又 $\lim\limits_{x\to1}\dfrac{2x^2}{(1-x)^2}=+\infty$,则 $x=1$ 是该函数图形的垂直渐近线;

(5) 作图,如图 1 所示.

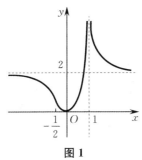

图 1

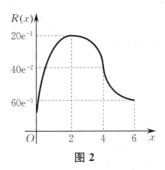

图 2

3. 解 (1) 所求总收入函数为
$$R(x)=xP(x)=10x\mathrm{e}^{-\frac{x}{2}}\quad(0\leqslant x\leqslant 6),$$
边际收入为
$$R'(x)=(10-5x)\mathrm{e}^{-\frac{x}{2}}\quad(0\leqslant x\leqslant 6).$$

(2) 令 $R'(x)=0$,得 $x=2$ 为唯一驻点. 又 $R''(2)=-5\mathrm{e}^{-1}<0$,所以点 $x=2$ 为唯一的极大值点,也是最大值点. 因此,当产量 $x=2$ 时,有最大收入
$$R(2)=20\mathrm{e}^{-1},$$
而相应的价格为 $P=10\mathrm{e}^{-1}$.

(3) 作图,如图 2 所示.

4. 解 (1) 由题意可知,总利润函数为
$$L(Q)=PQ-C=(d-eQ)Q-(aQ^2+bQ+c)=(d-b)Q-(e+a)Q^2-c,$$
而 $L'(Q)=(d-b)-2(e+a)Q$. 令 $L'(Q)=0$,得 $Q=\dfrac{d-b}{2(e+a)}$ 为唯一驻点. 又 $L''(Q)=-2(e+a)<0$,所以点 $Q=\dfrac{d-b}{2(e+a)}$ 为唯一的极大值点,也是最大值点.

因此,当产量 $Q=\dfrac{d-b}{2(e+a)}$ 时,可获得最大利润
$$L_{\max}=\dfrac{(d-b)^2}{2(e+a)}-\dfrac{(d-b)^2}{4(e+a)}-c=\dfrac{(d-b)^2}{4(e+a)}-c.$$

(2) 需求弹性 $E_P=\dfrac{P}{Q}\cdot\dfrac{\mathrm{d}Q}{\mathrm{d}P}=\dfrac{eP}{d-P}\cdot\left(-\dfrac{1}{e}\right)=-\dfrac{P}{d-P}.$

(3) 当 $|E_P|=1$ 时,有 $P=\dfrac{d}{2}$,则相应的产量为 $Q=\dfrac{1}{e}(d-P)=\dfrac{d}{2e}.$

5. 解 由 $E_P=-\dfrac{P}{Q}\cdot\dfrac{\mathrm{d}Q}{\mathrm{d}P}=b$ 和 $R'(Q_0)=a$,得
$$R'(Q_0)=R'(Q)\Big|_{Q=Q_0}=\left(P+Q\dfrac{\mathrm{d}P}{\mathrm{d}Q}\right)\Big|_{Q=Q_0}=\left(P-\dfrac{P}{b}\right)\Big|_{Q=Q_0}=P_0-\dfrac{P_0}{b}=a,$$
则 $P_0=\dfrac{ab}{b-1}.$ 故
$$R'(P_0)=R'(P)\Big|_{P=P_0}=\left(Q+P\dfrac{\mathrm{d}Q}{\mathrm{d}P}\right)\Big|_{P=P_0}=(Q-Qb)\Big|_{P=P_0}=Q_0(1-b)=c,$$

即
$$Q_0 = \frac{c}{1-b}.$$

6. 解　(1) 销售额 $R = R(P) = PQ = P\left(\dfrac{a}{P+b} - c\right)$，而 $R'(P) = \dfrac{ab - c(P+b)^2}{(P+b)^2}$.

令 $R'(P) = 0$，得 $P_0 = \sqrt{\dfrac{b}{c}}(\sqrt{a} - \sqrt{bc})$ 为驻点，显然当 $0 < P < \sqrt{\dfrac{b}{c}}(\sqrt{a} - \sqrt{bc})$ 时，$R'(P) > 0$，$R(P)$ 单调增加，即销售额增加；当 $P > \sqrt{\dfrac{b}{c}}(\sqrt{a} - \sqrt{bc})$ 时，$R'(P) < 0$，$R(P)$ 单调减少，即销售额减少.

(2) 由 (1) 可知，当 $P = \sqrt{\dfrac{b}{c}}(\sqrt{a} - \sqrt{bc})$ 时，销售额最大，且
$$R_{\max} = R(P_0) = (\sqrt{a} - \sqrt{bc})^2.$$

7. 解　(1) 税收总额 $T = tx$，销售总收入 $R = R(x) = Px = 7x - 0.2x^2$，则总利润函数为
$$L(x) = R - C - T = (7x - 0.2x^2) - (3x + 1) - tx = (4-t)x - 0.2x^2 - 1.$$

令 $L'(x) = (4-t) - 0.4x = 0$，得 $x = 2.5(4-t)$. 又因为 $L''(x) = -0.4 < 0$，所以 $x = 2.5(4-t)$ 为商家获最大利润时的销售量.

(2) 当商家获最大利润，即 $x = 2.5(4-t)$ 时，有 $T = T(t) = tx = 10t - 2.5t^2$. 令 $T'(t) = 10 - 5t = 0$，得 $t = 2$. 又因为 $T''(t) = -5 < 0$，所以当 $t = 2$ 时，税收总额有唯一的极大值，也是最大值.

8. 解　由连续复利公式 $R(t) = A(t)e^{rt}$ 知 $A(t) = R(t)e^{-rt}$，于是 t 年末总收入的现值为
$$A(t) = R(t)e^{-rt} = R_0 e^{\frac{2}{5}\sqrt{t} - rt}.$$

令 $A'(t) = R_0 e^{\frac{2}{5}\sqrt{t} - rt}\left(\dfrac{1}{5\sqrt{t}} - r\right) = 0$，得 $t_0 = \dfrac{1}{25r^2}$. 又因为
$$A''(t) = R_0 e^{\frac{2}{5}\sqrt{t} - rt}\left[\left(\dfrac{1}{5\sqrt{t}} - r\right)^2 - \dfrac{1}{10}t^{-\frac{3}{2}}\right],$$

则 $A''(t_0) = R_0 e^{\frac{1}{25r}}(-12.5r^3) < 0$，所以当 $t = \dfrac{1}{25r^2}$ 时，$A(t)$ 取得极大值，也是最大值，即窖藏 $\dfrac{1}{25r^2}$ 年售出可使总收入的现值最大. 当 $r = 0.06$ 时，有
$$t = \dfrac{1}{25}\left(\dfrac{100}{6}\right)^2 \approx 11(年).$$

9. 解　(1) 边际成本为 $C'(x) = 3 + x$.

(2) 总收入函数为 $R(x) = Px = 100\sqrt{x}$，则边际收入为 $R'(x) = \dfrac{50}{\sqrt{x}}$.

(3) 总利润函数为 $L(x) = R(x) - C(x)$，则边际利润为 $L'(x) = \dfrac{50}{\sqrt{x}} - x - 3$.

(4) 由 $P = \dfrac{100}{\sqrt{x}}$ 得 $x = \dfrac{10\,000}{P^2}$，则 $R(P) = \dfrac{10\,000}{P}$，所以收入对价格的弹性为
$$\varepsilon_P = \dfrac{P}{R}R'(P) = \dfrac{P^2}{10\,000}\cdot\left(-\dfrac{10\,000}{P^2}\right) = -1.$$

10. 解　(1) 总利润函数（单位：万元）为
$$L(Q) = R(Q) - C(Q) = (P_1 Q_1 + P_2 Q_2) - (2Q_1 + 2Q_2 + 5)$$
$$= -2Q_1^2 - Q_2^2 + 16Q_1 + 10Q_2 - 5.$$

解方程组 $\begin{cases} L'_{Q_1} = -4Q_1 + 16 = 0, \\ L'_{Q_2} = -2Q_2 + 10 = 0, \end{cases}$ 得 $\begin{cases} Q_1 = 4, \\ Q_2 = 5. \end{cases}$ 相应地，有 $P_1 = 10$（万元／吨），$P_2 = 7$（万元／吨）.

因点 $(4,5)$ 为总利润函数的唯一驻点，且实际问题中一定存在最大值，故最大值必在驻点处取得，即最大利润为
$$L_{\max} = L(4,5) = 52(万元).$$

（2）若实行无差别价格策略，则 $P_1 = P_2$，即有约束条件 $2Q_1 - Q_2 = 6$，从而引入辅助函数
$$F(Q_1, Q_2, \lambda) = L + \lambda(2Q_1 - Q_2 - 6).$$

解方程组 $\begin{cases} F'_{Q_1} = -4Q_1 + (16 + 2\lambda) = 0, \\ F'_{Q_2} = -2Q_2 + (10 - \lambda) = 0, \\ F'_{\lambda} = 2Q_1 - Q_2 - 6 = 0, \end{cases}$ 得 $\begin{cases} Q_1 = 5, \\ Q_2 = 4. \end{cases}$ 故 $P_1 = P_2 = 8$，相应的最大利润为

$$L_{max} = L(5, 4) = 49 \text{（万元）}.$$

显然，该企业实行差别价格策略所得的总利润要大于无差别价格策略的总利润.

11. 解 记产鱼总量为
$$f(x, y) = (3 - \alpha x - \beta y)x + (4 - \beta x - 2\alpha y)y.$$

解方程组

$$\begin{cases} f'_x = 3 - 2\alpha x - 2\beta y = 0, \\ f'_y = 4 - 2\beta x - 4\alpha y = 0, \end{cases} \quad 得 \quad \begin{cases} x_0 = \dfrac{3\alpha - 2\beta}{2\alpha^2 - \beta^2}, \\ y_0 = \dfrac{4\alpha - 3\beta}{2(2\alpha^2 - \beta^2)}. \end{cases}$$

因为实际问题的最大值存在，而驻点唯一，所以此驻点就是最大值点. 故使产鱼总量最大的放养数分别为

$$x = \frac{3\alpha - 2\beta}{2\alpha^2 - \beta^2} \text{（万尾）}, \quad y = \frac{4\alpha - 3\beta}{2(2\alpha^2 - \beta^2)} \text{（万尾）}.$$

第4章 不定积分

复习题 A

一、**1.** A. **2.** B. **3.** B. **4.** B. **5.** C.

二、**1.** $x^2 + 1$. **2.** $\dfrac{2 - 6x^4}{(1 + x^4)^2}$. **3.** $\sin x + C$. **4.** $\dfrac{1}{2}f(2x) + C$.

三、**1. 解** $\displaystyle\int (e^{-x} - e^{2\sqrt{x}})dx = \int e^{-x}dx - \int e^{2\sqrt{x}}dx = -e^{-x} - \int e^{2\sqrt{x}}dx.$

令 $\sqrt{x} = t$，则 $x = t^2$，$dx = 2tdt$. 于是

$$\int e^{2\sqrt{x}}dx = \int e^{2t} \cdot 2tdt = \int td(e^{2t}) = te^{2t} - \int e^{2t}dt$$

$$= te^{2t} - \frac{1}{2}e^{2t} + C = \left(\sqrt{x} - \frac{1}{2}\right)e^{2\sqrt{x}} + C,$$

故　　　　　原式 $= -e^{-x} - \displaystyle\int e^{2\sqrt{x}}dx = -e^{-x} - \left(\sqrt{x} - \dfrac{1}{2}\right)e^{2\sqrt{x}} + C.$

2. 解 $\displaystyle\int f'\left(\frac{x}{5}\right)dx = \int f'\left(\frac{x}{5}\right) \cdot 5d\left(\frac{x}{5}\right) = 5\int f'\left(\frac{x}{5}\right)d\left(\frac{x}{5}\right) = 5f\left(\frac{x}{5}\right) + C.$

3. 解 $\displaystyle\int \frac{\arctan e^x}{e^{2x}}dx = -\frac{1}{2}\int \arctan e^x d(e^{-2x})$

$$= -\frac{1}{2}\left[e^{-2x}\arctan e^x - \int \frac{d(e^x)}{e^{2x}(1 + e^{2x})}\right]$$

$$= -\frac{1}{2}(e^{-2x}\arctan e^x + e^{-x} + \arctan e^x) + C.$$

4. 解 由题意知 $\displaystyle\int f(x)dx = \frac{\cos x}{x} + C$，故

$$\int xf'(x)dx = \int xdf(x) = xf(x) - \int f(x)dx = xf(x) - \frac{\cos x}{x} + C.$$

复习题 B

1. 解 因为 $F'(x) = f(x)$，所以 $F'(x)F(x) = \sin^2 2x$. 于是，式子两端同时积分，得

$$\int F'(x)F(x)\mathrm{d}x = \int \sin^2 2x\,\mathrm{d}x, \quad \text{即} \quad \frac{1}{2}F^2(x) = \frac{x}{2} - \frac{1}{8}\sin 4x + C.$$

由 $F(0) = 1$,得 $C = \frac{1}{2}$,从而 $F(x) = \sqrt{x - \frac{1}{4}\sin 4x + 1}$. 故

$$f(x) = F'(x) = \frac{1 - \cos 4x}{2\sqrt{x - \frac{1}{4}\sin 4x + 1}} = \frac{\sin^2 2x}{\sqrt{x - \frac{1}{4}\sin 4x + 1}}.$$

2. 解 $Q(P) = \int Q'(P)\mathrm{d}P = \int -1\,000\ln 3 \cdot \left(\frac{1}{3}\right)^P \mathrm{d}P = 1\,000 \cdot \left(\frac{1}{3}\right)^P + C.$

将初始值 $P = 0, Q = 1\,000$ 代入,得 $C = 0$. 故

$$Q(P) = 1\,000 \cdot \left(\frac{1}{3}\right)^P.$$

3. 解 当 $x \geqslant 0$ 时,$\int \mathrm{e}^{-|x|}\mathrm{d}x = \int \mathrm{e}^{-x}\mathrm{d}x = -\mathrm{e}^{-x} + C_1$;当 $x < 0$ 时,$\int \mathrm{e}^{-|x|}\mathrm{d}x = \int \mathrm{e}^x\mathrm{d}x = \mathrm{e}^x + C_2$. 因为函数 $\mathrm{e}^{-|x|}$ 的原函数在区间 $(-\infty, +\infty)$ 上每一点处都连续,所以

$$\lim_{x \to 0^+}(-\mathrm{e}^{-x} + C_1) = \lim_{x \to 0^-}(\mathrm{e}^x + C_2),$$

从而

$$-1 + C_1 = 1 + C_2, \quad \text{即} \quad C_1 = 2 + C_2.$$

记 $C_2 = C$,则

$$\int \mathrm{e}^{-|x|}\mathrm{d}x = \begin{cases} -\mathrm{e}^{-x} + 2 + C, & x \geqslant 0, \\ \mathrm{e}^x + C, & x < 0. \end{cases}$$

4. 解 因为 $f(x) = \left(\dfrac{\sin x}{1 + x\sin x}\right)' = \dfrac{\cos x - \sin^2 x}{(1 + x\sin x)^2}$,所以

(1) $\displaystyle\int f(x)f'(x)\mathrm{d}x = \int f(x)\mathrm{d}f(x) = \frac{1}{2}f^2(x) + C = \frac{(\cos x - \sin^2 x)^2}{2(1 + x\sin x)^4} + C.$

(2) $\displaystyle\int x^2 f(x^3)f'(x^3)\mathrm{d}x = \frac{1}{3}\int f(x^3)f'(x^3)\mathrm{d}(x^3) = \frac{1}{3}\int f(x^3)\mathrm{d}f(x^3)$

$$= \frac{1}{6}f^2(x^3) + C = \frac{(\cos x^3 - \sin^2 x^3)^2}{6(1 + x^3\sin x^3)^4} + C.$$

5. 解 由于 $f(x^2 - 1) = \ln\dfrac{(x^2 - 1) + 1}{(x^2 - 1) - 1}$,因此 $f(x) = \ln\dfrac{x + 1}{x - 1}$.

又因为 $f[\varphi(x)] = \ln x$,所以

$$\ln\frac{\varphi(x) + 1}{\varphi(x) - 1} = \ln x, \quad \text{即} \quad \varphi(x) = \frac{x + 1}{x - 1}.$$

于是

$$\int \varphi(x)\mathrm{d}x = \int \frac{x + 1}{x - 1}\mathrm{d}x = \int \frac{x - 1 + 2}{x - 1}\mathrm{d}x = x + 2\ln|x - 1| + C.$$

6. 解 原式 $= \displaystyle\int x\mathrm{e}^{\sin x}\cos x\,\mathrm{d}x - \int \mathrm{e}^{\sin x}\frac{\sin x}{\cos^2 x}\mathrm{d}x = \int x\mathrm{d}(\mathrm{e}^{\sin x}) - \int \mathrm{e}^{\sin x}\mathrm{d}\left(\frac{1}{\cos x}\right)$

$$= x\mathrm{e}^{\sin x} - \int \mathrm{e}^{\sin x}\mathrm{d}x - \frac{1}{\cos x}\mathrm{e}^{\sin x} + \int \mathrm{e}^{\sin x}\mathrm{d}x = \left(x - \frac{1}{\cos x}\right)\mathrm{e}^{\sin x} + C.$$

7. 解 $\displaystyle\int \frac{x\sin x}{\cos^5 x}\mathrm{d}x = \frac{1}{4}\int x\mathrm{d}\left(\frac{1}{\cos^4 x}\right) = \frac{1}{4}\left(\frac{x}{\cos^4 x} - \int \frac{\mathrm{d}x}{\cos^4 x}\right) = \frac{x}{4\cos^4 x} - \frac{1}{4}\int(\tan^2 x + 1)\mathrm{d}(\tan x)$

$$= \frac{x}{4\cos^4 x} - \frac{1}{12}\tan^3 x - \frac{1}{4}\tan x + C.$$

8. 解 由于

$$f(\sin^2 x) = \int f'(\sin^2 x)\,\mathrm{d}(\sin^2 x) = \int \cos^2 x\,\mathrm{d}(\sin^2 x) = \int 2\sin x\cos^3 x\,\mathrm{d}x$$

$$= -\int 2\cos^3 x\,\mathrm{d}(\cos x) = -\frac{1}{2}\cos^4 x + C = -\frac{1}{2}(1-\sin^2 x)^2 + C,$$

因此 $f(x) = -\frac{1}{2}(1-x)^2 + C$. 又 $f(0) = -\frac{1}{2}$, 所以 $C = 0$, 从而 $f(x) = -\frac{1}{2}(1-x)^2$. 故 $x = 1$ 为方程 $f(x) = 0$ 的二重根.

9. 解 由题设知 $f(x) = \dfrac{\arcsin\sqrt{x}}{\sqrt{x}}$. 令 $u = \arcsin\sqrt{x}$, 则 $x = \sin^2 u$, $\mathrm{d}x = 2\sin u\cos u\,\mathrm{d}u$. 于是

$$原式 = \int \frac{\arcsin\sqrt{x}}{\sqrt{1-x}}\,\mathrm{d}x = 2\int u\sin u\,\mathrm{d}u = -2\int u\,\mathrm{d}(\cos u)$$

$$= -2u\cos u + 2\int \cos u\,\mathrm{d}u = -2u\cos u + 2\sin u + C$$

$$= -2(\sqrt{1-x}\arcsin\sqrt{x} - \sqrt{x}) + C.$$

10. 解 令函数 $f(x) = \max\{x^3, x^2, 1\} = \begin{cases} x^3, & x \geqslant 1, \\ x^2, & x \leqslant -1, \\ 1, & -1 < x < 1. \end{cases}$

当 $x \geqslant 1$ 时, $\int f(x)\,\mathrm{d}x = \int x^3\,\mathrm{d}x = \dfrac{1}{4}x^4 + C_1$.

当 $x \leqslant -1$ 时, $\int f(x)\,\mathrm{d}x = \int x^2\,\mathrm{d}x = \dfrac{1}{3}x^3 + C_2$.

当 $-1 < x < 1$ 时, $\int f(x)\,\mathrm{d}x = \int 1\,\mathrm{d}x = x + C_3$.

由于原函数的连续性, 因此有

$$\lim_{x\to 1^+}\left(\frac{1}{4}x^4 + C_1\right) = \lim_{x\to 1^-}(x + C_3),$$

即
$$\frac{1}{4} + C_1 = 1 + C_3. \tag{①}$$

又
$$\lim_{x\to -1^+}(x + C_3) = \lim_{x\to -1^-}\left(\frac{1}{3}x^3 + C_2\right),$$

即
$$-1 + C_3 = -\frac{1}{3} + C_2. \tag{②}$$

解式 ① 和式 ②, 令 $C_3 = C$, 则 $C_1 = \dfrac{3}{4} + C$, $C_2 = -\dfrac{2}{3} + C$, 故

$$\int \max\{x^3, x^2, 1\}\,\mathrm{d}x = \begin{cases} \dfrac{1}{3}x^3 - \dfrac{2}{3} + C, & x \leqslant -1, \\ x + C, & -1 < x < 1, \\ \dfrac{1}{4}x^4 + \dfrac{3}{4} + C, & x \geqslant 1. \end{cases}$$

第5章　定积分及其应用

复习题 A

1. 解 若 $x \in [a,b]$ 时, $f(x) \geqslant 0$, 则 $\int_a^b f(x)\,\mathrm{d}x$ 在几何上表示由曲线 $y = f(x)$、直线 $x = a$, $x = b$ 及 x 轴所围成的平面图形的面积. 若 $x \in [a,b]$ 时, $f(x) \leqslant 0$, 则 $\int_a^b f(x)\,\mathrm{d}x$ 在几何上表示由曲线 $y = f(x)$、直线 $x = a$, $x = b$ 及 x 轴所围成的平面图形面积的负值. 若 $x \in [a,b]$ 时, $f(x)$ 有正有负, 则 $\int_a^b f(x)\,\mathrm{d}x$ 在几何上表

示由曲线 $y = f(x)$,直线 $x = a, x = b$ 及 x 轴所围成的平面图形面积的代数和.

(1) 如图 3(a) 所示,$\int_{-1}^{1} x \mathrm{d}x = (-A_1) + A_1 = 0$.

(2) 如图 3(b) 所示,$\int_{-R}^{R} \sqrt{R^2 - x^2} \, \mathrm{d}x = A_2 = \dfrac{\pi R^2}{2}$.

(3) 如图 3(c) 所示,$\int_{0}^{2\pi} \cos x \mathrm{d}x = A_3 + (-A_4) + A_5 = A_3 + A_5 + (-A_3 - A_5) = 0$.

(4) 如图 3(d) 所示,$\int_{-1}^{1} |x| \, \mathrm{d}x = 2A_6 = 2 \times \dfrac{1}{2} \times 1 \times 1 = 1$.

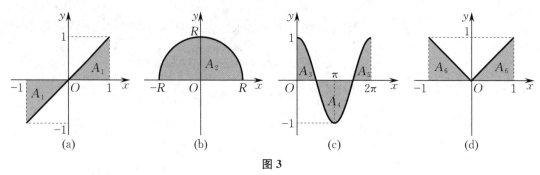

图 3

2. 解 $s = \displaystyle\int_{0}^{5} (2t + 1) \mathrm{d}t$.

3. 解 任取分点 $a = x_0 < x_1 < x_2 < \cdots < x_{n-1} < x_n = b$,把区间 $[a, b]$ 分成 n 个小区间 $[x_{i-1}, x_i] (i = 1, 2, \cdots, n)$,小区间长度记为 $\Delta x_i = x_i - x_{i-1}$. 在每个小区间 $[x_{i-1}, x_i] (i = 1, 2, \cdots, n)$ 上任取一点 ξ_i,做乘积 $f(\xi_i) \Delta x_i$ 的和式

$$\sum_{i=1}^{n} f(\xi_i) \Delta x_i = \sum_{i=1}^{n} c(x_i - x_{i-1}) = c(b - a).$$

记 $\lambda = \max_{1 \leqslant i \leqslant n} \{\Delta x_i\}$,则

$$\int_{a}^{b} c \mathrm{d}x = \lim_{\lambda \to 0} \sum_{i=1}^{n} f(\xi_i) \Delta x_i = \lim_{\lambda \to 0} c(b - a) = c(b - a).$$

4. 解 因函数 $f(x) = x^2$ 在区间 $[0, 1]$ 上为连续函数,故可积. 为方便计算,可以将区间 $[0, 1]$ n 等分,分点为 $x_0 = 0, x_i = \dfrac{i}{n} (i = 1, 2, \cdots, n-1), x_n = 1, \xi_i$ 取相应小区间的右端点,故

$$\sum_{i=1}^{n} f(\xi_i) \Delta x_i = \sum_{i=1}^{n} \xi_i^2 \Delta x_i = \sum_{i=1}^{n} x_i^2 \Delta x_i = \sum_{i=1}^{n} \left(\dfrac{i}{n}\right)^2 \dfrac{1}{n} = \dfrac{1}{n^3} \sum_{i=1}^{n} i^2$$

$$= \dfrac{1}{n^3} \cdot \dfrac{1}{6} n(n+1)(2n+1) = \dfrac{1}{6}\left(1 + \dfrac{1}{n}\right)\left(2 + \dfrac{1}{n}\right).$$

当 $\lambda \to 0$,即 $n \to \infty$ 时,由定积分的定义得 $\displaystyle\int_{0}^{1} x^2 \mathrm{d}x = \dfrac{1}{3}$.

5. 解 先求函数 $f(x) = 4x^4 - 2x^3 + 5$ 在区间 $[-1, 1]$ 上的最值. 由 $f'(x) = 16x^3 - 6x^2 = 0$,得 $x_1 = 0$ 或 $x_2 = \dfrac{3}{8}$. 比较 $f(-1) = 11, f(0) = 5, f\left(\dfrac{3}{8}\right) = \dfrac{5\,093}{1\,024}, f(1) = 7$ 的大小,知

$$f_{\min} = \dfrac{5\,093}{1\,024}, \quad f_{\max} = 11.$$

于是由定积分的估值公式得

$$f_{\min} \cdot [1 - (-1)] \leqslant \int_{-1}^{1} (4x^4 - 2x^3 + 5) \mathrm{d}x \leqslant f_{\max} \cdot [1 - (-1)],$$

即

$$\dfrac{5\,093}{512} \leqslant \int_{-1}^{1} (4x^4 - 2x^3 + 5) \mathrm{d}x \leqslant 22.$$

6. 解 (1) $\displaystyle\int_0^4 |2-x|\,\mathrm{d}x = \int_0^2 (2-x)\,\mathrm{d}x + \int_2^4 (x-2)\,\mathrm{d}x$

$$= \left(2x - \frac{1}{2}x^2\right)\Big|_0^2 + \left(\frac{1}{2}x^2 - 2x\right)\Big|_2^4 = 4.$$

(2) $\displaystyle\int_{-2}^1 x^2|x|\,\mathrm{d}x = \int_{-2}^0 (-x^3)\,\mathrm{d}x + \int_0^1 x^3\,\mathrm{d}x = -\frac{x^4}{4}\Big|_{-2}^0 + \frac{x^4}{4}\Big|_0^1 = 4 + \frac{1}{4} = \frac{17}{4}.$

(3) $\displaystyle\int_0^1 \max\{x,1-x\}\,\mathrm{d}x = \int_0^{\frac{1}{2}}(1-x)\,\mathrm{d}x + \int_{\frac{1}{2}}^1 x\,\mathrm{d}x = \left(x - \frac{1}{2}x^2\right)\Big|_0^{\frac{1}{2}} + \frac{1}{2}x^2\Big|_{\frac{1}{2}}^1 = \frac{3}{4}.$

7. 解 (1) $\displaystyle\int_0^1 x^{100}\,\mathrm{d}x = \frac{x^{101}}{101}\Big|_0^1 = \frac{1}{101}.$

(2) $\displaystyle\int_1^4 \sqrt{x}\,\mathrm{d}x = \frac{2}{3}x^{\frac{3}{2}}\Big|_1^4 = \frac{14}{3}.$

(3) $\displaystyle\int_0^1 \mathrm{e}^x\,\mathrm{d}x = \mathrm{e}^x\Big|_0^1 = \mathrm{e} - 1.$

(4) $\displaystyle\int_0^1 100^x\,\mathrm{d}x = \frac{100^x}{\ln 100}\Big|_0^1 = \frac{99}{\ln 100}.$

8. 解 (1) 此极限是 $\dfrac{0}{0}$ 型未定式. 由洛必达法则得

$$\lim_{x\to 1}\frac{\displaystyle\int_1^x \sin \pi t\,\mathrm{d}t}{1+\cos \pi x} = \lim_{x\to 1}\frac{\left(\displaystyle\int_1^x \sin \pi t\,\mathrm{d}t\right)'}{(1+\cos \pi x)'} = \lim_{x\to 1}\frac{\sin \pi x}{-\pi\sin \pi x} = -\frac{1}{\pi}.$$

(2) 此极限是 $\dfrac{\infty}{\infty}$ 型未定式. 由洛必达法则得

$$\lim_{x\to +\infty}\frac{\displaystyle\int_0^x \arctan^2 t\,\mathrm{d}t}{\sqrt{x^2+1}} = \lim_{x\to +\infty}\frac{\arctan^2 x}{\frac{1}{2}(x^2+1)^{-\frac{1}{2}}\cdot 2x} = \lim_{x\to +\infty}\frac{\sqrt{x^2+1}\arctan^2 x}{x}$$

$$= \lim_{x\to +\infty}\frac{x\sqrt{1+\frac{1}{x^2}}\arctan^2 x}{x} = \lim_{x\to +\infty}\arctan^2 x = \frac{\pi^2}{4}.$$

9. 解 $\displaystyle\int_0^2 f(x)\,\mathrm{d}x = \int_0^1 (x+1)\,\mathrm{d}x + \int_1^2 \frac{1}{2}x^2\,\mathrm{d}x = \left(\frac{1}{2}x^2 + x\right)\Big|_0^1 + \frac{1}{6}x^3\Big|_1^2 = \frac{8}{3}.$

10. 解 原式 $= \displaystyle\lim_{n\to\infty}\left(\sqrt{\frac{1}{n}} + \sqrt{\frac{2}{n}} + \cdots + \sqrt{\frac{n}{n}}\right)\frac{1}{n} = \lim_{n\to\infty}\sum_{i=1}^n\left(\sqrt{\frac{i}{n}}\cdot\frac{1}{n}\right) = \int_0^1 \sqrt{x}\,\mathrm{d}x = \frac{2}{3}.$

11. 解 将方程两端同时对 x 求导数, 得 $\mathrm{e}^y\dfrac{\mathrm{d}y}{\mathrm{d}x} + \cos x = 0$, 所以

$$\frac{\mathrm{d}y}{\mathrm{d}x} = -\frac{\cos x}{\mathrm{e}^y}.$$

12. 解 (1) 不正确. 正确的解法如下:

$$\int_{-\frac{\pi}{2}}^{\frac{\pi}{2}}\sqrt{\cos x - \cos^3 x}\,\mathrm{d}x = 2\int_0^{\frac{\pi}{2}}\cos^{\frac{1}{2}}x\sin x\,\mathrm{d}x = -2\int_0^{\frac{\pi}{2}}\cos^{\frac{1}{2}}x\,\mathrm{d}(\cos x)$$

$$= -\frac{4\cos^{\frac{3}{2}}x}{3}\Big|_0^{\frac{\pi}{2}} = \frac{4}{3}.$$

(2) 不正确. 正确的解法如下:

$$\int_{-1}^1 \sqrt{1-x^2}\,\mathrm{d}x = \int_{-\frac{\pi}{2}}^{\frac{\pi}{2}}\sqrt{1-\sin^2 t}\,\mathrm{d}(\sin t) = \int_{-\frac{\pi}{2}}^{\frac{\pi}{2}}\cos^2 t\,\mathrm{d}t$$

$$= 2\int_0^{\frac{\pi}{2}}\cos^2 t\,\mathrm{d}t = 2\int_0^{\frac{\pi}{2}}\frac{1+\cos 2t}{2}\,\mathrm{d}t = \left(t + \frac{1}{2}\sin 2t\right)\Big|_0^{\frac{\pi}{2}} = \frac{\pi}{2}.$$

13. 解 (1) 令 $x = 4\sin t$, 则 $\sqrt{16-x^2} = 4\cos t$, $\mathrm{d}x = 4\cos t\,\mathrm{d}t$, 且当 $x = 0$ 时, $t = 0$; 当 $x = 4$ 时, $t = \dfrac{\pi}{2}$.

于是

$$\int_0^4 \sqrt{16-x^2}\,\mathrm{d}x = \int_0^{\frac{\pi}{2}} 4\cos t \cdot 4\cos t\,\mathrm{d}t = \int_0^{\frac{\pi}{2}} 8(1+\cos 2t)\,\mathrm{d}t = (8t + 4\sin 2t)\Big|_0^{\frac{\pi}{2}} = 4\pi.$$

(2) $\displaystyle\int_0^1 \frac{\mathrm{d}x}{4+x^2} = \frac{1}{2}\int_0^1 \frac{\mathrm{d}\left(\frac{x}{2}\right)}{1+\left(\frac{x}{2}\right)^2} = \frac{1}{2}\arctan\frac{x}{2}\Big|_0^1 = \frac{1}{2}\arctan\frac{1}{2}.$

(3) $\displaystyle\int_1^e \frac{\ln^2 x}{x}\,\mathrm{d}x = \int_1^e \ln^2 x\,\mathrm{d}(\ln x) = \frac{1}{3}\ln^3 x\Big|_1^e = \frac{1}{3}.$

(4) 令 $\sqrt{e^x-1} = t$, 则 $x = \ln(t^2+1)$, $\mathrm{d}x = \dfrac{2t}{t^2+1}\,\mathrm{d}t$, 且当 $x = 0$ 时, $t = 0$; 当 $x = \ln 2$ 时, $t = 1$. 于是

$$\int_0^{\ln 2} \sqrt{e^x-1}\,\mathrm{d}x = \int_0^1 \frac{2t^2}{t^2+1}\,\mathrm{d}t = 2\int_0^1 \left(1 - \frac{1}{1+t^2}\right)\mathrm{d}t = 2(t - \arctan t)\Big|_0^1 = 2\left(1 - \frac{\pi}{4}\right).$$

14. 解 (1) $\displaystyle\int_0^1 (5x+1)e^{5x}\,\mathrm{d}x = \int_0^1 (5x+1)\,\mathrm{d}\left(\frac{e^{5x}}{5}\right) = \frac{e^{5x}}{5}(5x+1)\Big|_0^1 - \int_0^1 \frac{e^{5x}}{5}\,\mathrm{d}(5x+1)$

$$= \frac{6e^5-1}{5} - \frac{e^{5x}}{5}\Big|_0^1 = e^5.$$

(2) $\displaystyle\int_0^{e-1} \ln(x+1)\,\mathrm{d}x = x\ln(x+1)\Big|_0^{e-1} - \int_0^{e-1} \frac{x}{x+1}\,\mathrm{d}x = e-1 - \int_0^{e-1}\left(1 - \frac{1}{x+1}\right)\mathrm{d}x$

$$= e-1 - \big[x - \ln(x+1)\big]\Big|_0^{e-1} = \ln e = 1.$$

(3) $\displaystyle\int_0^1 e^{\pi x}\cos \pi x\,\mathrm{d}x = \int_0^1 e^{\pi x}\,\mathrm{d}\left(\frac{\sin \pi x}{\pi}\right) = \frac{1}{\pi}e^{\pi x}\sin \pi x\Big|_0^1 - \int_0^1 \frac{\sin \pi x}{\pi}\,\mathrm{d}(e^{\pi x})$

$$= 0 - \int_0^1 e^{\pi x}\sin \pi x\,\mathrm{d}x = -\int_0^1 e^{\pi x}\,\mathrm{d}\left(-\frac{\cos \pi x}{\pi}\right)$$

$$= \frac{1}{\pi}e^{\pi x}\cos \pi x\Big|_0^1 - \int_0^1 \frac{\cos \pi x}{\pi}\,\mathrm{d}(e^{\pi x})$$

$$= -\frac{1}{\pi}(e^\pi + 1) - \int_0^1 e^{\pi x}\cos \pi x\,\mathrm{d}x,$$

移项合并, 得

$$\int_0^1 e^{\pi x}\cos \pi x\,\mathrm{d}x = -\frac{1}{2\pi}(e^\pi + 1).$$

(4) $\displaystyle\int_0^1 (x^3 + 3^x + e^{3x})x\,\mathrm{d}x = \int_0^1 x\,\mathrm{d}\left(\frac{x^4}{4} + \frac{3^x}{\ln 3} + \frac{1}{3}e^{3x}\right)$

$$= x\left(\frac{x^4}{4} + \frac{3^x}{\ln 3} + \frac{1}{3}e^{3x}\right)\Big|_0^1 - \int_0^1 \left(\frac{x^4}{4} + \frac{3^x}{\ln 3} + \frac{1}{3}e^{3x}\right)\mathrm{d}x$$

$$= \frac{1}{4} + \frac{3}{\ln 3} + \frac{1}{3}e^3 - \left(\frac{x^5}{20} + \frac{3^x}{\ln^2 3} + \frac{1}{9}e^{3x}\right)\Big|_0^1$$

$$= \frac{3\ln 3 - 2}{\ln^2 3} + \frac{2}{9}e^3 + \frac{14}{45}.$$

(5) $\displaystyle\int_{\frac{\pi}{4}}^{\frac{\pi}{3}} \frac{x}{\sin^2 x}\,\mathrm{d}x = -\int_{\frac{\pi}{4}}^{\frac{\pi}{3}} x\,\mathrm{d}(\cot x) = -x\cot x\Big|_{\frac{\pi}{4}}^{\frac{\pi}{3}} + \int_{\frac{\pi}{4}}^{\frac{\pi}{3}} \cot x\,\mathrm{d}x$

$$= \left(\frac{1}{4} - \frac{\sqrt{3}}{9}\right)\pi + \ln(\sin x)\Big|_{\frac{\pi}{4}}^{\frac{\pi}{3}} = \left(\frac{1}{4} - \frac{\sqrt{3}}{9}\right)\pi + \ln\frac{\sqrt{3}}{2} - \ln\frac{\sqrt{2}}{2}$$

$$= \left(\frac{1}{4} - \frac{\sqrt{3}}{9}\right)\pi + \frac{1}{2}\ln\frac{3}{2}.$$

15. 解 (1) $\displaystyle\int_{-1}^{1}(x+\sqrt{1-x^2})^2\mathrm{d}x=\int_{-1}^{1}1\mathrm{d}x+2\int_{-1}^{1}x\sqrt{1-x^2}\mathrm{d}x=2+0=2.$

(2) 原式 $\displaystyle=2\int_{0}^{\frac{\pi}{2}}4\cos^4x\mathrm{d}x=2\int_{0}^{\frac{\pi}{2}}(2\cos^2x)^2\mathrm{d}x$

$$=2\int_{0}^{\frac{\pi}{2}}(1+\cos 2x)^2\mathrm{d}x=2\int_{0}^{\frac{\pi}{2}}(1+2\cos 2x+\cos^2 2x)\mathrm{d}x$$

$$=2x\Big|_{0}^{\frac{\pi}{2}}+2\sin 2x\Big|_{0}^{\frac{\pi}{2}}+\int_{0}^{\frac{\pi}{2}}(1+\cos 4x)\mathrm{d}x$$

$$=\pi+0+\frac{\pi}{2}+\frac{1}{4}\sin 4x\Big|_{0}^{\frac{\pi}{2}}=\frac{3}{2}\pi.$$

16. 解 $\displaystyle\int_{1}^{b}\ln x\mathrm{d}x=x\ln x\Big|_{1}^{b}-\int_{1}^{b}x\cdot\frac{1}{x}\mathrm{d}x=b\ln b-(b-1)=b\ln b-b+1.$

由已知条件得

$$b\ln b-b+1=1,\quad\text{即}\quad b\ln b=b.$$

因为 $b\neq 0$，所以 $\ln b=1$，即得 $b=\mathrm{e}.$

17. 证 (1) 设 $x=\dfrac{\pi}{2}-t$，则 $\mathrm{d}x=-\mathrm{d}t$，且当 $x=0$ 时，$t=\dfrac{\pi}{2}$；当 $x=\dfrac{\pi}{2}$ 时，$t=0$. 于是

$$\int_{0}^{\frac{\pi}{2}}f(\sin x)\mathrm{d}x=-\int_{\frac{\pi}{2}}^{0}f\Big[\sin\Big(\frac{\pi}{2}-t\Big)\Big]\mathrm{d}t=-\int_{\frac{\pi}{2}}^{0}f(\cos t)\mathrm{d}t=\int_{0}^{\frac{\pi}{2}}f(\cos x)\mathrm{d}x.$$

(2) 设 $x=\pi-t$，则 $\mathrm{d}x=-\mathrm{d}t$，且当 $x=0$ 时，$t=\pi$；当 $x=\pi$ 时，$t=0$. 于是

$$\int_{0}^{\pi}xf(\sin x)\mathrm{d}x=\int_{\pi}^{0}(\pi-t)f[\sin(\pi-t)]\mathrm{d}(-t)=\int_{0}^{\pi}\pi f(\sin t)\mathrm{d}t-\int_{0}^{\pi}tf(\sin t)\mathrm{d}t,$$

故

$$\int_{0}^{\pi}xf(\sin x)\mathrm{d}x=\frac{\pi}{2}\int_{0}^{\pi}f(\sin x)\mathrm{d}x.$$

利用此公式可得

$$\int_{0}^{\pi}\frac{x\sin x}{1+\cos^2 x}\mathrm{d}x=\frac{\pi}{2}\int_{0}^{\pi}\frac{\sin x}{1+\cos^2 x}\mathrm{d}x=-\frac{\pi}{2}\int_{0}^{\pi}\frac{\mathrm{d}(\cos x)}{1+\cos^2 x}$$

$$=-\frac{\pi}{2}\arctan(\cos x)\Big|_{0}^{\pi}=\frac{\pi^2}{4}.$$

18. 证 利用定积分的分部积分法有

$$\int_{a}^{b}xf''(x)\mathrm{d}x=\int_{a}^{b}x\mathrm{d}f'(x)=xf'(x)\Big|_{a}^{b}-\int_{a}^{b}f'(x)\mathrm{d}x=bf'(b)-af'(a)-f(x)\Big|_{a}^{b}$$

$$=[bf'(b)-f(b)]-[af'(a)-f(a)].$$

19. 解 (1) 因为 $\displaystyle\int_{0}^{+\infty}\frac{\mathrm{d}x}{x^2}=-\frac{1}{x}\Big|_{0}^{+\infty}=\lim_{x\to 0^+}\frac{1}{x}-\lim_{x\to+\infty}\frac{1}{x}=+\infty$，所以该广义积分发散.

(2) $\displaystyle\int_{1}^{+\infty}\mathrm{e}^{-100x}\mathrm{d}x=-\frac{\mathrm{e}^{-100x}}{100}\Big|_{1}^{+\infty}=-\frac{1}{100}\lim_{x\to+\infty}\mathrm{e}^{-100x}-\Big(-\frac{\mathrm{e}^{-100}}{100}\Big)=\frac{1}{100}\mathrm{e}^{-100}$，即广义积分收敛于 $\frac{1}{100}\mathrm{e}^{-100}$.

(3) $\displaystyle\int_{-\infty}^{+\infty}\frac{1+x^2}{1+x^4}\mathrm{d}x=2\int_{0}^{+\infty}\frac{1+x^2}{1+x^4}\mathrm{d}x=2\int_{0}^{+\infty}\frac{\frac{1}{x^2}+1}{\frac{1}{x^2}+x^2}\mathrm{d}x=2\int_{0}^{+\infty}\frac{\mathrm{d}\Big(x-\frac{1}{x}\Big)}{\Big(x-\frac{1}{x}\Big)^2+2}$

$$=\frac{2}{\sqrt{2}}\arctan\frac{x-\frac{1}{x}}{\sqrt{2}}\Big|_{0^+}^{+\infty}=\sqrt{2}\pi,$$

即广义积分收敛于 $\sqrt{2}\pi$.

(4) $\displaystyle\int_{0}^{+\infty}\frac{\mathrm{d}x}{100+x^2}=\frac{1}{10}\arctan\frac{x}{10}\Big|_{0}^{+\infty}=\frac{\pi}{20}$，即广义积分收敛于 $\frac{\pi}{20}$.

20. 解 (1) $\int_0^1 \dfrac{\arcsin x}{\sqrt{1-x^2}}\mathrm{d}x = \lim_{\varepsilon\to 0^+}\int_0^{1-\varepsilon} \dfrac{\arcsin x}{\sqrt{1-x^2}}\mathrm{d}x = \lim_{\varepsilon\to 0^+}\int_0^{1-\varepsilon}\arcsin x\,\mathrm{d}(\arcsin x)$

$$= \frac{1}{2}\lim_{\varepsilon\to 0^+}\arcsin^2 x\Big|_0^{1-\varepsilon} = \frac{1}{2}\lim_{\varepsilon\to 0^+}\arcsin^2(1-\varepsilon) = \frac{\pi^2}{8},$$

即广义积分收敛于 $\dfrac{\pi^2}{8}$.

(2) 令 $x = a\cos^2 t + b\sin^2 t, 0\leqslant t\leqslant \dfrac{\pi}{2}$, 则

$$\int_a^b \frac{\mathrm{d}x}{\sqrt{(x-a)(b-x)}} = \int_0^{\frac{\pi}{2}} \frac{(b-a)\sin 2t}{(b-a)\cos t\sin t}\mathrm{d}t = \pi,$$

即广义积分收敛于 π.

21. 证 当 $q=1$ 时, $\displaystyle\int_a^b \frac{\mathrm{d}x}{x-a} = \ln(x-a)\Big|_a^b = +\infty$;

当 $q\neq 1$ 时, $\displaystyle\int_a^b \frac{\mathrm{d}x}{(x-a)^q} = \frac{(x-a)^{1-q}}{1-q}\Big|_a^b = \begin{cases} \dfrac{(b-a)^{1-q}}{1-q}, & q<1, \\ +\infty, & q>1. \end{cases}$

故该广义积分当 $q<1$ 时收敛, 当 $q\geqslant 1$ 时发散.

22. 解 因为

$$S(t) = S_1 + S_2 = \int_0^t (\sin t - \sin x)\mathrm{d}x + \int_t^{\frac{\pi}{2}} (\sin x - \sin t)\mathrm{d}x$$

$$= (x\sin t + \cos x)\Big|_0^t + (-\cos x - x\sin t)\Big|_t^{\frac{\pi}{2}}$$

$$= t\sin t + \cos t - 1 - \frac{\pi}{2}\sin t + \cos t + t\sin t$$

$$= 2t\sin t + 2\cos t - 1 - \frac{\pi}{2}\sin t,$$

所以 $S'(t) = 2\sin t + 2t\cos t - 2\sin t - \dfrac{\pi}{2}\cos t = \left(2t - \dfrac{\pi}{2}\right)\cos t$. 令 $S'(t) = 0$, 得驻点 $t_1 = \dfrac{\pi}{4}$ 和 $t_2 = \dfrac{\pi}{2}$,
而比较

$$S(0) = 1, \quad S\left(\frac{\pi}{4}\right) = \sqrt{2} - 1, \quad S\left(\frac{\pi}{2}\right) = \frac{\pi}{2} - 1$$

的大小得, 当 $t = \dfrac{\pi}{4}$ 时 S 最小; 当 $t=0$ 时 S 最大.

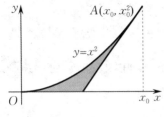

图 4

23. 解 (1) 如图 4 所示, 设切点 A 的坐标为 (x_0, x_0^2), 而
$$y'(x_0) = 2x_0,$$

故切线方程为
$$y - x_0^2 = 2x_0(x - x_0).$$

令 $y=0$, 得切线与 x 轴交点为 $\left(\dfrac{1}{2}x_0, 0\right)$. 于是, 所围成的平面图形面积为曲边三角形面积减直角三角形面积, 即

$$S = \int_0^{x_0} x^2\,\mathrm{d}x - \frac{1}{2}\left(x_0 - \frac{1}{2}x_0\right)x_0^2 = \frac{1}{12},$$

解得 $x_0 = 1$, 即切点 A 的坐标为 $(1,1)$.

(2) 以 $x_0 = 1$ 代入切线方程, 得
$$y - 1 = 2(x-1), \quad 即 \quad y = 2x - 1.$$

(3) 旋转体的体积 $V = \displaystyle\int_0^1 \pi(x^2)^2\,\mathrm{d}x - \frac{1}{3}\pi \cdot 1^2 \cdot \frac{1}{2} = \frac{\pi}{30}.$

24. 解 (1) 由题意知,抛物线方程为

$$y = a(x-1)(x-3) \quad (a \text{ 为非零常数}).$$

$$S_1 = \int_0^1 |a(x-1)(x-3)| \, dx = |a| \int_0^1 (x-1)(x-3) \, dx = \frac{4}{3}|a|,$$

$$S_2 = \int_1^3 |a(x-1)(x-3)| \, dx = |a| \int_1^3 (x-1)(3-x) \, dx = \frac{4}{3}|a| = S_1.$$

(2) 令(1)中两个平面图形绕 x 轴旋转一周而成的两个旋转体的体积分别为 V_1 与 V_2,则有

$$V_1 = \pi \int_0^1 [a(x-1)(x-3)]^2 \, dx = a^2 \pi \int_0^1 (x^2 - 4x + 3)^2 \, dx = \frac{38}{15} \pi a^2,$$

$$V_2 = \pi \int_1^3 [a(x-1)(x-3)]^2 \, dx = a^2 \pi \int_1^3 (x^2 - 4x + 3)^2 \, dx = \frac{16}{15} \pi a^2,$$

所以
$$V_1 : V_2 = 19 : 8.$$

复习题 B

一、**1.** B. **2.** A. **3.** B. **4.** C.

提示:1. 解 应用洛必达法则,有

$$\lim_{x \to a} F(x) = \lim_{x \to a} \frac{x^2}{x-a} \int_a^x f(t) \, dt = \lim_{x \to a} \left[2x \int_a^x f(t) \, dt + x^2 f(x) \right] = a^2 f(a).$$

2. 解 $F'(x) = f(\ln x) \cdot (\ln x)' - f\left(\frac{1}{x}\right) \cdot \left(\frac{1}{x}\right)' = \frac{1}{x} f(\ln x) + \frac{1}{x^2} f\left(\frac{1}{x}\right).$

3. 解 令函数 $F(x) = \int_a^x f(t) \, dt + \int_b^x \frac{dt}{f(t)}$,则 $F(x)$ 在闭区间 $[a, b]$ 上连续,且

$$F(a) = \int_b^a \frac{dt}{f(t)} = -\int_a^b \frac{dt}{f(t)} < 0, \quad F(b) = \int_a^b f(t) \, dt > 0.$$

由零点定理可知,方程 $F(x) = \int_a^x f(t) \, dt + \int_b^x \frac{dt}{f(t)} = 0$ 在区间 (a, b) 内至少有一个根.

又因为当 $x \in (a, b)$ 时,有

$$F'(x) = \left[\int_a^x f(t) \, dt + \int_b^x \frac{dt}{f(t)} \right]' = f(x) + \frac{1}{f(x)} > 0,$$

所以 $F(x)$ 在区间 (a, b) 内单调增加,故方程 $F(x) = \int_a^x f(t) \, dt + \int_b^x \frac{dt}{f(t)} = 0$ 在区间 (a, b) 内至多有一个根.

综上所述,方程 $\int_a^x f(t) \, dt + \int_b^x \frac{dt}{f(t)} = 0$ 在区间 (a, b) 内只有一个根.

4. 解 令 $\ln x = t$,则选项中四个广义积分可分别化为

A. $\int_1^{+\infty} t \, dt = \int_1^{+\infty} \frac{dt}{t^{-1}}$　　　　B. $\int_1^{+\infty} \frac{dt}{t}$　　　　C. $\int_1^{+\infty} \frac{dt}{t^2}$　　　　D. $\int_1^{+\infty} \frac{dt}{\sqrt{t}}$

显然 $\int_1^{+\infty} \frac{dt}{t^2}$ 收敛,因为 $p = 2 > 1$,而其余的都 $p \leqslant 1$,发散.

二、**1.** $\ln 3$. **2.** $\frac{\pi}{4 - \pi}$. **3.** $\frac{4}{\pi} - 1$. **4.** $\frac{\pi}{4e}$. **5.** 2.

提示:1. 解
$$\int_{-2}^2 \frac{x + |x|}{2 + x^2} \, dx = \int_{-2}^2 \frac{x}{2 + x^2} \, dx + \int_{-2}^2 \frac{|x|}{2 + x^2} \, dx = 2 \int_0^2 \frac{|x|}{2 + x^2} \, dx$$

$$= 2 \int_0^2 \frac{x}{2 + x^2} \, dx = \ln(2 + x^2) \Big|_0^2 = \ln 6 - \ln 2 = \ln 3.$$

2. 解 令 $\int_0^1 f(x) \, dx = k$ (k 为常数),则 $f(x) = \frac{1}{1 + x^2} + k\sqrt{1 - x^2}$,所以

$$\int_0^1 f(x) \, dx = \int_0^1 \frac{dx}{1 + x^2} + k \int_0^1 \sqrt{1 - x^2} \, dx,$$

从而

$$k = \frac{\pi}{4} + \frac{k\pi}{4} = \frac{k\pi + \pi}{4}, \quad 即 \quad k = \frac{\pi}{4 - \pi}.$$

3. 解 因为 $f(x) = \left(\dfrac{\sin x}{x}\right)' = \dfrac{x\cos x - \sin x}{x^2}$,所以

$$\int_{\frac{\pi}{2}}^{\pi} x f'(x) \mathrm{d}x = \int_{\frac{\pi}{2}}^{\pi} x \mathrm{d}f(x) = x f(x) \Big|_{\frac{\pi}{2}}^{\pi} - \int_{\frac{\pi}{2}}^{\pi} f(x) \mathrm{d}x$$

$$= \frac{x\cos x - \sin x}{x} \Big|_{\frac{\pi}{2}}^{\pi} - \frac{\sin x}{x} \Big|_{\frac{\pi}{2}}^{\pi} = \frac{4}{\pi} - 1.$$

4. 解 $\displaystyle\int_{1}^{+\infty} \frac{\mathrm{d}x}{\mathrm{e}^x + \mathrm{e}^{2-x}} = \int_{1}^{+\infty} \frac{\mathrm{e}^x}{\mathrm{e}^{2x} + \mathrm{e}^2} \mathrm{d}x = \frac{1}{\mathrm{e}} \arctan \frac{\mathrm{e}^x}{\mathrm{e}} \Big|_{1}^{+\infty} = \frac{\pi}{2\mathrm{e}} - \frac{\pi}{4\mathrm{e}} = \frac{\pi}{4\mathrm{e}}.$

5. 解 左端 $= \displaystyle\lim_{x\to\infty} \left[\left(1 + \frac{1}{x}\right)^x \right]^a = \mathrm{e}^a$,右端 $= (t\mathrm{e}^t - \mathrm{e}^t) \Big|_{-\infty}^{a} = (a-1)\mathrm{e}^a$,所以

$$\mathrm{e}^a = (a-1)\mathrm{e}^a, \quad 即 \quad a = 2.$$

三、1. 解 令 $u = x^n - t^n$,则 $F(x) = \displaystyle\int_{0}^{x} t^{n-1} f(x^n - t^n) \mathrm{d}t = \frac{1}{n} \int_{0}^{x^n} f(u) \mathrm{d}u.$ 于是

$$\lim_{x\to 0} \frac{F(x)}{x^{2n}} = \lim_{x\to 0} \frac{\dfrac{1}{n} \displaystyle\int_{0}^{x^n} f(u) \mathrm{d}u}{x^{2n}} = \lim_{x\to 0} \frac{\dfrac{1}{n} \cdot n x^{n-1} f(x^n)}{2n x^{2n-1}}$$

$$= \lim_{x\to 0} \frac{\dfrac{1}{n} f(x^n)}{2x^n} = \lim_{x\to 0} \frac{\dfrac{1}{n} \left[f(x^n) - f(0) \right]}{2(x^n - 0)} = \frac{f'(0)}{2n}.$$

2. 解 (1) $\displaystyle\int_{0}^{x} (x-t) f(t) \mathrm{d}t = x \int_{0}^{x} f(t) \mathrm{d}t - \int_{0}^{x} t f(t) \mathrm{d}t = x(x-2)\mathrm{e}^x + 2x$,方程两端同时对 x 求导数,则

有 $\displaystyle\int_{0}^{x} f(t) \mathrm{d}t = \mathrm{e}^x(x^2 - 2) + 2.$ 再对 x 求导数,得 $f(x) = \mathrm{e}^x(x^2 + 2x - 2).$

(2) 由(1) 得 $f'(x) = x(x+4)\mathrm{e}^x.$ 令 $f'(x) = 0$,得 $x_1 = 0, x_2 = -4.$

因此,$f(x)$ 的单调增加区间为 $(-\infty, -4]$ 与 $[0, +\infty)$,单调减少区间为 $[-4, 0]$,极大值为 $f(-4) = 6\mathrm{e}^{-4}$,极小值为 $f(0) = -2.$

3. 解 $\displaystyle\lim_{x\to\infty} \frac{1}{x} \int_{0}^{x} (1+t^2) \mathrm{e}^{t^2 - x^2} \mathrm{d}t = \lim_{x\to\infty} \frac{1}{x\mathrm{e}^{x^2}} \left[\int_{0}^{x} (1+t^2) \mathrm{e}^{t^2} \mathrm{d}t \right]$

$$= \lim_{x\to\infty} \frac{(1+x^2)\mathrm{e}^{x^2}}{(1+2x^2)\mathrm{e}^{x^2}} = \lim_{x\to\infty} \frac{1+x^2}{1+2x^2} = \frac{1}{2}.$$

4. 解 令 $tx = u$,即 $t = \dfrac{u}{x}$,则 $\displaystyle\int_{0}^{1} f(tx) \mathrm{d}t = \frac{1}{x} \int_{0}^{x} f(u) \mathrm{d}u$,所以

$$\frac{1}{x} \int_{0}^{x} f(u) \mathrm{d}u = f(x) + x\sin x, \quad 即 \quad \int_{0}^{x} f(u) \mathrm{d}u = x f(x) + x^2 \sin x.$$

上式两端同时对 x 求导数,得

$$f(x) = f(x) + x f'(x) + 2x\sin x + x^2 \cos x, \quad 即 \quad f'(x) = -2\sin x - x\cos x.$$

故所得连续函数

$$f(x) = 2\cos x - x\sin x - \cos x + C = \cos x - x\sin x + C.$$

5. 解 $\displaystyle\int_{0}^{3} \frac{\mathrm{d}x}{(1+x)\sqrt{x}} = 2\int_{0}^{3} \frac{\mathrm{d}(\sqrt{x})}{1+x} = 2\int_{0}^{3} \frac{\mathrm{d}(\sqrt{x})}{1+(\sqrt{x})^2}$

$$= 2\arctan\sqrt{x} \Big|_{0}^{3} = 2\arctan\sqrt{3} - 2\arctan 0 = \frac{2}{3}\pi.$$

6. 解 因为 $I'(x) = \dfrac{\ln x}{x^2 - 2x + 1} = \dfrac{\ln x}{(x-1)^2} > 0, x \in [\mathrm{e}, \mathrm{e}^2]$,所以 $I(x)$ 在区间 $[\mathrm{e}, \mathrm{e}^2]$ 上单调增加,则

$$I_{\max}(x) = I(\mathrm{e}^2) = \int_{\mathrm{e}}^{\mathrm{e}^2} \frac{\ln t}{t^2 - 2t + 1} \mathrm{d}t = \int_{\mathrm{e}}^{\mathrm{e}^2} \frac{\ln t}{(t-1)^2} \mathrm{d}t$$

$$=-\int_e^{e^2}\ln t\,\mathrm{d}\Big(\frac{1}{t-1}\Big)=-\frac{\ln t}{t-1}\Big|_e^{e^2}+\int_e^{e^2}\frac{\mathrm{d}t}{t(t-1)}$$

$$=-\frac{\ln t}{t-1}\Big|_e^{e^2}+(\ln|t-1|-\ln|t|)\Big|_e^{e^2}$$

$$=\frac{1}{e-1}-\frac{2}{e^2-1}+\ln\frac{e^2-1}{e-1}-\ln e=\ln(e+1)-\frac{e}{e+1}.$$

7. 解 $I=\int_{-1}^1(2x+|x|+1)^2\mathrm{d}x=\int_{-1}^1(5x^2+4x|x|+4x+2|x|+1)\mathrm{d}x$

$$=\int_0^1(9x^2+6x+1)\mathrm{d}x+\int_{-1}^0(x^2+2x+1)\mathrm{d}x$$

$$=(3x^3+3x^2+x)\Big|_0^1+\Big(\frac{1}{3}x^3+x^2+x\Big)\Big|_{-1}^0$$

$$=7+\frac{1}{3}=\frac{22}{3}.$$

8. 分析 本题有两种证法:一是运用罗尔中值定理,构造函数 $F(x)=\int_0^x f(t)\mathrm{d}t$,找出 $F(x)$ 的三个零点,由已知条件易知 $F(0)=F(\pi)=0$, $x=0$, $x=\pi$ 为 $F(x)$ 的两个零点,第三个零点的存在性是本题的难点;二是利用函数的单调性,用反证法证明 $f(x)$ 在区间 $(0,\pi)$ 内存在两个零点.

证法一 令函数 $F(x)=\int_0^x f(t)\mathrm{d}t,0\leqslant x\leqslant\pi$,则有 $F(0)=0,F(\pi)=0$. 又

$$\int_0^\pi f(x)\cos x\,\mathrm{d}x=\int_0^\pi\cos x\,\mathrm{d}F(x)=F(x)\cos x\Big|_0^\pi+\int_0^\pi F(x)\sin x\,\mathrm{d}x$$

$$=\int_0^\pi F(x)\sin x\,\mathrm{d}x=0,$$

由定积分中值定理可知,必有 $\xi\in(0,\pi)$,使得

$$\int_0^\pi F(x)\sin x\,\mathrm{d}x=F(\xi)\sin\xi\cdot(\pi-0).$$

故 $F(\xi)\sin\xi=0$. 又当 $\xi\in(0,\pi)$ 时, $\sin\xi\neq0$,故必有 $F(\xi)=0$.

于是,在区间 $[0,\xi]$, $[\xi,\pi]$ 上对 $F(x)$ 分别应用罗尔中值定理,则至少存在两个不同的点 $\xi_1\in(0,\xi)$, $\xi_2\in(\xi,\pi)$,使得

$$F'(\xi_1)=F'(\xi_2)=0,\quad 即\quad f(\xi_1)=f(\xi_2)=0.$$

证法二 由已知条件 $\int_0^\pi f(x)\mathrm{d}x=0$ 及定积分中值定理可知,必有

$$\int_0^\pi f(x)\mathrm{d}x=f(\xi_1)(\pi-0)=0,\quad \xi_1\in(0,\pi),$$

所以 $f(\xi_1)=0$.

若在区间 $(0,\pi)$ 内, $f(x)=0$ 仅有一个根 $x=\xi_1$,则由 $\int_0^\pi f(x)\mathrm{d}x=0$ 知 $f(x)$ 在区间 $(0,\xi_1)$ 与区间 (ξ_1,π) 内异号. 不妨设在区间 $(0,\xi_1)$ 内 $f(x)>0$,在区间 (ξ_1,π) 内 $f(x)<0$,又因为

$$\int_0^\pi f(x)\cos x\,\mathrm{d}x=0,\quad \int_0^\pi f(x)\mathrm{d}x=0,$$

以及函数 $\cos x$ 在区间 $[0,\pi]$ 上单调减少,所以

$$0=\int_0^\pi f(x)(\cos x-\cos\xi_1)\mathrm{d}x=\int_0^{\xi_1}f(x)(\cos x-\cos\xi_1)\mathrm{d}x+\int_{\xi_1}^\pi f(x)(\cos x-\cos\xi_1)\mathrm{d}x>0.$$

可见上式矛盾,故 $f(x)=0$ 至少还有另一个实根 ξ_2,且 $\xi_1\neq\xi_2$, $\xi_2\in(0,\pi)$,使得

$$f(\xi_1)=f(\xi_2)=0.$$

9. 解 $I=\int_1^{+\infty}\frac{\mathrm{d}x}{e^{1+x}+e^{3-x}}=e^{-2}\int_1^{+\infty}\frac{e^{1-x}}{1+e^{2(1-x)}}\mathrm{d}x=-e^{-2}\arctan e^{1-x}\Big|_1^{+\infty}=\frac{\pi}{4}e^{-2}.$

四、1. 证 由 $f(x)$ 在区间 $[a,b]$ 上连续以及定积分中值定理可知，$F(x)$ 在区间 (a,b) 内可导，且有

$$F'(x) = \frac{f(x)}{x-a} - \frac{1}{(x-a)^2}\int_a^x f(t)\,\mathrm{d}t = \frac{1}{x-a}\left[f(x) - \frac{1}{x-a}\int_a^x f(t)\,\mathrm{d}t\right]$$

$$= \frac{1}{x-a}[f(x) - f(\xi)], \quad \xi \in (a,x) \subseteq (a,b).$$

又因 $f'(x) \leqslant 0$，则在区间 (a,b) 内 $f(x)$ 单调减少，故有 $f(x) \leqslant f(\xi),\xi \in (a,x] \subseteq (a,b)$. 而 $x-a > 0$，所以

$$F'(x) \leqslant 0, \quad x \in (a,b) \subseteq (a,b).$$

2. 证 令函数 $F(x) = xf(x)$，则显然 $F(x)$ 在区间 $[0,1]$ 上可微（也连续），且

$$F(1) = f(1) = 2\int_0^{\frac{1}{2}} xf(x)\,\mathrm{d}x = 2\eta f(\eta) \cdot \frac{1}{2} = \eta f(\eta) = F(\eta), \quad \eta \in \left[0, \frac{1}{2}\right] \subset [0,1].$$

因此，在区间 $[\eta,1]$ 上根据罗尔中值定理有，至少存在一点 $\xi \in (\eta,1) \subset (0,1)$，使得

$$F'(\xi) = 0, \quad 即 \quad f(\xi) + \xi f'(\xi) = 0.$$

3. 证 令函数 $F(x) = xe^{1-x}f(x)$，显然 $F(x)$ 在闭区间 $[0,1]$ 上连续，在开区间 $(0,1)$ 内可导，且

$$F(1) = f(1) = k\int_0^{\frac{1}{k}} xe^{1-x}f(x)\,\mathrm{d}x = k\eta e^{1-\eta}f(\eta) \cdot \frac{1}{k} = \eta e^{1-\eta}f(\eta) = F(\eta),$$

其中 $\eta \in \left[0, \frac{1}{k}\right] \subset [0,1]$. 因此，在区间 $[\eta,1]$ 上根据罗尔中值定理有，至少存在一点 $\xi \in (\eta,1) \subset (0,1)$，使得

$$F'(\xi) = 0,$$

即 $\quad e^{1-\xi}f(\xi) - \xi e^{1-\xi}f(\xi) + \xi e^{1-\xi}f'(\xi) = 0, \quad$ 亦即 $\quad f'(\xi) = (1-\xi^{-1})f(\xi).$

4. 证 令函数 $F(x) = e^{1-x^2}f(x)$，显然 $F(x)$ 在闭区间 $[0,1]$ 上连续，在开区间 $(0,1)$ 内可导，且

$$F(1) = f(1) = 3\int_0^{\frac{1}{3}} e^{1-x^2}f(x)\,\mathrm{d}x = 3e^{1-\eta^2}f(\eta) \cdot \frac{1}{3} = e^{1-\eta^2}f(\eta) = F(\eta),$$

其中 $\eta \in \left[0, \frac{1}{3}\right] \subset [0,1]$. 因此，在区间 $[\eta,1]$ 上根据罗尔中值定理有，至少存在一点 $\xi \in (\eta,1) \subset (0,1)$，使得

$$F'(\xi) = 0,$$

即 $\quad -2\xi e^{1-\xi^2}f(\xi) + e^{1-\xi^2}f'(\xi) = 0, \quad$ 亦即 $\quad f'(\xi) = 2\xi f(\xi).$

5. 证 由 $f(x)$ 在区间 $[a,b]$ 上连续和定积分中值定理，有

$$\frac{1}{b-a}\int_a^b f(x)\,\mathrm{d}x = \frac{1}{b-a} \cdot f(\eta)(b-a) = f(\eta) = f(b), \quad \eta \in [a,b].$$

因此，在区间 $[\eta,b] \subset [a,b]$ 上根据罗尔中值定理有，至少存在一点 $\xi \in (\eta,b) \subset (a,b)$，使得

$$f'(\xi) = 0.$$

6. 证 因为 $f(x),g(x)$ 都在区间 $[a,b]$ 上连续，且 $g(x) > 0$，由最大值、最小值定理可知，$f(x)$ 在区间 $[a,b]$ 上有最大值 M 和最小值 m，即

$$m \leqslant f(x) \leqslant M.$$

故 $\qquad\qquad\qquad\qquad mg(x) \leqslant f(x)g(x) \leqslant Mg(x),$

于是

$$\int_a^b mg(x)\,\mathrm{d}x \leqslant \int_a^b f(x)g(x)\,\mathrm{d}x \leqslant \int_a^b Mg(x)\,\mathrm{d}x, \quad 即 \quad m \leqslant \frac{\int_a^b f(x)g(x)\,\mathrm{d}x}{\int_a^b g(x)\,\mathrm{d}x} \leqslant M.$$

由介值定理可知，至少存在一点 $\xi \in [a,b]$，使得

$$f(\xi) = \frac{\int_a^b f(x)g(x)\,\mathrm{d}x}{\int_a^b g(x)\,\mathrm{d}x}, \quad 即 \quad \int_a^b f(x)g(x)\,\mathrm{d}x = f(\xi)\int_a^b g(x)\,\mathrm{d}x.$$

7. 证 先证 $F(x)$ 的连续性. 当 $x > 0$ 时，由 $f(x)$ 的连续性知 $F(x)$ 连续；又由

$$\lim_{x \to 0^+} F(x) = \lim_{x \to 0^+} \frac{1}{x} \int_0^x t^n f(t) \mathrm{d}t = \lim_{x \to 0^+} x^n f(x) = 0 \cdot f(0) = 0 = F(0)$$

知 $F(x)$ 在点 $x = 0$ 处右连续. 故 $F(x)$ 在区间 $[0, +\infty)$ 上连续.

再证 $F(x)$ 在区间 $[0, +\infty)$ 上单调不减. 当 $x > 0$ 时,

$$F'(x) = -\frac{1}{x^2} \int_0^x t^n f(t) \mathrm{d}t + x^{n-1} f(x) \geqslant x^{n-1} [f(x) - f(\xi)], \quad \xi \in [0, x].$$

因 $f(x)$ 在区间 $[0, +\infty)$ 上单调不减, $f(x) - f(\xi) \geqslant 0, \xi \in [0, x]$, 故

$$F'(x) \geqslant x^{n-1} [f(x) - f(\xi)] \geqslant 0,$$

即 $F(x)$ 在区间 $[0, +\infty)$ 上单调不减.

8. 证 (1) 因为 $f(x)$ 为偶函数, 所以有 $f(-x) = f(x)$, 则

$$F(-x) = \int_0^{-x} (-x - 2t) f(t) \mathrm{d}t \xlongequal{t=-u} \int_0^x (-x + 2u) f(-u) \mathrm{d}(-u)$$

$$= \int_0^x (x - 2u) f(u) \mathrm{d}u = F(x).$$

故 $F(x)$ 是偶函数.

(2) 因为

$$F'(x) = \left[x \int_0^x f(t) \mathrm{d}t - 2 \int_0^x t f(t) \mathrm{d}t \right]' = x f(x) + \int_0^x f(t) \mathrm{d}t - 2x f(x)$$

$$= \int_0^x f(t) \mathrm{d}t - x f(x) = x f(\xi) - x f(x) = x[f(\xi) - f(x)], \quad \xi \in [0, x],$$

而 $f(x)$ 为单调不增, 即 $f(\xi) - f(x) \geqslant 0, \xi \in [0, x], x \geqslant 0$, 所以

$$F'(x) = x[f(\xi) - f(x)] \geqslant 0.$$

故 $F(x)$ 单调不减.

9. 证 (1) $\int_{-a}^a f(x) g(x) \mathrm{d}x = \int_{-a}^0 f(x) g(x) \mathrm{d}x + \int_0^a f(x) g(x) \mathrm{d}x.$ 而

$$\int_{-a}^0 f(x) g(x) \mathrm{d}x \xlongequal{x=-t} \int_a^0 f(-t) g(-t) \mathrm{d}(-t) = \int_0^a f(-t) g(t) \mathrm{d}t = \int_0^a f(-x) g(x) \mathrm{d}x,$$

则

$$\int_{-a}^a f(x) g(x) \mathrm{d}x = \int_0^a f(-x) g(x) \mathrm{d}x + \int_0^a f(x) g(x) \mathrm{d}x$$

$$= \int_0^a [f(x) + f(-x)] g(x) \mathrm{d}x = A \int_0^a g(x) \mathrm{d}x.$$

(2) 取 $g(x) = |\sin x|$ 为偶函数, $f(x) = \arctan \mathrm{e}^x$, 因为

$$[f(x) + f(-x)]' = (\arctan \mathrm{e}^x + \arctan \mathrm{e}^{-x})' \equiv 0,$$

所以

$$f(x) + f(-x) = A \quad (A \text{ 为常数}).$$

特别地, 取 $x = 0$, 有

$$f(x) + f(-x) = A = 2f(0) = 2\arctan 1 = \frac{\pi}{2}.$$

由 (1) 的结论可得

$$\int_{-\frac{\pi}{2}}^{\frac{\pi}{2}} |\sin x| \arctan \mathrm{e}^x \mathrm{d}x = \frac{\pi}{2} \int_0^{\frac{\pi}{2}} \sin x \mathrm{d}x = -\frac{\pi}{2} \cos x \Big|_0^{\frac{\pi}{2}} = \frac{\pi}{2}.$$

五、1. 解 如图 5 所示, 先求两曲线交点 P 的坐标, 联立方程组后解得

$$P\left(\frac{1}{\sqrt{1+a}}, \frac{a}{1+a} \right),$$

从而

$$S_1 = \int_0^{\frac{1}{\sqrt{1+a}}} [(1 - x^2) - ax^2] \mathrm{d}x = \frac{2}{3\sqrt{1+a}}.$$

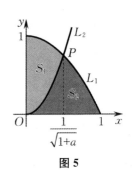

图 5

又因为 $S_1 = S_2$，所以 $2S_1 = S_1 + S_2$. 而

$$S_1 + S_2 = \int_0^1 (1 - x^2)\mathrm{d}x = \frac{2}{3},$$

故
$$\frac{4}{3\sqrt{1+a}} = \frac{2}{3}, \quad 即 \quad a = 3.$$

2. 解 （1）旋转体的体积 $V(\xi) = \pi\int_0^\xi \mathrm{e}^{-2x}\mathrm{d}x = \frac{\pi}{2}(1 - \mathrm{e}^{-2\xi})$.

因为 $V(a) = \frac{\pi}{2}(1 - \mathrm{e}^{-2a}) = \frac{1}{2}\lim\limits_{\xi\to+\infty}\frac{\pi}{2}(1 - \mathrm{e}^{-2\xi}) = \frac{\pi}{4}$，所以 $a = \ln\sqrt{2}$.

（2）设切点坐标为 (x_0, e^{-x_0})，则切线方程为

$$y - \mathrm{e}^{-x_0} = -\mathrm{e}^{-x_0}(x - x_0),$$

从而切线与两坐标轴的交点为 $(1+x_0, 0), (0, \mathrm{e}^{-x_0}(1+x_0))$. 于是，切线与两坐标轴所围成的平面图形面积为

$$S = \frac{1}{2}\mathrm{e}^{-x_0}(1+x_0)^2.$$

令 $S' = \mathrm{e}^{-x_0}(1+x_0) - \frac{1}{2}\mathrm{e}^{-x_0}(1+x_0)^2 = 0$，得 $x_0 = 1$（唯一驻点），且 $S''(1) = -\mathrm{e}^{-1} < 0$，所以 $x_0 = 1$

是函数 $S = \frac{1}{2}\mathrm{e}^{-x_0}(1+x_0)^2$ 的唯一极大值点，也是最大值点. 因此，所求曲线上的点为 $(1, \mathrm{e}^{-1})$，最大面积为

$$S_{\max} = S(1) = 2\mathrm{e}^{-1}.$$

3. 解 （1）如图 6 所示，两曲线在公共切点 (x_0, y_0) 处的斜率相等，有

$$\frac{a}{2\sqrt{x_0}} = \frac{1}{2x_0}, \quad 即 \quad x_0 = \frac{1}{a^2}.$$

于是，有 $y_0 = a\sqrt{x_0} = \ln\sqrt{x_0}$，则 $a\sqrt{\frac{1}{a^2}} = \ln\sqrt{\frac{1}{a^2}}$，即 $a = \mathrm{e}^{-1}$. 而 $x_0 = \mathrm{e}^2, y_0 = 1$，切点为 $(\mathrm{e}^2, 1)$.

（2）所求旋转体体积

$$V_x = \pi\int_0^{\mathrm{e}^2} (\mathrm{e}^{-1}\sqrt{x})^2\mathrm{d}x - \pi\int_1^{\mathrm{e}^2} \ln^2\sqrt{x}\,\mathrm{d}x = \frac{\pi}{2}.$$

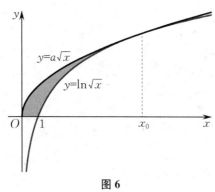

图 6

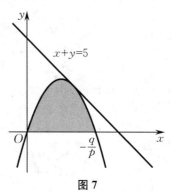

图 7

4. 解 依题意知，抛物线如图 7 所示，求得它与 x 轴的交点的横坐标为 $x_1 = 0$ 和 $x_2 = -\frac{q}{p}$. 于是，所围平面图形面积

$$S = \int_0^{-\frac{q}{p}} (px^2 + qx)\mathrm{d}x = \frac{q^3}{6p^2}.$$

因抛物线 $y = px^2 + qx$ 与直线 $x + y = 5$ 相切，故它们有唯一公共点，则方程 $px^2 + qx = 5 - x$ 有唯一解. 于是，有判别式

$$\Delta = (q+1)^2 + 20p = 0,$$

得

$$p = -\frac{(q+1)^2}{20},$$

从而

$$S = \frac{200q^3}{3(q+1)^4}.$$

令 $S'(q) = \frac{200q^2(3-q)}{3(q+1)^5} = 0$,得驻点 $q = 3$.

当 $q > 3$ 时,$S'(q) < 0$,$S(q)$ 单调减少;当 $0 < q < 3$ 时,$S'(q) > 0$,$S(q)$ 单调增加.因此,当 $q = 3$,$p = -\frac{4}{5}$ 时,$S(q)$ 取得极大值,亦即最大值,从而最大值 $S = \frac{225}{32}$.

5. 解 (1) $V_1 = \pi \int_a^2 (2x^2)^2 \mathrm{d}x = \frac{4\pi}{5}(32 - a^5)$,

$$V_2 = \pi a^2 \cdot 2a^2 - \pi \int_0^{2a^2} \frac{y}{2} \mathrm{d}y = 2\pi a^4 - \pi a^4 = \pi a^4.$$

(2) 设 $V = V_1 + V_2 = \frac{4\pi}{5}(32 - a^5) + \pi a^4$.

令 $V' = 4\pi a^3(1-a) = 0$,得 $a = 1$. 它为区间 $(0,2)$ 上唯一的驻点,且 $V''(1) = -4\pi < 0$,所以点 $a = 1$ 为区间 $(0,2)$ 上唯一的极大值点,也是最大值点. 故 $V_1 + V_2$ 的最大值为

$$V(1) = V_1 + V_2 = \frac{129\pi}{5}.$$

第 6 章　常微分方程

复习题 A

一、**1.** B.　**2.** D.　**3.** C.　**4.** C.　**5.** C.

二、**1.** $\frac{1}{2}(e^x + e^{-x})$.　**2.** $C_1 e^{3x} + C_2 e^x - x e^{2x}$.　**3.** $C_1 e^x - \frac{1}{2}x^2 - x + C_2$.　**4.** $(C_1 + C_2 x)e^x + 1$.

三、**1. 解** (1) 原微分方程变形为

$$x(4-x)\mathrm{d}y = y\mathrm{d}x.$$

分离变量,得

$$\frac{1}{y}\mathrm{d}y = \frac{1}{x(4-x)}\mathrm{d}x.$$

上式两端同时积分,得

$$\ln|y| = \frac{1}{4}(\ln|x| - \ln|4-x|) + C_1.$$

故原微分方程的通解为

$$(4-x)y^4 - Cx = 0 \quad \text{或} \quad y = C\sqrt[4]{\frac{x}{4-x}}.$$

(2) 原微分方程变形为

$$\frac{\mathrm{d}y}{\mathrm{d}x} = \left(\frac{y}{x}\right)^2 - \frac{y}{x}.$$

这是齐次方程. 做变换 $u = \frac{y}{x}$,则 $y = xu$,$\frac{\mathrm{d}y}{\mathrm{d}x} = u + x\frac{\mathrm{d}u}{\mathrm{d}x}$. 代入上式,得

$$x\frac{\mathrm{d}u}{\mathrm{d}x} = u^2 - 2u.$$

当 $u^2 - 2u \neq 0$ 时,分离变量后两端同时积分,得

$$\frac{1}{2}\ln\left|\frac{u-2}{u}\right| = \ln x + C_1, \quad \text{即} \quad \frac{u-2}{u} = C_2 x^2 \quad (C_2 = \pm e^{2C_1} \neq 0).$$

将 $u = \dfrac{y}{x}$ 回代,得

$$y = 2x + C_2 x^2 y \quad (C_2 \neq 0).$$

显然,$u - 2 = 0$,即 $y = 2x$ 也是原微分方程的解. 于是,原微分方程的通解为

$$y = 2x + Cx^2 y.$$

(3) 因为 $p(x) = 1, q(x) = \mathrm{e}^{-x} \cos x$,所以原微分方程的通解为

$$y = \mathrm{e}^{-\int \mathrm{d}x} \left(\int \mathrm{e}^{-x} \cos x \cdot \mathrm{e}^{\int \mathrm{d}x} \mathrm{d}x + C \right) = \mathrm{e}^{-x} \left(\int \cos x \mathrm{d}x + C \right) = \mathrm{e}^{-x} (\sin x + C).$$

2. 解 (1) 解特征方程 $r^2 - 3r + 2 = 0$ 得特征根 $r_1 = 1, r_2 = 2$,从而该微分方程对应的齐次线性微分方程的通解为

$$Y = C_1 \mathrm{e}^x + C_2 \mathrm{e}^{2x}.$$

因为自由项 $f(x) = 2x\mathrm{e}^x, \lambda = 1$ 是特征方程的单根,所以令特解为 $y^* = x(ax + b)\mathrm{e}^x$,则

$$(y^*)' = (ax^2 + 2ax + bx + b)\mathrm{e}^x, \quad (y^*)'' = (ax^2 + 4ax + bx + 2a + 2b)\mathrm{e}^x.$$

代入原微分方程,解得 $a = -1, b = -2$. 故原微分方程的通解为

$$y = Y + y^* = C_1 \mathrm{e}^x + C_2 \mathrm{e}^{2x} - x(x+2)\mathrm{e}^x.$$

(2) 解特征方程 $r^4 + 2r^2 + 1 = 0$ 得特征根 $r_{1,2} = -\mathrm{i}, r_{3,4} = \mathrm{i}$ 是一对二重共轭复根. 于是,原微分方程对应的齐次线性微分方程的通解为

$$Y = (C_1 + C_2 x)\cos x + (C_3 + C_4 x)\sin x.$$

因为自由项 $f(x) = \sin 2x, \lambda \pm \mathrm{i}\omega = \pm 2\mathrm{i}$ 不是特征方程的根,所以设特解为

$$y^* = a\cos 2x + b\sin 2x.$$

代入原微分方程,比较系数,得 $a = 0, b = \dfrac{1}{9}$. 故原微分方程的通解为

$$y = (C_1 + C_2 x)\cos x + (C_3 + C_4 x)\sin x + \frac{1}{9}\sin 2x.$$

(3) 解特征方程 $r^2 + 1 = 0$ 得特征根 $r_{1,2} = \pm \mathrm{i}$,从而该微分方程对应的齐次线性微分方程的通解为

$$Y = C_1 \cos x + C_2 \sin x.$$

由于 $\lambda = 0, \omega = 1, \lambda + \mathrm{i}\omega = \mathrm{i}$ 是特征方程的单根,因此可设特解为

$$y^* = x[(ax + b)\cos x + (cx + d)\sin x].$$

代入原微分方程,比较系数,得 $\begin{cases} 4c = 0, \\ 2a + 2d = 1, \\ -4a = 1, \\ 2c - 2b = 0, \end{cases}$ 解得 $a = -\dfrac{1}{4}, b = 0, c = 0, d = \dfrac{3}{4}$. 于是,求得原微分方程的一

个特解为

$$y^* = -\frac{1}{4}x^2 \cos x + \frac{3}{4}x\sin x.$$

故其通解为

$$y = Y + y^* = C_1 \cos x + C_2 \sin x - \frac{1}{4}x^2 \cos x + \frac{3}{4}x\sin x.$$

3. 解 因为 $\begin{cases} f'(x) = 3f(x) + 2\mathrm{e}^{2x}, \\ f(0) = 1, \end{cases}$ 所以

$$f(x) = \mathrm{e}^{\int 3\mathrm{d}x} \left(\int 2\mathrm{e}^{2x} \mathrm{e}^{-\int 3\mathrm{d}x} \mathrm{d}x + C \right) = \mathrm{e}^{3x} \left(2\int \mathrm{e}^{-x} \mathrm{d}x + C \right)$$

$$= \mathrm{e}^{3x}(-2\mathrm{e}^{-x} + C) = -2\mathrm{e}^{2x} + C\mathrm{e}^{3x}.$$

又由 $1 = -2 + C$ 得 $C = 3$,故所求函数为

$$f(x) = -2\mathrm{e}^{2x} + 3\mathrm{e}^{3x}.$$

4. 解　设鱼雷的轨迹曲线是 $y=y(x)$. 经过时间 t, 鱼雷位于点 $P(x,y)$, 敌舰位于 $Q(1, V_0 t)$. 因鱼雷始终对准敌舰, 故有

$$y' = \frac{V_0 t - y}{1 - x}. \qquad \text{①}$$

又因鱼雷的速度是敌舰速度的 5 倍, 故有 $\overline{OP} = \int_0^x \sqrt{1+(y')^2}\, dx = 5V_0 t$, 即

$$V_0 t = \frac{1}{5}\int_0^x \sqrt{1+(y')^2}\, dx. \qquad \text{②}$$

由方程 ① 得 $V_0 t = y + (1-x)y'$, 代入式 ②, 有

$$(1-x)y' = \frac{1}{5}\int_0^x \sqrt{1+(y')^2}\, dx - y.$$

上式两端同时对 x 求导数, 得

$$(1-x)y'' = \frac{1}{5}\sqrt{1+(y')^2}. \qquad \text{③}$$

令 $y' = p(x)$, 则 $y'' = p'$. 代入方程 ③, 得

$$(1-x)p' = \frac{1}{5}\sqrt{1+p^2},$$

分离变量, 得 $\ln|p + \sqrt{1+p^2}| = -\frac{1}{5}\ln|1-x| + \ln C_1$, 即

$$p + \sqrt{1+p^2} = \frac{C_1}{\sqrt[5]{1-x}}. \qquad \text{④}$$

由初值条件 $y'(0) = p(0) = 0$, 得 $C_1 = 1$. 式 ④ 两端同乘以 $\sqrt[5]{1-x}(p - \sqrt{1+p^2})$, 得

$$p - \sqrt{1+p^2} = -\sqrt[5]{1-x}. \qquad \text{⑤}$$

式 ④ 与式 ⑤ 相加得

$$y' = p = \frac{1}{2}\left[(1-x)^{-\frac{1}{5}} - (1-x)^{\frac{1}{5}}\right],$$

上式两端同时积分, 得

$$y = \frac{1}{2}\left[-\frac{5}{4}(1-x)^{\frac{4}{5}} + \frac{5}{6}(1-x)^{\frac{6}{5}}\right] + C_2.$$

再由 $y(0) = 0$, 得 $C_2 = \frac{5}{24}$. 故鱼雷的轨迹曲线方程为

$$y = \frac{1}{2}\left[-\frac{5}{4}(1-x)^{\frac{4}{5}} + \frac{5}{6}(1-x)^{\frac{6}{5}}\right] + \frac{5}{24}.$$

当 $x = 1$ 时, $y = \frac{5}{24}$. 由此可知, 当敌舰行驶 $\frac{5}{24}$ 单位距离时, 将被鱼雷击中.

复习题 B

一、**1.** D.　**2.** C.　**3.** B.　**4.** B.

提示: 1. 解　因为 $y = C_1 e^{2x+C_2} = Ce^{2x}(C = C_1 e^{C_2})$, 它实际只含有一个任意常数, 所以它既不是通解, 又不是特解. 而 Ce^{2x} 满足所给微分方程, 所以它是所给微分方程的解.

2. 解　微分方程 $(2x - y)dy = (5x + 4y)dx$ 可变形为

$$\frac{dy}{dx} = \frac{5x + 4y}{2x - y}.$$

它是典型的齐次方程.

3. 解　由 y_1, y_2, y_3 可知, $r_{1,2} = -1$ 是特征方程的二重根, 且 $r_3 = 1$ 是其单根. 于是, 所求微分方程的特征方程为 $(r+1)^2(r-1) = r^3 + r^2 - r - 1 = 0$, 故所求微分方程应为

$$y''' + y'' - y' - y = 0.$$

4. 解 原微分方程的特征方程的根为 $r_{1,2} = \pm 1$. 对于微分方程 $y'' - y = e^x$, 因自由项 $f_1(x) = e^x, \lambda = 1$ 是特征方程的单根,故该微分方程的特解形式为 $y_1^* = ax e^x$. 又对于微分方程 $y'' - y = 1$, 因自由项 $f_2(x) = 1$, $\lambda = 0$ 不是特征方程的根,故该微分方程的特解形式为 $y_2^* = b$.

按微分方程解的叠加原理,原微分方程的特解形式为

$$y^* = y_1^* + y_2^* = ax e^x + b.$$

二、1. $y = C_1 e^{2x} + C_2 e^{-2x} + \dfrac{1}{4} x e^{2x}$.   **2.** $y = \dfrac{C_1}{x^2} + C_2$.   **3.** $y'' - 2y' + 2y = 0$.   **4.** $y = \dfrac{x - \dfrac{1}{2}}{\arcsin x}$.

提示:1. 解 此微分方程的特征方程为 $r^2 - 4 = 0$, 其根为 $r_{1,2} = \pm 2$. 又因自由项 $f(x) = e^{2x}, \lambda = 2$ 是特征方程的单根,故令 $y^* = ax e^{2x}$ 是原微分方程的特解,代入原微分方程,得 $a = \dfrac{1}{4}$. 于是,原微分方程的通解为

$$y = C_1 e^{2x} + C_2 e^{-2x} + \frac{1}{4} x e^{2x}.$$

2. 解 原微分方程变形为

$$\frac{\mathrm{d}y'}{y'} = -\frac{3}{x}\,\mathrm{d}x.$$

上式两端同时积分,得

$$\ln y' = -3\ln x + \ln C, \quad \text{即} \quad y' = \frac{C}{x^3}.$$

故所给微分方程的通解为

$$y = -\frac{C}{2x^2} + C_2 = \frac{C_1}{x^2} + C_2 \quad \left(C_1 = -\frac{1}{2} C \right).$$

3. 解 由所给通解的表达式可知,$r_{1,2} = 1 \pm i$ 是所求微分方程的特征方程的根,从而其特征方程为 $r^2 - 2r + 2 = 0$. 故所求微分方程为

$$y'' - 2y' + 2y = 0.$$

4. 解 将所给关系式改写成

$$y' + \frac{1}{\sqrt{1-x^2} \cdot \arcsin x} y = \frac{1}{\arcsin x}.$$

由一阶线性微分方程的通解公式,得

$$y = e^{-\int \frac{\mathrm{d}x}{\sqrt{1-x^2} \cdot \arcsin x}} \left(\int \frac{1}{\arcsin x} e^{\int \frac{\mathrm{d}x}{\sqrt{1-x^2} \cdot \arcsin x}} \,\mathrm{d}x + C \right) = \frac{1}{\arcsin x}(x + C).$$

代入初值条件 $x = \dfrac{1}{2}, y = 0$, 得 $C = -\dfrac{1}{2}$. 故所求曲线方程为

$$y = \frac{x - \dfrac{1}{2}}{\arcsin x}.$$

三、1. 解 (1) 原微分方程变形为

$$\frac{\mathrm{d}y}{\mathrm{d}x} = -\frac{2\dfrac{y}{x}}{\left(\dfrac{y}{x}\right)^2 - 3}.$$

令 $y = ux$, 则

$$u + x\frac{\mathrm{d}u}{\mathrm{d}x} = -\frac{2u}{u^2 - 3}.$$

分离变量,得

$$\frac{u^2 - 3}{u - u^3}\,\mathrm{d}u = \frac{\mathrm{d}x}{x}.$$

两端积分,得

$$-3\ln|u|+\ln|u-1|+\ln|u+1|=\ln Cx, \quad 即 \quad \frac{u^2-1}{u^3x}=C.$$

于是原微分方程的通解为

$$y^2-x^2=Cy^3.$$

将 $x=0,y=1$ 代入上式,得 $C=1$.故所求特解为

$$y^2-x^2=y^3.$$

（2）设 $y=ux$,则 $\dfrac{\mathrm{d}y}{\mathrm{d}x}=u+x\dfrac{\mathrm{d}u}{\mathrm{d}x}$,原微分方程可化为

$$u\mathrm{d}u=\frac{\mathrm{d}x}{x}.$$

两端积分,得

$$\frac{1}{2}u^2=\ln x+\ln C.$$

于是,原微分方程的通解为

$$y^2=2x^2(\ln x+\ln C).$$

将 $x=1,y=2$ 代入上式,得 $C=\mathrm{e}^2$.故所求特解为

$$y^2=2x^2(\ln x+2).$$

2. 解 （1）原微分方程的通解为

$$y=\mathrm{e}^{-\int p(x)\mathrm{d}x}\left[\int q(x)\mathrm{e}^{\int p(x)\mathrm{d}x}\mathrm{d}x+C\right]=\mathrm{e}^{-\int 2x\mathrm{d}x}\left(\int x\mathrm{e}^{-x^2}\mathrm{e}^{\int 2x\mathrm{d}x}\mathrm{d}x+C\right)$$

$$=\mathrm{e}^{-x^2}\left(\int x\mathrm{d}x+C\right)=C\mathrm{e}^{-x^2}+\frac{1}{2}x^2\mathrm{e}^{-x^2}.$$

（2）所给微分方程中含有 y^2,所以它不是一阶线性微分方程.可将原微分方程改写成

$$2yy'=\frac{y^2}{x+1}-\frac{x}{x+1}, \quad 即 \quad (y^2)'-\frac{1}{x+1}y^2=-\frac{x}{x+1},$$

并做变量代换 $u=y^2$,则有

$$u'-\frac{1}{x+1}u=-\frac{x}{x+1}.$$

这是一个关于 u 的一阶非齐次线性微分方程,且 $p(x)=-\dfrac{1}{x+1},q(x)=-\dfrac{x}{x+1}.$

由通解公式得

$$u=\mathrm{e}^{-\int\frac{-1}{x+1}\mathrm{d}x}\left[\int-\frac{x}{x+1}\mathrm{e}^{\int\frac{-1}{x+1}\mathrm{d}x}\mathrm{d}x+C\right]=(x+1)\left[-\int\frac{x}{(x+1)^2}\mathrm{d}x+C\right]$$

$$=C(x+1)-(x+1)\ln(x+1)-1.$$

因此,原微分方程的通解为

$$y^2=C(x+1)-(x+1)\ln(x+1)-1.$$

3. 解 原微分方程变形为

$$y'-\frac{1}{x}y=(1+\ln x)y^3, \quad 即 \quad y^{-3}y'-\frac{1}{x}y^{-2}=1+\ln x.$$

令 $z=y^{-2}$,则 $z'=-2y^{-3}y'$,原微分方程化为

$$z'+\frac{2}{x}z=-2(1+\ln x).$$

由通解公式得上述微分方程的通解为

$$z=\mathrm{e}^{-\int\frac{2}{x}\mathrm{d}x}\left[\int-2(1+\ln x)\mathrm{e}^{\int\frac{2}{x}\mathrm{d}x}\mathrm{d}x+C\right]=x^{-2}\left[\int-2(1+\ln x)x^2\mathrm{d}x+C\right]$$

$$=x^{-2}\left[-\frac{2}{3}x^3(1+\ln x)+\frac{2}{3}\int x^3\cdot\frac{1}{x}\mathrm{d}x+C\right]=x^{-2}\left[-\frac{2}{3}x^3(1+\ln x)+\frac{2}{9}x^3+C\right]$$

$$=-\frac{2}{3}x(1+\ln x)+\frac{2}{9}x+Cx^{-2}.$$

故原微分方程的通解为

$$y^{-2}=-\frac{2}{3}x(1+\ln x)+\frac{2}{9}x+Cx^{-2} \quad \text{或} \quad \frac{x^2}{y^2}=-\frac{4}{9}x^3-\frac{2}{3}x^3\ln x+C.$$

4. 解 （1）所给微分方程的特征方程为 $r^2-4r=0$，解得 $r_1=0,r_2=4$. 故原微分方程的通解为

$$y=C_1+C_2\mathrm{e}^{4x}.$$

（2）所给微分方程的特征方程为 $r^2+r+1=0$，解得 $r_{1,2}=-\frac{1}{2}\pm\frac{\sqrt{3}}{2}\mathrm{i}$. 故原微分方程的通解为

$$y=\mathrm{e}^{-\frac{x}{2}}\left(C_1\cos\frac{\sqrt{3}}{2}x+C_2\sin\frac{\sqrt{3}}{2}x\right).$$

（3）所给微分方程的特征方程为 $r^4+2r^2+1=0$，即 $(r^2+1)^2=0$，解得 $r_{1,2}=-\mathrm{i},r_{3,4}=\mathrm{i}$. 故原微分方程的通解为

$$y=(C_1+C_2x)\cos x+(C_3+C_4x)\sin x.$$

5. 解 （1）自由项 $f(x)=3x^2+1$ 是 $\mathrm{e}^{\lambda x}P_m(x)$ 型，其中 $P_m(x)=3x^2+1,\lambda=0$. 原微分方程的特征方程为 $r^2-3=0$，则 $\lambda=0$ 不是特征方程的根. 故原微分方程的特解形式为

$$y^*=ax^2+bx+c.$$

（2）自由项 $f(x)=x$ 是 $\mathrm{e}^{\lambda x}P_m(x)$ 型，其中 $P_m(x)=x,\lambda=0$. 原微分方程的特征方程为 $r^2+r=0$，则 $\lambda=0$ 是特征方程的单根，故原微分方程的特解形式为

$$y^*=x(ax+b)=ax^2+bx.$$

（3）自由项 $f(x)=x\mathrm{e}^x$ 是 $\mathrm{e}^{\lambda x}P_m(x)$ 型，其中 $P_m(x)=x,\lambda=1$. 原微分方程的特征方程为 $r^2-3r+2=0$，则 $\lambda=1$ 是特征方程的单根. 故原微分方程的特解形式为

$$y^*=x(ax+b)\mathrm{e}^x=(ax^2+bx)\mathrm{e}^x.$$

（4）自由项 $f(x)=(x^2+x-3)\mathrm{e}^x$ 是 $\mathrm{e}^{\lambda x}P_m(x)$ 型，其中 $P_m(x)=x^2+x-3,\lambda=1$. 原微分方程的特征方程为 $r^2-2r=0$，则 $\lambda=1$ 不是特征方程的根. 故原微分方程的特解形式为

$$y^*=(ax^2+bx+c)\mathrm{e}^x.$$

（5）自由项 $f(x)=\mathrm{e}^{2x}\sin x$ 是 $\mathrm{e}^{\lambda x}[P_l(x)\cos\omega x+P_n(x)\sin\omega x]$ 型，其中 $\lambda=2,\omega=1,P_l(x)=0,P_n(x)=1$. 原微分方程的特征方程为 $r^2+7r+6=0$，则 $\lambda+\mathrm{i}\omega=2+\mathrm{i}$ 不是特征方程的根. 故原微分方程的特解形式为

$$y^*=\mathrm{e}^{2x}(a\cos x+b\sin x).$$

（6）自由项 $f(x)=2x\mathrm{e}^{2x}\cos x$ 属于 $\mathrm{e}^{\lambda x}[P_l(x)\cos\omega x+P_n(x)\sin\omega x]$ 型，其中 $\lambda=2,\omega=1,P_l(x)=2x,P_n(x)=0$. 原微分方程的特征方程为 $r^2-2r+2=0$，则 $\lambda+\mathrm{i}\omega=2+\mathrm{i}$ 不是特征方程的根. 故原微分方程的特解形式为

$$y^*=\mathrm{e}^{2x}[(ax+b)\cos x+(cx+d)\sin x].$$

6. 分析 由反函数导数公式，把 $\frac{\mathrm{d}x}{\mathrm{d}y},\frac{\mathrm{d}^2x}{\mathrm{d}y^2}$ 用含有 y 及 y 的各阶导数的函数表示，代入题设方程验证即可.

解 （1）由反函数导数公式知 $\frac{\mathrm{d}x}{\mathrm{d}y}=\frac{1}{y'}$，即 $y'\frac{\mathrm{d}x}{\mathrm{d}y}=1$. 该式两端同时对 x 求导数，得

$$y''\frac{\mathrm{d}x}{\mathrm{d}y}+\frac{\mathrm{d}^2x}{\mathrm{d}y^2}(y')^2=0, \quad \text{即} \quad \frac{\mathrm{d}^2x}{\mathrm{d}y^2}=\frac{\left(-\frac{\mathrm{d}x}{\mathrm{d}y}\right)y''}{(y')^2}=-\frac{y''}{(y')^3}.$$

代入题设微分方程，得所求微分方程为

$$y''-y=\sin x.$$

（2）微分方程 $y''-y=\sin x$ 所对应的齐次线性微分方程 $y''-y=0$ 的通解为 $Y=C_1\mathrm{e}^x+C_2\mathrm{e}^{-x}$. 设该非齐次线性微分方程的特解为

$$y^*=a\cos x+b\sin x,$$

代入微分方程，可得 $a=0,b=-\frac{1}{2}$. 故其特解为 $y^*=-\frac{1}{2}\sin x$，从而微分方程 $y''-y=\sin x$ 的通解为

$$y = Y + y^* = C_1 e^x + C_2 e^{-x} - \frac{1}{2} \sin x.$$

由 $y(0) = 0, y'(0) = \frac{3}{2}$，得 $C_1 = 1, C_2 = -1$. 故变换后的微分方程满足初值条件的解为

$$y = e^x - e^{-x} - \frac{1}{2} \sin x.$$

7. 解 显然函数 $y = f(x)$ 满足初值问题

$$y + y'' = 2 + \sin x, \quad y(0) = 0, \quad y'(0) = 0.$$

微分方程 $y + y'' = 2 + \sin x$ 的通解为

$$y = C_1 \cos x + C_2 \sin x + 2 - \frac{1}{2} x \cos x.$$

由初值条件 $y(0) = 0, y'(0) = 0$，有

$$\begin{cases} C_1 + 2 = 0, \\ C_2 - \frac{1}{2} = 0, \end{cases} \quad 即 \quad \begin{cases} C_1 = -2, \\ C_2 = \frac{1}{2}. \end{cases}$$

故所求曲线的方程为

$$y = -2\cos x + \frac{1}{2} \sin x + 2 - \frac{1}{2} x \cos x.$$

8. 解 由题意可知，$F = \dfrac{kt}{v}$（k 为比例常数），所以代入已知数据，有 $4 = \dfrac{10k}{50}$，得 $k = 20$.

又因为 $m \dfrac{\mathrm{d}v}{\mathrm{d}t} = \dfrac{20t}{v}$，且 $m = 1$，所以 $v \mathrm{d}v = 20t \mathrm{d}t$，两端积分，得 $v^2 = 20t^2 + C$.

由 $v(10) = 50$ 得 $C = 500$，故 $v^2 = 20t^2 + 500$. 因此

$$v^2(60) = 72\,500, \quad 即 \quad v(60) = \sqrt{72\,500} \approx 269.26 (\mathrm{cm/s}),$$

亦即该质点运动 1 min 后的速度约为 $269.26(\mathrm{cm/s})$.

图书在版编目(CIP)数据

高等数学同步学习指导.上/罗辉，庄容坤主编.—北京：北京大学出版社，2020.11
ISBN 978-7-301-31820-1

Ⅰ.①高… Ⅱ.①罗… ②庄… Ⅲ.①高等数学—高等学校—教学参考资料 Ⅳ.①O13

中国版本图书馆 CIP 数据核字(2020)第 217548 号

书　　　名	高等数学同步学习指导(上)
	GAODENG SHUXUE TONGBU XUEXI ZHIDAO (SHANG)
著作责任者	罗　辉　庄容坤　主编
责 任 编 辑	尹照原
标 准 书 号	ISBN 978-7-301-31820-1
出 版 发 行	北京大学出版社
地　　　址	北京市海淀区成府路 205 号　100871
网　　　址	http://www.pup.cn
电 子 邮 箱	zpup@pup.cn
新 浪 微 博	@北京大学出版社
电　　　话	邮购部 010-62752015　发行部 010-62750672　编辑部 010-62752021
印 刷 者	湖南省众鑫印务有限公司
经 销 者	新华书店
	787 毫米×1092 毫米　16 开本　16.5 印张　411 千字
	2020 年 11 月第 1 版　2024 年 6 月第 3 次印刷
定　　　价	45.00 元